国家自然科学基金资助项目 （71572128）

建设工程合同价款管理及案例分析

严　玲　主编

机 械 工 业 出 版 社

本书以"问题—原则—关切点—案例"为导向，层层递进，逐步深入。书中凝练出合同价款管理中的 28 大原则和 82 个案例，内容丰富充实。全书共七章，即绪论、法律法规及物价波动引起的合同价格调整、工程变更引起的合同价款调整、索赔引起的合同价款调整、现场签证引起的合同价款调整、合同价款的结算与支付、合同价款纠纷的解决机制。为了更好地理解本书内容和方便读者查阅资料，在附录中列明了不同合同范本下价款的结算与支付的条款以及本书编写所依据的法律、法规及部门规章等。

本书可作为高等学校工程管理、工程造价等专业本科生和研究生的教材，也可作为工程管理和工程造价从业人员的参考书。

图书在版编目（CIP）数据

建设工程合同价款管理及案例分析/严玲主编. —北京：机械工业出版社，2017. 11 （2019. 6 重印）

ISBN 978-7-111-58354-7

Ⅰ. ①建…　Ⅱ. ①严…　Ⅲ. ①建筑工程—经济合同—账款—管理—研究　Ⅳ. ①TU723. 1

中国版本图书馆 CIP 数据核字（2017）第 263069 号

机械工业出版社（北京市百万庄大街 22 号　邮政编码 100037）
策划编辑：刘　涛　责任编辑：刘　涛　马碧娟　商红云
责任校对：李　伟　封面设计：马精明
责任印制：孙　炜
保定市中画美凯印刷有限公司印刷
2019 年 6 月第 1 版第 2 次印刷
184mm × 260mm · 19. 25 印张 · 477 千字
标准书号：ISBN 978-7-111-58354-7
定价：78. 00 元

凡购本书，如有缺页、倒页、脱页，由本社发行部调换
电话服务　　　　　　　　　网络服务
服务咨询热线：010-88379833　机工官网：www. cmpbook. com
读者购书热线：010-88379649　机工官博：weibo. com/cmp1952
　　　　　　　　　　　　　　教育服务网：www. cmpedu. com
封面无防伪标均为盗版　　金书网：www. golden-book. com

前　言

为了提高学生的执业技能，培养学生解决问题和制定决策的能力，很多高校都开展了案例研究教学。案例研究是一种以学生为中心的教学方式，是基于实践得到理论概念的情境式教学。该教学模式通常应用于问题导向型研究，旨在达到以下目标：①对传统教学单纯灌输理论知识进行思想教育的模式进行改正，弥补一般教科书叙述简单、推论抽象的弱点，弥补知识和技能的不足，提高学生处理实际复杂问题的主动性和热情；②在教学中把课内外知识连接起来，把学习理论与解决实际问题统一起来，监测和评估学生应对挑战、做出决策的能力；③通过案例的搜集、整理、讨论和分析，充分发挥学生的主体作用，培养合作学习能力。然而现有教材一方面没有实现理论与实践统筹兼顾，另一方面没有将实践能力的培养通过有效途径落到实处。为此，亟须一本能将工程管理理论与实践结合起来的适合案例教学模式的教材。

为实现此目标，本书的编写围绕以下四个方面分别突破：①寻找合同价款管理中存在的问题；②从理论知识中凝练解决问题的原则；③深入剖析原则在实践中的适用要点；④以工程案例为理论的运用提供载体。本书基于问题导向的视角从建设工程合同层面寻找合同价款管理中存在的问题，进而寻找解决问题需要遵循的原则，以合同为切入点，通过详细对比设计施工分离模式下以及总承包模式下采用的合同范本，对不同发承包模式下的合同价款调整原则和要点进行了全面分析。全书以引起合同价款调整的风险事件为主线，将变更、物价波动、索赔、现场签证、合同价款结算与支付及纠纷这六大事项和合同价款管理的理论内容串联起来，并展示理论在工程案例中的具体应用。为了更好地实施建设工程合同价款的管理，本书与实际工程案例相结合，按合同分析、合同价款调整原则、原则运用中的关切点以及案例分析四个步骤层层深入，剖析了合同价款调整、合同价款的结算与支付以及合同价款纠纷处理等方面的理论要点。

为了便于读者理解本书的内涵并用于合同价款管理，在学习的过程中应注意如下几点：

（1）从工程合同管理角度看合同价款管理。合同价款管理应从合同本身入手，读者应明确合同分析的重要性。合同分析主要包括常见发承包模式下，不同合同类型的风险及权责利分析。此外，不同的发承包模式其对合同价款的调整方式不同，读者在学习过程中应注意区分施工合同和总承包合同的适用范围，重视合同层面的分析、内容框架的理解；同时，对合同分析的理解不必拘泥于对其条款的规定，应该结合案例，带入情境背景，更好地领会合同价款管理的内涵。

（2）合同价款调整原则有其不同的适用情境。每个合同价款调整原则并不是凭空出现的，都是针对不同的发承包模式与合同类型、不同事件的处理方式总结得出的。不同的原则有其不同的适用情境，有的原则适用于总承包模式下的总价包干合同，有的原则适用于2013版工程量清单计价模式下的单价合同。所以，读者在学习的过程中，应对原则进行深刻解读并理解适用情境，切不可忽视、不可一概而论。

（3）关切点即在原则运用中凝练的关键问题。本书采用以问题为导向的方式，通过罗列每个章节在原则运用中可能遇到的关键问题，将其凝练归纳出关切点，更加简单直白地指出在工程实践中可能遇到的问题及大致的解决方式。如果说合同分析是一个面，合同价款调整原则的确立是一条线，那么原则运用中的关切点的凝练则具体到点。这种面—线—点的细化方式，便于读者在学习的过程中，能更加清楚合同价款管理的方法和处理问题的原则，形成一套自己的思维脉络。

（4）将关切点带入案例进行分析。建设工程合同价款管理注重实务，所以在学习本书的过程中，读者在补充理论知识的同时，也应注重案例学习，了解究竟如何做好合同价款管理。本书的案例分析并不只单纯地针对事件分析得出结果，而是以国际化的角度，站在国内合同价款管理实践立场上，将原则运用中的关切点带入案例进行分析，理论联系实际，让读者在理解和掌握扎实的理论基础上，拥有解决争议事件、判断合同价款能否调整的能力。因此，读者应特别注意案例背景和案例的分析路径，并进行换位思考，将关切点当作解决问题的工具，认真体会案例中合同价款管理的优缺点以及本书分析事件的依据，最终有利于读者在理论理解的基础上，提升合同价款管理的实践能力。

全书由严玲教授组织编写，凝练出合同价款管理中的 28 大原则和 82 个案例，内容丰富充实。全书共分为七章，即第一章绪论（江静），第二章法律法规及物价波动引起的合同价格调整（曾诚），第三章工程变更引起的合同价款调整（李铮），第四章索赔引起的合同价款调整（江静），第五章现场签证引起的合同价款调整（曾诚），第六章合同价款的结算与支付（王智秀），第七章合同价款纠纷的解决机制（韩亦凡）。硕士生郑童、王美京、刘柳、王帅参与了案例分析与校对工作。为了更好地理解本书内容和方便读者查阅资料，在附录中列明了不同合同范本下价款的结算与支付的条款以及本书编写所依据的法律、法规及部门规章等。

本书创设的以"问题—原则—关切点—案例"为导向的教学框架，层层递进，逐步深入。首先寻找建设工程合同价款管理中存在的问题，其次从理论知识中凝练解决问题的原则，再次挖掘原则运用中的关切点，最后将关切点嵌入案例情境之中，实现以理论指导实践的构想。尽管做了大量的资料阅读和精心编写工作，但由于建设工程合同价款管理的复杂性、情境依赖性以及编者实践经验不足，书中难免存在不足和错误，希望读者在使用中提出宝贵的意见与建议，以便进一步改进和完善。如果有任何疑问和建议，可以致信邮箱 lingy-antj@163.com。

本书的完成还要感谢国家自然科学基金委员会的资助，研究成果属于自然科学基金项目（71572128）的一部分。

严 玲

教授 博士生导师

2017 年 5 月于天津理工大学

目　　录

第一章

绪 论

一、建设工程合同价款及其相关概念辨析

（一）建设工程合同缔约全过程

在项目实践过程中，缔约通常被狭义地理解为工程合同签约，因此在合同条款设计时只关注合同签订的时间节点，而忽略了合同执行过程中的履行效率。从广义上讲，缔约比合同签订的概念更加广泛，它应包括从项目的规划阶段到成功运营阶段的全过程。对于发包人而言，从开始规划项目时缔约就已经开始了，缔约在签订合同文件后并没有结束，而是通过合作、控制与协调，直到项目实现良好的管理和最终交付。因而，工程合同缔约应该被理解成一个变化的、形成关系的框架，不仅包括合同条款签订的时间节点，还包括合同执行阶段的过程。

合同条款的柔性主要是指在合同条款中设定合同价款事后调整机制（包括变更、调价、索赔等补偿机制）、事后协商调整机制和激励机制等。这些机制都是以合理的风险分担为核心，以实现合同设计时所追求的"权责利（权力、责任、利益）对等"关系。在合同条款中注入这些机制能够对承包人形成动态激励，使其充分发挥潜能来实现项目目标。同时也能使交易双方对项目不确定性做出快速反应，有利于合同执行效率的提高和后期再谈判的执行。不仅如此，合同执行过程中柔性所体现出的沟通、合作、信任、再谈判等关系能力，也被证明了有利于处理合同签订时未能预计的状态变化，有助于项目获得成功。

建设工程合同从签约开始到履约阶段，会发生变更、调价、索赔等事件改变建设工程的原有状态，需要在初始结算的基础上进行调整、重新计量与结算。《建设工程价款结算暂行办法》（财建〔2004〕369号）（以下简称《369号文》）第六条规定："招标工程的合同价款应当在规定时间内，依据招标文件、中标人的投标文件，由发包人与承包人（以下简称发承包人）订立书面合同约定。非招标工程的合同价款依据审定的工程预（概）算书由发承包人在合同中约定。合同价款在合同中约定后，任何一方不得擅自改变。"可见，双方签约时确定的是合同价款的初始值，是合同价款的初始状态。初始值自确定之后合同主体任何一方不得擅自改动，但经双方协商之后允许做出调整，是合同价款的中间状态。继而，通过发包人向承包人累计完成工程价款的结算与支付，直至交易完成，得到竣工结算价，也就是合同价格，这是实现支付后的合同价款最终状态。

（二）合同价款的相关概念辨析

建设工程合同缔约全过程中贯穿着与合同价款相关的几个关键词，即签约时的签约合同价、结算支付时的工程价款，以及交易完成时的合同价格，以下对这几个关键词进行辨析：

1. 签约合同价

《工程造价术语标准》（GB/T 50875—2013）中将签约合同价（Contract Price）解释为发承包双方在工程合同中约定的工程造价，即包括了分部分项工程费、措施项目费、其他项目费、规费和税金的合同总金额。

在《建设工程工程量清单计价规范》（GB 50500—2013）（简称《13 版清单计价规范》）中将签约合同价与合同价款（Contract Sum）的含义等同。但不同规范中的英文翻译略有区别，可以做出以下解释：①《13 版清单计价规范》作为实践中使用的规范，sum 表达的是一个汇总计算而得的数值；②《工程造价术语标准》中的 price 则从价格角度，表达的是交易形成的价格。

FIDIC（国际咨询工程师联合会）《土木工程施工合同条件》（1999 年）（简称《99 版 FIDIC 新红皮书》）使用的是 Accepted Contract Amount，其 amount 的使用与 sum 异曲同工，指的是承包商投标报价，经过评标和合同谈判之后而确定下来的业主接受的合同金额，这个金额实际上只是名义合同价格，对应于国内的中标价。

2. 工程价款

《369 号文》第三条规定："建设工程价款结算（简称工程价款结算），是指对建设工程的发承包合同价款进行约定和依据合同约定进行工程预付款、工程进度款、工程竣工价款结算的活动。"即工程价款涵盖工程预付款、工程进度款、竣工结算款、最终结清款等内容。发包人向承包人支付的各类款项，即工程价款是合同价款通过实际支付后形成的。因而，工程价款是合同价款经过发包人支付后实现的结果。

3. 合同价格

《建设工程施工合同（示范文本）》（GF—2017—0201）（简称《17 版合同》）中的合同价格是指发包人用于支付承包人按照合同约定完成承包范围内全部工作的金额，包括合同履行过程中按合同约定发生的价格变化。《99 版 FIDIC 新红皮书》中，合同价格（Contract Price）指的是实际应付给承包人的最终工程款，是工程结束时确定的实际价格。

《13 版清单计价规范》认为，竣工结算价（Final Account at Completion）是指发承包双方依据国家有关法律、法规和标准规定，按照合同约定确定后，包括在履行合同过程中按照合同约定进行的合同价款调整，是承包人按合同约定完成了全部承包工作后，发包人应付给承包人的合同总金额。可见，《99 版 FIDIC 新红皮书》中的合同价格与《13 版清单计价规范》中的竣工结算价的含义一致，不仅包括按照合同约定完成承包范围内全部工作的金额，还包括合同履行过程中发生的价格调整，是承包人最终应拿到的全部收入额。

因此，结合合同缔约全过程及上述三个概念的剖析可以看出，合同价款具有"初始状态""中间状态""最终状态"三种状态，涵盖了上述三个概念。建设工程合同缔约全过程与合同价款关系界面如图 1-1 所示。合同价款的三种状态连接着建设工程项目合同主体间工程签约、价款调整、价款结算与支付及竣工交付直至最终合同结束，交易完成的主要活动。

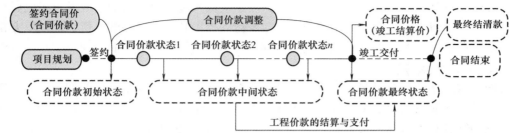

图 1-1　建设工程合同缔约全过程与合同价款关系界面

二、建设工程合同价款管理体系

合同价款管理的管理对象是合同价款，结合图 1-1 缔约全过程中的合同价款三个状态，合同价款管理体系包括三个方面：①合同价款的形成管理，即对签约合同价的合同总金额的确定；②合同价款的变化管理，即对合同价款的调整管理；③合同价款的实现管理，即合同价款的结算与支付管理以及合同价款的纠纷解决。但是鉴于合同价格形成主要是以交易过程中的工程计价活动为主，因此，本书所涉及的合同价款管理体系仅包括合同价款变化及实现，而不包括签约合同价的形成。

建设工程合同价款管理体系如图 1-2 所示。

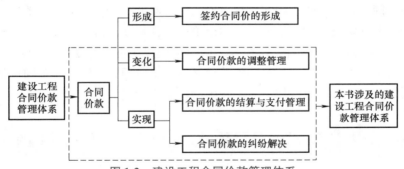

图 1-2　建设工程合同价款管理体系

（一）合同价款的调整管理

发承包双方经过严格的招标、投标、评标程序，最终发包人与中标人签订发承包合同。然而，由于合同具有天然的不完备性[⊖]，缔约双方无法预见施工过程中的所有风险，如物价波动、施工条件的变化、设计变更等情况。这些变化会导致发承包双方的权责利失去平衡。为了提高合同的执行效率，发承包双方针对施工过程中出现的风险事项建立起一套合理的调整机制，使得双方的权责利恢复平衡。

在双方权责利重新分配的过程中，签约合同价并不能体现风险导致的利益重新分配，于是就需要在签约合同价的基础上加上（或扣减）价款调整值。在合同价款的调整过程中，

⊖　西蒙的有限理论认为，人们在做决策时，并非事前收集掌握了全部所需要的信息和所有备选的方案，也并非知道所有方案的可能后果，从而按"效用函数"或"优先顺序"进行选择。决策人所知道的只是有限的信息、有限的选择方案和对不完全方案的可能的有限预测。再加上合同条款、签订合同双方用词的不完全标准，导致合同的不完备固有属性。

需要展开合同价款调整的管理工作。例如，当发生应由发包人承担的责任或发包人应履行的合同义务时，承包人可凭出具的相关证明，向发包人提出其损失款额的补偿，调整双方权责利的失衡状况。这一系列事宜从提出到落实都需要缜密的管理工作才能实现。

（二）合同价款的结算与支付管理

合同价款的结算与支付在工程建设中直接关系到建设单位和施工单位的切身利益。建设工程是一种特殊的商品，由于其具有一次性、单件性、结构复杂、实施时间长等特点，导致合同价款的结算与支付和一般商品的支付过程存在着很大的差别。合同价款一般采取分阶段、多次的结算与支付方式。对业主来说，合理的合同价款结算与支付安排既能有效控制投资预算，也能影响工期和质量。

合同价款的结算与支付是合同价款实现过程中的系列事务活动，对其展开一系列的管理也应是对全过程的管理。最终以预付款、进度款、结算款、质量保证金和最终结清的形式来完成工程价款的实现，因此合同价款的结算与支付管理也是对这些实现形式的管理。

（三）合同价款的纠纷解决

工程项目与生俱来的不确定性引起项目执行时合同价款的确定、调整以及结算等过程中发生争议事件在所难免。因此，合理的纠纷解决机制可以有效地减少各参与方之间的冲突，防止参与方之间的冲突升级，对建设工程项目参与方保持持久的良好关系而言必不可少，因此建设工程合同纠纷是建设工程实践中常见且合同双方都关注的问题。

在不同的合同文本中，给出的纠纷解决途径各自有所不同，如 FIDIC 系列合同中采取争端裁决委员会、友好解决及仲裁的方式。不论采取何种价款纠纷的处理方式，其纠纷的解决还是要依靠建设工程过程中的监管与控制，以及从建设工程合同管理本身出发寻求解决方案。从管理者的角度来说，应抓住合同价款纠纷的产生机理，最终形成合同价款纠纷及其结算处理的专用性理论，继而更好地指导实践中的纠纷管理工作。

第二节　建设工程交付模式与合同计价方式的匹配性分析

一、建设工程交付模式与合同计价的组合

（一）建设工程交付模式的概念与分类

1. 建设工程交付模式的概念

建设工程项目实施中的关键成功因素之一是项目实施规划的制定，规划的核心是项目交付模式（Project Delivery Method，PDM）及合同策略⊖。国内外工程建设行业未对 PDM 的定义达成一致，很多组织和个人都提出了自己的观点。例如，美国总承包商协会（Associated General Contractors of America，AGC）将其定义为："PDM 是为设计和建造一个工程项目而分配合同责任的综合过程，它确定那些为项目绩效承担合同责任的主要参与方。"⊜美国建筑管

⊖　Anderson S, Oyetunji A. Selection procedure for project delivery and contract strategy［C］//Proceedings of the Construction Research Congress，2003.

⊜　Kenig M E. Project delivery systems for construction［M］. 3rd edition. Arlington，VA：Associated General Contractors of America，2011.

理协会（Construction Management Association of America，CMAA）认为，所有 PDM 均有三个基本领域，即项目组织（Project Organization）、项目的"操作系统"（Operating Systems）和连接项目参与各方的商业条款（Commercial Terms），三者的结构必须均衡，以保持 PDM 的连贯运转[一]。Pishdad 和 Beliveau 通过已有文献总结出不同研究从不同属性来界定 PDM，包括管理过程、采购和风险分配策略、工作打包和排序、团队建设策略、角色与责任、融资策略等[二]。这些定义有的集中于 PDM 的某一具体属性，而有的则较为全面。

此外，合同计价方式、采购方式、管理方式与 PDM 存在混淆的现象。例如，对工程项目采购方式（Project Procurement Method）这一概念，其有时和 PDM 是同一个概念，尤其是在英国等欧洲国家，而在美国，目前项目采购方式一般是指承包商的选择方法。为避免混淆，本书为区分采购方式和交付模式等概念，将其加以界定和比较，如表 1-1 所示。本书认为 PDM 规定了为提供设计和建造服务的项目参与方的责任角色、活动顺序，决定了合同管理方式。

表 1-1 PDM 和相关概念的比较

概 念	定 义	常 见 类 型
PDM	规定了为提供设计和建造服务的项目参与方的责任角色、活动顺序，决定了合同管理方式	DBB、DB、CMR、EPC、Turnkey（交钥匙工程）等
采购/选择方式	为项目选择设计方或施工方的程序	最低价法、最佳价值法、基于资质的选择方法
合同计价方式	业主向设计方或承包商提供服务的支付方式	单价合同、成本加酬金合同、总价合同等
管理方式	管理、监督、协调设计和施工过程的方法	自主管理、委托管理，如国内的建设监理等

2. 建设工程交付模式的分类

PDM 没有一个明确的分类，很多学者尝试根据不同的因素来对 PDM 进行分类，这些因素包括：①管理风格及业主承担责任的程度；②业主参与的程度；③为整合设计和施工的责任扩展；④项目复杂性和单一性造成的相关风险的分配；⑤每种 PDM 的大致适用场合；⑥设计、施工、融资一体化方面的成本等。并综合归类地将 PDM 分为三类[三]：①分离与合作型交付模式，包括传统的 DBB 及其变异形式；②一体化的方式，包括 DB 及其变异形式；③管理导向的方式，包括管理承包和 CM[四]等。美国建筑业学会（Construction Industry Institute，CII）认为，实际上只有三种基本的 PDM，即 DBB、DB 和 CMR，其他方式都是这三种

[一] Construction Management Association of America. Managing integrated project delivery [M]. USA: Construction Management Association of America, 2009. Azari-Najafabadi R, Ballard G, Cho S, et al. A dream of ideal project delivery system [C] //Proceedings of the AEI 2011. New York: ASCE, 2011: 427-436.

[二] Pishdad P B, Beliveau Y J. Analysis of existing project delivery and contracting strategy (PDCS) selection tools with a look towards emerging technology [C] //Proceedings of the 46th Annual International Associated School of Construction (ASC) Conference. Boston, 2010.

[三] Rwelamila P D, Edries R. Project procurement competence and knowledge base of civil engineering consultants: an empirical study [J]. Journal of Management in Engineering, 2007, 23 (4): 182-192.

[四] CM 模式包括 CMR 和 CMA 两种建设管理模式。

方式的变异形式或混合体⊖。王卓甫等⊜指出，经典的 PDM 包括 DB、EPC、CMR 和 DBB，它们的核心差异是承包范围不同。显然，不同 PDM 应用时的设计深度或工程实施阶段是不同的。以工程设计深度或工程建设阶段为坐标，可建立出建设工程项目交付模式谱，如图 1-3 所示。

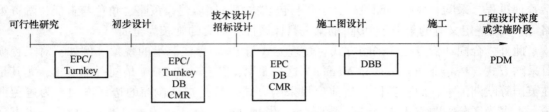

图 1-3　建设工程项目交付模式谱

综上，本书主要介绍四种交付模式：即设计—招标—施工模式（DBB 模式）、设计—采购—施工总承包模式（EPC 模式）、设计—施工总承包模式（DB 模式）和建设管理模式（CMR 模式）。

（二）建设工程交付模式下的合同计价方式

不同项目交付模式和不同契约类型相结合，产生不同的项目治理结构和报酬结构的组合模式⊜。每种交付模式关系㉘中都有相对的权威主体，各方相对地位以客户影响力㉖来衡量。其客户影响力指的是客户影响项目的能力，即客户对项目的控制力，按照由弱到强依次是 EPC 模式、DB 模式、DBB 模式、CMR 模式㊀。

合同计价方式是指业主对设计方或承包商提供服务的支付形式。合同计价方式决定工程分配风险和激励强度，主要有三种合同计价方式，即总价合同、单价合同（实测数量合同）、成本加酬金合同。三种合同计价方式中委托人对代理人的激励程度由弱到强依次是成本加酬金合同、单价合同、总价合同。

传统交付模式，即 DBB 模式中，发包人作为设计方和承包人之间信息的交接纽带，并负责协调各方的工作；DB 模式下，由总承包人来扮演工程实施工作的关键角色；至于 CM 模式，则是由 CM 总承包人扮演工作协调的主要角色。因此，将大量处理不确定性的职能工作整合到一家总承包企业，还是分散到若干个专业公司中，取决于信息成本和代理成本之间的平衡，也取决于资源、能力与态度之间的匹配。也就是说，这些模式中，没有"最好"，只有"最合适"，根据建设过程的实际条件和当事人的风险态度来权衡选择。

⊖ Construction Industry Institute. Project delivery systems：CM at risk, design-build, design-bid-build ［R］. Austin, Tex：Construction Industry Institute, 1997.

⊜ 王卓甫，杨高升，洪伟民. 建设工程交易理论与交易模式 ［M］. 北京：中国水利水电出版社，2010.

⊜ KaixunSha. Vertical governance of construction projects：an information cost perspective ［J］. Construction Management & Economics, 2011, 29 (11)：1137-1147.

㉘ 此处交付模式关系指的是建设工程项目中的委托代理关系，是一种垂直治理关系，有别于横向的合作关系。委托代理的层次越多，信息不对称的程度越大，激励问题也就越突出。

㉖ 客户影响力，其英文对应词为"Client Impact"，在委托代理关系下，Client 指的是委托方；交付模式下的客户就是工程的发包人。

㊀ 在国内工程建设管理实践中，也把这些项目交付模式称为项目发承包模式。

不同的项目交付模式和不同的计价方式相结合，将产生不同的组合，如图 1-4 所示。CMR 模式下采用的是成本加酬金合同计价方式，DBB 模式下采用的是实测数量合同计价方式，EPC 模式/DB 模式下采用的是总价合同计价方式。

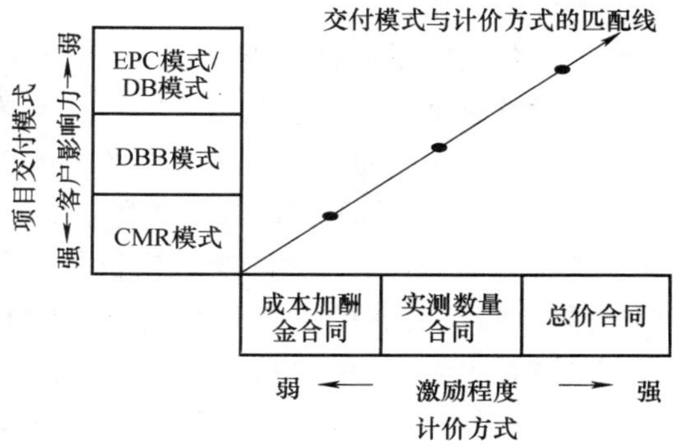

二、DBB 模式与工程合同计价方式

建设工程交付模式与工程合同计价方式之间的匹配中，从 DBB 模式、EPC 模式、CMR 模式与其合同计价方式之间的关系展开分析。

图 1-4 建设工程交付模式与合同计价方式的组合

（一）DBB 模式下的委托代理关系

以设计与施工相分离为特征的 DBB 模式，是国际上最为经典的建设工程发包方式之一。工程实施按照设计—招标—施工的自然顺序方式进行，即一个阶段结束后另一个阶段才能开始。承包人介入工程的时间较晚，按图施工，因此发包人对承包人的控制大于激励。

该模式中的委托代理关系主要有以下两个层次：①在第一层次，发包人是委托人，设计方和施工总承包人是两个相对独立的代理人。工程设计方负责工程设计，对发包人负责，施工承包人在设计图完善后实施工程施工，对发包人负责；②在第二层次，施工总承包人与分包人之间形成委托代理关系。在 DBB 模式下，对承包人实施控制确保项目目标的实现是主要任务，而对承包人的激励则主要体现在工程量据实结算之中，承包人按照合同履约才可以获得相应报酬。DBB 委托代理关系的组织模式如图 1-5 所示。

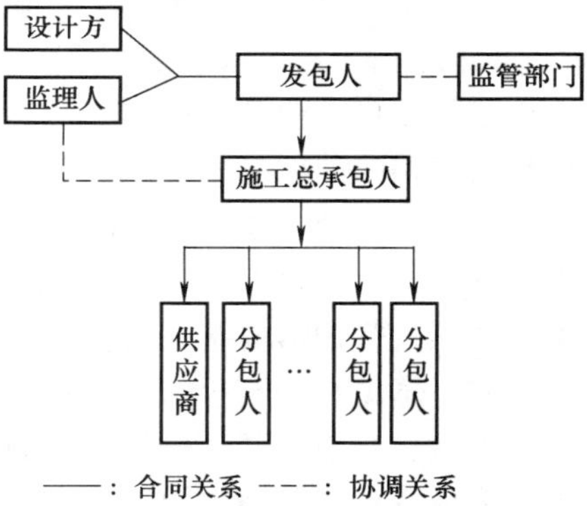

图 1-5 DBB 委托代理关系的组织模式

（二）DBB 模式的合同计价方式

DBB 模式采用实测数量合同的计价方式，按单价实测工程量确定合同价，辅之以包干项确定工程总造价。经过招标投标环节，首先由招标人或其委托的工程造价咨询人根据工程项目设计文件，编制招标项目的工程量清单，并将其作为招标文件的组成部分。投标人按照清单表对各项工程量报单价，汇总后形成投标价。其工程量清单中所列出的工程量仅为参考的估算量，在工程实施和计量估价中均不作为计量标准。

DBB 模式采用的实测数量合同中约定的风险分担格局相对均衡，充分体现了"量价分离"的风险分担原则。发包人负责大部分设计工作，且招标工程量清单的准确性和完整性由发包人负责；作为投标人的承包人结合企业自身实际、参考市场有关价格信息完成清单项目工程的组合报价，并对其承担风险。在工程的实施过程中，承包人承担合同中列明的应当由承包人承担的风险，而对于一个有经验的承包人在投标前不能合理预见的风险，由发包人承担。例如，《17 版合同》第 7.6 款〔不利物质条件〕规定："承包人遇到不利物质条件时，应采取克服不利物质条件的合理措施继续施工，并及时通知发包人和监理人（FIDIC 系列合同条件中称为工程师）。通知应载明不利物质条件的内容以及承包人认为不可预见的理由。监理人经发包人同意后应当及时发出指示，指示构成变更的，按第 10 条〔变更〕约定执行。承包人因采取合理措施而增加的费用和（或）延误的工期由发包人承担。"

在付款制度上，实测数量合同一般是按月支付款额，每月款额的计算比较清晰。依据每月测量得出的工程量和工程量表中约定的单价，对于个别包干项参照承包人提供的价格分解表而定。《17 版合同》第 12.3.3 款〔单价合同的计量〕规定："除专用合同条款另有约定外，单价合同的计量按照本项约定执行：（1）承包人应于每月 25 日向监理人报送上月 20 日至当月 19 日已完成的工程量报告，并附具进度付款申请单、已完成工程量报表和有关资料。"在提交的报表资料基础上还需考虑当月双方协商后同意调整的价款来确定期中支付金额。最终由发包人依据支付证书向承包人支付。

DBB 模式采用的实测数量合同，由于其风险分担的格局相对均衡，故而对承包人的激励也是相对合理的激励程度。需要指出的是，实测数量合同有一个可被利用的"激励点"——承包人承担单价风险但不承担工程量的风险，由此承包人会利用工程量的漏洞进而采取不平衡报价活动，从中赚取利益。

三、EPC 模式与工程合同计价方式

（一）EPC 模式下的委托代理关系

EPC 模式将设计、采购及施工合为一体，形成的是单一责任制。由一个 EPC 总承包人承担工程项目的全部工作，包括设计、采购设备、各专业工程的施工以及项目管理工作，甚至包括工程的前期筹划、方案选择和可行性研究等，即总承包人介入工程的时间较早，掌握信息齐全。此外，总承包人向发包人负责，发包人常委托咨询公司为其代表，承担项目的管理实施工作。通过 EPC 总承包人可减少发包人面对多个承包人的数量难题，同时总承包人将整个项目管理形成统一系统，方便协调和控制。

EPC 模式下的委托代理关系可分为两个层次：①在第一层次，发包人是委托人，EPC 总承包人是代理人，形成发包人与 EPC 总承包人之间的单一责任关系；②在第二层次，EPC 总承包人是委托人，将部分设计、供应、施工的工作分包出去，设计方、供应商、建造分包人是三个相对独立的代理人。由于该模式涉及的委托代理关系相对复杂，对总承包人及各分包人的有效监管和激励问题成为主要矛盾。此委托代理关系的组织模式如图 1-6 所示。

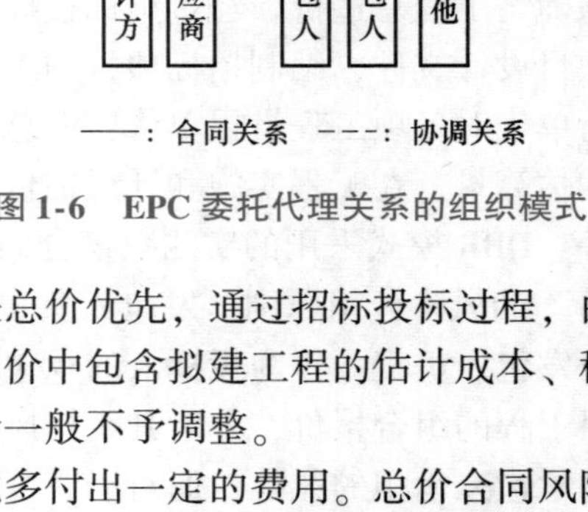

——：合同关系 ---：协调关系

图 1-6 EPC 委托代理关系的组织模式

（二）EPC 模式的合同计价方式

EPC 模式的合同计价方式采用总价合同。总价合同是总价优先，通过招标投标过程，由承包人报总价，双方商讨并确定合同签约总价。签约合同价中包含拟建工程的估计成本、税费、管理费、风险费以及利润等，所以，签约的合同总价一般不予调整。

工程风险大部分由承包人承担，同时发包人愿意为此多付出一定的费用。总价合同风险分担的一般原则是：除了合同明确规定应当由发包人承担的风险以外，其他都属于承包人的风险。FIDIC《设计采购施工（EPC）/交钥匙工程合同条件》（1999 年）（以下简称《99 版 FIDIC 新银皮书》）第 13.8 款〔因费用波动的调整〕规定："当合同价格要根据劳动力、货

物，以及工程的其他投入的成本的升降进行调整时，应按照专用条件的规定进行计算。"这表明物价波动的风险一般是由承包人承担的。而且第 4.10 款〔现场数据〕规定："承包人应负责核查和解释（发包人提供的）此类数据。发包人对此类数据的准确性、充分性和完整性不承担任何责任。"这表明发包人提供的现场数据错误的风险也是由承包人来承担。对发包人来说总价合同对总承包人的要求很高，承包人的资信风险大，需加强对承包人的宏观控制，选择资信好、实力强的承包人。发包人通过严格控制工程实施的质量风险，从而规避其在总价合同中愿意多付出的费用风险。

总价合同一般按照里程碑、形象进度节点、合同规定的付款计划表来支付。付款制度上，《99 版 FIDIC 新银皮书》中的价款支付是由承包人向发包人直接提交付款申请和相应的文件，由发包人决定是否付款。除根据合同做出的某些调整外，应按照在协议书中规定的包干合同价款进行支付。

总价合同对总承包人的激励较大，能够最大限度地调动承包人对工程规划、设计、施工及施工过程中优化和控制的积极性。《99 版 FIDIC 新银皮书》第 13.2 款〔价值工程〕规定："承包人可随时向发包人提交书面建议，提出（他认为）采纳后将加快竣工，降低发包人的工程施工、维护或运行的费用，提高发包人的竣工工程的效率或价值，或给发包人带来其他利益的建议。"从而承包人可获得节省费用的奖励，实现利益共享。采用里程碑支付方式对承包人同样具备一定的激励性。为了得到工程款的支付，承包人会以高效的工作效率达到支付标准。在激励承包人的同时，业主代表会在现场发挥其监管职能，以防总承包人的机会主义行为。

四、CMR 模式与工程合同计价方式

（一）CMR 模式下的委托代理关系

CM 模式中，有风险型（CM at Risk，即 CMR）和代理型（CM Agency，即 CMA）两种建设管理模式。由于 CMA 模式中是由发包人与施工分包人直接签订合同，CM 承包人不承担工程的施工任务，仅承担工程的管理任务，属于项目管理模式而不是项目交付模式。因此，本书此处只介绍 CMR 模式。

CMR 模式中，委托代理关系可分为两个层次：①在第一层次，发包人是委托人，设计方和 CM 承包人是两个相互关联的代理人；②在第二层次，CM 承包人和各分包人之间存在委托代理关系。发包人一般选择有丰富的工程施工承包和施工管理经验的工程总承包公司作为 CM 承包人；CM 承包人既要承担部分施工任务，也要承担施工管理任务，发包人与 CM 承包人签订具有承包性质的合同。CMR 委托代理关系的组织模式如图 1-7 所示。

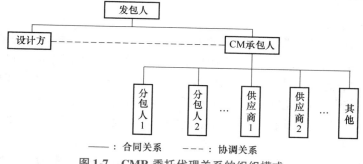

图 1-7 CMR 委托代理关系的组织模式

正是这两层委托代理关系的存在，使得 CM 承包人成为施工现场的总指挥和总负责人。一般情况下，发包人只向 CM 承包人发出指令，不越级直接指挥分包人、供应商，CM 承包人向分包人、供应商发指令；CM 承包人向发包人负责，而供应商、分包人向 CM 承包人负责。

（二）CMR 模式的合同计价方式

CMR 模式采用成本加酬金合同的计价方式。CMR 模式的合同总价形成不是一次确定的，而是等 CM 承包人与每一个分包人签订合同后才能确定。即整个施工任务会经过多次分包，有一部分完整施工图就分包一部分，将施工合同总价化整为零。每次分包都通过招标展开竞争，分包合同价格均需通过谈判展开详细的讨论，从而使得各个分包合同价格汇总后形成的合同总价更具合理性。

成本加酬金合同计价方式中，承包人与分包人、供应商之间的合同价是公开的。甚至，发包人还可以参与招标工作的谈判，CM 承包人不赚取其中的差价。CM 承包人在谈判时会努力降低分包合同价，节约部分全部归发包人所有，CM 承包人可获得部分奖励。因此，发包人在发包报价方面承担的风险较小。一般发包人要求 CM 承包人提出保证最高成本限额（GMP）以保证发包人的投资控制。最后结算时超过 GMP 的，由 CM 承包人承担，低于GMP 的节约部分归发包人所有，但 CM 承包人由于承担了保证施工成本风险能从结余中得到额外收入。

发包人向 CM 承包人支付实际工程成本费用，并按事先协议好的某一方式支付酬金，包括各项管理费、风险费和利润。根据不同酬金支付方式，成本加酬金合同有多种形式。目前流行的主要有成本加固定酬金合同、成本加定比酬金合同、成本加激励酬金合同、最大成本加费用合同、固定价格加激励合同等，但实际使用时都是根据项目情况来灵活选取和制定的。

CM 承包人在签约前的谈判中降低签约合同价时可获得部分奖励，以及在工程完成后工程的实际成本有所降低时 CM 承包人也可获得部分奖励，这是发包人对 CM 承包人的激励之处。但 CM 承包人获得的奖励，应按事先合同协议的某一方式来支付酬金，所以 CM 承包人可获得的款额变化不大。这也是成本加酬金合同计价方式对承包人的激励程度相对较低的原因所在。

第三节　建设工程合同风险分担与合同价款的调整

一、风险分担的相关概念

（一）工程项目风险

工程项目的构思、目标设计、可行性研究、设计和施工计划等都是在预测未来情况（政治、经济、社会、自然等条件）、理想的技术和管理水平等因素的基础上完成的。但是在工程建设过程中，这些因素具有不确定性，都可能会发生变化。这些变化会使原定的设计、方案、计划受到干扰，有可能导致工程的基本三要素变化，即成本（投资）增加、工期延长和质量降低，使得原定的工程目标不能按计划实现。这些事先不能确定的内部和外部的干扰因素，称之为风险。也可以说风险是工程实施过程中的不确定因素。

工程项目风险是多角度的，可以总结为四类主要风险，即工程环境风险、工程技术和实施方法等方面的风险、项目组织成员资信和能力风险、工程实施和管理过程风险。具体的工程项目风险类型及内容如表 1-2 所示。

表 1-2 工程项目风险类型及内容

工程项目风险类型	工程项目风险类型的内容
工程环境风险	（1）工程所在国政治环境的变化，尤其是国际工程所在国的政治环境的变化，如战争、罢工、社会动乱等政治环境造成的工程中断或终止 （2）经济环境的变化，如通货膨胀、汇率的调整、物价上涨等。在工程中物价变化和货币汇率的调整经常出现，甚至会有物价的异常波动情形，其对工程的影响非常大 （3）法律环境变化。例如，颁布新的法律、新的外汇管理政策、国家调整税率或增加新税种等，如营业税改征增值税 （4）自然环境变化，如复杂且恶劣的气候条件和现场条件，洪水、地震、以及工程水文、地质条件存在不确定性等
工程技术和实施方法等方面的风险	（1）工程规模越来越大，功能要求越来越高，对工程技术结构、科技含量要求更高 （2）施工技术难度大，需要新技术、特殊工艺、特殊的施工设备
项目组织成员资信和能力风险	（1）发包人（包括投资者）的资信与能力风险 （2）承包人（包括分包人、供应商）的资信和能力风险 （3）项目管理者（如监理工程师）的信誉和能力风险 （4）其他相关工作人员对工程的干扰
工程实施和管理过程风险	（1）项目决策错误 （2）环境调查工程欠缺风险 （3）起草了有错误的招标文件、合同文件 （4）错误地选择承包人，承包人的施工方案、施工计划和组织措施存在缺陷和漏洞 （5）实施控制中的风险，如合同未正确履行、下达错误的指令等

（二）合同风险

合同风险是指与合同有关的，或由合同缺陷引起的不确定性，主要包括以下两类：

1）合同风险通过合同定义和分配，规定风险承担者，所以合同风险是相对于某个承担者而言的。对客观存在的工程项目风险，如工程环境风险、工程技术和实施方法等方面的风险、项目组织成员资信和能力风险、工程实施和管理过程风险中所涉及的内容，通过合同条文定义风险及其承担者，将工程项目风险转化为合同风险。

2）合同缺陷导致的风险。这类风险是由于合同签订时表达有误，或沟通不完善而导致的条文不全面、不完整等情形造成的。

合同风险事件的发生在工程实施过程中常常不能立即或正确预测到，甚至可能一个有经验的承包人也难以合理预见。但是在一个具体的过程环境中，双方签订的是一个内容确定的合同，则其风险有一定的范围，发生和影响有一定的规律性。

合同风险常常是相对于某个承担者而言的。对客观存在的合同风险，通过条文定义风险及其承担者，则成为该方的风险。在工程中，如果风险成为现实，则主要由承担者负责风险控制，并承担相应损失责任。所以对合同风险的定义属于双方责任划分，合同中不同的表达，则有不同的风险和不同的风险承担者。

（三）工程项目的风险分担

1. 风险分担的概念

工程项目风险分担就是对工程项目的风险进行识别和评估之后，对其采取的应对措施。

由于工程风险难以避免，所以近几年大量学者对工程风险分担进行了相关研究并对概念进行界定，相关学者的观点如表1-3所示。

表1-3　工程项目风险分担的定义

序号	作　者	概　念　界　定
1	M. P. Abednego 等（2006）[一]	风险分担不仅包括责任的划分，而且还是对风险进行合理的分担，进而识别出待分配的风险因素（what），以合适的时间（when），确定其合适的承担者（who），及制定对应的方案（how）
2	Lam 等[二]	将一系列项目不能按计划进行的假想情况与责任进行联系，并将这种与项目未来损失或收益相联系的责任在项目参与方之间分配
3	Khazaeni 等[三]	对风险事项对项目未来产生的损失或收益的后果在项目参与方之间进行责任划分
4	朱宗乾等（2010）[四]	项目各合作方（利益相关者）之间对项目中的各类风险以分别承担或共同承担的方式，形成的风险责任划分过程与格局
5	赵华（2012）[五]	识别工程项目的风险，将其合理地划分给项目参与方，明确该风险由项目参与方某一方承担或者共同承担的过程

2. 风险分担的过程

从工程项目风险到合同风险，首先发包人应根据需要选择适宜的管理模式，对风险进行分阶段控制。但是同一种管理模式下不同的合同类型对风险承担的范围也不一样，所以还需要选择合适的合同类型。然后对可能遇到的风险范围进行风险划分，将划分好的风险范围，按照合理风险分担原则落实到有具体承担者的合同风险。因此，风险的落实过程是工程风险落实到合同风险，最终由合同条款体现风险分担的思想，风险分担的过程如图1-8所示。

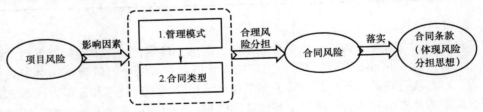

图1-8　风险分担的过程

合同的起草和谈判实质上很大程度是合同风险的分配问题。一份公平的合同不仅应对风险有全面的预测和定义，而且应全面地落实风险责任，在合同双方之间公平合理地进行风险

[一] Abednego M P, Ogunlana S O. Good Project Governance for Proper Risk Allocation in Public-Private Partnerships in Indonesia [J]. International Journal of Project Management, 2006, 24（7）: 622-634.

[二] Lam K C, Wang D, Lee P T K, et al. Modelling Risk Allocation Decision in Construction Contracts [J]. International Journal of Project Management, 2007, 25（5）: 485-493.

[三] Khazaeni G, Khanzadi M, Afshar A. Fuzzy Adaptive Decision Making Model for Selection Balanced Risk Allocation [J]. International Journal of Project Management, 2012, 30（4）: 511-522.

[四] 朱宗乾，李艳霞，罗阿维，等. ERP 项目实施中风险分担影响因素的实证研究 [J]. 工业工程与管理，2010，15（2）: 98-102.

[五] 赵华. 风险分担对工程项目管理绩效的作用机理研究 [D]. 天津：天津大学，2012.

分担。对合同双方来说，如何对待风险是个战略问题。由于发包人起草招标文件、合同条件、确定合同类型，承包人必须按发包人的要求投标，所以在风险的分担过程中发包人起主导作用，有更大的主动权与责任。但发包人不能全然不顾各种主客观因素，而任意在合同中加上对承包人的单方面约束性条款和对自己的免责条款，将风险全部推给对方。

3. 风险分担的原则

传统的风险分担原则侧重于权利责任对等、过错原则、受害者承担原则以及在此基础上，考虑承担者的风险管理能力。Casey、Nadel 等较早在工程项目管理界提出了风险分担原则，其主要观点为将一方所承担的风险与收益相对应、将风险的承担与控制能力相对应、将风险分摊给控制其风险代价较小的一方和实际的风险分担方案应与期望的合理分担方案相适应[一]。JB Grove 于 2000 年 11 月在香港召开的有关工程建设项目风险管理的大会中提出，风险分担可以遵循四个标准：①过错标准，如果一方过错导致了项目执行受到影响则风险应由其承担；②预见性标准，如果一方具有最佳的风险预见能力，则风险应由其承担；③管理标准，风险应由最有能力管理并控制的一方承担；④激励标准，在该方具有相应能力的前提下，一方能够被激励来更好地避免与控制风险，则风险应由其承担[二]。国内学者中，张水波[三]、何伯森[四]较早地提出了风险合理分担原则，该原则基于"权责利对等"的思想，其原则可概括为：①项目中的一方应该承担起自身恶意或者渎职行为引起的风险的责任；②项目中哪一方能够通过保险将风险转移出去，则风险应由其承担；③如果其中一方是承担该风险的最大经济受益者，则风险应由其承担；④如果其中一方具有对某项风险的更好的预见与控制能力，则应由其承担；⑤如果一方是该风险的直接受害者，则风险应由其承担。

合同双方应理性分担风险，如合理的可预见性风险分担方法、可管理性风险分担方法和经济学风险分担方法等。在落实合同风险进行合同风险分担时，需要遵循一定原则，如表 1-4 所示。

表 1-4 建设工程合同风险分担原则

影响风险分担的具体因素	风险分担体现的原则	详 解
控制能力、控制成本	效率原则	（1）风险由对该风险最有控制能力的一方来控制。如双方均无控制能力，难以确定，则由双方共同承担 （2）承担者控制相关风险是经济的，即能够以最低的成本来承担风险损失，同时其管理成本、自我防范等费用低 （3）从合同双方来说，承担者的风险损失低于其他方的风险收益，在受益方赔偿损失方的损失后仍获利，这就提高了合同执行效率
权责利	公平原则	（1）价格公平。合同风险越大，则合同约定的价格越高 （2）风险责任与权利平衡。承担者有风险责任就有相应的执行权利 （3）风险责任与机会对等。承担风险同时享有风险获益的机会 （4）承担的可能性和合理性。给予承担者预测、计划、控制的条件和可能性

⊖ 廖美薇. 建设项目的风险管理：理论与应用 [Z]. 香港大学内部讲义，2000.

⊜ 尼尔 G 巴尼. FIDIC 系列工程合同范本：编制原理与应用指南 [M]. 张水波，等译. 北京：中国建筑工业出版社，2008.

⊜ 张水波，何伯森. 工程项目合同双方风险分担问题的探讨 [J]. 天津大学学报（社会科学版），2003，5（3）：257-261.

㉃ 何伯森，万彩芸. BOT 项目的风险分担与合同管理 [J]. 中国港湾建设，2001（05）：63-66.

（续）

影响风险分担的具体因素	风险分担体现的原则	详　解
伙伴关系	考虑现代化工程理念原理	双方伙伴关系、风险共担、达到双赢的目的，将许多不可预见的风险由双方共同承担
惯例	工程惯例原则	进行风险分担时要符合该行业及当地的一些惯例，即符合工程中通常的处理方式

注：本书中，风险分担、风险分配的概念等同。

二、不同合同价格类型下的风险分担框架

Al-Harbi⊖对六种不同合同价格类型的业主与承包商的风险分担情况进行了划分，如图1-9所示。本书主要对三种合同类型，即单价合同、总价合同、成本加酬金合同的风险分担情况进行具体分析。

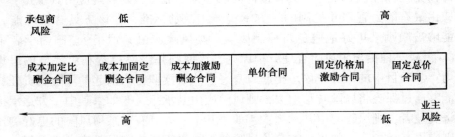

图 1-9　不同合同价格类型下的风险分担

（一）单价合同与风险分担

单价合同中的风险分担格局较为均衡，体现了风险共担的思想。

1）在这种合同中，承包人仅按合同规定承担报价风险，即对报价（主要为单价和费率）的正确性和适宜性承担责任；而工程量变化的风险由发包人承担。由于风险分配比较合理，能调动发承包双方管理的积极性，所以适用于大多数工程。

2）实行工程量清单计价的工程，应当采用单价合同。单价合同实施期间，合同中的工程量清单项目综合单价在约定的条件内是固定不变的，超过合同约定的条件时，依据合同约定进行调整；工程量清单项目及工程量则依据承包人实际完成且应予计量的工程量确定。这也体现了单价合同在风险发生情形下予以风险分担。

《13版清单计价规范》第3.4.1（强制性条文）规定："建设工程发承包，必须在招标文件、合同中明确计价中的风险内容及其范围，不得采用无限风险、所有风险或类似语句规定计价中的风险内容及其范围。"此规范提倡的合理风险分担框架如图1-10所示。

单价合同一般又分为估计工程量单价合同、纯单价合同、单价与包干混合式合同三种形式。估计工程量单价合同下，由于发包人在招标文件中列出的工程量基本上接近实际工程完成的工程量，承包人投标报价和实施工程的风险相对较小；纯单价合同下，发包人提供的工程量清单中不能反映工程量的多少，承包人投标报价和实施工程的风险相对较大；单价与包

⊖ Al-Subhi Al-Harbi K M. Sharing Fractions in Cost-Plus-Incentive-Fee Contracts［J］. International Journal of project management, 1998, 16（2）: 73-80.

干混合式合同下，由于工程的不确定性更大，并要求对部分工程内容采用包干价计价，承包人的风险相对最大。由此可知，三种类型的单价合同中，发包人承担的风险逐渐变小。根据上述分析可知，单价合同的风险分配符合效率原则，是风险分配较为合理的合同形式，即合同中"量"的风险由最具控制效率的发包人承担，"价"的风险由最具控制效率的承包人承担。正是由于这种风险分配的合理性，单价合同在工程中的应用也较为广泛。

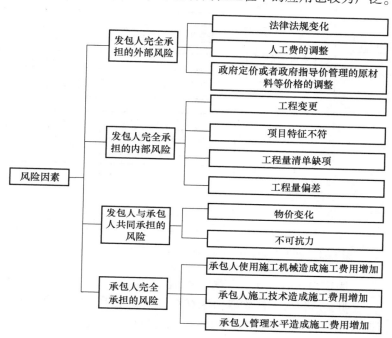

图 1-10 《13 版清单计价规范》提倡的合理风险分担框架

（二）总价合同与风险分担

在总价合同类型中一般要求承包人承担项目中的大部分风险。

1）总价合同调整合同价款的要求相较于单价合同来说比较苛刻。只有在设计（或发包人要求）变更，或符合合同规定的调价条件，如法律变化，才允许调整合同价格。否则不允许调整合同价格，由承包人来承担合同中已约定的大部分风险。

2）工程量变化的风险。当合同价款是依据承包人根据施工图自行计算的工程量确定时，除工程变更造成的工程量变化外，合同约定的工程量是承包人完成的最终工程量，发承包双方不能以工程量变化作为合同价款调整依据；当合同价款是依据发包人提供的工程量清单确定时，发承包双方应依据承包人最终实际完成的工程量（包括工程变更和工程量清单错漏）调整确定工程价款。

3）物价异常波动引起的风险。总价合同在报价时，承包人必须对市场的变化进行充分的估计，减少由于价格变化带来的风险和造成的损失，因此总价合同一般规定物价波动时，合同价款不予调整。但是当发生不正常的物价上涨和过度的通货膨胀的风险时，可以依据情势变更原则，要求发包人给予物价异常波动引起的损失补偿。

总价合同一般又分为固定总价合同、调价总价合同、固定工程量总价合同等几种形式。总价合同风险分担的框架以《99 版 FIDIC 新银皮书》提倡的合理风险分担框架为例，如

图 1-11 所示。

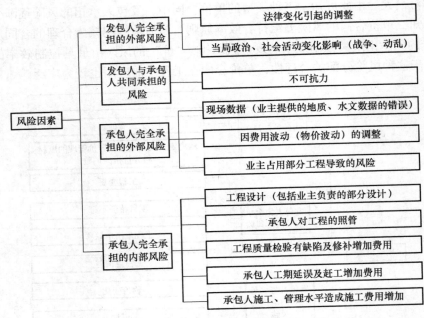

图 1-11 《99 版 FIDIC 新银皮书》提倡的合理风险分担框架

对承包人而言，固定总价合同下，工程量变化的风险主要由承包人承担，并且《99 版 FIDIC 新银皮书》表明，承包人不能索赔由于材料价格变化所产生的费用超支，所以承包人的风险最大；而调价总价合同下，承包人可以得到材料价格变化时费用超支的补偿，风险相对较小；固定工程量总价合同下，容许根据工程内容变更或材料价格变化对合同价格进行调整，风险相对最小。

大量的工程案例表明，由于现代工程项目成本变化的影响因素多且复杂，总价合同下承包人在该项工作的工作内容、工程量和工程单价三个方面，工程单价的风险最大。因而，风险既是高额利润的来源，也会因为风险管理不善导致亏损。

（三）成本加酬金合同与风险分担

成本加酬金合同，与总价合同差别较大，发包人承担了大部分的风险，其中一些特定的风险范围是由双方在合同中据实明确约定的。成本加酬金合同对承包人有利，承包人承担的风险小。只要不超限，承包人在施工中也不刻意进行成本管理，因为承包人投入的成本都能从发包人处得到补偿。且承包人有不同形式的"酬金"收入，特别是在成本加定比酬金合同中，酬金与实际成本是正比关系，成本越高，承包人的利润越大，可能会导致承包人在施工过程中尽量增加工程成本来增加酬金的情况出现。在这样的情况下，发包人则承担大部分难以控制的风险。合同风险分担的框架以签约合同中提倡的合理风险分担框架为例，如图 1-12 所示。

（四）不同价格合同类型的风险分担比较

在总价合同、单价合同以及成本加酬金合同三种合同计价方式下，对发包人而言，成本加酬金合同的风险最大，单价合同次之，总价合同最小；对承包人而言，成本加酬金合同的风险最小，单价合同次之，总价合同最大。王卓甫⊖通过对比分析，列出业主以及承包商采用不同价格合同类型所需要承担的风险比例的大小，如表1-5所示。

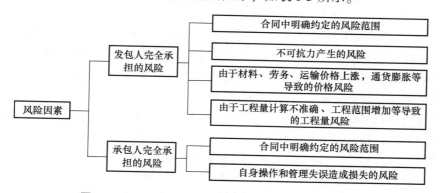

图1-12 成本加酬金合同中提倡的合理风险分担框架

表1-5 不同价格合同类型的风险分担比较

序　号	合同形式	风险分担	
		发包人所分担的风险比例	承包人所分担的风险比例
1	总价合同		
2	单价合同		
3	成本加酬金合同		

总价合同中，发包人承担较低的风险，合同中的风险主要由承包人来承担。发包人喜欢采用总价合同的原因是可以较好地控制工程投资，这点相对来说对发包人较为有利。但是该合同的价格会相对偏高，因为承包人会为发包人转移到其的不可预见的风险付出更高的代价，而这个代价最终由发包人来支付。单价合同中发包人和承包人之间进行了比较合理的承担，按照风险分担的框架，各自对各自应承担的风险负责。且该合同价格类型极其需要合同双方在工程建设过程中的积极配合，其共担风险的模式也令发包人和承包人更加积极地进行风险管理。而成本加酬金合同价格类型是承包人较为喜欢采用的一种合同价格类型，承包人承担较少的风险，大部分风险由发包人承担。这种风险分担的方式也是在特定施工环境下签约合同中采用的分配方式。

三、基于风险分担的合同价款调整

（一）合同价款调整的相关规定

合同价款调整是指在合同价款调整因素出现后，发承包双方根据合同约定，对合同价款进行变动的提出、计算和确认，从而平衡风险因素的影响，使合同当事人的风险得到合理分担。合同履行过程中，引起合同价款调整的事项有很多，不同文件有不同的约定。

《中华人民共和国标准施工招标文件》（以下简称《标准施工招标文件》）中规定了6项合同价款调整事项，包括变更、法律法规、物价波动、不可抗力、违约、索赔。

⊖ 王卓甫. 工程项目风险管理——理论、方法与应用［M］. 北京：中国水利水电出版社，2003.

《369号文》中规定了5项合同价款调整事项，包括：①法律、行政法规和国家有关政策变化影响合同价款；②工程造价管理机构的价款调整；③经批准的设计变更；④发包人更改经审定批准的施工组织设计（修正错误除外）造成费用增加；⑤双方约定的其他因素。

《13版清单计价规范》中规定了15项合同价款调整事项，包括：①法律法规变化引起的合同价款调整；②工程变更引起的合同价款调整；③项目特征不符引起的合同价款调整；④工程量清单缺项引起的合同价款调整；⑤工程量偏差引起的合同价款调整；⑥计日工引起的合同价款调整；⑦物价变化引起的合同价款调整；⑧暂估价引起的合同价款调整；⑨不可抗力引起的合同价款调整；⑩提前竣工（赶工补偿）引起的合同价款调整；⑪误期赔偿引起的合同价款调整；⑫索赔引起的合同价款调整；⑬现场签证引起的合同价款调整；⑭暂列金额引起的合同价款调整；⑮其他因素引起的合同价款调整。

建设项目的合同拟定过程中，对于合同价款调整事项的约定，应该遵守国家相关文件的规定，并结合项目具体特点和业主方项目管理要求，双方商议约定调整事项和调整方法。

（二）基于风险分担的合同价款调整分类

1. 工程变更类事项引起的合同价款调整

工程变更是承发包双方在合同履约过程中，当合同价款调整事项导致合同状态发生变化时，为保证工程顺利实施而采取调整合同价款的一种措施与方式。变更的实质是合同标的物的变更，即业主与承包商之间权利与义务指向对象的变更。工程变更类事项主要涉及工程变更、项目特征不符、项目清单缺漏项、工程量偏差、计日工。

2. 调价类（法律法规及物价变化类）事项引起的合同价格调整

调价是承发包双方在合同履约过程中，当难以预计的市场价格波动超出一定幅度、法律变化等事项导致合同价款状态发生变化时，为保证工程顺利实施而采取的一种对市场价格或费率调整的手段，其目的在于降低双方的风险损失，以平抑风险因素对合同价款状态改变带来的影响。调价工作的重点在于将风险控制在双方能够承受的范围之内，调价类事项主要涉及法律法规变化和物价变化。

3. 索赔类事项引起的合同价款调整

索赔是承发包双方在合同履约过程中，根据合同及相关法律规定，并由非己方的错误，且属于应由对方承担责任或风险情况所造成的实际损失，根据有关证据，按照一定程序向对方提出请求给予补偿的要求，进而达到调整合同价款的目的。索赔类事项主要包括不可抗力、提前竣工（赶工补偿）、误期赔偿和索赔等合同价款调整事项。

4. 现场签证及其他事项引起的合同价款调整

现场签证是发包人现场代表（或其授权的监理人、工程造价咨询人）与承包人现场代表就施工过程中涉及的责任事件所做的签认证明。依据《13版清单计价规范》，现场签证的范围主要是对因业主方要求的合同外零星工作、非承包人责任事件以及合同工程内容因场地条件、地质水文、发包人要求不一致等进行签认证明。当实际施工过程中发生合同外零星工作、非承包人责任事件等现场签证项目时，应对合同价款进行调整。

（三）基于风险分担的合同价款调整路径

合同价款的调整路径因补偿方式的不同而有所差异，总体可归为以下四类：①以变更为方式的合同价款调整主要是通过调整综合单价以实现合同价款状态的补偿；②以调价为方式的合同价款调整主要是通过调整价差以实现合同价款状态的补偿，主要包括法律变化类和物价波动类风险引起的价款调整；③以索赔为方式的合同价款调整主要是通过索赔款额的确定以实现合同价款状态的补偿；④以签证为方式的合同价款调整主要是通过签证款的确定以实现合同价款状态的补偿。不同补偿方式下的合同价款调整路径如图1-13所示。

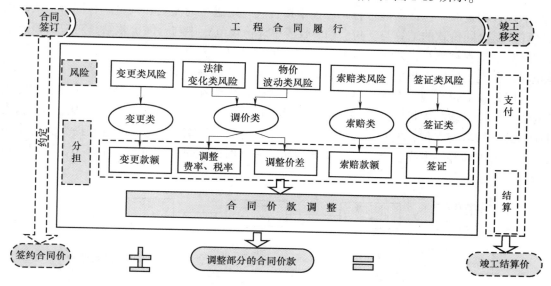

图 1-13   不同补偿方式下的合同价款调整路径

通过合同价款调整过程的四种主要调整方式，得到使发承包双方都较为满意的风险分担格局。继而促进合同的有效履约，为过程中的支付以及最终的工程竣工结算与移交做前置的铺垫工作，让合同当事人体验满意的合同履约实践过程。

第四节   建设工程过程控制与合同价款的实现

一、合同价款的实现过程

（一）从签约合同价到合同价款调整

以《中华人民共和国招标投标法》（以下简称《招标投标法》）的颁布与实施为标志，我国建筑产品市场形成了完整的招标投标制度，发承包双方需要经过严格的招标、投标、评标程序，最终发包人与中标人签订发承包合同。发承包双方在合同中约定的工程造价是包括分部分项工程费、措施项目费、其他项目费、规费和税金的合同总金额，即签约合同价。

然而，由于合同具有天然的不完备性，缔约双方无法预见施工过程中的所有风险，如物价波动、施工条件的变化、不可抗力和设计变更等情况。上述变化可能导致发承包双方的权责利失去平衡，为了提高合同的执行效率，发承包双方针对施工过程中可能出现的风险以及干扰合同平衡的事项需要建立一套合理的调整机制，使得双方的权责利恢复平衡。

在双方权责利重新分配的过程中，签约合同价并不能体现施工过程中的变化所导致的利益重新分配，需要在签约合同价的基础上加上（或扣减）施工过程中的变化所导致的价款调整值。因此，在施工过程中，当出现合同约定的合同价款调整因素时，发承包双方应根据合同约定对合同价款进行调整。

（二）从合同价款的结算到合同价格的实现

合同价格是指承包人按合同约定完成了包括缺陷责任期内的全部承包工作后，发包人应付给承包人的金额，包括在履行合同过程中按合同约定进行的变更和调整。合同价格实现的关键环节是合同价款的结算与支付。《13版清单计价规范》中与合同价款结算对应的概念是工程结算。工程结算是指发承包双方根据国家有关法律、法规规定和合同约定，对实施中、终止时、已完工后的工程项目进行的合同价款的计算、调整和确认。

合同价款支付表现为在施工过程中发包人对承包人的预付及扣回、期中支付、工程完工后的竣工结算价款的支付以及合同解除的价款支付。然而，无论是期中支付、竣工结算与支付还是最终结清与支付，发包人支付给承包人的合同价款都需要经过承包人提交支付申请书，发包人审核并签发支付证书以及按照规定的具体时限支付合同价款三个环节，如图1-14所示。

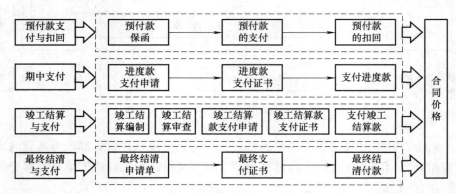

图1-14   合同价格的实现过程

当发包人经过一定程序履行支付义务时，承包人就获得了应得的报酬，即承包人履行合同义务之后实际得到的款项。

二、合同价款结算与支付中的内部控制分析

（一）利用PDCA循环实现内部控制

合同价款管理是对成本进行管理，通过管理手段实现预期价款支付目标，在预付款、进度款、竣工结算款、质量保证金、最终结清中实现预期的经济目标。由于建设工程是经过多次结算与支付的过程来实现整个工程的价款结算与支付工作，因此合同价款的结算与支付属于多次循环的过程。针对多次循环过程的控制管理，可利用PDCA循环来实现合同价款的控制管理。PDCA循环又称戴明环，是经美国统计学家戴明博士深度研究后提出的。PDCA循环中的P即Plan，表示计划；D即Do，表示执行；C即Check，表示检查；A即Action，表示处理。本轮循环的P阶段基于上一个循环的C阶段和A阶段，而本循环解决了上一循环未解决的问题同时又会有新的问题产生，或有问题仍然未解决需要转入下一轮新的循环中，进行第二次循环。从而不断更新修订，推动质量不断向前发展。

PDCA循环的四个阶段是管理工作的万能定理，合同价款结算与支付是合同管理的核心，PDCA循环四阶段管理符合合同价款控制的运行规律，两者思路相符。利用PDCA循环

实现合同价格内部控制如图 1-15 所示。

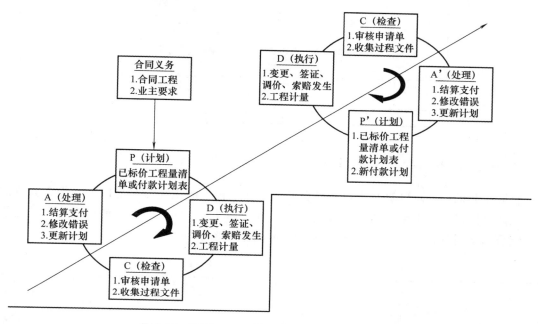

图 1-15 利用 PDCA 循环实现合同价格内部控制

　　根据 PDCA 循环的四个阶段，以签约合同价为基础，将已标价工程量清单或签约合同价作为 P 阶段；将期间的工程计量、变更、调价、签证、索赔的发生作为 D 阶段；将结算时对支付申请资料的审核、与付款计划的对比作为 C 阶段；将实施新付款计划、修改前期已支付证书中的错误作为 A 阶段。通过 P—D—C—A 四个阶段，完成一个周期的合同价款结算支付工作，及时解决结算支付过程中的问题，对下一个周期的工作顺利开展提供帮助。这样，通过合同价格的动态调整，可以有效避免合同价格与预期的偏差过大，实现发包人对投资的控制、承包人对成本的控制。

　　（二）合同价款结算与支付的内部参与方工作职责

　　由于合同内容是由发包人和承包人两个组织商定，所以，合同价款管理必须依靠组织层级的内部控制活动来实现。进度款、竣工结算款的审核、确认和支付不仅需要发包人确认，还需要发包人所在组织内部其他部门及人员的确定。因此，分析合同价款结算与支付管理的内部控制时，首先必须明确所涉及的参与方及其部门或机构，且参与方内部工作职责的设定需遵循不相容原则。然后在参与方工作职责分析的基础上来确定价款结算与支付的控制线路。控制线路主要包括四部分内容，即进度流、信息流、资金流、控制主体（部门）。其中，进度流表现为进度审核；信息流表现为监督、监理；资金流的表现形式为付款传递；各个部门间相互制约、相互监督，体现职务不相容思想。

　　价款结算的编制、审核以及价款的最终支付，参与方的任一单独部门都没有绝对处理权。就发包人而言，通常参与进来的部门包括合同部、财务部、监审部和总工程师室。发包人的合同部与承包人签订合同后，向承包人支付的部门为财务部，符合职务不相容原则。某发包人组织内部控制线路如图 1-16 所示。

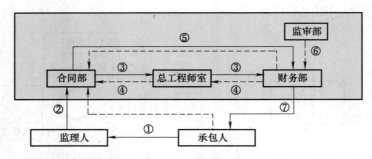

图 1-16 某发包人组织内部控制线路

注：①提交；②审核并提交；③审核并提交；④审核后反馈；⑤提交并备案；⑥监督；⑦审批后支付。

合同价款的每一项结算与支付都是在发包人和承包人的主要参与部门的合作下完成的。发包人的合同部、财务部、监审部以及总工程师室对过程中的每一项传递单进行审核会签，保证结算与支付的正确性。每一参与方的职责分配如表 1-6 所示。

表 1-6　价款结算与支付中发承包人内部参与部门的职责分配

结算节点	工作职责内容		参与方职责分配						
			发 包 人				承 包 人		
			总工程师室	监审部	财务部	合同部	监审部	财务部	工程技术部
预付款结算		提交预付款保函	审核				审核	负责	配合
		审核预付款保函	审核	审批	审核				
		支付预付款	监督	监督	负责				
		计算预付款起扣点	审核		审核	负责			
		预付款扣回	审核	审核	负责			配合	
		修改预付款保函	审核	审核	审核		审核	负责	
进度款结算		已完工程量计量							负责
		已完工程量复核				负责			
	价款调整	提出工程变更				负责			负责
		审核工程变更				审批			配合
		提交价款调整报告					审核	负责	配合
		审核价款调整报告		审批	审核		配合	配合	
		申请进度款支付					审核	负责	
		审核进度款支付申请	审核	审批	审核				
		支付进度款	监督	监督	负责				
竣工结算		竣工结算编制					审核	负责	配合
		竣工结算审核	审核	审批	审核				
		竣工结算支付	监督	监督	负责				
最终结清		最终结清编制					审核	负责	配合
		最终结清审核	审核	审批	审核				
		最终结清支付	监督	监督	负责				

在各结算节点中，承包人的职责可概括为提交价款结算申请和配合价款结算申请审核，

发包人的职责主要是审核价款结算申请并实际支付结算价款。发包人的合同部主要对结算中的重要环节，如预付款起扣点计算、已完工程量复核等负责，并监督整个价款结算支付程序；财务部审核各项结算款并支付价款；监审部及总工程师室审核与监督这一系列工作。承包人的工程技术部负责工程结算相关的工程量计量及工程变更工作；财务部负责与价款有关的支付申请和价款调整报告的提交；同时，财务部和工程技术部还需相互配合工作。虽然发承包双方内部参与部门在价款结算与支付管理中职责已大致确定，但其具体管理任务，如价款结算管理介入时点、具体职责内容、管理时限等无统一规定，这就要求实践中的管理人员按照相关合同及自身需要来制定各参与部门的职能。

（三）合同价款结算与支付的控制点分析

合同价款的结算与支付主要表现在施工过程中发包人对承包人的预付及扣回、期中进度款的结算与支付、工程完工后的竣工结算与价款支付、合同解除的价款支付。无论是期中支付、竣工结算与支付还是最终结清与支付，发包人支付给承包人的合同价款都需经过承包人提交支付申请单、发包人审核并签发支付证书和按照规定的具体时限支付合同价款环节。因此，合同价款结算与支付管理的内部控制就是对"单、证、款"的控制。但在不同支付情形下，其关键控制点有所不同。

1. 预付款的关键控制点

预付款的申请表、支付证书、预付款保函的控制，以其支付时点、支付额度及扣回方式为关键控制点。

1）支付时点控制。发包人财务部需按合同协议约定时间支付预付款，若协议中未约定，则以开工前3天为预付款支付时限。

2）支付额度控制。承包人财务部计算、编制并提交预付款申请单与预付款保函。预付款保函担保金额与预付金额一致，直到预付款完全扣清。发包人财务部在收到预付款申请并通过审查后，足额向承包人支付，并监督预付款使用情况。

3）扣回方式控制。发包人财务部按约定计算起扣点并逐期扣回预付款，承包人财务部根据各期扣回的预付款额度减少预付款保函金额，并保持预付款保函在预付款扣完前一直有效。

2. 进度款的关键控制点

进度款支付控制针对工程量和工程计价审核，其关键控制点在于进度款结算时限控制、进度款结算计价控制。

1）进度款结算时限控制。对于当期进度款结算支付，承包人财务部要在规定时限内编制进度款结算支付申请，并提交发包人财务部审查；发包人财务部在规定时限内对进度款结算支付申请进行确认或提出修改意见，逾期未确认或提出修改意见的视为同意，并按进度款结算支付申请数额支付，且作为竣工结算计价依据不予更改。

2）进度款结算计价控制。当期进度款结算计价是由当期完成合同价款和当期发生价款调整两部分组成的，承包人财务部应在上述当期完成合同价款管理流程和价款调整管理流程指导下，将两部分价款计价资料汇总，编制进度款结算支付申请，并提交发包人财务部；发包人财务部根据确认完成的工程量及提交的进度款支付申请支付进度款。

3. 竣工结算的关键控制点

竣工结算的关键控制点在于竣工结算支付条件控制、竣工结算计价控制及竣工结算争议控制。

1）竣工结算支付条件控制。竣工结算是实际工程价款形成的最终环节。在竣工结算时，需确保已完工程内容符合合同要求，完成工程试验，保证工程质量。

2）竣工结算计价控制。工程竣工结算计价是在前期已结算支付工程款的基础上进行的，在承包人财务部编制竣工结算报告时依据各前期结算支付资料，保证各计价资料完整且准确；发包人财务部在审查竣工结算报告时，需重点审查竣工结算计价标准的完整性。

3）竣工结算争议控制。发承包双方在办理竣工结算时，若任一方对竣工结算报告或结算资料有异议，则通过争议解决的途径来解决。

4. 最终结清的关键控制点

最终结清的关键控制点涉及最终结清时限控制和最终结算争议控制。

1）最终结清时限控制。缺陷责任期终止后，承包人应按照合同约定提交最终结清支付申请，发包人有异议时可要求承包人修正和补充。发包人财务部应在约定的时间内予以核实并支付最终结清款。

2）最终结清争议控制。发承包双方在办理最终结清时，若任一方对最终结清报告或资料有异议，则通过争议解决的途径来解决。例如，发包人未按期最终结清的，承包人可以催告并有权获得延迟支付的利息；最终结清时，承包人被预留的质量保证金不足以抵减发包人工程缺陷修复费的，承包人应承担不足的补偿责任。

 第五节　建设工程合同价款纠纷与争议解决机制

一、FIDIC 合同的争议解决机制

FIDIC 新版合同条件⊖在争议解决方式上发生了变化，将以往的争议审核委员会（简称 DRB）改为争端裁决委员会（简称 DAB）。DAB 与 DRB 在运作程序上基本一致，主要变化是 DAB 增强了裁决的效力。根据 FIDIC 合同条件的规定，解决争端事项的程序如图 1-17 所示。

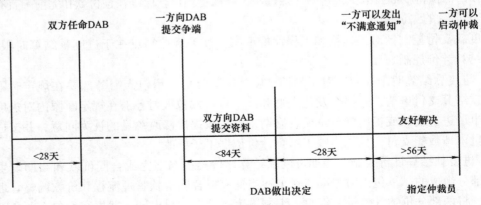

图 1-17　FIDIC 合同条件争端解决程序

⊖ FIDIC 是国际咨询工程师联合会（Fédération Internationale Des Ingénieurs Conseils）的法文缩写，国际咨询工程师联合会于 1999 年出版了四本新的合同标准格式，分别是《土木工程施工合同条件》《生产设备和设计—施工合同条件》《设计采购施工（EPC）/交钥匙工程合同条件》和《简明合同格式》。

（一）争端裁决委员会对争议的解决

1. 争端裁决委员会的任命

FIDIC 合同条件规定争端应由 DAB 裁决，双方应由一方向另一方发出通知，提出将争端提交 DAB 意向后 28 天内，联合任命一个 DAB。DAB 应按专用条件中的规定，由具有适当资格的一名或三名人员组成。如果对委员会人数没有规定，且双方没有另外的协议，则 DAB 应由三人组成。若 DAB 由三人组成，则各方均应推荐一人，报他方认可。双方应与这些成员协商，并商定第三名成员，此人应任命为主席。

2. 争端裁决委员会的裁决

如果双方间发生了有关或起因于合同或实施过程或与之相关的任何争端，包括对业主的任何证明、确定、指示、意见或估价的任何争端，在任命 DAB 后，任一方可以将该争端事宜以书面形式提交 DAB，供其裁定，并抄送另一方。如果任一方对 DAB 的裁决不满意，可在收到该决定通知后第 28 天内，将其不满向另一方发出通知。

如果 DAB 未能在其收到此类不满通知后 84 天（或其他批准的时间）内做出决定，那么合同双方中的任一方均可在上述期限期满后 28 天之内将其不满通知对方。如果 DAB 已就争端事项向双方提交了它的决定，而任一方在收到 DAB 决定后 28 天内，均未发出表示不满的通知，则该决定应成为最终的、对双方均具有约束力的决定。

（二）友好解决

友好解决的目的是鼓励双方友好解决争端，避免仲裁程序。例如，双方通过直接谈判、和解、调解或其他方法解决争端。友好解决程序的成功，常常取决于程序的保密性和双方对程序的认可。因此，任何一方都不应将程序强加于另一方。如果双方已发出了表示不满的通知，则双方应在着手仲裁前，努力以友好方式解决争端。但是，除非双方另有协议，仲裁可在表示不满通知发出后第 56 天或其后着手进行，即使未曾做过友好解决的努力。

（三）仲裁

经 DAB 对之做出的决定未能成为最终的和有约束力的决定的任何争端，除非已获得友好解决，应通过国际仲裁对其做出最终决定。任一方在仲裁中，应不受以前为获得 DAB 的决定而向其提供的证据或论据，或在其表示不满的通知中提出的不满意理由的限制。DAB 的任何决定都可以作为仲裁的证据。仲裁在工程竣工前或竣工后，都可以进行。双方、工程师与 DAB 的义务，不得因为在工程进行过程中正在进行任何仲裁而改变。

二、NEC 合同的争议解决机制

一般来说，NEC 合同⊖遵循的是基于以友好协商解决争端与诉讼或仲裁解决争端之间的一种争端解决程序。无论何种争端，首先按裁决程序处理。如果合同当事人对裁决意见不满，则可将争端事件提交法庭解决。NEC 合同争端解决程序如图 1-18 所示。

但是 NEC 合同强调沟通、合作与协调，通过对合同条款和各种信息清晰的定义，旨在促进对项目目标进行有效的控制，合同中安排了一种更为积极的争议解决机制——早期预警机制。早期警告是双方均可提出的，能够建立一种合作机制，使得双方能向同一目标努力并

⊖ 英国土木工程师学会（The Institute of Civil Engineers，ICE）编制的 NEC 合同等标准合同文本，NEC 合同强调沟通、合作与协调，旨在通过对合同条款和各种信息清晰的定义，促进对项目目标进行有效的控制。

尽可能避免争端的产生，有利于工程项目施工的良性发展。NEC 合同中的早期预警机制主要对以下四个方面做出了详细规定：

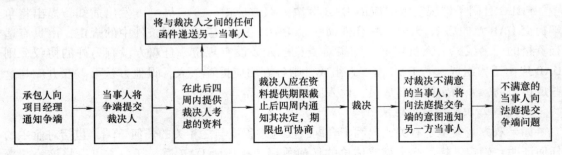

图 1-18　NEC 合同争端解决程序

1）一经察觉将导致下列结果的问题，承包商和项目经理任一方应立即向对方发出早期警告：①增加合同价款总额；②推迟竣工；③削弱合同工程的使用功能。本条款的目的在于，对将可能影响工程成本、竣工时间和质量的一切事件有责任尽早发出警告。对承包商未发出早期警告的处罚款是减少有关补偿事件的应付款额。为最大限度地增加与承包商研究问题的可用时间，从而增加寻求满足业主利益的最佳解决方法的可能性，应鼓励项目经理发出早期警告。

2）项目经理或承包商都可要求对方出席早期警告会议。每一方都可在对方同意后要求其他成员出席这种会议。本条款赋予项目经理或承包商在任何时候都能立即召开早期警告会议的权力，以便讨论通知中所涉及的任何问题或潜在问题，从而及时解决问题，如发现意外地质条件、主要材料或设备供货的可能延误、因公共设施工程或其他承包商工程可能造成的延误、恶劣气候的影响或设计问题。

3）在早期警告会议上，与会各方应在下列方面合作：①提出并研究建议措施以避免或减少作为早期警告而通知的每一问题的影响；②寻求对将受影响的所有各方均有利的解决方法；③决定与会各方应采取的行动以及根据本合同应采取行动的一方。要求承包商和项目经理合作的意图，是尽可能确保所采取的行为和做出的决定可避免或减轻问题对费用、质量和时间方面的影响。

4）项目经理应在早期警告会议上将其建议和决定记录在案，并指令解决此种歧义和矛盾。

三、国内合同的争议解决机制

根据《中华人民共和国标准设计施工总承包招标文件》（以下简称《12 版设计施工总承包招标文件》）及《17 版合同》，合同的争议解决方式如下：

《12 版设计施工总承包招标文件》规定，发包人和承包人在履行合同中发生争议的，可以友好协商解决、提请争议评审组评审或通过仲裁或诉讼解决。在提请争议评审、仲裁或者诉讼前，以及在争议评审、仲裁或诉讼过程中，发包人和承包人均可共同努力友好协商解决争议。争议评审是指发包人和承包人应在开工日后的 28 天内或在争议发生后，协商成立由有合同管理和工程实践经验的专家组成的争议评审组。发包人和承包人接受评审意见的，由监理人根据评审意见拟定执行协议，经争议双方签字后作为合同的补充文件，并遵照执行；

发包人或承包人不接受评审意见，并要求提交仲裁或提起诉讼的，应在收到评审意见后的14天内将仲裁或起诉意向书面通知另一方，并抄送监理人，但在仲裁或诉讼结束前应暂按总监理工程师的决定执行；合同当事人友好协商解决不成、不愿提请争议评审或者不接受争议评审组意见的，可在专用合同条款中约定向仲裁委员会申请仲裁或向有管辖权的人民法院提起诉讼。

《17版合同》规定的争议解决途径主要包括和解、调解、争议评审以及仲裁与诉讼。和解是指合同当事人可以就争议自行和解，自行和解达成协议的，经双方签字并盖章后作为合同补充文件，双方均应遵照执行。调解是指合同当事人可以就争议请求建设行政主管部门、行业协会或其他第三方进行调解，调解达成协议的，经双方签字并盖章后作为合同补充文件，双方均应遵照执行。争议评审是合同当事人在专用合同条款中约定采取争议评审方式解决争议以及评审规则。争议评审小组做出的书面决定经合同当事人签字确认后，对双方具有约束力，双方应遵照执行。任何一方当事人不接受争议评审小组决定或不履行争议评审小组决定的，双方可选择采用其他争议解决方式。仲裁或诉讼是指因合同及合同有关事项产生的争议，合同当事人可以在专用合同条款中约定向约定的仲裁委员会申请仲裁或向有管辖权的人民法院起诉。

第二章

法律法规及物价波动引起的合同价格调整

 第一节　合同分析及合同价格调整原则

一、概述

(一) 合同价格调整的原因

建设工程合同价格调整⊖的原因可归结于两个：①"看不见的手"即市场价格波动引起的合同价格调整，由于工程项目具有周期长的特性，工程项目建设期间的物价波动是不可避免的；②"看得见的手"即法律法规变化对合同价格的影响，当国家法律法规的不断完善与工程项目签约时的合同价格发生冲突时，工程项目中的合同价格也将随之调整。国内法规及合同范本中合同价格调整的内容如表 2-1 所示。

表 2-1　国内法规及合同范本中合同价格调整的内容

名　称	条　款　号	相关内容
《建设工程施工合同（示范文本）》（GF—2017—0201）	11.1	市场价格波动引起的合同价格调整
	11.2	法律变化引起的合同价格调整
2007 版《标准施工招标文件》	16.1	物价波动引起的价格调整
	16.2	法律变化引起的价格调整
《建设工程工程量清单计价规范》（GB 50500—2013）	9.2	法律法规变化引起的合同价格调整
	9.9	物价变化引起的合同价格调整
《建设工程价款结算暂行办法》建财〔2004〕369 号文	第八条	法律、行政法规和国家有关政策变化影响合同价款
	第八条	工程造价管理机构的价格调整

(二) 合同价格调整的幅度

发承包双方应在合同中约定导致价格波动调整价款的因素及幅度。在国际工程中，一般在 ±5% 以上才能调整。有的合同约定，在应调整金额不超过合同价款的 5% 时，由承包人自己承担；在 5% ~20% 时，承包人承担 10%，发包人承担 90%；超过 20% 时，双方必须另行签订附加协议。当需要进行合同价格调整时，有关各项费用的调整范围要与合同条款约定一致。

在工程项目实践过程中，存在由于市场经济环境中物价波动幅度超出签约合同价格弹性

⊖　依据各类工程合同示范文本，将法律法规及物价波动等风险因素诱发的合同价款调整统称为合同价格调整。

承受力，引发争议不断、合同破裂的情境。各级政府为维护工程项目交易双方的公平，保障建筑市场有序发展，相继出台了造价管理办法与文件进行上述事件的规范，其办法与文件的要点为确定有效的物价波动调整幅度，具体内容如表2-2所示。

表2-2 各省市对物价变化调整幅度的界定

省市	年份	文 件 名 称	文件编号	风险分担范围	风险分担幅度
北京	2013年	《关于执行2012年〈北京市建设工程计价依据——预算定额〉的规定》	京建法〔2013〕7号	主要材料、机械设备和人工费	风险可调幅度控制在±3%～±6%
上海	2008年	《关于建设工程要素价格波动风险条款约定、工程合同价款调整等事宜的指导意见》	沪建市管〔2008〕12号	人工	变化幅度在±3%以外的应调整
				钢材	变化幅度在±5%以外的应调整
				除人工、钢材外其他材料	变化幅度在±8%以外的应调整
天津	2008年	《建筑工程计价补充规定》	建筑〔2008〕881号	—	变化幅度大于合同中约定的价格变化幅度时应调整
深圳	2013年	《深圳市建设工程计价规程》	深建价〔2013〕55号		超过一定幅度时，应按照合同约定调整工程价款
杭州	2011年	《关于进一步加强杭州市建设工程市场要素价格动态管理的指导意见》	杭建市〔2011〕198号	人工	价格风险幅度为5%～8%
				单种规格材料	价格风险幅度为5%～10%
青岛	2011年	《青岛市建设工程工程量清单计价实施细则》	青建管字〔2011〕43号	钢材、水泥、商品混凝土、预拌砂浆	价格风险幅度为3%
				其他	价格风险幅度为5%
宁波	2011年	《宁波市人民政府办公厅关于调整工程建设用砂及相关制品结算价格加强建设工程要素价格风险控制的指导意见》	甬政办发〔2011〕335号	人工、机械台班和单项材料	市场价格涨降幅度在5%以外，应予以调整
广东	2011年	《广东省实施建设工程工程量清单计价规范(GB 50500—2008)若干意见》	粤建市函〔2011〕550号	材料、机械设备	材料价格变化超过5%或施工机械使用费变化超过10%时
泉州	2013年	《泉州市人民政府办公室印发关于进一步加强房屋建筑与市政工程招投标管理暂行规定的通知》	泉政办〔2013〕68号	钢材	市场价格涨降幅度在±5%以外，应予以调整
				施工机械	市场价格涨降幅度在±10%以外，应予以调整
				其他主材	市场价格涨降幅度在±10%以外，应予以调整
湖北	2011年	《关于建设工程竣工结算材料价格调整的指导性意见》	鄂建文〔2011〕145号	材料	变化幅度超过±5%（含±5%），超过部分由发包人承担或受益
山东	2008年	《关于加强工程建设材料价格风险控制的意见》	鲁建标字〔2008〕27号	主要材料价格	波动幅度在±5%以内（含5%）的，其价差由承包人承担或受益；波动幅度超出±5%的，其超出部分的价差由发包人承担或受益

通过上述文件内容可知，市场价格波动引起市场材料价格偏离于合同签约价格的，承包人可控风险幅度确定为 ±5% ~ ±10%，根据区域经济发展水平不同可进行相应调增与调减；由市场价格波动引起市场人工费偏离于合同签约价格的，承包人可控风险幅度确定为 ±5%以内，根据区域经济发展水平不同可进行相应调增与调减；由市场价格波动引起市场机械施工使用费偏离于合同签约价格的，承包人可控风险幅度确定为 ±10%以内，根据区域经济发展水平不同可进行相应调增与调减。

（三）合同价格调整方法

《13 版清单计价规范》和《17 版合同》中详细描述了物价变化时合同价格调整方法，共分为两种，即价格指数调整法与造价信息调整法。对于市场价格波动引起的合同价格调整，通常情况下，合同当事人应该在专用合同条款中约定选择价格指数调整法或者造价信息调整法进行调整。但是要注意不能用两种方法同时对某项费用调价差。

二、合同价格调整的合同分析

（一）基于施工合同的合同价格调整

1. 合同风险责任分析

（1）《13 版清单计价规范》的风险分配

根据《13 版清单计价规范》第 9.8 款的规定，合同履行期间，因人工、材料、工程设备、机械台班价格波动影响合同价款时，应根据合同约定的调整方法进行价格调整。而调整公式中的各可调因子、定值、变值权重以及基本价格指数及其来源需在投标函附录价格指数和权重表中进行约定。

若因发包人原因导致工期延误的，则计划进度日期后续工程的价格，采用计划进度日期与实际进度日期两者的较高者；若因承包人原因导致工期延误的，则计划进度日期后续工程的价格，采用计划进度日期与实际进度日期两者的较低者。

由于《13 版清单计价规范》中规定了市场物价波动发生之后的合同价款调整方法以及范围，因此，因工期较长而发生市场物价波动的风险是由发承包人共同承担的。通常情况下，是由承包人提出合同价款调整方案和依据，由发包人审批决定。

（2）《17 版合同》的风险分配

《17 版合同》第 11.1 款规定，除专用合同条款另有约定外，市场价格波动超过合同当事人约定的范围，合同价款应当调整。合同当事人可以在专用合同条款中约定调整方法进行合同价款调整。而调整公式中的各可调因子、定值、变值权重以及基本价格指数及其来源需在投标函附录价格指数和权重表中进行约定。

通常情况下，应在合同专用条款中约定主要材料、工程设备价格变化的范围或幅度，如没有约定，则材料、工程设备单价变化超过 5% 的，超过部分的价格应按照价格指数调整法或造价信息调整法计算调整材料、工程设备费。

若因发包人原因未按期竣工的，则对合同约定的竣工日期后继续施工的工程，在使用价格调整公式时，价格指数选取较高的一个；若因承包人原因未按期竣工的，则对合同约定的竣工日期后继续施工的工程，在使用价格调整公式时，价格指数选取较低的一个。

根据《17 版合同》的规定，市场物价波动发生后，有相应的合同价款调整方法以及范围。因此，因工期较长而发生市场物价波动的风险是由发承包人共同承担的。通常情况下，是由承包人提出合同价款调整方案和依据，由发包人审批决定。

（3）《标准施工招标文件》的风险分配

根据《标准施工招标文件》第 16.1 款的规定，除专用合同条款另有约定外，因物价波动引起的价格调整可采用价格指数调整法和造价信息调整法。而调整公式中的各可调因子、定值、变值权重以及基本价格指数及其来源需在投标函附录价格指数和权重表中进行约定。

通过对上述三个文件进行分析，对于建设市场波动引起的成本风险，《13 版清单计价规范》《17 版合同》和《标准施工招标文件》都提倡风险由发承包双方共同承担。一般情况下，承包人采购材料和工程设备的，应在合同中约定材料、工程设备价格变化的调整范围或幅度，如没有约定，可按照《13 版清单计价规范》的规定，材料、工程设备单价变化超过 5%，则超过部分的价格应予以调整。这也就是说，在这个范围内的变化是不予调整的。这样就把 5% 以内的材料、工程设备单价变化的风险确定由承包人承担。

2. 合同收益分配分析

建设工程项目中，可以通过有效激励制度的建立提高承包商的积极性，有利于创建融洽的工作氛围，建立业主和承包商之间的合作关系，使双方有共同利益，为实现同一个建设工程项目目标而努力，最终保证目标高质、高效地完成。合同计价模式的激励机制协调承包人和发包人之间的利益分配，实现双方利益的最大化，达到共赢。发包人在招标中制定设计建设工程项目的合同机制，并希望以此实现其收益最大化；承包人在合同执行过程中，根据自身情况做出相关优化，如有效资源的配置、合理安排施工计划、优化施工方案等，实现自身利益的最大化。在此激励过程中，承包商往往根据业主的激励强度做出努力，因此业主所制定的激励制度就显得尤为重要。

《13 版清单计价规范》《17 版合同》和《标准施工招标文件》都明文规定，除专用合同条款另有约定外，市场价格波动超过合同当事人约定的范围，合同价格应当予以调整。调整方式可采用价格指数调整法进行价格调整或者采用造价信息调整法进行价格调整。

当物价上涨超过合同当事人约定的范围，承包人可以根据合同条款约定，要求发包人对超过合同约定范围外的部分进行价格调整，从而降低物价上涨带来的损失。反之，当物价下浮超过合同当事人约定的范围，发包人也可以根据合同条款的约定，对超过合同约定范围外的部分进行价格调整，从而共享物价下浮带来的收益。

（二）基于总承包合同的合同价格调整

1. 合同风险责任分析

（1）《99 版 FIDIC 新银皮书》的计价方式及风险分配

《99 版 FIDIC 新银皮书》总体上采用总价合同，其通用条件对合同计价的规定，归纳如下：

1）合同双方在合同协议书或中标函中所标明的价格即为合同应支付的价格。

2）合同总价中包含了本合同要求承包商支付的一切税金和各项费用，承包商应根据法律要求支付此类费用。

3）若发生法律变动，并影响合同价格情况，合同价应做相应调整。

4）若出现业主方指示或批准的工程变更，则合同价可按变更条款处理。

5）若在合同文件价格表中给出某单项工程的数量，则意味着：①该工程量以及相应价格只能用于该价格表中所述之目的；②若没有说明其具体目的，则所述数量为参考工程量，供承包商投标或拟订实施计划时参考，不能认为是完成工程将要实施的工程量。

从《99 版 FIDIC 新银皮书》的计价规定中可见，仅有立法风险、批准工程变更的风险由发包人承担，而经常见到的由工程"现场数据"不确定性引起的风险，以及工期较长而发生市场物价波动的风险均由承包人承担。

（2）《建设项目工程总承包合同示范文本（试行）》（简称《工程总承包合同示范文本（试行）》）的计价方式及风险分配

《工程总承包合同示范文本（试行）》总体也采用总价合同，其通用条件对合同计价的规定，归纳如下：

1）除根据合同约定的工程实施过程中进行增减的款项外，合同价格不做调整。

2）合同签订后，因法律、行政法规、国家政策和需遵守的行业规定的变化，影响合同价格的，允许合同价格调整。

3）合同执行过程中，工程造价管理部门公布的价格调整，涉及承包人投入成本增减的，允许合同价格调整。

4）一周内因非承包人原因的停水、停电、停气、道路中断等，造成工程现场停工累计超过 8 小时的（承包人须提交报告并提供可证实的证明和估算），允许合同价格调整。

5）发包人根据变更程序中批准的变更费用的增减，允许合同价格调整。

上述计价规定表明，立法风险、建设市场物价波动风险，以及部分不可抗力引起的风险由发包人承担；而经常见到的工程"现场数据"不确定性引起的风险由承包人承担；属于批准变更者例外。

（3）《12 版设计施工总承包招标文件》的计价方式及风险分配

《12 版设计施工总承包招标文件》总体同样采用总价合同，其通用条件对合同计价的规定，归纳如下：

1）专门设置了物价波动引起的调整选项，若选用物价波动引起的调整这一项，则对因人工、材料和设备等价格波动的影响采用价格指数调整法调整。

2）合同价格包括承包人依据法律规定或合同约定应支付的规费和税金。这意味着，规费和税金调整，合同价也要调整。

3）价格清单列出的任何数量仅为估算的工作量，不得将其视为要求承包人实施的工程的实际或准确的工作量。在价格清单中列出的任何工作量和价格数据应仅限用于变更和支付的参考资料，而不能用于其他目的。

4）合同约定工程的某部分按照实际完成的工程量进行支付的，应按照专用合同条款的约定进行计量和估价，并据此调整合同价格。

上述计价规定表明，政策性风险由发包人负责；市场风险分配给承包人，还是发包人自留，可由发包人选择；经常见到的工程"现场数据"不确定性引起的风险由承包人承担；属于批准的工程变更或合同另有约定的例外。

通过对上述三个文件进行分析，可以看出对建设市场波动引起承包人的成本风险，《99 版 FIDIC 新银皮书》不允许转移风险，《工程总承包合同示范文本（试行）》将风险转移给发包人，《12 版设计施工总承包招标文件》则由发包人选择是否转移风险。

2. 合同收益分配分析

（1）《99 版 FIDIC 新银皮书》的收益分配

《99 版 FIDIC 新银皮书》第 13.8 款规定："如果合同价格因劳务、物品已经工程其他投入的费用波动而进行调整，则应在专有条件中予以规定。"而在《99 版 FIDIC 新红皮书》和 FIDIC《生产设备和设计　施工合同条件》（1999 年）（简称《99 版 FIDIC 新黄皮书》下，直接规定了如何因劳务费用和物价波动进行调整，并给出了调整公式。

从两类不同的措辞来看，FIDIC 更倾向于在《99 版 FIDIC 新红皮书》和《99 版 FIDIC 新黄皮书》下进行物价调整，而《99 版 FIDIC 新银皮书》中一般不予调整。这也反映出在《99 版 FIDIC 新银皮书》中，物价波动的风险全部由承包人承担。

（2）《工程总承包合同示范文本（试行）》的收益分配

《工程总承包合同示范文本（试行）》第 13.7 款规定："合同执行过程中，工程造价管理部门公布的价格调整，涉及承包人投入成本增减的情况发生后 30 日内，合同双方均有权将调整合同价格的原因及调整金额，以书面形式通知对方或监理人。"

从上述合同措辞来看，当工程造价管理部门公布的价格上涨并且影响到承包人成本时，承包人可以要求发包人对超过合同价格进行调整，从而降低物价上涨带来的损失。反之，当工程造价管理部门公布的价格下浮并且影响到承包人成本时，发包人也可以对合同价格进行调整，从而共享物价下浮带来的收益。

（3）《12 版设计施工总承包招标文件》的收益分配

《12 版设计施工总承包招标文件》第 16.1 款规定，除专用合同条款另有约定外，因物价波动引起的价格调整可以采用价格指数调整价格差额（适用于投标函附录约定了价格指数和权重的）或采用造价信息调整价格差额（适用于投标函附录没有约定价格指数和权重的）。

从上述合同措辞来看，合同当事人双方会在合同专用条款中约定物价波动引起的合同价格是否予以调整，如果予以调整，则会明确约定可以调整的范围以及幅度。

当物价上涨超过合同当事人约定的范围，承包人可以根据合同条款约定，要求发包人对超过合同约定范围外的部分进行价格调整，从而降低物价上涨带来的损失。反之，当物价下浮超过合同当事人约定的范围，发包人也可以根据合同条款的约定，对超过合同约定范围外的部分进行价格调整，从而共享物价下浮带来的收益。

通过对上述单价合同和总价合同条件下，价格调整引起的风险责任和收益分配进行分析，得到结论如表 2-3 所示。

表 2-3　不同合同条件下风险责任与收益分配

合 同 类 型	文件或范本	风 险 责 任	收 益 分 配
施工合同	《建设工程工程量清单计价规范》（GB 50500—2013）	风险共担 材料、设备风险可调幅度 5%	风险可调幅度的损益由承包人承担
	《建设工程施工合同（示范文本）》（GF—2017—0201）	风险共担 材料、设备风险可调幅度 5%	风险可调幅度的损益由承包人承担
	《标准施工招标文件》（2007 年版）	风险共担	风险可调幅度的损益由承包人承担
总承包合同	《99 版 FIDIC 新银皮书》	承包人独自承担	一切损益都由承包人承担
	《建设项目工程总承包合同示范文本（试行）》	风险共担	风险可调幅度的损益由承包人承担
	《12 版设计施工总承包招标文件（2012 年版）》	在专用条款中约定承包人承担风险或是风险共担	若风险全由承包人承担，则收益也全由承包人承担；若风险共担，则风险可调幅度的损益由承包人承担

三、合同价格调整的一般原则

（一）法律法规改变时合同价格调整的基准日期原则

《13 版清单计价规范》规定，招标工程以投标截止日期前 28 天、非招标工程以合同签订前 28 天为基准日，其后因国家的法律、法规、规章和政策发生变化引起工程造价增减变化的，发承包双方应按照省级或行业建设主管部门或授权的工程造价管理机构据此发布的规定调整合同价款。在基准日期之前，由承包人承担因国家的法律、法规、规章和政策发生变化而引起的工程造价增减变化。在基准日期之后，由发包人承担因国家的法律、法规、规章和政策发生变化而引起的工程造价增减变化。可见，法律、法规以及国家政策等发生改变后，是否能进行合同价款调整的关键就在于基准日期的确定。

（二）违约者不受益原则

违约者不受益原则来源于《哈德逊论建筑和工程合同》一书中的消极防止原则，即"在合同执行期间，一方不能因自身的错误而受益"。此原则体现的是权利义务的对等性，即虽然一方当事人的权利为合同相对人的义务，但并不等同于合同一方当事人获益必然导致相对人受损，而是合同当事人均可从合同交易中获益。因此，可将违约者不受益原则理解为：在建设工程领域，相关法规保护遵守合同一方的权利，同时对于不履行合同的一方，保证不因其违约行为而获益。

违约者不受益原则主要适用于由于业主原因造成工期调整期间的物价变化。在我国法律法规中有很多条款能够反映违约者不受益原则，具体如表 2-4 所示。

表 2-4　反映违约者不受益原则的各条文总结

名　称	条　款　号	相　关　内　容
《建设工程工程量清单计价规范》（GB 50500—2013）	9.2.1	招标工程以投标截止日前 28 天、非招标工程以合同签订前 28 天为基准日，其后因国家的法律、法规、规章和政策发生变化引起工程造价增减变化的，发承包双方应按照省级或行业建设主管部门或授权的工程造价管理机构据此发布的规定调整合同价款
	9.2.2	因承包人原因导致工期延误的，按本规范 9.2.1 规定的调整时间，在合同工程原定竣工时间之后，合同价款调增的不予调整，合同价款调减的予以调整
	9.8.3	（1）因非承包人原因导致工期延误的，计划进度日期后续工程的价格，应采用计划进度日期与实际进度日期两者的较高者 （2）因承包人原因导致工期延误的，计划进度日期后续工程的价格，应采用计划进度日期与实际进度日期两者的较低者
《建设工程施工合同（示范文本）》（GF—2017—0201）	11.1	因承包人原因未按期竣工的，对合同约定的竣工日期后继续施工的工程，在使用价格调整公式时，应采用计划竣工日期与实际竣工日期的两个价格指数中较低的一个作为现行价格指数
	11.2	因承包人原因造成工期延误，在工期延误期间出现法律变化的，由此增加的费用和（或）延误的工期由承包人承担
《中华人民共和国合同法》	第五条	当事人应当遵循公平原则确定双方的权利和义务
	第一百零七条	当事人一方不履行合同义务或者履行合同义务不符合约定的，应当承担继续履行、采取补救措施或者赔偿损失等违约责任
	第六十三条	执行政府定价或者政府指导价的，在合同约定的交付期限内政府价格调整时，按照交付时的价格计价。逾期交付标的物的，遇价格上涨时，按照原价格执行；价格下降时，按照新价格执行。逾期提取标的物或者逾期付款的，遇价格上涨时，按照新价格执行；价格下降时，按照原价格执行

（三）物价波动的价差调整原则

物价波动引起的合同价格调整只调价差。

在工程量清单计价模式下，工程量的风险由发包人承担，价格的风险由承包人承担，而物价波动的风险则属于合同约定的发承包双方共同承担的风险。由于综合单价是包含了一定范围内的风险费用的价格，因此，当物价波动在合同约定的范围内时由承包人承担，物价波动超过约定的范围时，发包人承担超过部分的风险，即发包人承担价差的风险，而承包人承担其余的风险。

在物价变化时，人工费、材料费、施工机具使用费可以根据价格指数调整法或者造价信息调整法进行调整。尽管企业管理费和利润的计算通常是以人工费、材料费、施工机具使用费或其中某几项费用为计算基础再乘以相应费率，但是这两项费用却不予调整。即在物价变化时，只调整人工费、材料费、施工机具使用费的价差，而不调整相关企业管理费和利润。

（四）情势变更原则

1. 情势变更原则的概念

所谓情势变更原则，是指合同有效成立之后，因当事人不可预见的或不可归责于双方当事人原因的事情发生，导致合同的基础动摇或丧失，若继续维持合同原有效力有悖于诚实信用原则导致显失公平时，则应允许变更合同内容或者解除合同的原则。究其实质，情势变更原则为诚实信用原则的具体运用，目的在于消除合同因情势变更所产生的不公平的后果。

情势变更原则是现代民法的一项重要法律制度，是合同成立之后当事人面对重大情势的改变致使合同履行维艰情形下的一种救济手段，体现了民法的实质公平和实质正义。《最高人民法院关于适用〈中华人民共和国合同法〉若干问题的解释（二）》（简称《最高院合同法司法解释（二）》）第二十六条规定："合同成立以后客观情况发生了当事人在订立合同时无法预见的、非不可抗力造成的不属于商业风险的重大变化，继续履行合同对于一方当事人明显不公平或者不能实现合同目的，当事人请求人民法院变更或者解释合同的，人民法院应当根据公平原则，并结合案件的实际情况确定是否变更或者解除。"情势变更原则在本质上是对交易双方严重失衡利益的司法介入，通过司法权对合同利益重新分配，以期实现民法之公正。

2. 情势变更与不可抗力的区别

《中华人民共和国合同法》（简称《合同法》）第一百一十七条规定，"不可抗力是不能预见、不能避免并不能克服的客观情况。"不可抗力是一个法律上的概念，成为交易过程中的违约行为的免责事由。情势变更与不可抗力有相似之处，从产生时间而言都是在合同签订之后履行完毕之前发生的；从法律后果而言都会造成合同的变更或者终止；从产生的原因来看都是当事人不能预见的不可控制的情况。然而两者也有其不同之处。

1）产生的原因不同。不可抗力的发生往往是由于自然灾害和社会异常事件造成的，包括战争、洪水、海啸、罢工等。尽管此类事件也会导致情势变更事件的发生，但究其原因则更为广泛，还可以是社会形势和经济形势的剧变，如国家政治、经济政策的变化，物价异常跌涨、严重通货膨胀、金融危机，政府干预等。

2）损害赔偿责任的不同。由于不可抗力事件造成的施工合同解除，发承包双方可以免除赔偿责任，但是在情势变更原则下，遭受损害一方当事人在解除合同的同时，可以要求对方承担一定的赔偿责任。这主要是由于情势变更的出发点是诚实、信任和公平，若另一方需承担一定责任的话，其通过解除合同反而获取收益，这对于损失方是明显不公平的，所以情势变更原则应均衡考虑双方的权益分配，着重于合同解除后的损害赔偿责任。

综上所述，导致不可抗力发生的同时也可能引发情势变更，而引起情势变更的同时不一定可以带来不可抗力，也就是说，两者之间是有交集的。对于采取何种处理方式，则要由当事人自行选择，面对的处理结果也是不同的，前者重点在于免责，而后者则重在补偿，情势变更与不可抗力的联系如图 2-1 所示。

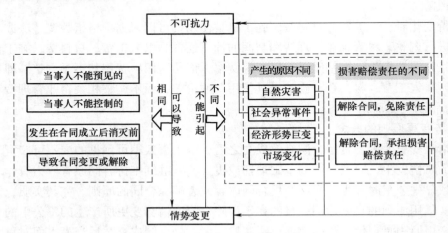

图 2-1　情势变更与不可抗力的联系

3. 情势变更与商业风险的区别

商业风险与人们的经济生活息息相关，但在我国现行立法中，却未对其有一个确切的规定。而根据情势变更原则的适用要件，客观事由必须不属于正常的商业风险，换句话说，一般的、正常的价格波动是不受情势变更原则调整的。2009 年发布的《最高人民法院关于当前形势下审理民商事合同纠纷案件若干问题的指导意见》中，在谨慎适用情势变更原则的内容部分提到了商业风险，即"商业风险属于从事商业活动的固有风险，诸如尚未达到异常变动程度的供求关系变化、价格涨跌等。"比较之下，可以看出两者皆有"不能预见、不能克服"的特征属性。两者的区别在于：①主观上，商业风险在基于一般人的预测水平时，是可以有所预见或察觉的；而情势变更事由则大大超出了一般人的预测水平，对于一般人来说是不可预知的。②客观上，商业风险造成的价格波动或利益损失等对当事人来说是可以承受的。而后者造成的损失大大超出了当事人的承受范围，因而继续履行会造成明显不公平。

施工合同的履行过程中，因建筑材料价格上涨引发的纠纷比比皆是。究竟上涨到何种幅度才超出正常商业风险的范畴，《最高院合同法司法解释（二）》中并没有给出明确的规定。为了更好地平衡承发包双方的权利义务，部分省市建设主管部门纷纷出台了一些指导性文件，对物价波动引起的价格调整方法做出明确规定。通常情况下认为，在调差幅度范围内的价格波动视为正常商业风险，如果建筑材料价格上涨则由承包人承担损失，由发包人受益，价格下跌则由承包人受益，由发包人承担损失。在调差幅度范围外的价格波动视为情势变更，如果建筑材料价格上涨则由发包人承担损失，价格下跌则由发包人受益。

第二节　法律法规改变时合同价格调整的基准日期原则及案例分析

一、原则运用的关切点

（一）法律、法规的效力层级

《建设工程工程量清单计价规范》（GB 50500—2013）第3.4.2明确规定，将法律法规的范围分为四类，即法律类、法规类、规章类和政策类。

1. 宪法

宪法是由全国人民代表大会依照特别程序制定的具有最高效力的根本法，也是建设法规的最高形式，是国家进行建设管理、监督的权力基础。宪法具有最高的法律效力，一切法律、行政法规、地方性法规、自治条例和单行条例、规章都不得与宪法相抵触。

2. 法律

法律是指由全国人民代表大会和全国人民代表大会常务委员会制定颁布的规范性法律文件，即狭义的法律。法律的效力高于行政法规、地方性法规、规章。

建设法律既包括专门的建设领域的法律，也包括与建设活动相关的其他法律。例如，前者有《城乡规划法》《建筑法》《城市房地产管理法》等，后者有《民法通则》《合同法》《行政许可法》等。

3. 行政法规

行政法规是国家最高行政机关国务院根据宪法和法律就有关执行法律和履行行政管理职权的问题，以及依据全国人民代表大会及其常务委员会特别授权所制定的规范性文件的总称。行政法规的效力高于地方性法规、规章。

现行的建设行政法规主要有《建设工程质量管理条例》《建设工程安全生产管理条例》《建设工程勘察设计管理条例》《城市房地产开发经营管理条例》等。

4. 地方性法规

地方性法规是省、自治区、直辖市的人民代表大会及其常务委员会根据本行政区域的具体情况和实际需要，在不同宪法、法律、行政法规相抵触的前提下，制定的法律规范性文件。如《北京市建筑市场管理条例》《天津市建筑市场管理条例》等。地方性法规具有地方性，只在本辖区内有效，其效力高于本级和下级地方政府规章。

5. 规章

规章包括部门规章和地方政府规章。

部门规章是由国务院各部、委员会、中国人民银行、审计署和具有行政管理职能的直属机构，可以根据法律和国务院的行政法规、决定、命令，在本部门的权限范围内，制定的法律规范性文件。如住房和城乡建设部发布的《房屋建筑和市政基础设施工程质量监督管理规定》《市政公用设施抗灾设防管理规定》等，国家发展和改革委员会发布的《招标公告发布暂行办法》《工程建设项目招标范围和规模标准规定》等。

地方政府规章是由省、自治区、直辖市和设区的市、自治州的人民政府，可以根据法律、行政法规和本省、自治区、直辖市的地方性法规，制定的法律规范性文件。如《重庆市建设工程造价管理规定》《安徽省建设工程造价管理办法》《宁波市建设工程造价管理办法》等。

省、自治区的人民政府制定的规章的效力高于本行政区域内的设区的市、自治州的人民政府制定的规章。部门规章之间、部门规章与地方政府规章之间具有同等效力，在各自的权限范围内施行。

（二）基准日期的确定

关于基准日期的规定，《13 版清单计价规范》和 FIDIC 合同条件等基本都认定为投标截止日前 28 天的日期。不同之处在于 FIDIC 的专用合同条件可对基准日期进行修改。由此可见 FIDIC 合同条件中的通用合同条件关于基准日期的节点仅仅作为建议，双方可就此节点在公平基础上做进一步协商。

关于《13 版清单计价规范》第 9.2.2 款中的"规定的调整时间"，为发承包双方应当调整合同价款的时间。招标工程以投标截止日前 28 天，非招标工程以合同签订前 28 天为基准日，其后国家的法律、法规、规章和政策发生变化而引起工程造价增减变化的，发承包双方应当按照省级或行业建设主管部门或其授权的工程造价管理机构据此发布的规定调整合同价款。

（三）合同价格调整的内容

1. 规费的调整

规费是指按国家法律、法规规定，由省级政府和省级有关权力部门规定必须缴纳或计取的费用，包括社会保险费（养老保险费、失业保险费、医疗保险费、生育保险费、工伤保险费）、住房公积金、工程排污费。其他应列而未列入的规费，按实际发生计取。

《13 版清单计价规范》规定，规费应按国家或省级、行业建设主管部门的规定计算，不得作为竞争性费用。因此规费的确定是根据国家主管部门颁布的法规，当新出台的法规规定对其调整时，承发包双方应按照相关的调整方法来进行合同价格的调整。规费的取费基数有三种，分别是：①以直接费为计算基础；②以人工费和机械费合计为计算基础；③以人工费为计算基础。

2. 税金的调整

《13 版清单计价规范》规定，税金必须按国家或省级、行业建设主管部门的规定计算，不得作为竞争性费用。各种税的税率是按照国家颁布的法规文件计取的。因此，当新出台的法规规定对税率进行调整时，承发包双方应按照相关的调整方法对合同价款进行调整。

二、案例

案例 2-1：某水利工程汇率税率变化引起的合同价格调整

（一）案例背景

某中亚国家水利枢纽工程项目，是由我国某央企集团公司承建的工程，工程建设总工期 46 个月，主要建筑物包括大坝及水电站，主要用途是供水和发电，其中供水为主要用途。合同总价约为 14 900 万美元，其中包括约 2 030 万美元的机电设备、金属结构、大坝观测仪器、实验设备供货。根据招标文件规定，在该国境内外的任何进出口环节的税费都将由承包商承担，业主协助承包商办理进出口有关手续。该工程于 2001 年 2 月 1 日颁发招标文件，

2001 年 5 月 29 日为提交投标书的截止时间。由此可计算出基准日期为 2001 年 5 月 1 日。

（二）争议事件

2002 年 3 月 15 日，工程正式开工，此时承包商发现：根据该国海关总署最新下发的规定，从 2002 年 4 月 1 日起，以前各部委关于减免税的文件一律作废，所有进口物资全部按最新颁布的海关税表上分项设定的税率计征关税和商业利润税。对比招标文件中规定的税率，按此新规定征税的税率将从原来的 2% 上升到 20%，并且从 2002 年 4 月 1 日起计税的美元兑换该国货币的汇率也从 1∶175 5 上升至 1∶426 1。经计算，由于该国海关进出口法律以及汇率的改变，承包商将面临高达近 200 万美元的损失。对此承包商提出价款调整，要求业主补偿税率及汇率损失。

（三）争议焦点

本案例争议的焦点在于：由于工程所在国的税率和汇率发生了重大改变，税率和汇率导致的合同价格变化是否都予以调整。

（四）争议分析

根据背景介绍可知，基准日期为 2001 年 5 月 1 日，汇率变化日期与税率变化日期都在基准日期之后，税率变化属于法律法规变化，而汇率变化则不属于法律法规的范畴，属于商业风险，应由承包人承担。因此，承包商要求税率导致合同价格变化的调整应予以支持，而汇率变化则不应进行调整，如图 2-2 所示。

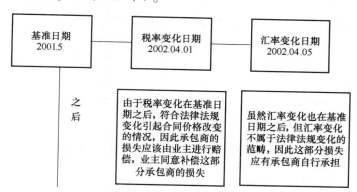

图 2-2　汇率税率变化时间比较图

（五）解决方案

经过谈判，双方仔细研究了合同条款和承包商提供的各种书面证据，最后业主同意税率因法律改变应进行调整，并书面通知同意进行补偿，但汇率调整不予认可，初步估算，业主将补偿 150 万美元以上。

第三节　违约者不受益原则及案例分析

一、原则运用的关切点

违约者不受益原则通常适用于工期延误期间发生的相关事项。在工期延误期间，若仍依据风险分担原则有失公平，且工期延误的责任者将会从中获得额外利益。因此，需依据引起工期延误的主体对合同价款进行调整。若因非承包人原因导致工期延误，则价格"就高不就低"；若因承包人导致工期延误，则价格"就低不就高"，其体现的是违约者不受益原则。

（一）工期延误的原因分析

一般来说，工期延误按责任者不同可分为：①不可原谅延误，即承包商原因；②可补偿的可原谅延误，即业主方原因；③不可补偿的可原谅延误，即外界原因。

业主方造成工期延误的原因可能有工程进度款支付不及时、业主不恰当干预、决策迟延、制定的完工日期不现实或者太苛刻、设计图的主动变更、工程量的临时增加、业主方代表（监理工程师/项目管理人员）的工作失误、业主与监理的沟通不够充分、业主未及时提供进入现场的条件或未及时办理建设用地规划许可证等开工必备的手续等。

承包商方的原因可能有现场管理人员变动过于频繁造成人员内部沟通不及时、现场管理人员过少或管理水平低造成的管理混乱、材料设备等供应不及时、承包商经验不足、建设方法不当造成的返工或拖期、施工计划不合理或准备不足、施工过程中的技术性错误等。

外界原因有恶劣的气候、地质条件复杂、突发疫情（如非典）、不可抗力等因素。

（二）工期延误时，按不利于违约方的原则调整价格

对工期延误期间物价波动引起的合同价款进行调整时，以各可调因子的价格指数为例，将原合同约定竣工日期的价格指数设为 F_1，实际竣工日期的现行价格指数设为 F_t。在使用价格指数调整差额公式时，如果是因非承包人导致的工期延误，则工期延误期间工程的价格指数采用原约定竣工日期与实际竣工日期两者中较高者；如果是承包人原因导致的工期延误，则价格指数采用原约定竣工日期与实际竣工日期两者中较低者，具体如表2-5所示。

表2-5　工期延误下价格指数确定的原则

工期延误原因	F_1 与 F_t 比较	选用的指数
非承包人原因 （包括业主原因和客观原因）	$F_1 > F_t$	F_1
	$F_1 < F_t$	F_t
承包人原因	$F_1 > F_t$	F_t
	$F_1 < F_t$	F_1

同理，造价信息也是如此，如果是非承包人原因导致的工期延误，则工期延误期间工程的价格采用原约定竣工日期与实际竣工日期两者中较高者；如果是承包人原因导致的工期延误，则采用原约定竣工日期与实际竣工日期两者中较低者。

二、案例

案例2-2：某实验室工程工程延期开工引起的合同价格调整

（一）案例背景

浙江省某市实验室工程，建筑占地面积 $2\ 212.1m^2$，建筑面积 $6\ 099.5m^2$，4层框架结构，合同总价为 $1\ 568.8$ 万元，由招标机构公开招标，于某年6月30日开标，当年7月1日公示中标，当年7月12日发承包双方签订建设工程施工合同（采用《13版合同》作为范本），计划开工日期为当年9月26日，计划竣工日期为第二年9月20日，合同工期总日历

天数为 360 天，合同价款采用固定单价合同形式。在竣工结算时，由于工程材料价格下跌引起合同价格调整。

双方签订的建设工程施工合同专用条款第 23.2（1）项规定："采用固定单价合同，合同价款包括的风险范围：综合单价包括但不限于各类建材市场风险（钢材、水泥、混凝土除外）、临时水电、场内外运输、临时设施、文明施工、运输费、机械停置内容等。风险费用的计算方法：市场风险、材料调整对钢材、商品混凝土、水泥价格上下浮动超过 10% 的部分进行调整（以投标时的信息价为基础，与主体施工期间信息价的平均值比较）；政策性调整予以调整，其余均不得调整。"

（二）争议事件

在合同履行期间，发包人于第二年 8 月 6 日才办理建设工程施工许可证，而此时，承包人又因农忙、施工组织设计等原因，造成工期延误 70 天。即组织开工，实际开工日期比合同中计划开工日期推迟了 384 天。而在工程项目施工期间，发包人又增加喷浆挂网工程、混凝土箱涵工程、部分楼层室内装修及其他工程变更，发承包双方办理延长工期 90 天的签证。

承包人于第二年 10 月 15 日开工，第四年 1 月 10 日竣工，并向发包人提交竣工验收报告，第四年 1 月 12 日，发包人组织当地质量监督部门、设计方、监理人、承包人等进行竣工验收并一致同意工程质量合格。

由于工期延误时间较长，从合同签订到实际开工跨了 1 年时间。在这期间，主要建筑材料价格下跌明显，经查阅本工程的竣工资料显示，主体施工期间为第二年 11 月～第三年 11 月，根据以上合同条款，对合同约定的三类材料依据相关月份某市工程建设材料市场指导价格进行了统计，商品混凝土价格上下浮动未超过 10%，不在考虑的范围内，无异议，而钢材和水泥价格浮动比较大，具体统计数据如表 2-6 所示。

表 2-6　某市工程建设材料市场指导价格相关月份统计表

序号	名称	规格	单位	当年 6 月	第二年 8 月	第二年 9 月	第二年 10 月	第二年 11 月	…	第三年 11 月	施工期间平均价格	涨幅
1	钢筋	φ20	元/t	5 690	4 260	3 960	4 160	4 140	…	4 160	4 140	−27.24%
2	水泥	32.5	元/t	495	270	275	310	345	…	370	314	−36.57%
3	商品混凝土	C30	元/m³	425	368	370	383	395	…	399	383	−9.88%

根据表 2-6，投标时钢材市场指导价为 5 690 元/t，主体施工期间市场指导价的平均值为 4 140 元/t，下跌为 27.24%［（5 690−4 140）÷5 690］；投标时水泥市场指导价为 495 元/t，主体施工期间市场指导价的平均值为 314 元/t，下跌为 36.57%［（495−314）÷495］。该工程钢材数量为 576.864t，水泥数量为 814.71t。依据该工程合同约定，下跌 10% 以内不调整，无异议；而下跌超过 10% 部分的材料调整差价如下：①钢材调整差价为 804 725.28 元；②水泥调整差价为 132 716.26 元；③材料调整差价合计为 937 441.54 元。

在该工程竣工结算审核过程中，发包人认为，工程项目开工延期是由双方共同造成的，且按照合同专用条款第 23.2（1）项的约定，下跌超过 10% 的部分费用，应该予以合同价格调整，即在合同总价中扣除 93.7 万元。承包人认为，尽管合同约定 10% 以外的部分予以调整，但是发包人违约在先，自己违约在后，因此不应从工程结算总价内扣除 93.7 万元。

（三）争议焦点

本案例争议的焦点在于：由于发承包双方各自的原因导致工程延期开工，在此期间建设材料价格下降，发包人是否需要进行合同价格调整。

（四）争议分析

事件一：根据《13 版合同》通用条款第 2.1 款，领取施工许可证责任是发包人，因延迟领取施工许可证而延误的工期 314 天，属于发包人违约，应当工期顺延并由发包人承担违约责任。

事件二：根据《13 版合同》通用条款第 7.1 款，施工组织设计是由承包人负责，因施工组织设计安排不当导致延误的工期 70 天，属于承包人违约，不应当工期顺延并由承包人承担违约责任。

事件三：根据《13 版合同》通用条款第 10.6 款，发包人设计变更增加工程量，导致工期增加 90 天，工期应该顺延，而发包人无须承担费用方面的补偿责任。

根据《13 版清单计价规范》第 9.8.3 款，当工期发生延误时，实际进度日期大于计划进度日期，在此延误期间，物价可能上涨也可能下跌，根据导致工期延误的主体不同，调整合同价款的原则也不同，但均秉承不利于责任方的原则。

浙江省住房和城乡建设厅《关于加强建设工程人工、材料要素价格风险控制的指导意见》（建建发〔2008〕163）第一条第（二）款第 3 项明确规定，建设工程工期延误等方面的违约责任，总体符合《合同法》第一百一十二条规定，因发包人履行的合同义务不符合约定，即未按时取得施工许可证，虽然最终采取补救措施取得了施工许可证，但也应承担相应的责任。

在本案例中，开工延期是由发包人和承包人双方共同造成的，因此，本工程的开工延期属于多事件共同延误的情况。根据初始事件原则，发包人延期办理建设工程施工许可证是导致开工延期一年多的初始原因也是主要原因，承包人施工组织设计问题和劳工问题并非由初始事件即发包人延期办理建设工程施工许可证导致的。因此，发承包双方对该项目开工延期都有责任。

关于钢筋、水泥建筑材料在工程延期开工期间价格下跌，发包人于第二年 8 月 6 日才办理建设工程施工许可证，此时钢筋、水泥的价格已经大幅下降。而无论承包人是否因施工组织设计等自身原因导致工期延误都不影响建筑材料的价格。因此，合同价格不应予以调整。

（五）解决方案

根据上述争议分析，不应从工程结算总价内扣除 93.7 万元。编制工期延误后材料费索赔与反索赔的相关对策以供参考，如表 2-7 所示。

表 2-7　工期延误后材料费索赔与反索赔的相关对策

责任分类 索赔项目	工期延误原因			
	承包人原因	发包人原因	政策性调整	不可抗力
工期顺延	不顺延工期	顺延工期	顺延工期	顺延工期
材料价格上涨	执行原价格	执行新价格	执行新价格	执行新价格
材料价格下跌	执行新价格	执行原价格	执行新价格	执行新价格

【资料来源：改编自马志恒，黄俊宇，郭静明. 工期延误后材料费索赔的司法分析与应用 [J]. 江苏建筑，2014（S1）：110-112.】

案例 2-3：某房屋建筑工程法律变化引起的合同价格调整

（一）案例背景

2014 年，A 公司与 B 建筑公司就某房屋建筑工程签订建设工程施工合同，约定由 B 建筑公司以总价包干方式承接 A 公司的项目，项目于 2014 年 3 月 1 日正式开工，2014 年 12 月 15 日竣工，合同工期总日历天数为 290 天，竣工验收有关工作由 B 建筑公司负责，且除工程价款外，A 公司无须再就竣工验收有关工作向 B 建筑公司另行支付费用。

（二）争议事件

在工程施工过程中由于 B 建筑公司施工组织不力，造成工期大幅度延误，2015 年 3 月 15 日，市政府消防主管部门修订了当地工程消防验收办法，新增消防技术测试项目作为竣工验收备案的条件，并确定增收消防预检费，工程至 2015 年 4 月 12 日基本完工，B 建筑公司在竣工验收过程中先行支付了消防预检费。

在工程结算过程中，A 公司认为，按原定工期完工工程无须进行消防技术测试即可完成竣工验收及备案，且无须支付消防预检费。因此是由于 B 建筑公司工期延误造成工程项目遭遇当地消防验收规定的变化，致使 A 公司额外支付了消防预检费。故 A 公司主张该消防预检费，应由 B 建筑公司承担，并要求从工程结算款中扣除该部分费用。

B 建筑公司认为，法律法规变化的风险，应全部由发包人承担。因此，该消防预检费不应从工程结算款中扣除。

（三）争议焦点

本案例争议的焦点在于：在工期延误期间遭遇法律法规变化，发包人是否需要进行合同价格调整。

（四）争议分析

根据合同有关规定，竣工验收工作属于 B 建筑公司工作范围，但是由于 B 建筑公司在报价时，无法预见法律法规的变化，对因法律变化而增加的成本在合同未做另行约定的前提下，且根据《13 版清单计价规范》第 9.2.1 条规定"招标工程以投标截止日前 28 天、非招标工程以合同签订前 28 天为基准日，其后因国家的法律、法规、规章和政策发生变化引起工程造价增减变化的，发承包双方应按照省级或行业建设主管部门或其授权的工程造价管理机构据此发布的规定调整合同价款"。法律法规变化的风险应由 A 公司承担。因此，若该事件发生在原定竣工日期之前，A 公司应对合同价款进行调整。

但是，由于工程工期延误是由 B 建筑公司造成的，故该工程工期延误系 B 建筑公司责任，且如果工程如期竣工，则可规避竣工验收规定的调整，因此，工程增加的消防预检费属于因工期延误而给 A 公司造成的损失，A 公司有权要求 B 建筑公司承担，并在工程结算款中予以扣除。因承包人原因导致工期延误的风险责任如图 2-3 所示。

（五）解决方案

A 公司可以在工程结算款中扣除先行支付的消防预检费。

【资料来源：改编自袁华之．建设工程索赔与反索赔［M］．北京：法律出版社，2016．】

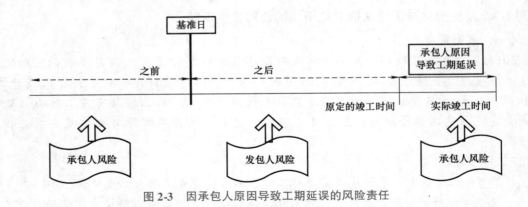

图 2-3   因承包人原因导致工期延误的风险责任

第四节   物价波动的价差调整原则及案例分析

一、原则运用的关切点

（一）物价波动引起的合同价格调整范围

1. 人工费的调整

1）市场人工工日单价发生变化时人工费的调整。市场人工工日单价是经调查得出由工程所在地的造价管理机构发布的人工成本信息，反映现行市场中的人工价格变化情况。

市场人工工日单价发生变化，如果超过合同约定的变化幅度，则应对人工费进行调整，如浙江省住房和城乡建设厅《关于加强建设工程人工、材料要素价格风险控制的指导意见》（建建发〔2008〕163号）规定了人工费的调整幅度为结算期人工市场价或合同前80%工期月份的人工信息价平均值与投标报价文件编制期对应的市场价或信息价之比上涨或下降15%以上时应该调整。

2）定额人工工日单价发生变化时人工费的调整。定额人工工日单价是指由行政部门（或准行政部门）颁布的建筑业生产工人人工日工资单价，其一般与地区定额配套使用，具有较强的政策性且相对稳定。

定额人工工日单价发生变化时，应对人工费进行调整，如《13版清单计价规范》规定，人工单价发生变化且符合省级或行业建设主管部门发布的人工费调整，但承包人对人工费或人工单价的报价高于发布的除外，发承包双方应按省级或行业建设主管部门或其授权的工程造价管理机构发布的人工成本文件调整合同价款。

① 当承包人的人工费报价低于新人工成本信息时，人工费予以调整。

② 当承包人的人工费报价高于新人工成本信息时，人工费不予调整。

2. 材料费的调整

在工程项目实施过程中，材料费用支出在建安工程费用总支出中的占比为60%～65%。工程项目实践显示，由于项目所处的市场形势与项目长期性特点的影响，随着建设活动的不断进行，此占比呈上升趋势，因此，对物价波动后相关材料费用的价格调整是至关重要的。为保证合同缔约双方的公平，在承包人风险可控的情形下，需要对应予补偿的材料费用范围进行确定。各地区在进行材料价格变化调整时，常出现"主材价格"的字样，由此，应予调整的材料费用范围确定的前提是进行"主材价格"的确定。

通常情况下，合同缔约双方会在合同专用条款中约定可调价格材料的范围，若未约定，则可调整的材料费用范围可分为两部分：①为支出费用在工程项目单位工程费占比超过2%或工程项目总体施工费占比超过1%的工程材料；②为专业工程中的主要材料，主要包括《13版清单计价规范》中界定的主要工程材料，对于不同工程项目而言，其主要材料也存在差异，此处列出常用的6类材料，即钢筋、水泥、混凝土、木材、砂、石。

不同地区对于调整的范围不同，但是都主要集中在对可调材料范围的规定上，如钢材、水泥等。各省市规定的类型可分为三种：①根据费用占总造价比重来确定，如江苏省、浙江省等；②根据不同工程类型来确定，如上海市等；③直接规定调差内容，如湖北省等。

根据民法优于行政部门颁布的法律法规的原则，建设行政主管部门发布的政策性文件对建设工程合同的履行仅仅具有指导性作用，合同才是调价的主要依据。

3. 施工机械使用费的调整

在施工期间，因施工机械台班价格波动影响合同价款时，施工机械使用费按照国家或省、自治区、直辖市建设行政主管部门、行业建设管理部门或其授权的工程造价管理机构发布的机械台班单价或机械台班系数进行调整。

（二）价差调整中调值公式的运用要点

价格指数调整法进行价格差额的补偿，常用于交通建设、桥梁建设、河湖水系建设等工程项目中，其工程项目的特点为工程材料使用种类较为单一，不同种类的材料使用量之间存在巨大差异。根据专用合同条款中约定的数据，按以下调值公式计算差额并调整合同价格：

$$\Delta P = P_0 \left[A + \left(B_1 \frac{F_{t1}}{F_{01}} + B_2 \frac{F_{t2}}{F_{02}} + B_3 \frac{F_{t3}}{F_{03}} + \cdots + B_n \frac{F_{tn}}{F_{0n}} \right) - 1 \right] \tag{2-1}$$

式中　ΔP——需调整的价格差额；

　　　P_0——约定的付款证书中承包人应得到的已完成工程量的金额，此项金额应不包括价格调整、不计质量保证金的扣留和支付、预付款的支付和扣回，约定的变更及其他金额已按现行价格计价的，也不计在内；

　　　A——定值权重（即不调部分的权重）；

　　　B_i——各可调因子的变值权重（即可调部分的权重），为各可调因子在签约合同价中所占的比例；

　　　F_{ti}——各可调因子的现行价格指数，指约定的付款证书相关周期最后一天的前42天的各可调因子的价格指数；

　　　F_{0i}——各可调因子的基本价格指数，指招标文件中规定的提交投标文件的截止时间前的第28天或建设工程施工合同签订前的第28天的各可调因子的价格指数。

运用上述调值公式需要注意以下问题：

1. 调值公式中定值权重"A"的确定

在价格指数调整法中，"A"是指合同中不能参与调价的部分，如管理费、项目利润、初期施工费和某些固定价格等。影响"A"值的因素很多，不同的企业、不同的工程项目，该值会有很大的差异，承包人在报价阶段也可根据自己的报价资料测算出一个理论"A"值。实际上，"A"的最终取值往往是通过与业主方的谈判得来的。

定值权重"A"通常的取值范围为 $0.15 \sim 0.35$。"A"的权重对价款调整的结果影响很大，它与调整额的大小成反向作用关系。定值权重"A"相当微小的变化，会引起在实际价款调整中很大的数额变动。所以，发包人在确定调值公式中采用的固定要素取值应尽可能大，才能减少价款调整幅度。但是从承包人的角度来看，在与业主方谈判的过程中，应将理论"A"值作为自己的底线，尽可能地争取更小的"A"值。

"A"在调值公式中发挥的作用即一个控制物价波动的反向因子。"A"值越大，承包人在未来因价格调整可能产生的收益就会减少，但可能产生的损失也会减少；反之"A"值越小，承包人在未来因价格调整可能产生的收益就会增多，但可能产生的损失也会增多。所以，除了参考上述理论"A"值数据之外，不同的企业也可以根据自身的抗风险能力对"A"值进行一定程度的调整。

2. 各可调因子的变值权重"B_i"的确定

发包人应在招标文件中规定各项费用比重系数一个允许的范围，也可以在招标文件中要求承包人提出，并加以证明。例如，鲁布革水电站工程的招标书即对外币支付项目各费用比重系数范围做了如下规定：①外籍人员工资 $0.10 \sim 0.20$；②水泥 $0.10 \sim 0.16$；③钢材 $0.09 \sim 0.13$；④设备 $0.35 \sim 0.48$；⑤海上运输 $0.04 \sim 0.08$；⑥固定系数 0.17。并规定允许投标人根据其施工方法在上述范围内选用具体系数。

在价格指数法中，各可调因子的变值权重"B_i"是否合理，直接影响到承包人最终的合同价格，因此承包商在投标报价的过程中，对人工、基本材料等比例系数一定要仔细研究。显然，人工及每一种基本材料的比例系数都有一个变化范围，通常最大值和最小值由业主设定，承包商必须在此范围内选定一个理想的比例系数，但限制条件是 $A + \sum B_i = 1$。如果这些比例系数考虑全面并选择合理，那么价格浮动系数就能得到最大值，从而使得调整有最佳结果。投标报价时这些系数选择的优劣，最后会使项目的实际调价收入变化很大。

3. 价格指数的确定

在国内工程项目中，若采用价格指数进行价格调整，那么价格调整公式中的各可调因子、定值和变值权重，以及基本价格指数及其来源在投标函附录价格指数和权重表中约定，非招标订立的合同，应由合同当事人在专用合同条款中约定。价格指数应首先采用工程造价管理机构发布的价格指数，无前述价格指数时，可采用工程造价管理机构发布的价格代替。承包商在选择价格指数时也应对价格指数本身的信息进行一定程度的研究。例如，价格指数是年度、季度还是月度发布，价格指数的当期数据反映的是多久以前的市场价格，有多久的滞后效应，价格指数每次发布的时间是否准时等诸如此类的问题，这些问题都可能在未来对合同实施产生重要的影响。

在国际工程项目中，承包商应尽力避免选取工程所在国国内发布的数据作为价格指数的来源，以防止业主依靠地缘优势在未来对价格指数进行人为操控或倾向性的解读，尤其是针对一些政治体制、经济环境、行业规范不够成熟的国家，此种风险更大。

对于确有大量材料需在工程所在国当地采购且业主强制选用当地价格指数的工程，可首选政府机构或商业协会发布的数据，尽量避免选用营利性机构、小型刊物等发布的数据，以保证数据的独立性和权威性，同时应检验是否有足够多的定期发布的历史数据，并且该历史数据与国际市场走势是否具有相关性，以确保数据的延续性与准确性。

4. 基期时点的确定

在合同中应约定调值公式中价格指数或市场价格的地区性及时间性。地区性一般是指工程所在地或指定的某地的价格指数或市场价格。时间性是指某年某月某日的价格指数或市场价格。时间性应确定两个时间，即基础时间（一般是以投标截止日期前 28 天，即基准日期）的价格指数或市场价格、支付时间（一般是以约定的付款证书相关周期最后一天的前 42 天）的价格指数或市场价格。

很多工程在签约前历时很久，确定合同中约定的基期时点存在多种选择，如承包人报价数据所采用的价格时点，承包人报价给出的时点，承包人与业主双方合同谈判确定最终签约价格的时点，承包人与业主双方合同谈判最终确定合同文件的时点，承包人与业主双方签约的时点等。甚至有一些工程在签约至正式开工之间还存有一个较长的间隔期，取此期间的某一时点作为基期时点也有可能。

基期时点本身只用于调值公式的数学计算，从逻辑上讲，选择任何一个时点作为基期时点均不影响合同的履行，但是从履行合同的角度考虑，承包人应尽力争取调值公式中综合价格指数计算结果较低的时点为基期时点，同时也应明确，未来价格的调整应在签约价格的基础上调整。

5. 结算期时点的确定

在工程实施过程中，很多结算期时点的确定方法并不在合同中写明，实际操作过程中很容易引起争议。例如，某承包人在 2 月份将未来 3 月份施工所需材料全部自行采购到位，3 月份施工按计划正常进行，4 月 10 日完成 3 月份申请款统计工作并上报业主，业主方批复申请款的时间为 4 月 15 日，工程款到账的时间为 4 月 20 日。

如此多的时间数据，前后相差最多可能超过一个月，但将哪个作为调值公式结算期时点似乎都有一定道理，也有人认为这种进度结算款数额相比合同总额比例不会太大，不必太过苛刻的限定，所以在签约时很少关注这些。但是所有进度结算款的累积最终还是合同总价，在合同总价的基础上，结算期时点相差一个月对价格的调整则是一笔不小的数目。

为了避免合同履行阶段不必要的麻烦，将结算期时点的确定方法写入合同也尤为重要，站在承包人角度，如果预计合同开工至竣工总体价格指数呈上升趋势，则应尽可能争取时间点靠后的结算期时点；如果预计合同开工至竣工总体价格指数呈下降趋势，则应尽可能争取时间点靠前的结算期时点。

（三）价差调整中造价信息来源的确定

房屋建造工程及其装饰装修工程中，常用造价信息调整法进行价格差额的调整，其工程特点表现为材料品种多样繁杂，单项材料的使用量较少。若采用造价信息进行价格调整，那么人工、机械使用费按照国家或省、自治区、直辖市建设行政管理部门、行业建设管理部门或其授权的工程造价管理机构发布的人工、机械使用费系数进行调整。

1. 人工单价的调整依据

人工成本的调整，目前主要采用对定额人工费出台调整系数（指数）的方式，同时对计日工出台单价的形式，需要指出的是，人工费的调整也应以调整文件的时间为界限进行。人工费信息分类如表 2-8 所示。

表 2-8 人工费信息分类

序 号	人工信息分类	人工费调整	价款的调整
1	规定人工费计价系数	新的人工单价 = 原报价中的人工单价 × 计价系数	1. 如果合同中有规定的可按照新的人工单价减去原报价中的人工单价，从而确定人工费价差，再用价差乘以人工消耗量，依此来进行工程价款的调整
2	直接规定各人工工种的当期价格	人工费价差 = 新的人工单价 – 原报价中的人工单价 人工费调整差额 = 人工费价差 × 人工消耗量	2. 如果合同中规定有调值公式，也可按照调值公式进行总价价差的调整

2. 施工机械台班单价的调整

在施工期间，当施工机械台班单价或施工机械使用费发生变化超过省级或行业建设主管部门或其授权的工程造价管理机构规定的范围时，按其规定调整合同价款。

（四）材料和工程设备价格调整的基准价格

运用造价信息调整法时，承包人在投标文件中应提供主要材料和工程设备一览表。但是对材料、工程设备价格变化的价款调整，应根据发承包双方约定的风险范围，按照造价管理部门公布的基准价格进行调整：

1）材料单价低于基准价格。承包人在已标价工程量清单或预算书中载明材料单价低于基准价格的，合同履行期间材料单价涨幅以基准价格为基础超过5%时，或材料单价跌幅以在已标价工程量清单或预算书中载明材料单价为基础超过5%时，其超过部分据实调整。

2）材料单价高于基准价格。承包人在已标价工程量清单或预算书中载明材料单价高于基准价格的，合同履行期间材料单价跌幅以基准价格为基础超过5%时，或材料单价涨幅在已标价工程量清单或预算书中载明材料单价为基础超过5%时，其超过部分据实调整。

3）材料单价等于基准价格。承包人在已标价工程量清单或预算书中载明材料单价等于基准价格的，合同履行期间材料单价涨跌幅以基准价格为基础超过 ±5% 时，其超过部分据实调整。

4）若无基准价格。承包人应在采购材料前将采购数量和新的材料单价报发包人核对，发包人确认用于工程时，发包人应确认采购材料的数量和单价。发包人在收到承包人报送的确认资料后5天内不予答复的视为认可，作为调整合同价格的依据。承包人未经发包人事先核对，自行采购材料的，再报发包人确认调整合同价款的，发包人有权不予调整合同价格；发包人同意的，可以调整合同价格。

二、案例

案例 2-4：AH 水电站人工费损失引起的合同价格调整

（一）案例背景

云南 AH 水电站位于云南省丽江市玉龙县（右岸）与宁蒗县（左岸）交界的金沙江中游河段，为金沙江中游河段规划的第四个梯级。承包人于2009年5月中标承担了AH水电站厂房土建及金属结构安装工程（合同编号：AH2009/C02）的施工任务，于当月中旬开始进场施工。2012 年 12 月,工程进入竣工结算阶段。竣工结算后,承包人提出工程竣工结算中人工费亏损严重,因此向发包人 AH 水电站建设分公司申请包括人工和材料等在内的物价上涨引起的合同价格调整。

AH 水电站工程采用单价合同,合同约定在合同期内合同价格因物价波动引起的价差可予以调整。合同具体约定如下:

第 37.1 款约定因人工、材料和设备等价格波动影响合同价格时,按以下公式计算差额,调整合同价格:

$$\Delta P = P_0 \left(A + \sum_{i=1}^{n} B_i \frac{F_{ti}}{F_{0i}} - 1 \right) \tag{2-2}$$

式中 P_0——已完成工程量金额;

    A——定值权重;

    B_i——各可调因子的变值权重,即各可调因子在合同估算价中所占的比例;

    F_{ti}——各可调因子的现行价格指数,指付款证书相关周期最后一天前 28 天适用的各可调因子的价格指数;

    F_{0i}——各可调因子的基本价格指数,指投标截止日前 28 天适用的各可调因子的价格指数。

第 37.2 款约定:人工费价格指数采用国家统计局发布的职工平均工资及价格指数。同时规定,开工第一年(自然年,按月计)不调整价格,从开工第二年到工程竣工期间,材料费、施工机械一类费、其他费用波动范围在 5% 以内的风险由承包人承担,5% 以外的风险由发包人承担,调整周期为一年。

(二) 争议事件

该项目招标前,水利部于 2007 年印发系列文件,文件规定,"现颁布《水电工程设计概算编制规定(2007 年版)》、《水电工程设计概算费用标准(2007 年版)》(以下简称 07 版《费用标准》)和《水电建筑工程概算定额(2007 年版)》,自颁布之日起施行。《水电工程设计概算编制办法及计算标准(2002 年版)》(简称 02 版《计算标准》和《水力发电建筑工程概算定额(1997 年版)》同时废止"。但是该项目发包人在招标文件中仍要求承包人的投标报价严格按照 02 版《计算标准》编制人工预算单价。07 版《费用标准》与 02 版《计算标准》人工预算单价对比如表 2-9 所示。

表 2-9   07 版《费用标准》与 02 版《计算标准》人工预算单价对比   单位:元/工时

定额人工等级	高级熟练工	熟 练 工	半熟练工	普 工
《水电工程设计概算编制办法及计算标准》(2002 年版)	8.68	6.43	5.06	4.13
《水电工程设计概算费用标准》(2007 年版)	9.46	6.99	5.44	4.46

竣工结算时承包人提出了合同价格调整要求。承包人认为,按照开工至 2012 年 12 月各年度付款证书中已完成工程进度款总额(不包括一般总价承包项目),结合投标报价综合单价分析表中的人工费进行综合分析,得出各年度合同价格中人工年平均工资,由于受到国际金融形势和国内物价上涨等因素的影响,人工费上涨幅度过高,甚至超过 400%,造成施工成本大幅增加,如表 2-10 所示,据此要求按照合同第 37.1 款的约定进行合同价格调整。

表 2-10　全国在岗职工平均工资

项 目 名 称	单　　位	2009 年度	2010 年度	2011 年度	2012 年度
合同中人工年平均工资	元	11 044	10 562	10 482	10 602
合同中人工年平均工资折算工时单价	元/工时	5.50	5.26	5.22	5.28
统计局发布的"在岗职工年平均工资"	元	35 053	39 471	44 444	50 048
统计局发布的"在岗职工年平均工资"折算工时单价	元/工时	17.46	19.66	22.13	24.92
合同已完工时	工时	233 081	4 093 229	3 722 213	732 982
已完成工程量金额 P_0	元	13 324 506.65	232 954 266.76	173 783 324.67	33 694 976.08
人工费权重	%	9.61	9.24	11.19	11.48

发承包双方均按照合同约定的调值公式进行计算，但是由于双方对价格指数的理解不同，结果差异特别大，承包人计算的人工费调整额比发包人的计算结果多 126 735 316 元。为此结果，双方产生了争议。

1. 承包人对人工费调整额的计算

通过对调值公式进行分析，剥离出人工费调整金额的计算公式如下：

$$\Delta P_人 = P_0 \times B_人 \times \left(\frac{F_{t人}}{F_{0人}} - 1 \right) \tag{2-3}$$

式中　$F_{t人}$——人工费现行价格指数；

　　　$F_{0人}$——人工费基本价格指数。

承包人认为：工程施工期间，国内的物价大幅上涨，增加了施工成本，尤其是人工费的涨幅巨大。由于本工程采用单价合同，合同执行期间，受物价波动影响造成的价差可予以调整。依据合同第 37.2 款，开工第一年（自然年，按月计）不调整价格，调整周期为一年。因此，承包人要求调整因 2010～2012 年的人工工资上涨带来的人工费差额。

合同中规定了物价波动时采用调值公式进行计算，双方对于公式中的定值权重（A）及人工费权重（$B_人$）均无异议，合同第 37.2 款规定，人工费价格指数采用国家统计局发布的每年职工平均工资及价格指数，因此，承包人选择前者作为现行价格指数，即 $F_{t人}$ 选择表 2-10 中各年"统计局发布的'在岗职工年平均工资'"。

对于基本价格指数，承包人选择投标报价中每年度人工年平均工资，即 $F_{0人}$ 选择表 2-10 中"合同中人工年平均工资"。为获得该数据，首先，承包人结合投标报价综合单价分析表中的人工费进行综合分析，得出每年度实际完成合同价格中人工费工时平均综合单价，如表 2-10 所示，进而，依据 02 版《计算标准》人工预算计算标准：①年应工作天数 251 工日，②日工作时间为 8 小时/工日，计算得出投标报价中的人工年平均工资如表 2-10 所示。将表 2-10 的对应数值代入式（2-3），可得人工费调整额：

$$\Delta P_人 = 232\ 954\ 266.76\ 元 \times 9.24\% \times \left(\frac{39\ 471}{10\ 562} - 1 \right) + 173\ 783\ 324.70\ 元 \times 11.19\% \times \left(\frac{44\ 444}{10\ 482} - 1 \right) +$$

$$33\ 694\ 976.08\ 元 \times 11.48\% \times \left(\frac{50\ 048}{10\ 602} - 1 \right) = 136\ 314\ 313.01\ 元$$

2. 发包人对人工费调整额的计算

发包人依据合同第 37.2 款："人工费价格指数采用国家统计局发布的职工平均工资及价

格指数。"认为现行价格指数（$F_{t人}$）和基本价格指数（$F_{0人}$）均应采用国家统计局发布的相关指数进行计算，即 $F_{t人}$ 选择表2-10中各年"统计局发布的'在岗职工年平均工资'"，$F_{0人}$ 选择表2-10中 2009 年"统计局发布的'在岗职工年平均工资'"。

将表2-10的对应数值代入式（2-3），可得人工费调整额：

$$\Delta P_人 = 232\ 954\ 266.76\ 元 \times 9.24\% \times \left(\frac{39\ 471}{35\ 053} - 1\right) + 173\ 783\ 324.70\ 元 \times 11.19\% \times$$

$$\left(\frac{44\ 444}{35\ 053} - 1\right) + 33\ 694\ 976.08\ 元 \times 11.48\% \times \left(\frac{50\ 048}{35\ 053} - 1\right) = 9\ 577\ 538.43\ 元$$

通过上述计算过程可知，承包人申请调整的人工费总额与发包人计算的结果相差 126 735 316元。

（三）争议焦点

由于人工费异常波动，双方都同意按照合同约定调整合同价格。但是双方争议的焦点在于基本价格指数的选取，计算结果相差巨大，双方由此产生争议。

发包人选取国家统计局发布的"在岗职工年平均工资"作为基本价格指数的理由。发包人认为：调值公式的本质是利用现行价格指数与基本价格指数的比值计算涨幅，然后乘以调价因素的总额进而得出调整额。因此，价格指数的来源应该一致，即依据合同第37.2款，基本价格指数和现行价格指数均应来自国家统计局发布的数据，据此计算人工费调整额度。

承包人选取合同中人工年平均工资作为基本价格指数的理由：首先，承包人认为投标报价依据招标文件要求的费用标准及定额编制，报价时采用的02版《计算标准》较之07版《费用标准》人工预算单价较低；其次，工程实际施工过程中，人工费大幅上涨（见表2-10），国家统计局发布的"在岗职工平均工资"与合同中人工平均工资相差 2~4 倍，发包人利用国家统计局公布的指数计算的调整额远小于承包人的实际损失。同时，依据合同约定，人工费异常波动带来的风险应由发包人承担。因此，承包人希望按照国家统计局发布的人工费价格与投标报价中的人工费价格差额计算补偿额度。

（四）争议分析

本工程招标文件中发包人明确要求承包人采用02版《计算标准》编制投标报价，但在进行招标时，07版《费用标准》已经出台，02版《计算标准》同时废止。依据《招标投标法》第十九条的规定，本案例理应按照07版《费用标准》进行投标报价，但是发包人却要求承包人以02版《计算标准》编制投标报价，从表2-9中可以看出，07版《费用标准》在前版的基础上对于人工费单价有一定幅度的提高，可见，发包人要求采用人工费标准较低的02版《计算标准》无疑加大了承包人的风险，违反合同的公平原则。因此，当发生人工费价格波动时，发包人理应承担不同标准带来的人工费差额。市场竞争下人工费价格波动按照合同约定应由发包人承担，根据约定的方法进行调整。

《13版清单计价规范》对于人工、材料及工程设备价格变化带来的风险给出了明确的规定，体现了合理风险分担的思想。《13版清单计价规范》对于人工费的调整分两种情况：一是可以依据造价信息对其进行单独调整，但不可再将人工费价差包含在调值公式中重复调整；二是将人工费的波动包含在调值公式中，运用价格指数调整法统一调整。

（五）解决方案

1）第一次调整。本案例中的人工费调整，发包人应当承担02版《计算标准》与07版

《费用标准》中人工费单价标准造成的差额，即首先按照 07 版《费用标准》对合同中的人工费进行调整，然后以调整后的人工费作为 P_0 按照合同对于价格调整的规定，套用调值公式对人工费进行调整。

承包人可以获得的补偿为

$$\Delta P_人 = (P_0 + \Delta P_0) B_人 \left(\frac{F_{t人}}{F_{0人}} - 1 \right) \tag{2-4}$$

式中　ΔP_0——07 版《费用标准》与 02 版《计算标准》之间的差额。

2）第二次调整。即便如此，上文式（2-4）计算所得也达不到承包人对人工费调整的预期。依据《13 版清单计价规范》对于索赔的有关规定，在合同履行过程中，一方因非己方原因遭受损失，且按合同约定或法律规定应由对方承担责任时，可以向对方提出补偿要求。因此，承包人可以运用索赔权利，要求发包人对人工费的额外损失进行补偿。

本案例中，签约时承包人响应发包人的要求按照 02 版《计算标准》进行报价编制，当发生物价变化时，依据合同约定，双方可根据调值公式对物价波动带来的合同价格变化进行补偿，其中包含一定的人工费调整，但是其调整额度未能完全补偿承包人损失，因此，承包人可以选择保留索赔权，将人工费单独调整。

进行人工费索赔时，不能按照合同约定采用国家统计局发布的职工平均工资作为人工费索赔额计算的依据，因为该统计数据包含了计时工资、计件工资、奖金、津贴和补贴、加班加点工资及特殊情况下支付的工资六项内容；而工程实践中，劳务市场的人工费中不包含奖金、津贴及补贴等内容，相比之下工资水平较低。因此，可依据行业建设主管部门或其授权的工程造价管理机构发布的数据作为索赔额计算的依据，有利于后续的谈判。

本案例中，人工费最大涨幅接近 400%，涉及调整金额近亿元。根据对学者观点和实际判例的总结，结合建筑行业合同总价的具体构成，从单项要素和合同总价两方面对物价异常波动的幅度进行界定，当人工单价综合波动幅度达到或超过 5%，且对合同总价影响达到或超过 4% 时可以认定为人工费异常波动。因此，该项目的人工费价格变化属于物价异常波动。

物价异常波动会导致承包人投标报价中所包含的风险费用难以抵销施工成本的增加额，给承包人造成巨大损失。本案例中，人工费发生大幅增长属于事前难以识别的特殊风险，当风险发生后，合同约定的调整方法难以补偿承包人的损失。当然，本案例中也可以利用造价信息调整法对人工费进行单独调整，但是需要注意的是，采用造价信息调整法单独调整人工费时，调值公式中的 P_0 不应包含人工费，以避免重复调整。

【资料来源：改编自严玲，史志成. 人工费异常波动引起的合同价格调整研究——以云南 AH 水电站为例 [J]. 建筑经济，2016（01）：52-56.】

案例 2-5：某码头施工项目材料费波动引起的合同价格调整

（一）案例背景

某码头施工项目位于福建省，发包人 A 与承包人 B 就福建省某码头施工项目于 2009 年 2 月签订施工合同，工期为 36 个月。2010 年 10 月以后，福建建筑市场的材料价格呈现异常上涨之势，特别是水泥，福建省住房和城乡建设厅于 2010 年 12 月 16 日发布了《关于妥善处理水泥等建筑材料价格异常波动确保工程质量的通知》（闽建筑〔2010〕39 号），提出水泥等材料价格异常上涨所产生的价差应予适当调整的指导性意见。在工程项目施工期间，由于建筑材料异常上涨，给承包人造成了很大损失，承包人向发包人申请调整合同价格。

在施工合同专用条款第 11.3 款中约定了物价波动引起的价格调整原则如下：

仅对价格变化率超过 15% 的材料（仅限于钢材、水泥），且此单项（类）材料价差累计超过 50 万元的部分进行调整；原则上每一周年对材料价差（仅限于钢材、水泥）调整一次，且仅调整材料价格变化率超过 15% 的部分；需要进行价格调整的材料数量按承包人当期实际完成施工图工程量计算。

具体单价调整方法如下：

$$\Delta P = P_{10}\left(\frac{P_{11}-P_{10}}{P_{10}}-15\%\right) \tag{2-5}$$

式中　ΔP——工程实施期间材料实际调整价差；

　　　P_{10}——投标文件中的材料价格；

　　　P_{11}——工程实施时，造价信息中的材料价格。

（二）争议事件

施工期间材料价格的异常上涨是任何有经验的承包人都无法预见的，而且这种价格大幅度上涨所造成的额外费用支出超出了承包人的正常承受范围。因此，承包人 B 根据合同约定的单价调整方法向发包人 A 提出了价差补偿的请求，以 2011 年 1 月的市场价为例编制了价差补偿计算表，并最终要求补偿 2 313.5 万元，具体价格调整如表 2-11 所示。

表 2-11　某工程主要材料价差计算表

序号	材料名称	单位	预算总量	投标当月（2009 年 5 月）市场价/元	投标报价/元	时价（2011 年 1 月）/元	信息价差/元	涨幅	调整价差合计 ΔP/元	补差额/万元
1	圆钢	t	1 092.422	3 500	3 400	5 178	1 778	52%	1 268	137.43
2	二级螺纹钢 16-25	t	4 854.198	3 500	3 500	4 967	1 467	42%	942	457.27
3	钢绞线 φ15.2	t	34.13	5 250	5 500	6 080	580	11%	—	—
4	三级螺纹钢 φ28	t	113.84	3 700	3 500	5 444	1 944	56%	1 219	16.15
5	预埋件	t	75.19	4 741	4 000	5 841	1 841	46%	1 241	9.33
6	钢结构（型钢）	t	41.53	3 977	3 800	5 200	1 400	37%	830	3.45
7	钢轨及配件	t	161	4 300	5 000	5 700	700	14%	—	—
8	型钢	t	630.13	3 977	3 800	5 200	1 400	37%	830	52.30
9	薄钢板	t	92.02	4 459	4 000	4 850	850	21%	250	2.30
10	钢板	t	236.60	4 459	4 000	4 850	850	21%	250	5.91
11	钢模板	t	250.00	5 000	5 400	7 000	1 600	30%	790	19.75
12	钢材合计									703.89
13	P.O42.5R	t	13 723.96	415	410	625	215	52%	153.5	210.66
14	中粗砂	m³	34 059.24	60	35	108	73	209%	67.75	230.75
15	碎石	m³	50 859.91	70	45	84	39	87%	32.25	164.02
16	混凝土材料合计									605.43
17	柴油	m³	1 712	5 880	5 500	7 830	2 330	42%	1 505	398.47
18	总计									1707.78

承包人 B 认为，上述单价调整公式中，P_{10} 为其投标报价时所填报的单价，因此，价格调整的基准价格应为投标报价时的填报单价；合同中约定只对钢材和水泥进行材料价差调整，所以所有与钢材有关的材料都应该进行调整；尽管合同中没有约定柴油也在可调差材料范围内，但是本工程为码头施工项目，使用的水上船舶较多，且柴油价格大幅度上涨，造成巨额损失。

发包人 A 对承包人 B 申报的价差计算方法进行了审核，并给出了如下意见：首先，上述单价调整公式中，P_{10} 为投标时的市场价，因此，价格调整的基准价格应为投标时的市场价；其次，合同中有明确规定调整价格的材料仅限于钢材和水泥，因此只对工程结构钢材（钢筋）和水泥价差进行调整（即表 2-11 中 1、2、3、4、13 项）；再次，调整价格材料的数量应是其消耗量，而不应是其预算总量；最后，每一周年对材料价差调整一次，实施期的材料价格取一年内平均价格。为此双方产生争议。

（三）争议焦点

本案例采用造价信息调整法对材料价格进行调整，经分析总结，双方争议的焦点有以下四点：

1）调整基准单价的确定。

2）可以调整价差的建筑材料种类的确定。

3）可以调整价差的建筑材料数量的确定。

4）实施期的材料价格（P_{11}）如何计取。

（四）争议分析

1. 材料价格调整的基准单价选择

上述公式中 P_{10} 既不是投标时造价信息中的材料价格，也不是投标报价中的材料价格，应该将造价信息中的价格和投标报价中的价格进行对比，从而选出一个正确的价格。

当承包人投标报价中的材料单价低于当时造价部门发布的信息价时。施工期间材料单价涨幅以造价部门发布的信息价为基础超过合同约定的风险幅度值时，或材料单价跌幅以投标报价为基础超过合同约定的风险幅度值时，其超过部分按实调整。

当承包人投标报价中的材料单价高于当时造价部门发布的信息价时。施工期间材料单价的涨幅以投标报价为基础超过合同约定的风险幅度值时，或材料单价的跌幅以基准单价为基础超过合同约定的风险幅度值时，其超过部分按实调整。

当承包人投标报价中的材料单价等于当时造价部门发布的信息价时。施工期间单价涨跌以基准价为基础超过合同约定的风险幅度值时，其超过部分按实结算。

在本案例中，以圆钢为例，2009 年 5 月，承包商在投标时，福建省圆钢材料费造价信息为 3 500 元/t，而承包商的报价为 3 400 元/t，圆钢材料费单价存在价差，表明承包商愿意承担这部分圆钢材料费价差的风险，承担的圆钢单价风险价格为 100 元/t（3 500 - 3 400）。在 2011 年 1 月，圆钢价格上涨到 5 178 元，此时，圆钢调整的基准价格就应该为投标当月的市场价 3 500 元。即 $P_{11} = 5\,178$ 元，$P_{10} = 3\,500$ 元，此时

$$\Delta P = 3\,500 \text{ 元} \times \left(\frac{5\,178 - 3\,500}{3\,500} - 15\% \right) = 1\,153 \text{ 元}$$

再以钢模板为例，2009 年 5 月，承包人在投标时，福建省钢模板材料费造价信息为 5 000 元/t，而承包人的报价为 5 400 元/t。在 2011 年 1 月，钢模板价格上涨到 7 000 元/t，此时，钢模板调整的基准价格就应该为投标人的投标报价 5 400 元。即 $P_{11} = 7\,000$ 元，$P_{10} =$

5 400元，此时

$$\Delta P = 5\ 400\ 元 \times \left(\frac{7\ 000 - 5\ 400}{5\ 400} - 15\% \right) = 790\ 元$$

2. 可调整价差的材料范围的确定

合同明确约定可以调整价差的材料为钢材和水泥，而且从2003年以来，福建省建设行政主管部门发布的关于材料价差调整的几个指导性文件（闽建筑〔2003〕65号、闽建筑〔2007〕53号和闽建筑〔2010〕39号）均只涉及钢材和水泥。

根据施工过程中耗费的材料是否构成工程实体，将建筑材料分成工程材料和施工用料。工程材料费用（表2-11中的1～7项）构成了工程造价直接费中的材料费，而施工用料（表2-11中的8～11项）则计入措施费中，施工用料可以回收周转使用，材料上涨对其造成的费用增加影响有限。所以按照惯例，一般只调整工程材料的价差。

砂、碎石等材料属于工程材料，而且从表2-11来看，涨幅也较大。特别是近年来，国家对河道采砂加强管理，造成河砂供应紧张，加上一些不法分子乘机哄抬价格，福建市场上的中粗砂（河砂）实际采购价曾一度涨到200元/m³的高价，给承包人造成了很大的损失。近年来，有些建筑施工企业开展机制砂的研究，用开采的碎石生产机制砂替代河砂，以减少建筑工程项目对于河砂的依赖，并且合同中约定仅对钢材和水泥进行调整，因此，此项价差不予调整。

柴油费属于施工机械台班费。在施工期间，因施工机械台班价格波动影响合同价格时，施工机械使用费按照国家或省、自治区、直辖市建设行政主管部门、行业建设管理部门或其授权的工程造价管理机构发布的机械台班单价或机械台班系数进行调整。并且，考虑到本工程水上船舶较多，因此合同价格应当予以调整。但在本案例中，由于合同专用条款中明确约定了价格调整的材料范围，即"仅对价格变化率超过15%的材料（仅限于钢材、水泥）"。因此，基于风险合理分担原则，双方各承担一部分风险，按照合同约定的比例，价格涨幅超过15%的部分应当予以调整。

3. 可调整价差的材料的数量确定

1）材料购买时间的确定。材料的购买时间应与工程施工进度基本吻合，即按施工进度要求，确定与之相适应的市场价格标准，但如果材料购买时间与施工进度之间偏差太大，导致材料购买的真实价格与施工时的市场价格不一致，也应按施工时的市场价格为依据进行计算。其计算所用的材料量为工程进度实际所需的材料用量，而非承包人已经购买的所有材料量。

2）材料消耗量的确定。进行调整价款计算正确与否的关键因素之一是材料的消耗量，该消耗量理论上应以预算用量为准。例如，钢材用量应按设计图要求计算重量，通过套用相应定额求得总耗用量。而当工程施工过程中发生了变更，导致钢材的实际用量比当初预算量多时，该材料的消耗量应为发生在价格调整有效期间内的钢材使用量，其计算应以新增工程所需的实际用钢量来计算。竣工结算时也应依最终的设计图来调整。

4. 实施期材料价格的计取

合同中没有明确约定实施期的材料价格如何计取，福建省相关调整文件也没有明确的规定。但上海市建筑建材业市场管理总站2008年3月11日发布的《关于建设工程要素价格波动风险条款约定、工程合同价款调整等事宜的指导意见》（沪建市管〔2008〕12号）就价格计取方法给出指导性建议，可采用投标价或以合同约定的价格月份对应造价管理部门发布的价格为基准，与施工期造价管理部门每月发布的价格相比。

由于合同中约定，原则上每一周年对材料价差（仅限于钢材、水泥）调整一次，因此可以根据这一年发布的价格信息以月消耗量为标准采用加权平均值。从公平合理，更接近客观实际的原则出发，并参考上海调价文件的精神，应当根据施工期内监理及甲方代表审核确认的进度款报告，核算可调价差材料的当期数量，对应当月造价管理部门发布的市场价格信息进行调整。

（五）解决方案

根据上述争议分析，为本案例提供合同价格调整建议，具体如表2-12所示。

表2-12　某工程主要材料价差计算表

序号	名　　称	单位	调整基价 P_{10}	实施期材料价 P_{11}	调整数量 Q	单价调整值 ΔP	合价
1	圆钢	t	3 500				
2	二级螺纹钢16-25	t	3 500				
3	钢绞线 $\phi15.2$	t	5 500				
4	三级螺纹钢 $\phi28$	t	3 700				
5	P. O42.5R	t	415				
6	人工（普通）	工日	70				
7	柴油	m³	5 880				

调整数量 Q 根据施工期内监理及甲方代表审核确认的进度款报告，核算可调价差材料的当期数量。实施期材料价 P_{11} 为这一年发布的价格信息以月消耗量为标准采用加权平均值。单价调整值 ΔP 为

$$\Delta P = P_{10}\left(\frac{P_{11} - P_{10}}{P_{10}} - 15\%\right)$$

【资料来源：改编自卢普伟，黄妙珊. 建筑材料价格上涨索赔实践［J］. 建筑经济，2013（11）：54-56. 】

案例2-6：某施工项目材料暂估价引起的合同价格调整

（一）案例背景

2011年，发包人A与承包人B就某工程签订了相关施工合同，该合同为单价合同。工程使用一种特种混凝土，由于此混凝土性质特殊，国内只有一家供应商，其成本高、价格风险难以确定。为平衡风险，发承包双方将该混凝土项列为材料暂估价，约定该混凝土按18 850元/m³计价。2015年，工程进入结算阶段，由于该特殊混凝土价格上涨，发承包双方产生争议。

双方当事人在合同专用条款第10.7款中约定："该特种混凝土按18 850元/m³计价，结算时按实际采购价格进行调整。"2013年3月，经发包人批准，承包人与供应商进行特种混凝土单一来源采购谈判，发包人受邀参加，最终确定特种混凝土采购价为19 950元/m³。随后，发承包双方签订补充协议，明确"特种混凝土采购价为19 950元/m³，设计用量430m³，总价857.85万元，上述价格作为结算依据"。

（二）争议事件

承包人根据合同约定按计划采购材料并完成施工，发包人按进度拨付价款给承包人。工程完工后，承包人提交结算资料，发包人按时审核，但在具体价款中，产生了分歧。

承包人认为，材料价实际上是供应商的材料原价，是不含承包人的管理费的。由于材料

暂估价列入了综合单价，而材料暂估价上涨，必然会导致分部分项工程费上涨，而管理费又是以分部分项工程费作为取费基数，因此除了调整材料费价差外，还应调整相关管理费。

发包人认为，按合同专用条款约定，该特种混凝土按18 850元/m³计价，结算时按实际采购价格进行调整，然后又签订相关补充协议，约定该特种混凝土最终采购价为19 950元/m³，设计用量430m³，总价857. 85万元，上述价格作为结算依据。因此只调整价差47. 3万元。

（三）争议焦点

经分析总结，双方争议的焦点在于：材料暂估价的上涨是否补偿了管理费。

（四）争议分析

因材料暂估价未经竞争，属于待定价格，在合同履行过程中，当事人双方需要依据标的按照约定确定价款。具体确定方式根据暂估价金额大小和合同约定，依据《招标投标法》和《13版清单计价规范》等有关规定，可以分为属于依法必须招标的暂估价项目和不属于依法必须招标的暂估价项目两大类。

《中华人民共和国招标投标法实施条例》（以下简称《招标投标法实施条例》）和《13版清单计价规范》将暂估价专门列为一节，规定材料、工程设备、专业工程暂估价属于依法必须招标的，"应由发承包双方以招标的方式选择供应商，确定价格，并应以此为依据取代暂估价，调整合同价款。"不属于依法必须招标的材料和工程设备，"应由承包人按照合同约定采购，经发包人确认单价后取代暂估价，调整合同价款"；不属于依法必须招标的专业工程，按变更原则确定价款，并以此取代暂估价。

对于依法必须招标的暂估价项目，有两种确定方式，即承包人招标（第1种方式）、发包人和承包人共同招标（第2种方式），默认第1种方式；而不属于依法必须招标的暂估价项目，有三种确定方式，即签订合同前报批（第1种方式）、承包人招标（第2种方式）、承包人与发包人协商后自行实施（第3种方式），默认第1种方式。《招标投标法》《13版清单计价规范》中的暂估价项目确定方式共分5种情况，如图2-4所示。

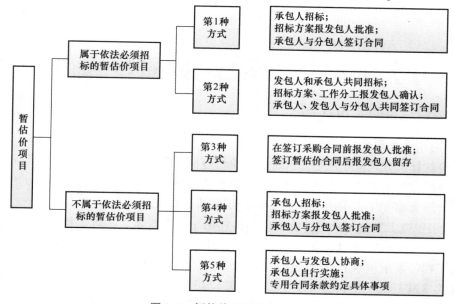

图2-4　暂估价项目确定方式

1. 采购方式的确定

在本案例中，由于特殊材料国内只有一家生产商，根据《招标投标法》及其实施条例，不属于依法必须招标的暂估价项目。在这种情况下，承包人按约定组织单一来源采购，实际上是选择不属于依法招标暂估价项目的第 1 种方式"在签订采购合同前报发包人批准，签订暂估价合同后报发包人留存"确定暂估价。由于暂估价项目由承包人采购，发包人"埋单"，发包人比承包人更关心采购的质量和价款。

出于监督权的考虑，承包人应当邀请发包人参加采购谈判。出于知情权的履行，发包人会积极地参与谈判。相反，如果承包人未经发包人同意，而自行购买材料，则存在采购价不被认可的可能。

2. 具体价款的确定

在具体价款的确定中，承包人按照征得发包人同意进行采购谈判、谈判结果报发包人批准、与分包人签订合同、向发包人申报调整价款、签订补充协议等程序进行；而发包人按照监督采购、确认调整价款（双方签订补充协议）、按进度拨付价款等程序进行。

根据合同及补充合同约定，该特种混凝土应按实际采购价格结算。双方约定"结算时按实际采购价格进行调整"，"特种混凝土采购价为 19 950 元/m³、设计用量 430m³、总价 857.85 万元，上述价格作为结算依据"。

根据《13 版清单计价规范》和《标准施工招标文件》的解释，暂估价或者工程设备的单价确定后，在综合单价中只应取代原暂估价单价，不应在综合单价中涉及企业管理费或利润等其他费用的变动。

（五）解决方案

综上，本案例中特种混凝土材料应当调差 47.3 万元，不应另行计取管理费。

【资料来源：改编自李善宝. 暂估价应用与实务案例研究［J］. 招标与投标，2016 （09）：53-56.】

第五节　情势变更原则及案例分析

一、原则运用的关切点

（一）总价合同风险包干范围

合同价款计价方式主要包括总价合同和单价合同两种，原则上情势变更原则可以适用于上述两种合同。但由于单价合同中对因原材料价格变化产生的风险一般有相应的约定，故因建筑材料价格大幅变化应用情势变更原则主要适用于总价合同。

《建设工程施工发包与承包计价管理办法》第十三条规定，实行工程量清单计价的建筑工程，鼓励发承包双方采用单价方式确定合同价款；建设规模较小、技术难度较低、工期较短的建筑工程，发承包双方可以采用总价方式确定合同价款；紧急抢险、救灾以及施工技术特别复杂的建筑工程，发承包双方可以采用成本加酬金方式确定合同价款。

但在工程实践中，发承包双方选择签订总价合同往往不是基于上述工程特点，而多是由于一方面发承包双方认为总价合同易于工程价款的最终结算，若在施工中发包人不改变合同约定的施工内容，合同约定的价款就是发承包双方最终的结算价款，结算简便，节省了计量和核价工作；另一方面，发包人也想通过签订总价合同将合同履行过程中的一切风险转移给承包人，对承包人的索赔不予补偿，从根本上控制工程造价不突破原预算价。

《99版FIDIC新银皮书》明确规定，物价波动的风险一律由承包人承担。而《工程总承包合同示范文本（试行）》和《12版设计施工总承包招标文件》则规定由发承包双方在专用条款中自行约定物价波动可调的幅度。因此，在人工、材料价格发生物价异常波动时，如果合同中有约定价格波动范围的，按照合同约定进行调整；如果合同中约定不能调整的，则可以考虑使用情势变更。

（二）物价异常波动的标准

当施工过程中发生物价变化时，只有同时达到单项要素价格（人工、材料、机械的价格）综合波动幅度标准和合同总价波动幅度标准时，才能将其界定为物价的异常波动。

1. 单项要素价格综合波动幅度标准

一般可认为当人工价格的波动幅度大于5%，或材料价格的波动幅度大于10%，或机械价格的波动幅度大于10%，三者中有一种情况发生时，就可认为发生了单项要素价格的异常波动。

2. 合同总价波动幅度标准

当承包人采用了不平衡报价时，单项要素价格的波动很容易达到约定的调整幅度。在此情况下，承包人要求调整合同价款会使发包人承担本应由承包人承担的风险，所以在对单项要素价格波动幅度进行约定的同时，也需约定物价变化对合同总价的影响幅度。

当物价异常波动事件导致承包人的损失超过了投标报价中其预计收益的部分时，在保证承包人不低于成本施工这一前提条件下，承发包双方应本着公平的原则对合同价款进行调整，所以确定承包人报价中所含的预计收益部分是确定合同总价可调幅度的关键。承包人报价中的预计收益部分主要包括利润和风险费用两个内容，利润与风险费用之和在合同总价中所占的比重相对较小，两者占合同总价的比重一般不超过4%。

通常在实际工程中若发生下列三种情况中的任何一种，即可判定发生物价异常波动：①人工单价综合波动幅度达到或超过5%，且对合同总价影响达到或超过4%（也可在合同中约定）；②材料单价综合波动幅度达到或超过10%，且对合同总价影响达到或超过4%（也可在合同中约定）；③机械单价综合波动幅度达到或超过10%，且对合同总价影响达到或超过4%（也可在合同中约定）。

物价异常波动的具体判断程序如图2-5所示。

（三）情势变更原则的适用条件

1. 情势变更原则的时间要件

如果情势变更发生在合同成立前，则此时应推断为当事人所知晓的。若双方仍以此来订立合同，则不允许当事人进行事后的调整，风险责任由知晓一方的当事人承担。若缔约之时或之前发生的情势变更是双方都不知道的，可以按照规定进行变更或撤销原合同。情势变更的发生如果使得合同自订立之初就不能履行，则合同不成立。上述情形下，保护当事人的利益不能或不需应用情势变更原则，也可以维护法律的公平、正义。

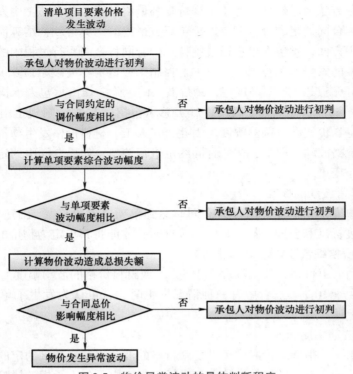

图 2-5 物价异常波动的具体判断程序

建设项目领域，如果情势变更发生在施工合同履行结束之前，且满足情势变更原则的其他要件，则可以适用情势变更原则；如果由于合同一方的原因造成合同履行的延迟，在延迟期间又发生了情势变更事件，则此情形不能适用情势变更原则，而属于当事人的违约责任。

2. 情势变更原则的不可归责性

不可归责是指事件的发生不是因为当事人的原因造成的，不受当事人的主观意志所决定。在施工合同的履行过程中，主要是表现为风险事件的发生不是由于发承包双方当事人的行为造成的，也不是其出于某种目的指使他人导致的。如果是由于合同一方的原因造成风险事件的发生，则不能适用情势变更原则。同时，如果不是合同当事人原因造成的而是第三人的责任造成的风险事件，则也不能适用情势变更原则。《合同法》规定，当事人一方不履行合同义务或者履行合同义务不符合约定的，应当承担继续履行、采取补救措施或者赔偿损失等违约责任。当事人一方因第三人原因造成违约的，应当向对方承担违约责任。当事人一方和第三人之间的纠纷，依照法律规定或者按照约定解决。

3. 情势变更原则的不可预见性

情势变更事件是双方当事人不可预见的。德国法学家 Fickencher 提出，"每一个合同都存在一个风险范围，如果某种风险处于该范围之内，那么合同就应该保持完整的约束力。"不可预见是指发承包双方在订立合同时不能预见某些事件在未来合同的履行过程中是否会发生，如果双方在已经预料到某事件会发生的情况下还签订了合同，或者是可以预料到，而由于自身的大意或者粗心而错失的，则默认当事人同意承担此事件发生时的损失。

4. 情势变更原则的实质要件

实质要件是指当事人利益的失衡将会随着合同的履行越来越严重，由此产生明显不公平的结果。而不是由于各个参与方在自身条件、处理经验以及信息和社会资源的掌握等方面的区别，而呈现出的一种正常的利益分配不均衡的现象，这种情形是在预测范围内的正常风险。而情势变更原则，是对有约必守原则的否定，故其适用是有一定限制的，其强调的利益严重失衡，是一种"显失公平"的状态，继续下去将要面对破产等重大生存危机，而另一当事人则会因此而获得巨大利益的情形。

5. 情势变更原则的程序要件

目前，学者们从理论上进行研究，认为对主张情势变更原则的一方当事人应该进行"再磋商"。例如，可以要求对方就合同的内容重新协商；协商不成的，可以请求人民法院或者仲裁机构变更或者解除合同。建设项目领域中，每一份合同的缔结无不是为了实现项目目标，达成合作的共识。当出现情势变更事件导致合同继续履行下去会造成利益严重失衡时，会导致双方矛盾的激化，此时就需要双方进行适当的协商，以明确下一步计划，是在采取一定措施的基础上继续履行合同，还是终止或者变更合同，体现出的人文关怀，也使得施工合同状态的变化尽早得以补偿，提高合同的履行效率。

在上述分析的基础上，绘制情势变更原则补偿的构成要件如图2-6所示。

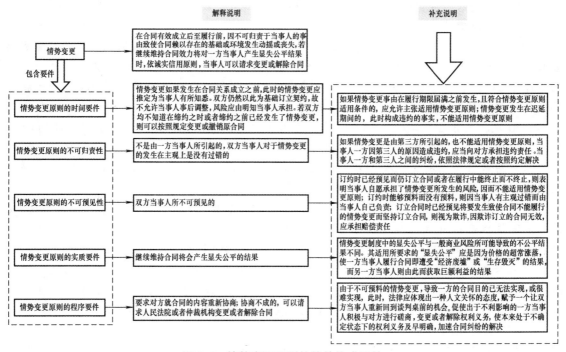

图2-6　情势变更原则补偿的构成要件

二、案例

案例2-7：情势变更原则下某锅炉烟气脱硫工程因政策变化导致的合同解除

（一）案例背景

2011年9月29日，常州某化工发展有限公司（发包人A）与承包人B签订了《某锅炉双碱法脱硫项目工程商务合同》，由承包人B为发包人A承建锅炉烟气脱硫工程。双方约定，工程范围为招标文件规定范围内的设计、设备制造（含现场制作设备）、设备及材料供货、运输、土建、安装工程、指导监督、技术服务、人员培训、调试、试验及整套系统的性能保证和售后服务等；承包人 B 提供该工程的所有设备/部件（包括分包与外购；工程工期四个月，工程合同总价为 441.86 万元，包括合同设备以及与合同有关的所有费用；合同签订生效后 15 日内，发包人 A 支付合同总额的 30% 即 132 万元给承包人 B 作为预付款，工程竣工结束后支付 132 万元，运行半年后再支付 132 万元，余款 10% 作为质量保证金一年内支付完毕；在合同执行过程中，若因国家计划调整而引起本合同无法正常执行时，可以向对方提出中止执行合同或修改合同有关条款的建议，与之有关的事宜双方协商办理）。

发包人 A 在 2011 年 10 月中旬接到常州市政府根据省政府《关于进一步加强污染物减排工作的意见》的要求，通知其在 2012 年 6 月底前撤除燃煤锅炉、停止锅炉设施的运行。2011 年12 月 7 日，发包人 A 与承包人 B 通过协商，表明因国家计划调整，市环保部门通知，要求发包人 A 公司必须在 2012 年年内停止锅炉设施的运行，以贯彻国家节能减排、优化产业结构的要求。因此，由于政策原因，双方合同无法正常执行，在建锅炉双碱法烟气脱硫项目已没有继续实施的必要，发包人 A 决定取消该工程项目，以会议形式通知承包人 B，有关停止锅炉双碱法脱硫项目的建设后的事宜双方将友好协商予以解决。此后，双方一直未就赔偿事项达成协议。

（二）争议事件

2013 年 6 月 27 日，承包人 B 与发包人 A 对暂存在承包人 B 厂区内依据合同已经完成的吸收塔部分设备进行现场勘查，对该部分设备名称、规格、数量等进行了确认，总质量为29.922t，钢材 4800 元/t，双方在现场勘查表上签字认可，并同意按每吨 2 000 元的价格计算制作费用。另外，在建设工程及技术服务合同的履行过程中，承包人 B 已实际支付人工费 88 480 元，差旅费及运输费 13 000 元，施工管理费 10 500 元，以上三项费用合计 111 980元，加上承包人 B 为对外采购支付的预付款，合计 373 980 元。

双方对解除合同及发包人 A 赔偿承包人 B 已经支出的部分费用均无异议，但对承包人 B要求赔偿的可得利益损失未达成一致意见。

承包人 B 认为发包人 A 在合同履行过程中单方要求解除合同，属于发包人 A 单方违约，应由其赔偿承包人 B 合同履行的可得利益损失，由此确认发包人 A 赔偿因其违约行为给承包人 B 造成的损失 132 万元，该债务可以与发包人 A 已付的预付款进行抵扣。

发包人 A 认为因为政府政策变化原因导致合同解除，并非因为一方有违约行为，承包人 B 要求发包人 A 承担因合同解除发生的损失，应该仅限于其合同解除之前为履行合同实际发生的费用、损失，而不能计算尚未履行部分的可得利益损失。

（三）争议焦点

本案例存在两个争议焦点问题：

1）本案例情形是否属于情势变更。

2）承包人 B 的哪些损失应该由发包人 A 予以赔偿？

（四）争议分析

1）合同法司法解释（二）第二十六条规定："合同成立以后客观情况发生了当事人在订立合同时无法预见的、非不可抗力造成的不属于商业风险的重大变化，继续履行合同对于一方当事人明显不公平或者不能实现合同目的，当事人请求人民法院变更或者解除合同的，人民法院应当根据公平原则，并结合案件的实际情况确定是否变更或者解除。"本案例合同在履行过程中，常州市政府根据省政府《关于进一步加强污染物减排工作的意见》的要求，调整了节能减排的政策，明确要求发包人A自备电厂在2012年6月底前拆除燃煤锅炉，客观情况发生了重大变化，导致发包人A原定的对燃煤锅炉进行脱硫工程改造项目继续进行已经没有意义，无法实现合同目的，该变化是当事人无法预见的，这种合同风险显然也不属于普通的商业风险。虽然合同法及有关司法解释并未明确规定政府政策调整属于情势变更情形，但是如果确实因政府政策的调整，导致不能继续履行合同或者不能实现合同目的，当然属于合同当事人意志之外的客观情况发生重大变化的情形。因此，应该认定本案例的情形属于合同法司法解释（二）第二十六条规定的情势变更情形。发包人A主张本案的情形属于情势变更，其解除合同不属于违约行为，有充分的事实和法律依据，应当予以支持。

2）合同法第一百一十三条第一款规定违约方应赔偿守约方包括可得利益在内的全部损失，是以适用过错责任原则为基本前提的，其法理在于对违约负有责任的一方不能在给对方造成损失的同时，反而因违约行为获得不当利益。本案的情形不符合适用过错责任的前提条件，认定发包人A赔偿承包人B可得利益损失不应予以支持。

本案例并非因为合同一方存在主观过错导致合同解除的情形，在双方对因合同解除发生的损失如何处理不能协商解决的情况下，应该根据公平原则处理。对于承包人B的损失，应该遵循填平原则，即该公司因为合同签订及履行已经实际发生的费用、损失，以及其已经完成的工作或实际付出的劳动应当获得的合理报酬，应当予以补偿。对于其尚未进行的工作或付出的劳动，承包人B没有理由要求获得报酬或可得利益。发包人A按照政府的要求停用燃煤锅炉，导致合同解除，应该承担承包人B实际发生的全部费用和损失。

根据双方当事人现场勘查认可的承包人B已部分完成的吸收塔设备，按照钢材数量29.922t，材料费4800元/t、制作费2 000元/t标准计算，该设备的材料费和制作费合计为203 469.60元，发包人A明确表示同意赔偿。其次应包括承包人B对外采购支付的预付款26.2万元，及承包人B主张的人工费、差旅费、运输费、施工管理费合计111 980元的一半（承包人B不能提供准确的支出明细及凭证，不应全部支持，由人民法院酌定）即55 990元。以上三项费用或损失，合计为520 459.6元，是承包人B为履行该合同实际发生的损失，发包人A应予以补偿。鉴于双方均同意承包人B的损失可以直接从发包人A支付的预付款中进行抵扣，承包人B应该直接从发包人A支付的132万元预付款中扣除确定的补偿额，剩余的款项承包人B应当及时返还给发包人A。

（五）解决方案

综上，双方合同解约属于情势变更，发包人A赔偿承包人B 520459.6元，对可得利益损失的赔偿不予支持。

【资料来源：改编自中华人民共和国最高人民法院（2015）民提字第39号民事判决书】

案例2-8：情势变更原则下某房建工程钢材价格异常上涨引起的合同价格调整

（一）案例背景

2007年2月，发包人A集团与承包人B就山东省某建筑工程签订了建筑施工合同。合同中约定该合同为固定价格合同，合同价款确定的依据是初步设计文件。其中第11.3款明确规定："物价波动原因引起的价款调整一律由承包人承担。"在工程施工到2008年5月时，钢材的价格大幅度上涨，承包人及时向发包人提出合同价格调整的申请，双方为此产生了争议。

（二）争议事件

在 2007～2008 年间，我国建筑市场主要材料价格发生了较大幅度的上涨。这种情况的发生主要与当时全国迎奥运大兴工程建设有关。由于大量的工程需要建设，导致工程建设材料供不应求，从而引发建筑材料价格的大幅度上涨。

特别是在 2008 年下半年，建筑材料价格上涨更加明显，其中 D25 圆钢的价格从 2007 年 2 月的 3 300 元/t 涨到 2008 年 6 月的 6 900 元/t；D25 二级螺纹钢的价格也由 2007 年 2 月的 3 200 元/t 涨到了 2008 年 6 月的 5 400 元/t；18A 槽钢的价格也由 2007 年 2 月的 2 800 元/t 涨到了 2008 年 6 月的 5 700 元/t，价格走势图如图 2-7 所示。

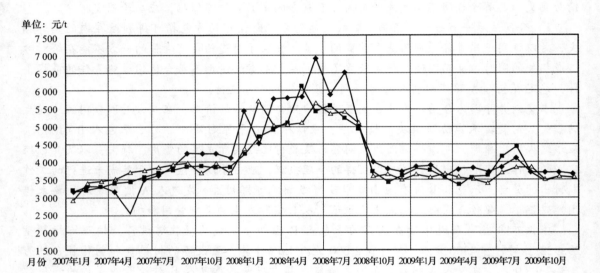

图 2-7　2007～2008 年常用钢材的价格波动

承包人认为，钢材价格大幅度上涨，不仅影响到该工程项目的利润，甚至已经影响到该工程项目的成本，应该及时调整钢材价格，否则会出现"干得越多赔得越多"的情况，导致合同无法继续履行下去。

这使得发包人陷入两难境地，一方面按照公平原则来说，确实应该调整钢材的价格，否则合同无法继续履行；另一方面又考虑可能留下负面影响，让其他承包人认为在以后的投标中，可以先向发包人报低价，然后再在施工过程中调整合同价款。最终，发包人以合同中第 11.3 款的规定："物价波动原因引起的价款调整一律由承包人承担"为由，对该钢材价格上涨的情况，合同价格不予调整。

（三）争议焦点

当物价发生大幅波动时，按照合同的约定，物价波动原因引起的价款调整一律由承包人承担，承包人不可向发包人提出调整价款的要求。而在微利的建筑行业，承包人往往无力单独承担此项风险，从而导致双方价款纠纷，影响工程项目的顺利进行。因此，本案例的争议焦点在于，合同条款中约定了"物价波动原因引起的价款调整一律由承包人承担"，而物价发生大幅波动时，合同价格是否应予调整。

（四）争议分析

1. 合同价格调整的依据

《合同法》规定在合同订立之初显失公平的情况下可以对原合同中的部分条款进行变更或撤销。从合同要保证公平的角度来分析，物价波动一律不调可归属于无限价格风险的范畴。这样约定既违背了承发包双方应合理分担风险的基本原则，又基本上属于合同签订之初的显失公平情况，所以承包人可依照《合同法》的规定申请对原合同中的部分条款进行变更或撤销。

《最高院合同法司法解释》规定，当合同成立之后发生了重大变化，致使继续履行合同会显失公平，那么受损的一方当事人可请求变更或解除合同，人民法院也应本着公平原则来对合同进行必要的变更直至解除。《最高院合同法司法解释》的颁布为固定价格合同条件下，物价异常波动事件引起的价款纠纷事件的解决提供了更加有力的法律支撑，为今后同类价款纠纷事件的顺利解决奠定了法律基础。

通过对以上法律的分析可知，当固定价格合同在发生重大的事件变更时，合同双方中利益受损的一方可依照以上法律申请对其原合同进行调整。但该调整不是对原合同效力的否定，而是建立在原合同有效的基础之上的，对合同的调整是为了更加注重合同的公平性。该类调整不是对合同权威性的破坏，而是对合同本质原则的遵循。

2. 钢材价格异常波动分析

D25 圆钢的价格从 2007 年 2 月的 3 300 元/t 涨到 2008 年 6 月的 6 900 元/t，上涨幅度为 109%；D25 二级螺纹钢的价格也由 2007 年 2 月的 3 200 元/t 涨到了 2008 年 6 月的 5 400 元/t，上涨幅度为 68.8%；18A 槽钢的价格也由 2007 年 2 月的 2 800 元/t 涨到了 2008 年 6 月的 5 700 元/t，上涨幅度为 103.6%。

从这几项钢材价格的涨幅来看，钢材单项要素价格波动远远超过了正常的商业风险波动幅度 10%，并且钢材为主要建筑材料，使用量大，其价格大幅度上涨，对合同总价的影响幅度也很大。因此，能够判定该钢材价格波动为异常波动。

3. 情势变更适用条件分析

首先，满足情势变更的时间要件与不可预见性。缔约之时或之前发生的情势变更是双方都不知道的，可以按照规定进行变更或撤销原合同。钢材价格在 2008 年涨幅异常，这是发承包双方在 2007 年签订合同时都无法预知的，因此，承包人可以要求申请变更或撤销原合同。

其次，满足情势变更原则的不可归责性。事件的发生不是因为当事人的原因造成的，不受当事人的主观意志所决定。钢材价格在 2008 年涨幅异常，这是当时全国迎奥运大兴工程建设导致的。由于大量的工程需要建设，导致工程建设材料的供不应求，尤其是钢材，从而引发钢材价格的大幅度上涨。这不是发承包双方主观意志所能决定的。

最后，满足情势变更的实质性要件。当事人利益的失衡将会随着合同的履行越来越严重，由此产生明显不公平的结果。正如承包人所说，钢材价格的上涨不仅影响到该工程项目的利润，甚至已经影响到该工程项目的成本，如果不进行价格调整，会出现"干得越多赔得越多"的情况，从而导致合同无法继续履行甚至撤销合同。

4. 物价异常波动的调整方式

在固定价格合同条件下，当发生物价异常波动事件时，承包人通常可采用两种应对措施来维护自身的合理利益：①采取友好协商的方式来争取与发包人达成一致意见，通过签订补充协议的形式来获得物价异常上涨给自身造成的损失；②通过仲裁或诉讼等手段来依法维护自身的合法权益，引用《最高院合同法司法解释（二）》中有关情势变更的相关规定来获得法律的支持。

（五）解决方案

发包人在招标投标阶段，没有准确的工程量清单，所依据的设计图为初步设计图，工程量是不准确的，但发包人往往使用的是固定价格合同，在合同中约定整个工程中"物价一律不调整"，这实际上违反了风险分担的公平性原则和低成本分担原则。钢材由于市场价格波动大，价值量大，且在工程施工过程中材料消耗量大，是工程造价的重要影响因素，若不调整，必然导致合同难以继续履行。

对于发包人而言，如果撤销合同，重新招标投标选择承包人，首先会影响到工程项目的工期，其次重新签订合同时的钢材价格也是当时的市场价格。因此，从公平和双赢的角度出发，发包人应该对该钢材价格予以调整。

【资料来源：改编自严玲，尹贻林. 工程计价学 [M]. 3 版. 北京：机械工业出版社，2014.】

第三章
工程变更引起的合同价款调整

 第一节　合同分析及合同价款调整原则

一、概述

（一）工程变更概念的界定

在合同履行过程中合同状态发生变化时，变更是发承包双方所采取的最主要的一种应对变化措施[一]。为保证变更后项目的顺利实施，张水波、陈勇强认为发包人需要承担变更后的合同补偿义务，而承包人则有权获得变更价款[二]。施工合同和总承包合同中，存在合同变更、工程变更、设计变更等相关概念，正确区分这几个概念有利于明确工程变更概念的界定，避免混淆。

1. 合同变更

合同变更的范围很广，一般在合同签订后所有工程范围、进度、工程质量要求、合同条款内容、合同双方权责利关系的变化等都可以视为合同变更。合同变更实质上是对合同的修改，是双方新的邀约和承诺。合同变更有广义与狭义两种含义。广义的合同变更是指合同主体和合同内容发生变化。而狭义的合同变更仅涉及合同条款的变更，多指当事人就合同内容达成修改和补充的协议的情形。

2. 工程变更

工程项目的复杂性决定发包人在招标投标阶段所确定的方案往往存在某方面的不足。随着工程项目的进展和发承包双方对工程项目认识的加深，以及外部因素的影响，发承包双方常常会在工程项目施工过程中对工程范围、工作内容、技术要求、工期进度等进行修改，形成工程变更。

《工程造价术语标准》规定："工程变更是指在合同实施过程中由发包人提出或由承包人提出，经发包人批准的对合同工程[三]的工作内容、工程数量、质量要求、施工顺序与时间、施工条件、施工工艺或其他特征及合同条件等的改变。"

工程变更在合同、文件中的变更范围如表3-1所示。

⊖　吴书安，朱安峰. 工程变更价款的确定 [J]. 建筑经济，2007（11）：95-98.

⊜　张水波，陈勇强. 国际工程合同管理 [M]. 北京：中国建筑工业出版社，2011.

⊜　合同是指根据法律规定和合同当事人约定具有约束力的文件，构成合同的文件包括合同协议书、中标通知书（如果有）、投标函及其附录（如果有）、专用合同条款及其附件、通用合同条款、技术标准和要求、图样、已标价工程量清单或预算书以及其他合同文件。工程是指与合同协议书中工程承包范围对应的永久工程和（或）临时工程。

表 3-1　工程变更范围

工程变更范围	《17 版合同》	《99 版 FIDIC 新红皮书》	《13 版清单计价规范》
一增	增加或减少合同中任何工作，或追加额外的工作	合同中单项工作的工程量的改变，但此类工程量的变化也不一定构成变更	合同中任何一项工作的增、减、取消；招标工程量清单的错、漏，从而引起合同条件的改变或工程量的增减变化
		对原永久工程增加任何必要的工作、永久设备、材料，包括各类检验、钻孔和勘探工作	
一减	取消合同中任何工作，但转由他人实施的工作除外	某项工作的删减，但此类删减的工作也不得由他人来做	
三改变	改变合同中任何工作的质量标准或其他特性	合同中单项工作的质量或其他特性的改变	合同中任何一项工作的施工工艺、顺序、时间的改变；设计图的修改；施工条件的改变
	改变工程的基线、标高、位置和尺寸	工程某部分的标高、位置或尺寸的改变	
	改变工程的时间安排或实施顺序	工程实施的顺序和实践安排的变动	

3. 设计变更

工程变更又可以分为设计变更和其他变更两类。设计变更是指涉及设计图或技术规范的改变、修改或补充的变更工作。设计变更对施工进度有很大影响，容易造成投资失控，所以应严格按照国家的规定和合同约定的程序进行。变更超过原设计标准和建设规模，发包人应经规划管理部门和其他有关部门重新审查批准，并由原设计单位提供相应的变更图样和说明后，方可发出变更通知。设计变更包含的内容十分广泛，是工程变更的主要内容，约占工程变更总量的 60% 以上。其他变更是除设计变更之外能够导致合同内容变化的变更，如履约中发包人要求变更工程质量标准及发生其他实质性变更。

（二）工程变更的程序

工程变更的程序一般在合同中约定。最理想的工程变更程序是在变更执行前，合同双方已就工程变更中涉及的费用增加和工期延误的补偿协商达成一致。然而若按此程序实施变更，则合同双方对于费用以及工期的补偿谈判过程较长，容易延误工期，所以国内的变更程序一般都是先执行变更再进行变更估价。《标准施工招标文件》中的工程变更程序如图 3-1 所示。

二、工程变更引起合同价款调整的合同分析

（一）基于施工合同的工程变更分析

1. 工程变更权分析

在设计与施工分离的情形下，一般由发包人提供设计图和招标工程量清单，因此施工合同大都采用工程量清单计价和单价合同，采用的示范文本主要是《17 版合同》以及《99 版 FIDIC 新红皮书》。设计与施工分离的 DBB 模式下施工合同对工程变更权做了相关规定，如表 3-2 所示。

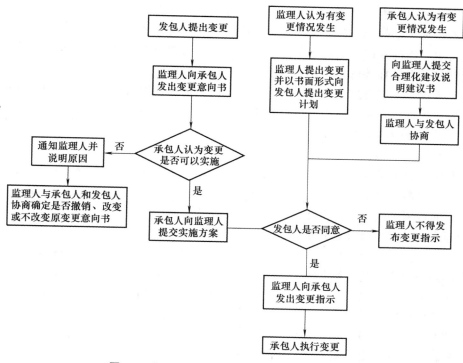

图 3-1 《2017 版施工合同》中的工程变更程序

表 3-2 施工合同下工程变更权的对比

合同示范文本 工程变更权	《17 版合同》	《99 版 FIDIC 新红皮书》
提出权	发包人、监理人	工程师
决策权	发包人不同意变更的,监理人无权擅自发出变更指示,变更指示均通过监理人发出	工程师;如果没有得到工程师的变更指令,承包商不得对永久工程做任何改动
建议权	监理人和承包人	承包商
反对权	承包人收到监理人下达的变更指示后,认为不能执行,应立即提出不能执行该变更指示的理由	如果承包商无法提交建议书,它应说明原因
执行权	承包人收到经发包人签认的变更指示后,方可实施变更	承包商应按变更指令来实施变更

综上,基于施工合同的工程变更权具有以下特点:

(1)发包人(或其授权的工程师)拥有工程变更决策权

《17 版合同》中明确规定,只有发包人及其授权的监理人可以提出工程变更,虽然承包人也可以提出合理化建议,但该合理化建议必须经发包人同意后,监理人方可发出变更指示;发包人不同意变更的,监理人没有单独发出变更指示的权利。而《99 版 FIDIC 新红皮书》加大了工程师的决策权,其有权直接对承包商下达变更指令,这绝对凸显了工程师在国外工程中的显著地位。

(2)承包人应按变更指令执行变更,并获得相应变更价款

发包人同意的工程变更应通过监理人向承包人发出变更指示。变更指示应说明计划变更

的工程范围和变更的内容，其中，承包人认为可以执行变更，则应当书面说明实施该变更指示对合同价格和工期的影响，且合同当事人应当按照合同约定确定变更估价；若承包人认为不能执行变更，则应立即书面提交不能执行该变更指示的理由。应注意的是，虽然承包人拥有变更反对权，但其在等待发包人答复期间，不应延误任何工作。

由承包人提交变更合理化建议的，应做具体说明报由监理人审批再经发包人认可才可执行，未经发包人许可，承包人不得擅自对工程的任何部分进行变更。

2. 工程变更的风险责任划分

（1）发包人承担变更范围内的大部分风险

设计和施工分离的发承包模式下，工程变更一般属于发包人的主动行为，未经发包人许可，承包人不得擅自对工程的任何部分进行变更。因此，发包人应承担工程变更的风险，并对变更产生的费用予以支付，由此延误的工期应予以延长。

（2）承包人为其合理化建议的行为承担一定风险

承包人虽有权提出合理化建议，但在发包人批准之前不能擅自变更。若因承包人擅自变更设计发生的费用和由此导致发包人的直接损失，由承包人承担，延误的工期不予顺延。涉及优化设计变更时，承包人提的合理化建议经由发包人认可后，并未给项目带来收益甚至亏损，那么相关费用应由承包人承担。

（3）发包人承担设计变更责任

设计和施工的分离使得施工合同中约定的设计责任一般由发包人承担。例如，《99 版 FIDIC 新红皮书》第 17.3 款〔业主的风险〕规定："业主的风险包括业主方负责的工程设计。"一般施工合同赋予发包人设计变更的权利，发包人可以直接下达指令，重新发布图样或规范，实现变更。诸如发包人要求、政府城建环保部门的要求、环境变化（如地质条件变化）、不可抗力、原设计错误等导致的设计修改如项目特征不符等，都是由发包人承担风险和责任。此外，因发包人提供设计有误导致施工方案改变的也由发包人承担责任。

3. 工程变更的价款调整与补偿

（1）工程变更引起的合同价款调整

施工合同下因发包人原因下达变更指令，且在变更范围内的，均可调整合同价款。此外，承包人申请变更，除非是其自身原因导致的，若申请的变更范围均通过发包人认定和批准，即可调整合同价款。

（2）承包人合理化建议的奖励

《17 版合同》第 10.5 款〔承包人的合理化建议〕规定："合理化建议降低了合同价格或者提高了工程经济效益的，发包人可对承包人给予奖励，奖励的方法和金额在专用合同条款中约定。"《99 版 FIDIC 新红皮书》第 13.2 款〔价值工程〕规定："如果承包商的建议节省了工程费用，承包商应得到一定的报酬，其额度为节省的费用的一半；如果降低的合同额度小于潜在的损失，承包商则无任何报酬。"

（二）基于工程总承包合同的工程变更分析

1. 工程变更权分析

工程总承包一般由承包人提供设计并负责施工，因此，在设计与施工一体化总承包模式下大都采用总价合同的计价方式。《工程总承包合同示范文本（试行）》《12 版设计施工总承包招标文件》和《99 版 FIDIC 新银皮书》对工程变更权的划分做了相关规定，如表 3-3

所示。

表 3-3　总承包合同下工程变更权的对比

工程变更权 ＼ 合同示范文本	《工程总承包合同示范文本（试行)》	《12 版设计施工总承包招标文件》	《99 版 FIDIC 新银皮书》
建议权	承包人/监理人	承包人/监理人	承包商
决策权	发包人	发包人	工程师/业主
反对权	如承包人不接受发包人变更通知中的变更，建议报告中应包括不支持此项变更的理由	承包人收到监理人的变更意向书后认为难以实施此项变更的，应立即通知监理人，说明原因并附详细依据	承包商不接受变更应迅速向工程师发出通知，说明原因：①承包商难以取得变更所需的货物；②变更将降低工程的安全性或适用性；③将对履约保证的完成产生不利的影响
执行权	承包人在等待发包人回复的时间内，不能停止或延误任何工作	承包人收到变更指示后，应按变更指示进行变更工作	承包商应遵守并执行每项变更，在等待答复期间，承包商不应延误任何工作

综上，基于总承包合同的工程变更权具有以下特点：

（1）业主（或工程师）拥有工程变更决策权

《工程总承包合同示范文本（试行)》第 13.1.1 款〔变更权〕规定："自合同生效后至工程竣工验收前的任何时间内，发包人有权依据监理人的建议、承包人的建议，及第 13.2 款约定的变更范围，下达变更指令。"《99 版 FIDIC 新银皮书》规定："在颁发工程接收证书前的任何时间，工程师可通过发布指示或要求承包商提交建议书的方式提出变更。"业主可发布变更指令，要求承包商修改其设计文件中出现的错误等，但承包商自行承担费用。

（2）业主强化自身监督权，承包商设计文件应满足"业主要求"

《99 版 FIDIC 新银皮书》着重强调了承包商在设计阶段中的"业主要求"这一条款。承包商要进行设计工作，就必须依据"业主要求"来展开。《99 版 FIDIC 新银皮书》规定，若承包商的设计文件、施工方案不符合合同中的"业主要求"，则业主有权直接下发变更指令要求承包商更改，承包商必须执行，且不算做工程变更。基于此，业主通过"业主要求"强化了对承包商设计工作的监督权，要求承包商的设计文件以及施工方案均应满足"业主要求"。

（3）"业主要求"改变情形下承包商有权获得合同价款补偿

《99 版 FIDIC 新银皮书》下，"业主要求"改变作为一项工程变更。若"业主要求"改变，承包商执行该项变更的同时，可以通过申请调整合同价款的方式来补偿由于执行变更造成的损失。若因承包商按照"业主要求"完成的设计文件有缺陷，则此种情况下对于"业主要求"做出的任何改变，承包商都仍应自费对该缺陷和其带来的工程问题进行改正。

2. 工程变更的风险责任划分

设计与施工一体化总承包模式下，承包商需要承担工程中的大部分风险。

（1）业主应当承担"业主要求"改变或指令性变更的风险责任

《99 版 FIDIC 新银皮书》第 5.1 款〔设计义务一般要求〕对"业主要求"做了规定，业主应对业主要求中的下列部分，以及由业主提供的下列数据和资料的正确性负责：

1）在合同中规定的由业主负责的或不可变的部分、数据和资料。

2）对工程或其任何部分的预期目的的说明。

3）竣工工程的试验和性能的标准。

4）除合同另有说明外，承包商不能核实的部分、数据和资料。

从上述合同条款规定可以看出，业主还应对"业主要求"的一小部分及提供的数据和资料的正确性负责。业主虽有权改变"业主要求"，但也要承担工程变更的相应责任，即补偿承包商因业主要求改变产生的损失和额外费用，调整合同价款。

此外，《99 版 FIDIC 新银皮书》中规定，基准日期后执行新技术标准和法规构成变更；业主改变进行规定试验的位置或细节，或指示承包商进行附加试验，构成变更，由业主承担相应责任。

（2）承包商应当承担承包商文件正确性的风险责任

《99 版 FIDIC 新银皮书》第 5.1 条〔设计义务一般要求〕规定："承包商应负责工程的设计，并在除业主应负责的部分外，对'业主要求'（包括设计标准和计算）的正确性负责。除上述业主应负责的情况外，业主不对原包括在合同内的'业主要求'中的任何错误、不准确或遗漏负责，并不应被认为，对任何数据或资料给出了任何准确性或完整性的表示。"也就是说，只要在承包商提供的承包商文件中发现有错误、遗漏、含糊、不一致、不适当或其他缺陷，就算是基于"业主要求"的错误信息编制投标文件，后果都由承包商自行承担。

此外，《工程总承包合同示范文本（试行）》和《99 版 FIDIC 新银皮书》都强调了承包商有义务去核实业主提供的有关设计方面的资料，若没有及时在规定的时间内提出要求以及纠正，那么产生的损失由承包商自行承担。《99 版 FIDIC 新银皮书》中更是强调了一个有经验的承包商在提交投标书之前，对业主的要求进行细心地检查并发现错误是其应有的责任。

（3）承包商对自身原因引起的施工方案变更负责

《工程总承包合同示范文本（试行）》第 5.2.6 款〔设计缺陷的自费修复、自费赶上〕规定："若因承包人原因，造成设计文件存在遗漏、错误、缺陷和不足的，承包人应自费修复、弥补、纠正和完善。造成设计进度延误时，应自费采取措施赶上。"《99 版 FIDIC 新银皮书》规定，因承包商自身原因导致施工方案不可行，或设计不符合"业主要求"更改方案的，申请改变方案的不算作变更，由此造成的损失承包商应自费填补。

由此可知，在投标文件中，承包商已在施工组织设计中提出比较完备的施工方案，尽管不作为合同文件的一部分，但仍具有约束力。业主向承包商授标就表示对承包商施工方案的认可，与此同时，承包商应对所有现场作业和施工方案的完备、安全、稳定负全部责任。

3. 工程变更的价款调整和补偿

（1）工程变更引起的合同价款调整

1）承包商文件缺陷导致的变更不能调整合同价款。在总承包合同中，业主批准承包商设计图并不免除承包商设计缺陷应承担的责任，承包商不能以业主批准为由要求调整合同价款。也就是说，承包商提供的设计图，无论是否得到了业主确认和批准，只要是不符合"业主要求"而做的变更，均不应调整合同价款。但没有设计缺陷而是业主要求修改设计，就构成了可以调价的变更。

2）"业主要求"的改变造成的变更能调整合同价款。《99 版 FIDIC 新银皮书》第 1.1.6.8 款〔变更〕规定："'变更'是指按照第 13 条〔变更和调整〕的规定，经指示或批准作为变更，对业主要求或工程所做的任何修改。"当然，"业主要求"模糊的主要风险应该由业主承担。因此，承包商应做到在投标报价之时，做好现场踏勘等工作，及早发现"业主要求"模糊的地方，要求业主方明确。

（2）承包商优化设计的收益共享　《工程总承包合同示范文本（试行）》第13.1.3［变更建议权］规定："承包人有义务随时向发包人提交书面变更建议，包括缩短工期，降低发包人的工程、施工、维护、营运的费用，提高竣工工程的效率或价值，给发包人带来的长远利益和其他利益。"承包商愿意向业主提供变更建议的前提必然是收益共享，双方可在签订合同的专用条款中进行约定，必要时双方可另行签订收益分享补充协议，作为合同附件。

《99版FIDIC新银皮书》第13.2［价值工程］规定："承包商可随时向工程师提交书面建议，提出（他认为）采纳后将：①加快竣工，②降低业主的工程施工、维护或运行的费用，③提高业主的竣工工程的效率或价值，或④为业主带来其他利益的建议。"

工程总承包合同下，承包商的风险虽然加大了，但其主观能动性大大提高，只要承包商的设计符合业主的要求，在施工过程中根据实际情况利用优化设计既可为业主带来利益，根据合同条款约定又可获得相应的补偿。因此，承包商较倾向于提交合理化建议进行优化设计。

三、工程变更引起合同价款调整的原则

（一）工程变更项目分部分项工程费的调整原则

工程变更项目分部分项工程费是工程变更子目的工程量与综合单价的乘积，而工程量清单中变更项目的工程量的确定应按照承包人实际完成的工程量予以计量。对于变更项目的综合单价则可概括为以下原则：

1）适用原则。已标价工程量清单中有适用于变更工程项目的，采用该项目的单价；当工程变更导致该清单项目的工程数量发生变化，且工程量偏差超过15%时，超过部分的工程量应重新调整综合单价。

2）类似原则。已标价工程量清单中没有适用但有类似于变更工程项目的，可在合理范围内参照类似子目的单价。

3）新综合单价原则。已标价工程量清单中没有适用也没有类似于变更工程项目的，应由承包人根据变更工程资料、计量规则和计价办法、工程造价管理机构发布的价格信息和承包人报价浮动率提出变更工程项目的单价，并应报发包人确认后调整。

若工程造价管理机构发布的信息价格缺价，则由承包人根据变更工程资料、计量规则、计价办法和通过市场调查等取得有合法依据的市场价格提出变更工程项目的单价，并应报发包人确认后调整。

（二）工程变更项目措施项目费的调整原则

工程量清单计价模式体现了实体性消耗与措施性消耗相分离的原则。措施性项目的计量并不那么直观，其发生有的与实体工程的工程量相关，有的与工期等非工程量因素存在直接相关性。措施项目费调整的前提如图3-2所示。

1. 施工方案改变的前提是非承包人原因

根据《13版清单计价规范》的规定，因工程变更、工程量清单缺项、工程量偏差原因引起的与工程量有关的措施项目的变化其价款可以调整。但是，工程量清单措施项目费的调整与施工方案息息相关，如果上述非承包人原因未能引起施工方案改变，则不需要调整措施项目费，只有导致施工方案发生改变，才有可能调整措施项目费。

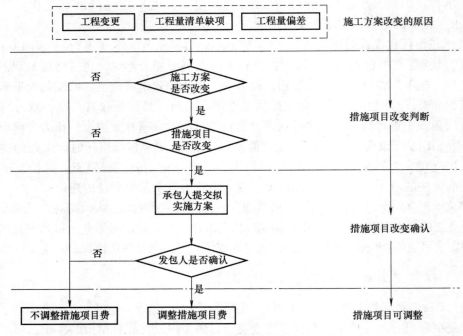

图 3-2　措施项目费调整的前提

2. 施工方案改变是否引起措施项目改变

施工方案是综合考虑人员、机械、材料和工程特点等有针对性地制订的工程施工的具体实施计划。施工方案发生改变不仅影响分部分项工程，同时也对措施项目产生影响。措施项目费的高低和施工方案有着直接的关系，并且不同的施工方案对发生的费用和相应措施项目的影响是不同的。也就是说，施工方案的改变不一定会引起措施项目改变，只有在施工方案改变且措施项目改变的前提下，才允许调整措施项目费。

3. 发包人是否批准承包人提交的施工方案

如果承包人未事先将拟实施的方案提交给发包人确认，则应视为工程变更不引起措施项目费的调整或承包人放弃调整措施项目费的权利。可见，发包人批准了拟实施的新的施工方案也是措施项目变更价款调整的前提之一。

4. 措施项目费的计价方式

措施项目费按照计价方式分为三类：第一类是按单价计算的措施项目，第二类是按总价（按系数）计算的措施项目，第三类是安全文明施工费。这三类措施项目发生变更时引起合同价款调整的方法是不同的。

（三）工程总承包商设计优化的收益共享原则

工程项目的收益共享通常是指对工程项目项目目标或项目价值增值收益的分享。例如，《99 版 FIDIC 新红皮书》第 13.2 款〔价值工程〕规定："如果承包商认为自己的建议能够使得工程缩短工期，降低工程实施、维护或运营之成本，提高项目竣工后的效率或价值，或者对业主产生其他利益，那么他可以随时向工程师提出建议；如果工程师批准的该建议书中包括设计内容，并且双方没有另外商定，则承包商应进行该部分设计，并按照相关规定对该设计负责。如果承包商的建议节省了工程费用，则承包商应得到一定的报酬，其额度为节省的费用的一半；节省的费用的计算方式为降低的合同额度减去因变更而引起在工程质量、寿命以及运营效率等方面给业主带来的潜在损失，具体由工程师按第3.5款〔决定〕来计算；如果降低的合同额度小于潜在的损失，则承包商无任何报酬。"

可见，设计优化引起的收益共享的前提是对发包人有利或实现了工程项目的价值增值。项目价值增值的收益共享主要包括：①压缩工期可能会为发包人带来较大的时间收益，但同时可能会导致工程质量的下降以及承包人施工成本的大幅增长。这时，发包人与承包人需要共同分担成本超标风险以及共享施工过程中由于压缩成本而增加的收益。所得利益者（往往指发包人）向为优化工程所做贡献者（承包人）进行相应的经济补偿和非经济形式的回报和弥补的行为。②发包人无法承担风险，并用某种方式将此风险转移给承包人，而发包人享受了承包人控制风险所带来的项目收益，为了弥补承包人承担风险可能造成的损失，给予承包人相应补偿的行为。

（四）工程变更费用超额的事前确认原则

工程变更一直是影响工程投资的关键因素，虽然其越来越受到参建各方的重视，但是仍然存在诸如费用没有得到及时的事前控制以及变更方案的技术经济评价、变更项目综合单价确定方法不够合理等问题。

重大变更涉及的金额较大，工期较长，其复杂程度往往会使发包人很难做出正确的变更决策并决定合适的变更费用予以承包人补偿。一旦发生变更，若承包人付出的劳动与其得到的补偿不平衡，则有可能使其在感到不公平时以己方利益受损为代价采取机会主义行为，进而导致承包人在工程项目建设过程中合同履约效率低下，这不仅会给发包人带来损失，还会对社会造成负面影响。运用价值工程可以将变更过程中的价款调整、工期和方案决策一体化，发承包双方可就变更项目综合单价的估价方式提前商议，符合变更费用超额的事前确认原则，做到有效地控制施工成本。

工程变更管理的一般流程是，发包人同意工程变更后，由监理人发出变更指示，承包人应按照监理人下达的变更指示进行变更。承包人对于不能够执行的工程变更要与发包人和监理人进行沟通和交流。然而，当工程变更引起费用超额时，在已经施工之后才对工程变更产生的费用和对施工工期的影响进行确定会给发承包双方带来风险，甚至引发不必要的纠纷。因此，若要避免工程变更费用超额的风险，关键在于变更程序的优化，将变更估价的决策点前移，进行事前确认。

事前确认强调先补偿后变更，先商议执行该变更可能消耗的资源和费用开支，把各项施工费用控制在发承包双方可接受的范围之内，满足双方功能和经济上的需求，再执行变更。如此，可以促进承包人施工的积极性，减少先变更后补偿可能产生的不必要的争议和纠纷。

（五）工程总承包模式下业主要求改变有无正当理由原则

在设计施工总承包模式下（如DB/EPC模式），承包商因早期介入设计阶段并负责建设项目设计深化的工作，其获得了更多的项目控制权，但同时也需要承担设计缺陷等原因造成的设计变更等方面的责任。但是，如果业主对承包商施工过程中采取的施工方案要求改变，则需要依据业主要求改变有无正当理由来判断该指令是否会构成工程变更。

1. 业主要求的改变有正当理由的情况不构成工程变更

1）"业主要求"作为合同文件的组成部分，是承包商报价和工程实施最重要的依据。

《99 版 FIDIC 新银皮书》中承包商应被视为，在基准日期前已仔细审查了"业主要求"（包括设计标准和计算，如果有），并在除业主应负责的部分外，对"业主要求"（包括设计标准和计算）的正确性负责。若承包商的设计文件不符合"业主要求"，则业主有权下达工程变更指令要求承包商更改设计或实施方案，在这种情况下不构成工程变更，对承包商不调整合同价款。

2）若由于承包商自身的失误使得工程无法顺利进行，业主下达的变更指令是为了如期完工，那么承包商自身承担责任，由此也不构成工程变更。

2. 业主要求的改变无正当理由的情况构成工程变更

1）如果在承包商的设计文件符合"业主要求"，并且工程按照施工方案顺利进行的情形下，业主因自身原因要求改变"业主要求"中的内容，则构成工程变更。

2）由于承包商负责施工方案的可行性，其在承担相应风险的同时也具有修改施工方案保证工程顺利进行的权利。如果业主干预了承包商的施工方案，且此行为对施工方造成一定损失，则业主应承担一部分责任；或者当承包商接受了业主的书面指示，以业主认为必要的方式加快设计、施工或其他任何部分的进度，以及改变设计方案和施工方案的，承包商为实施该指令需对项目进度计划和施工工艺、方法等进行调整，并对所增加的措施和资源提出估算，经业主批准后，作为一项工程变更。

第二节　工程变更项目分部分项工程费的调整原则及案例分析

一、原则运用的关切点

（一）工程变更项目工程量的确定

《13 版清单计价规范》第 8.2.2 款规定："施工中进行工程计量，当发现招标工程量清单中出现缺陷、工程量偏差，或因工程变更引起工程量增减时，应按承包人在履行合同义务中完成的工程量计算。"也就是说，工程变更项目的工程量是据实结算的。

（二）工程变更项目有适用子目综合单价的确定

对于已标价工程量清单中有适用于变更工程项目的，采用该项目的单价。当工程变更导致该清单项目的工程数量发生变化，且工程量偏差超过 15% 的，超过部分的工程量应重新调整综合单价。

而所谓"有适用子目"，是指该变更项目符合以下特点：①变更项目与合同中已有项目性质相同，即两者的图样尺寸、施工工艺和方法、材质完全一致；②变更项目与合同中已有项目施工条件一致；③变更工程的增减工程量在执行原有单价的合同约定幅度范围内；④同已有项目的价格没有明显偏高或偏低；⑤不因变更工作增加关键线路工程的施工时间。

（三）工程变更项目有类似子目综合单价的确定

1）对于仅改变施工图的工程变更项目，可以采用两种方法确定变更项目综合单价，即比例分配法与数量插入法。

① 比例分配法。在这种情况下，变更项目综合单价的组价内容没有变，只是人工、材料、机械的消耗量按比例改变。由于施工工艺、材料、施工条件未产生变化，可以原报价清

单综合单价为基础采用按比例分配的方法确定变更项目的综合单价，具体如下：单位变更工程的人工费、机械费、材料费的消耗量按比例进行调整，人工单价、材料单价、机械单价不变；变更工程的管理费及利润执行原合同确定的费率。

$$变更项目综合单价 = 投标综合单价 \times 调整系数 \tag{3-1}$$

采用比例分配法，优点是编制简单和快速，有合同依据。但是，比例分配法是等比例地改变项目的综合单价。如果原合同综合单价采用不平衡报价，则变更项目新综合单价仍然采用不平衡报价。这将会使发包人产生损失，承受变更项目变化那一部分的不平衡报价。所以比例分配法要确保原综合单价是合理的。

② 数量插入法。数量插入法是不改变原项目的综合单价，确定变更新增部分的单价，原综合单价加上新增部分的综合单价得出变更项目的综合单价。变更新增部分的综合单价是测定变更新增部分人工、材料、机械成本，以此为基数取管理费和利润确定的单价。

$$变更项目综合单价 = 原项目综合单价 + 变更新增部分的单价 \tag{3-2}$$

$$变更新增部分的单价 = 变更新增部分净成本 \times (1 + 管理费率) \times (1 + 利润率) \tag{3-3}$$

2）对于只改变材质，但是人工、材料、机械消耗量不变，施工方法、施工条件均不变的情况，变更项目的综合单价只需将原有项目综合单价中材料的组价进行替换，替换为新材料组价，即单位变更项目的人工费、机械费执行原清单项目的人工费、机械费；单位变更项目的材料消耗量执行报价清单中的消耗量，对报价清单中的材料单价可按市场价信息价进行调整；变更工程的管理费执行原合同确定的费率。

$$变更项目综合单价 = 报价综合单价 + (变更后材料价格 - 合同中材料价格) \times$$
$$单位清单项目所需材料消耗量 \tag{3-4}$$

（四）工程变更项目无适用或无类似子目综合单价的确定

对于"无适用或无类似子目"的范围，通常集中在变更项目与已有项目的性质不同、原清单单价无法套用、施工条件与环境不同、变更工作增加了关键线路上的施工时间等。

对于合同中没有类似和适用的单价的情况，在我国目前的工程造价管理体制下，一般采用按照预算定额和相关的计价文件及造价管理部门公布的主要材料信息价进行计算。对合同中没有适用或类似的综合单价情况，变更工程价款的确定主要有四种定价方法。

1. 实际组价法

监理人根据承包人在实施某单项工程时所实际消耗的人工工日、材料数量和机械台班，采用合同或现行的人工工资标准、材料价款和台班费，计算直接费用，再加上承包人的管理费用和利润确定综合单价，以此为基础同承包人和发包人协商确定单价。

2. 定额组价法

合同中没有类似于新增项目的工程项目或虽有类似的工程项目但单价不合理时，由承包人根据国家或地方或行业颁布的计价定额及其定额基价，以及当地建设主管部门的有关文件规定编制新增工程项目的预算定额基价，然后根据投标时的降价比率确定变更项目的综合单价。在使用该方法编制新的综合单价时应注意以下几个问题：

1）人工费的确定方法：①采用工程计价定额中的定额基价确定所需人工费；②采用承包人投标文件预算资料中的人工费标准。

2）材料单价的确定方法：①采用承包人投标文件预算资料中的相应材料单价（仅适用于工期很短的工程或材料单价基本不变的情况）；②采用当地工程造价信息中提供的材料单价；③采用承包人提供的材料正式发票直接确定材料单价；④通过对材料市场价格进行调查得来的材料单价。采用上述途径得到的材料单价，在计入综合单价中的材料单价时，均为除去可抵扣的进项税额的材料单价。

3）施工机械使用费的确定方法：①采用工程计价定额中的定额基价确定所需施工机械使用费；②采用承包人投标文件资料中的施工机械使用费标准。

4）管理费率的确定方法：采用承包人投标文件预算资料中的相关管理费率。

5）降价比率的确定方法。按照下式进行计算：

$$降价比率 = (清单项目预算总价 - 评标价)/清单项目预算总价 \times 100\% \qquad (3-5)$$

3. 数据库预测法

数据库预测法是双方未达成一致时应采取的策略。《最高人民法院关于审理建设工程施工合同纠纷案件适用法律问题的解释》（以下简称《最高院工程合同纠纷司法解释》）规定，因设计变更导致建设工程的工程量或者质量标准发生变化，当事人对该部分工程价款不能协商一致的，可以参照签订建设工程施工合同时当地建设主管部门发布的计价方法或者计算标准确定合同价款。其中的计算标准可以理解为地方或行业颁布的工程计价定额及其定额基价，反映的是当地社会平均水平和社会平均成本。根据《最高院工程合同纠纷司法解释》，当双方对工程变更价款不能协商一致时，应根据社会平均成本确定工程变更价款，数据库预测法即是基于这种司法解释。

在实际操作中，发包人据此会提出以下三种确定工程变更价款的方法：

1）以国家和地区颁布的工程计价定额及其定额基价作为计算依据确定工程变更价款。

2）以发包人内部建立的数据库确定工程变更价款，数据库积累了近几年建设工程的详细价格信息，从中筛选适用的综合单价。

3）根据所有投标书中相关项目的综合单价分别算出总价后平均，确定工程变更价款。

4. 成本加利润法

《标准施工招标文件》规定，原清单中无适用或无类似子目的综合单价的确定采用"成本加利润"原则，由监理人商定或确定变更工作的单价。在合同签订之后，所有变更综合单价的重新组价应以已标价工程量清单为依据，运用"成本加利润"原则确定综合单价没有考虑到承包人本应承担的风险费用，对于此类情况，《13 版清单计价规范》中规定由承包人根据变更工程资料、计量规则和计价办法、工程造价管理机构发布的信息价格以及承包人的报价浮动率提出变更工程项目的单价，报发包人确认后调整。

因此，成本加利润法下变更综合单价的确定过程如图 3-3 所示。

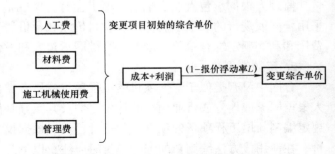

图 3-3　成本加利润法下变更综合单价的确定过程

（五）报价浮动率的计算

工程量清单计价中，在无适用或无类似子目情况下，确定新综合单价需考虑报价浮动率，有两种浮动率计算方法。

1. 报价浮动率计算对象的选择

当某个工程有多个无适用无类似的变更项目需要重新组价时，如果是以整个工程项目总价为对象计算报价浮动率会比较简单，因为多个变更工程只需要一个报价浮动率，但这并不能反映出各个变更项目报价浮动的实际情况。如果其中某个单位工程承包人在当初的投标报价时已经预见到该项目在施工过程中会发生变更而采用了不平衡报价，那么以整个项目的总价为对象计算得出的报价浮动率可能会因为综合了所有单位工程的报价浮动而使其远低于实际应该浮动的比率，进而低于承包人投标时承诺的让利。

如果采用单位工程总价作为对象计算报价浮动率，虽然单独计算各个单位工程的报价浮动率会给合同价款调整增加许多烦琐工作，但是较工程项目总价而言更具有针对性，更符合发承包双方当初订立合同时公平合理，权、责、利平衡的原则，计算出的报价浮动率也更为准确。

综上可知，在计算报价浮动率时应以单位工程为对象计算；如果单项工程发生变更，则应根据《13 版清单计价规范》将该单项工程中的不同专业拆分为单位工程后分别计算各自的报价浮动率[○]。

2. 公式法确定报价浮动率

公式法确定报价浮动率属于粗调，只能大略估计可讲价幅度。《13 版清单计价规范》中规定如下：

1）招标工程：

$$承包人报价浮动率 L = (1 - 中标价/招标控制价) \times 100\% \tag{3-6}$$

2）非招标工程：

$$承包人报价浮动率 L = (1 - 报价值/施工图预算) \times 100\% \tag{3-7}$$

二、案例

案例 3-1：某教学楼项目因设计变更导致综合单价重新确定

（一）案例背景

某教学楼项目，2008 年 8 月开工，2010 年 9 月竣工验收交付使用。建筑面积 18 356m²，地上 16 层，地下 2 层。钢筋混凝土灌注桩基础，框架剪力墙结构，水暖电消防齐全，地砖地面，外墙聚苯乙烯泡沫塑料板保温，喷防石涂料。采用单价合同，建设单位为某中学。

招标工程量清单描述的外墙保温隔热层做法为：①20mm 厚 1：3 水泥砂浆找平；②30mm 厚 1：1（重量比）水泥专用胶粘剂刮于板背面；③50mm 厚聚苯乙烯泡沫塑料板加压粘牢，板背面打磨成细麻面；④1.5mm 厚专用胶贴加强网于需加强部位；⑤1.5mm 厚专用胶粘贴耐碱网格布于整个墙面并用抹刀将网压入胶泥中；⑥基层整修平整，不露网纹及麻面痕。

○ 柯洪，徐中，甘少飞. 建设工程工程量清单与施工合同 ［M］. 北京：中国建筑工业出版社，2011.

（二）争议事件

该项目中外墙保温隔热层子目的中标综合单价为 40.6 元/m²。在实际施工过程中由于地质环境等问题，发现原设计中的 50mm 厚聚苯乙烯泡沫塑料板不能够满足质量要求。为了更好地保质保量，建设单位按相应的工程建设管理程序向施工单位出具了设计变更，聚苯乙烯泡沫塑料板厚度由 50mm 变更为 70mm，其他做法不变。

施工单位接到设计变更后，在规定的时间内核算人员套用《全国统一建筑工程基础定额 河北省消耗量定额》（HEBGYD—A—2008）进行重新组价，提出了变更后的综合单价为 62.3 元/m²，要求追加工程造价 24.96 万元。

但评审单位认为保温板厚度变化，其他做法不变，应适用《13 版清单计价规范》中规定的合同中有类似的综合单价，参照类似的综合单价确定，而不应重新组价。

（三）争议焦点

施工单位认为变更项目与工程量清单中的项目特征描述不符，应重新组价；而评审单位则认为此设计变更子目在原工程量清单中有类似的清单子目，可参考原综合单价。针对该争议事件，焦点问题可以归结为：

1）此设计变更是否属于变更估价三原则中的有类似综合单价的情形？

2）如果不属于，是否重新组价？

（四）争议分析

此项设计变更属于非承包人原因，由建设单位承担变更的风险责任。

施工单位执行变更之前要对变更后的综合单价进行估价。根据《13 版清单计价规范》的规定，本案例的矛盾焦点在于选择哪一种变更项目综合单价确定原则。从以下两方面分析：

首先类似综合单价的确定原则是以已标价工程量清单为依据的情形的表现形式，适用的前提是其采用的材料、施工工艺和方法基本相似，不增加关键线路上工程的施工时间，可仅就其变更后的差异部分，参考类似的项目单价由发承包双方协商新的项目单价。本项目中，50mm 厚的聚苯乙烯泡沫塑料板保温隔热墙变更为 70mm 厚，应是其采用的材料、施工工艺和方法基本相似，不增加关键线路上工程的施工时间，属于有类似综合单价的情形。所以可仅就其变更为 70mm 厚的聚苯乙烯泡沫塑料板，参考类似的 50mm 厚的综合单价，确定其综合单价。

（五）解决方案

针对该争议，施工单位和评审单位最终决定，《13 版清单计价规范》规定，参照类似的 50mm 厚的聚苯乙烯泡沫塑料板保温隔热墙综合单价分析表，重组变更为 70mm 厚的综合单价为 46.77 元/m²。

评审人员在评审工程变更项目时，要严格按《13 版清单计价规范》规定确定变更后的项目综合单价，纠正施工单位一有工程变更就重新套用定额获取高额利润的习惯做法；对工程变更影响综合单价变化的情况，要严格区分"已有适用""有类似""没有适用或类似"三种情况，合理确定变更后的项目综合单价。

【资料来源：改编自严玲，尹贻林．工程计价学［M］．3 版．北京：机械工业出版社，2014．】

案例 3-2：广佛地铁车站工程不明构筑物引起设计变更的综合单价组价依据

（一）案例背景

广佛地铁二期工程土建监理 1 标段监理部管辖的新城东站为广佛线二期的始发站。该车站局部基底下卧淤泥质土层，地基承载力较低。为避免地基基础产生不均匀沉降，设计中采用 φ600 搅拌桩进行基底加固。搅拌桩以梅花形布置，间距 1.0m×1.0m。现场施工时，基坑底部以上为空桩，以下为实桩，加固深度穿越淤泥质土层进入强风化泥质粉砂岩 0.5m。设计图显示，搅拌区域起点里程 YDK-6-291.72，终点里程 YDK-6-144.098，加固长度 147.622m，宽度 10.378～19.700m，加固深度 22～28m。

（二）争议事件

2012 年 9 月，承包人在进场进行地表土方清运、车站地下连续墙导墙沟槽开挖、地下连续墙 A9～A14 和 A142～E3 成槽施工时，分别发现了不明构筑物。为此，承包人提出对基底加固子分部工程进行变更，建议将搅拌桩加固工法变更为"钻孔 + 旋喷桩加固"工法施工。

监理工程师在确认了施工现场情况后，于 2013 年 1 月 16 日组织建设单位、设计单位及承包人相关人员召开"基底加固地下不明构筑物现场专题会议"，对承包人申请变更的原因及必要性进行了研究。该会议最终决定：①经现场勘察后确认，承包人可暂停搅拌桩无法施工区域的基底加固作业，其余区域按照设计图继续施工；②承包人对出现不明构筑物区域的地质情况进行详细补勘，并钻芯取样，以探明该构筑物的类型、深度和结构等情况。

在监理工程师的督促下，承包人按照会议要求，在基底加固区范围内自西向东进行了清表翻渣及地质补勘，并结合其他资料得知，该不明构筑物为废旧桥涵基础。其具体分布情况如下：①YDK-6-144.098～YDK-6-179.468（长 35.37m）范围内 3～5 m 深度有少量石块，粒径 30～50 cm 不等，埋置深度较浅；②YDK-6-179.648～YDK-6-221.148（长 41.5m）范围内深度 4.5m 左右揭露整片片石基础，且在东北—西南和西北—东南走向分别有 2 条片石砌筑条形基础。

地质补勘完成后，承包人按现场专题会议的要求，变更方案：

方案：由设计地面标高引孔到底，采用旋喷桩替换搅拌桩。

1）YDK-6-144.098～YDK-6-179.468（长 35.37m）范围内分布有少量石块且埋深较浅，用挖掘机进行清表翻渣后直接施工搅拌桩。

2）YDK-6-179.648～YDK-6-221.148（长 41.5m）区域内废旧桥涵基础埋置较深，清表翻渣无法清除障碍物，且废旧桥涵基础底板下存在木桩，无法进行搅拌桩施工，因此改用地质钻机引孔穿过障碍物后再进行旋喷加固。旋喷桩桩径 600mm，桩间距变更为 1.5m×1.5m，梅花形布置，桩长为原设计长度。

监理部 2013 年 2 月 28 日组织建设单位、设计单位、咨询单位及承包人召开专题会议，同时要求承包人对变更方案进行费用变化、技术经济比较等方面的细化说明。承包人按专题会议的要求，对变更方案进行了完善，经过一系列严密的审核，最终变更方案顺利通过参会各方的审核，最大限度地减少了因为工程变更造成的工期损失。会后，建设单位签发了变更申请表，并下达了工程变更指令。

基底加固施工完毕后，承包人于 2013 年 10 月 29 日提出设计变更费用估算，其数量及单价如表3-4所示。

表3-4　设计变更费用申请表

工作项目及费用名称	承包人申报		
	数量/m	单价/（元/m）	合价/元
旋喷桩加固（空桩）	4 537. 68	164. 38	745 904
旋喷桩加固（实桩）	2 119. 92	283. 25	600 467
钻孔	6 657. 60	49. 80	331 548
（变更前）基底处理（实桩）	− 4 595. 58	81. 60	− 374 999
（变更前）基底处理（空桩）	− 9 836. 82	16. 30	− 160 340
合计			1 142 580

然而，监理工程师通过对现场签证的工程数量进行复核和确认，并针对变更工作项目的单价进行了重点审核，并不认同变更报价，由此产生争议。

（三）争议焦点

承包人在施工过程中遇到不明构筑物，无法按照原来的设计方案进行施工，需要改变原先的设计方案，针对该争议事件，焦点问题可以归结为：

1）该设计变更是否属于承包人的责任？

2）该项设计变更应如何确认综合单价并调整合同价款？

（四）争议分析

现场实体工程发生设计变更并不一定引起合同价款的变化。在审核承包人报审的设计变更申请时，首先要明确责任主体。一般来说，由于承包人的过失引起设计变更而造成费用增加时，即使获得了监理工程师及建设单位的变更指令，也不能对合同价款进行调整，而如果给建设单位造成了损失，甚至可能反过来被建设单位索赔。

该工程监理工程师根据施工合同通用条款第21.2.1.3款中"由业主设计的工程，其地质风险由业主承担；由承包商设计的工程，其地质风险由承包商承担"的规定，并结合"勘察单位《关于广佛线二期工程新城东站填土中存在旧基础混凝土块的情况说明》，即勘察单位将8个详勘钻孔存在芯样长度大于0.5m的混凝土误当作少量建筑垃圾，并未在勘察文件中完整反映"等因素，确定该次设计变更为建设单位应当承担的地质风险，因此同意受理承包人提出的该次设计变更申请。

此外，根据变更估价三原则，要先确定该变更项目是否有可参考或适用的项目，分析如下：

1）根据施工合同通用条款第14.3.1（1）项中"合同中已有相同的项目适用于变更工程，按合同已有项目的价格进行计价"的规定，同意新增项目"旋喷桩加固（实桩）"按施工合同新城东站分部分项工程量清单计价表中围护结构工程"旋喷桩阳角加固（实桩φ600，双重管）"项目计取单价283.25元/m。

2）根据施工合同专用条款第11.1款中"对于工程量清单无相同或类似单价的项目，该项目的综合单价的确定方式：①以投标报价中相应的人工、材料、机械价格，按相应定额及计价规范计算其综合单价；②以施工当期人工、材料、机械价格的信息发布价（没有信息发布价的按施工同期的市场价格），按相应定额及计价规定计算再乘以中标价下浮比例 i

（i=中标价÷招标控制价）所得的综合单价；比较以上①②两种方式，取价低者为该项目的结算综合单价，并最终以佛山市财政局审定的综合单价作为结算依据"的规定，按①②方式审核"旋喷桩加固（空桩）"，并分别计算出综合单价。其投标时旋喷桩加固（空桩）单价为 49.79 元/m；施工当期单价为 55.56 元/m（下浮比例 97.8%）。以价低者计取单价后，旋喷桩加固（空桩）的综合单价为 49.79 元/m。

在计算综合单价时，监理工程师根据施工合同专用条款第 11.2 款中关于"定额采用的优先顺序：《2001 年广州地铁工程主要项目综合成本指导价》《广东省市政工程综合定额》（2010 年）、《广东省建筑与装饰工程综合定额》（2010 年）"的规定，优先采用了《2001 年广州地铁工程主要项目综合成本指导价》中"2-58 钻孔"子目的相关内容，以投标报价中相应的人工、材料、机械单价做出定额子目分析表（见表 3-5），得到投标水平的"旋喷桩加固（空桩）"的项目综合单价为 49.79 元/m，进而否定了承包商采用定额"2-61 旋喷"子目而形成的"旋喷桩加固（空桩）"单价 164.38 元/m。

表 3-5　定额子目分析表

工程变更	名称：新城东站旧基础区域基底加固		
序　号	定额子目分析表编号	1	
	参考定额及定额号	《2001 年广州地铁工程主要项目综合成本指导价》2-58	
	子目名称	钻孔	
	单位	100m	
	数量	4 537.68m	
	名称	单价/元	数量	造价/元
一	直接工程费			
1	人工费	63	33.15 工日	2 088.45
2	材料费			462.58
	土粉	120	1t	120
	其他材料费	1	342.58 件	342.58
3	机械费			1 547.76
	9935041 地质钻机（150 型）	150.49	6 台班	902.94
	9905751 泥浆搅拌机（出梁容量 0.6m³）	63.06	3 台班	189.18
	9943376 泥浆泵（出口 φ50）	75.94	6 台班	455.64
二	管理费			643.51
三	利润			237.12
	合计			4 979.42

3）根据《2001 年广州地铁工程主要项目综合成本指导价》的规定，高压定喷、摆喷、旋喷的工作内容包括钻孔、喷浆、场地清理、泥浆外运等几项，并未针对成桩过程中不同的地质情况加以区分。而承包商按审批的变更方案完成了施工，采用的是地质钻孔机引孔穿越废旧桥涵基础来施作旋喷桩，钻孔过程本身就是旋喷桩空桩的形成过程，因此承包商在申请表中分列"旋喷桩加固（空桩）"和"钻孔"，属于重复申报工程量，不予采纳。

（五）解决方案

最终，监理部参考佛山市交通运输局《印发佛山市轨道交通工程造价管理相关计费问题协调会议纪要的通知》（佛交〔2012〕332号）的取费标准计算规费、堤围防护费及税金后，审定该项目的变更费用为309 399元，较承包商申请的费用核减了833 181元。监理审核意见如表3-6所示。

表3-6 监理审核意见

单价编码	项　　目	审核结果		
		数量/m	单价/（元/m）	合价/元
XZ-BG-001	旋喷桩加固（空桩）	4 537.68	49.79	225 931
010202003001	旋喷桩加固（实桩）	2 119.92	283.25	600 467
040103001002	（变更前）基底处理（实桩）	−4 595.58	81.6	−374 999
040103001003	（变更前）基底处理（空桩）	−9 836.82	16.3	−160 340
	小计			291 059
	规费	2.61%	291 059	7 597
	堤围防护及税金	3.597%	298 656	10 743
	合计			309 399

监理部的审核结果得到了建设单位的充分肯定，但承包商提出了异议。监理部为了使工作更加公正、透明，组织建设单位、承包商召开了"新城东站基底加固旋喷桩设计变更专题会议"，听取了建设单位及承包商的意见，并对审核依据及理由进行了解释。通过研究协调，承包商同意了监理部及建设单位的审核结果，避免了合同纠纷。最后，建设单位下达了设计变更通知单，设计变更引起的造价增减也进入了计量支付程序。

施工过程中，发生设计变更，应先对争议事件进行责任分析，并非所有的设计变更都可以调整合同价款。若可以调整合同价款，承包商在变更估价时要严格按照合同规定及相关计价依据，避免出现重复计算工程量等情形，区分"已有适用""有类似""无适用或无类似"三种情况，合理地确定变更后的项目综合单价，以减少不必要的争议。

【资料来源：改编自罗臣立. 地铁工程变更监理审核案例分析［J］. 市政技术，2015，33（4）：185-194.】

案例3-3：某电厂循环水管工程不平衡报价失败后综合单价是否重新组价

（一）案例背景

某电厂"上大压小"扩建工程实施过程中，该电厂发电机组属凝汽式燃煤发电机组，在冷却水系统的选择上，由于毗邻丰富水源长江，因此设计为直流式水冷系统，即从长江直接引水进入凝汽器与汽轮机做功排出的蒸汽进行对流换热（使其冷却为液态水）后，排入长江，完成一个循环，循环水管示意如图3-4所示。

循环水管总长2 280m，土方开挖总量约为3万m³，在施工过程中，和厂区道路部分有几处垂直交叉的地方。和厂区道路交叉的部分称为"过马路段"，"过马路段"的道路管道总长40m。该项目为EPC模式，EPC总承包人（以下简称发包人）为某电力咨询公司与某电力设计院组成的联合体，专业分包商（以下简称承包人）为某电力建设公司。

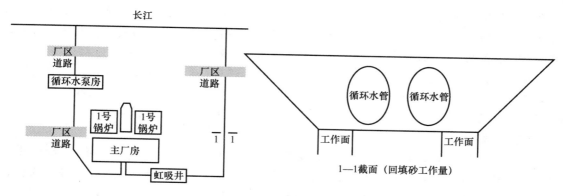

图 3-4 某电厂循环水管示意

发包人在清单项目特征描述中规定厂区道路上行驶的多为载重汽车，因此在"过马路段"要求回填中粗砂，以缓冲上面传来的动荷载，长度约为40m，其余部分回填土（夯填），长度约为221m。并且签订合同后合同附件中工程量清单也有此规定。

（二）争议事件

在投标报价阶段，为了能够中标，承包人就对中粗砂的价格报得相对较低，同时为了竣工结算时获得更多的收益提高了回填土的报价。中粗砂比回填土报价每立方米多70元。

但在实际施工中，考虑到工程性质以及工程周围环境，同时考虑到靠近长江，取河砂比异地取土方便且质量更好，因此发包人最终决定所有管道回填全用中粗砂，最终中粗砂回填工程量增加了3万 m^3。

（三）争议焦点

针对该争议事件，焦点问题可以归结为：竣工结算时，所有管道回填的中粗砂是否需要重新组价。

（四）争议分析

对于不平衡报价的使用，关键是识别可能发生的状态变化，即识别机会点。由于不平衡报价是总价不变，但是结算时会增加收益，因此不平衡报价的本质就是承包人利用可以利用的状态变化，包括以下两点：

1）承包人要利用不平衡报价的工作必须在施工阶段发生状态的变化，如发生变更、工程量增减、物价波动等，承包人必须通过变化的状态才能实现不平衡报价。

2）这种状态变化的后果需要发包人承担，即发包人承担状态变化的风险，也就是发包人要支付价款，如发包人要支付变更、调价引起的价款，如果发包人不承担状态变化的风险，那么即使使用不平衡报价也不会得到发包人的支付，有可能会适得其反。

针对此案例，这是一个由于承包人误判机会点从而导致"不平衡报价"失败的案例。在招标阶段，发包人在招标工程量清单中的项目特征描述为：厂区道路上行驶的多为载重汽车，因此在厂区道路下的循环水管道要求回填中粗砂，以缓冲上面传来的动荷载，其余部分回填土（夯填）。并且签订合同后合同附件中工程量清单也有此规定。因此，在投标报价阶段，为了能够中标，承包人就对中粗砂的价格报得相对较低，同时提高了回填土的报价，为了竣工结算时获得更多的收益。

但实际施工中，由于电厂为上大压小的扩建工程，原来小电厂报废关停了一些，在挖循环水管时，不少地段里还有原来机组工程的破碎基础、碎砖等，这些杂物不利于夯填。而且当初设计的回填要求比标准设计有所降低，同时考虑到靠近长江，取河砂比异地取土方便且质量更好，因此发包人最终决定所有管道回填全用中粗砂。

竣工结算时，承包人认为，由于变更后增加的工程量太大，而且在施工期间，中粗砂的价格有所涨幅，想重新组价，组价后回填总价应再补差价约320万元。但发包人认为本次变更项目，合同中已标价的工程量清单中已有适用的综合单价，应直接采用不需要重新组价。

（五）解决方案

由于承包人在投标报价时，没有结合现场施工条件和施工规范综合预计到施工阶段的变更，中粗砂的价格报得相对较低，故在竣工结算时，受到了一定程度的损失。最终处理结果是按原清单中"过马路段"中粗砂回填的报价执行，即发包人只需再补回填差价210万元。但是，承包人却亏损了110万元。

虽然正确利用不平衡报价可以给承包人带来更多的收益，但是需要注意的是：

1）不平衡报价的使用一定是在发包人承担的风险基础上，否则会劳而无功甚至适得其反。

2）不平衡报价的使用要适度，如被发包人识别出来会破坏双方关系，甚至损害承包人利益。

3）承包人进行不平衡报价必须从全局考虑，某一个机会点不平衡报价的使用可能会对整个项目产生影响。如果由于某一个机会点要对钢筋报高价或低价，那么该项目所有的同类型钢筋价格均会改变，这就会影响到项目的总报价，因此承包人报价需谨慎，应从全局考虑，考虑每个不平衡报价对项目总报价是否会产生影响。

4）不平衡报价是总价不变，因此在有的项目报高价时，有的项目也要报低价来平衡总报价，总的来说就是要取消、减少工程量的工作报低价，要新增项目、增加工程量的报高价。

【资料来源：改编自严玲，尹贻林．北京：工程计价学［M］．3版．机械工业出版社，2014．】

案例3-4：某办公楼项目因项目特征不符引起材料变化的合同价款调整

（一）案例背景

A单位办公楼经过公开招标由B公司中标承建。该办公楼的建设时间为2011年2月~2012年3月，建筑面积7 874.56m²，主体10层，局部9层。该工程采用的合同方式为以工程量清单为基础的固定单价合同。工程结算评审时，发承包双方因外窗材料价格调整的问题始终不能达成一致意见。按照办公楼施工图的设计要求应采用隔热断桥铝型材，但工程量清单的项目特征描述为普通铝合金材料，与设计图不符。B公司的投标报价按照工程量清单的项目特征进行组价，但在施工中为办公楼安装了隔热断桥铝型材外窗。

（二）争议事件

B公司认为，在进行工程结算时，要按照其实际使用材料调整材料价格，计入结算总价。

A单位认为，其认可工程量清单，如有遗漏或者错误，则由投标人自行负责，履行合同过程中不会因此调整合同价款。据此，A单位认为不应对材料价格进行调整。

（三）争议焦点

针对该争议事件，焦点问题可以归结如下：

1）在招标工程量清单中对项目特征的描述与施工图设计描述不符时，应由哪一方来承担责任？

2）能否予以调整合同价款？

（四）争议分析

《13版清单计价规范》中明确了招标人应该对所提供的招标工程量清单的准确性和完整性负责。那么工程量清单中项目特征与图样不符的情况，应该由招标人承担责任，并将之纳入工程变更的管理范畴。但是这并不意味着，如果遇到项目特征不符的情况，承包人可以自行变更。正确的做法是，承包人应按照发包人提供的招标工程量清单，根据其项目特征描述的内容及有关要求实施合同工程，直到其被改变为止。

1）发包人在招标工程量清单中对项目特征的描述，应被认为是准确的和全面的，并且与实际施工要求相符合。在本案例中，外窗材料的项目特征描述为普通铝合金材料，但施工图的设计要求为隔热断桥铝型材，项目特征描述不准确，发包人应为此负责。

2）承包人应按照发包人提供的招标工程量清单，根据其项目特征描述的内容及有关要求实施工程，直到其被改变为止。"被改变"是指承包人应告知发包人项目特征描述不准确，应由发包人发出变更指令进行变更。在本案例中，承包人并没有按照合同中约定，先向发包人反映图样与工程量清单不符的问题，等到发包人的指示后再施工。而是直接按照图样施工，没有向发包人提出变更申请，擅自为办公楼安装了隔热断桥铝型材外窗，这属于承包人擅自变更的行为，承包人应为此产生的费用负责。

（五）解决方案

在合同履行期间，出现设计图（含设计变更）与招标工程量清单任一项目的特征描述不符，且该变化引起该项目的工程造价增减变化的，应按照实际施工的项目特征遵循工程变更规定重新确定相应工程量清单项目的综合单价，调整合同价款。所以应该按照实际完成的隔热断桥铝型材来结算。需要注意的是，承包人不应进行擅自变更，直接按照图样施工。承包人应先提交变更申请，征得发包人批准，否则擅自变更很可能与发包人产生结算纠纷。

【资料来源：改编自严玲，尹贻林. 北京：工程计价学［M］. 3版. 机械工业出版社，2014. 】

案例3-5：润扬长江大桥设计优化造成部分工作删减引起的合同价款调整

（一）案例背景

润扬长江大桥即镇江－扬州长江公路大桥，跨江连岛，北起扬州，南接镇江，全长35.66km，主线采用双向6车道高速公路标准，设计时速100km。工程总投资约53亿元，工期5年，于2000年10月20日开工建设，预计2005年10月1日前建成通车。由于润扬长江大桥工程的建设周期长，涉及的各种关系复杂，工程受自然条件和客观因素的影响大，导致工程项目的实际施工情况相对项目招标投标时的情况会发生一些变化，故工程变更在施工过程中不可避免。

（二）争议事件

在润扬长江大桥建设过程中，设计单位为了降低造价，对大桥的主塔桩基础进行了优化设计变更。具体变更情况为：C1 标斜拉桥施工中，对于工程量清单中的 405—1 主塔桩基础，原设计为直径 2.8m 的钻孔灌注桩，投标单价为 11 682.92 元/m，该清单项目总价为 50 330 019 元。招标结束后，实际施工开始前，经设计单位优化设计，上部结构重量减少，桩基直径相应做了调整，钻孔桩的直径调整为 2.5m，对这一变更，承包人提出了调整清单支付单价，并且重新编制了预算，在桩的总长度不变、桩径缩小的情况下，提出了变更单价为 18 750.89 元/m，清单项目总价为 80 778 824 元。总监理工程师办公室（总监办）认为，在桩径缩小的情况下，承包人提高单价的做法有恶意索赔的嫌疑。

（三）争议焦点

针对该争议事件，焦点问题可以归结为：

1）该水上钻孔灌注桩的综合单价应如何调整？

2）优化设计变更后节省的费用应如何处理？

（四）争议分析

《公路工程国内招标文件范本》规定，变更合同价款按下列方法进行：①合同中已有适用于变更工程的价格，按合同已有的价格变更合同价款；②合同中只有类似于变更工程的价格，可以参照类似价格变更合同价款；③合同中没有使用或类似变更工程的价格，由承包人提出适当的变更价格，由监理工程师和承包人协商确定并报发包人批准。

针对该项设计变更，在原有的工程量清单中已有适用于该项的单价组成，因此为第一类变更价款确定情况。

1）原投标单价组成如表 3-7 所示。

表 3-7　原投标单价组成　　　　　　　　　　　　单位：元

405-1	2.8m 水上钻孔灌注桩	成　孔	水下 C30 混凝土	钢护筒及平台
	11 682.92	5 734.84	2 759.34	3 188.74

2）变更发生后，承包人申报直径 2.5m 钻孔桩的单价组成如表 3-8 所示。

表 3-8　变更发生后单价组成　　　　　　　　　　单位：元

405-1	2.5m 水上钻孔灌注桩	成　孔	水下 C30 混凝土	钢　护　筒	平　　台
	18 750	7 745	5 243.77	3 011.13	2 760

3）由直径 2.8m 变更为 2.5m，施工难度降低，根据施工经验，难度系数是与直径的二次方成正比的，保守估计，也应该是与直径的一次方成正比的。但考虑变更由发包人提出，对承包人的机具准备、施工方案造成了影响，因此，钻孔拟根据直径的一次方进行同比计算，即（5 734.84 × 2.5/2.8）元 = 5 120.39 元。

4）水下 C30 混凝土，因为直径变小，所用混凝土数量之比为直径的二次方之比，即 [2 759.34 × (2.5 × 2.5)/(2.8 × 2.8)] 元/m = 2 199.73 元/m。

5）在进行新的综合单价调整时应考虑桩径缩小，护筒的用量也缩小，测算应减少 10% 的护筒量，应该同样予以扣除；平台因整个群桩范围没有缩小，仅桩径缩小，对平台的工程量基本没有影响，因此不予扣除。但是承包人提出，因为桩径缩小，按照现在的方案计算，造成承包人原应有利润降低，原来摊在桩基混凝土单价中的拌和船因混凝土工程量减小，摊销费增加。为了做到处理变更工程的公正合理，考虑承包人提出的合理因素影响，经过最终谈判，决定对钢护筒的费用不予折减，承包人亦不对水上拌和船和利润降低提出索赔。

（五）解决方案

经过双方的反复磋商与谈判，最终工程量清单405-1，直径2.5钻孔桩单价核定如表3-9所示。

表3-9　核定单价组成
单位：元

405-1	2.5m 水上钻孔灌注桩	成　孔	水下 C30 混凝土	钢护筒及平台
	10 508.86	5 120.39	2 199.73	3 188.74

在以新的综合单价为计算基础的情况下，该清单项目总价为45 272 169元，比原来的2.8m钻孔桩节约造价5 057 850元。通过新设计变更既优化了设计，又合理地控制了因设计变更导致的价款调整，达到了设计结构优化、节约工程投资的目的。

分析总监办对405-1主塔桩基础设计变更做出的处理符合该处理原则，其处理方式主要有以下两个特点：①将合同工程量清单价作为变更工程的计价依据；②兼顾施工方投入与施工难度变化。在对变更方案进行评估，以及开发商、监理工程师协商的实际过程中，经过客观分析，建设方亦在合同价基础上做出了适当的让步，使得承包人的投入、施工难度得到考虑；发包人的利益也得到保护，有利于提高协商效率、维护长期的合作关系。

【资料来源：改编自徐泽亚. 润扬长江公路大桥造价确定与控制 [D]. 上海：同济大学，2005.】

第三节　工程变更项目措施项目费的调整原则及案例分析

一、原则运用的关切点

（一）措施项目费调整的风险责任认定

1. 工程变更引起施工方案改变的风险责任认定

《13版清单计价规范》第9.3.2款规定："工程变更引起施工方案改变并使措施项目发生变化时，承包人提出调整措施项目费的，应事先将拟实施的方案提交发包人确认，并应详细说明与原方案措施项目相比的变化情况。拟实施的方案经发承包双方确认后执行。"

《13版清单计价规范》第9.5.2款规定："新增分部分项工程量清单项目后，引起措施项目发生变化的，应按照本规范第9.3.2款的规定，在承包人提交的实施方案被发包人批准后调整合同价款。"

在调整措施项目费之前，要确认发承包双方的风险责任，如表3-10所示。

表 3-10　工程变更的风险责任的确定

影 响 因 素	序　　号	风 险 事 项	风险承担者
工程变更	1	发包人发出变更指令更改施工方案	发包人
	2	发包人修改设计方案引发设计变更	
	3	新增分部分项工程量清单项目	
	4	工期变更	由具体情况确定
	5	工作范围变更：一增一减三改变	
	6	施工条件变更	
	7	承包人原因如不按图施工、施工质量问题等	承包人

然而，由于措施项目费采取的是总价包干计价模式，如果只是按照清单、招标文件和相关文献的规定对措施项目费进行调整，势必会使"总价包干"失去意义。因此，在总价包干措施项目费形式下，工程变更引起措施项目费的调整条件，应当遵循以下原则：

1）由承包人原因引起的工程变更，导致工程增加的措施项目费应当由承包人来承担。

2）由发包人原因引起的工程变更，导致工程量的变化，从而引起措施项目费的改变应由发包人承担。

2. 工程量清单缺项引起施工方案改变的风险责任认定

《13 版清单计价规范》第 9.5.3 款规定："由于招标工程量清单中措施项目缺项，承包人应将新增措施项目实施方案提交发包人批准后，按照综合单价的估价原则以及第 9.3.1、9.3.2 款的规定调整合同价款。"具体引起措施项目缺项的风险因素以及发承包双方承担的风险，如表 3-11 所示。

表 3-11　措施项目缺项风险责任的确定

影 响 因 素	序号	风 险 事 项	风 险 因 素	风险承担者
措施项目缺项	1	招标工程量清单编制不准确	招标工程量清单编制人员业务水平不足	发包人
			对清单的编制校对复核制度不完善	
	2	发包人提供图样资料不准确	基准点、线和水准点资料不准确	由具体情况确定
			现场地质勘探资料、水文气象资料不准确	
			图样不准确	
	3	设计变更	合同工程的标高、基线、位置或尺寸不准确	发包人
			合同中某项工作的施工时间、施工工艺、施工顺序发生变化	
	4	不利的自然条件	发现文物、化石	发包人
			不利物质条件	
	5	承包人原因导致施工方案改变	机械设备无法到位等	承包人

措施项目清单项目可由投标人自行依据拟建工程的施工组织设计、施工技术方案、施工规范、工程验收规范以及招标文件和设计文件来增补。若因承包人自身原因导致施工方案的改变，进而导致措施项目缺项的情况不能被招标人认可。但是招标文件以及设计文件等也是编制措施项目的重要依据，应该由招标人提供，因此，由发包人原因或招标文件和设计文件的缺陷造成措施项目漏项的，则应给予调整，即

1）由承包人原因造成的措施项目清单缺项或新增分部分项工程清单项目，引起措施项目发生变化的，应由承包人自行承担。

2）由发包人原因造成的措施项目清单缺项或新增分部分项工程清单项目，引起措施项目发生变化的，其实质是工程量清单缺项引起相应工程量的变化从而引起措施项目费的调整。

3. 工程量偏差引起施工方案改变的风险责任认定

《13 版清单计价规范》第 9.6.3 款规定："如果因工程变更或实际工程量与招标工程量清单出现偏差等原因导致工程量偏差超过 15%，且该变化引起相关措施项目相应发生变化，如按系数或单一总价方式计价的，工程量增加的措施项目费调增，工程量减少的措施项目费调减。"具体引起工程量出现偏差的原因以及发承包双方承担的风险，如表 3-12 所示。

表 3-12 诱发措施项目费调整的工程量偏差风险责任的确定

影响因素	序号	风险事项	风险因素	风险承担者
工程量偏差超过（15%）	1	设计图	清单编制缺项	发包人
			设计图深度不够	
			设计图与施工图差异	
	2	准备不充分	现场勘察不深入、细致	承包人
			承包人投标准备时间不足	
	3	新工艺、新技术	类似工程无此新技术	由具体情况确定
			项目特征不符	
	4	计算方法	不同计价人员对工程量计算规则理解差异	
			不同计价人员对工程项目理解差异	
			现有计算理论的计算精度不高	
	5	工程变更	设计变更	
			施工变更	

工程量偏差为承包人按照合同工程的图样（含经发包人批准由承包人提供的图样）实施，按照现行国家计量规范规定的工程量计算规则，计算得到的完成合同工程项目应予计量的工程量与相应的招标工程量清单项目列出的工程量之间出现的量差。《13 版清单计价规范》将双方风险分担的界限予以明确的划分，工程量偏差导致的措施项目发生变化时，应当对措施项目费按照清单规定进行调整。发包人承担工程量偏差 ±15% 以外引起的价款调整风险，承包人承担 ±15% 以内的风险，且应当遵循以下原则：

1）由承包人原因导致的工程量出现偏差（如承包人未经发包人同意，擅自增加分部分项工程），其产生的额外增加的措施项目费由承包人自行承担。

2）由发包人原因导致的工程量出现偏差，其实质是此工程量偏差引起原工程量的变化从而引起相应措施项目费的改变。

（二）按单价计算的措施项目费的调整方法

按单价计算的措施项目是可计量的措施项目，在《13 版清单计价规范》中规定了其详细的工程量计量规则，它依附于某分部分项实体工程中，与分部分项工程是密不可分的，当工程变更导致实体工程变化时，其相对应的措施项目费也会发生改变。

以房屋建筑及装饰装修工程为例，按单价计算的措施项目包括脚手架工程、混凝土模板及支架、垂直运输、超高施工增加、大型机械设备进出场及安拆以及施工排水、降水。以钢筋混凝土工程为例，通过 WBS（工作分解结构）分解得出分部分项工程与脚手架、混凝土模板及支架项目的映射关系，如图 3-5 所示。

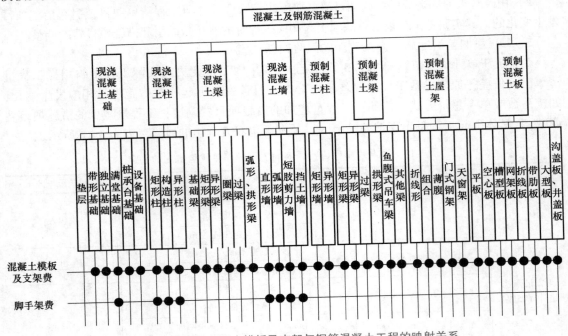

图 3-5　脚手架、混凝土模板及支架与钢筋混凝土工程的映射关系

按单价计算的措施项目费应按照实际发生变化的措施项目，并按照工程变更项目分部分项工程费的调整原则来确定合同价款。

（三）按总价（按系数）计算的措施项目费的调整方法

1. 适用于总价包干的措施项目

1）与分部分项工程有直接关联的措施项目费。对于这一类措施性项目费用就并不适合总价包干，因为一旦分部分项工程发生变动，其所产生的措施项目费也会发生较大的变化，对这一类措施项目费采取总价包干的方式会大大提高承包人的风险，对承包人而言有失公平。只有在混凝土工程量发生变化时才允许调整，其他的如模板、脚手架、垂直运输、大型机械进出场、临时设施等费用也是允许调整的费用。

2）与分部分项工程不存在直接关联的措施性项目费。这类措施项目费用一般实行总价包干，在实际施工过程中变化的可能性较小，一般情况下不随工程量的变化而变化，只有在工程发生了相对较大的变更的情况下才允许调整。即使发生了变化，其变化的费用数额相对于与分部分项工程直接关联的措施项目而言，也不值一提。即使其他因素影响了此类措施费，对风险的主要承担者承包人而言也较容易接受。

3）与分部分项工程和工期都有关系，但没有强相关性的措施性项目费。这此类措施性项目费用一般实行总价包干，也不随工程量的变化而变化。

4）与工程所需材料用量有直接关联的费用，即与对应的实体工程相关的费用，此类费用同分部分项工程有直接关联的措施项目费一样，也不适合包干使用，也应随着工程量的变化而变化。

2. 按总价（按系数）计算的措施项目费的调整

按总价计算的措施项目是不可计量的措施项目，其服务于多个分部分项工程，但是其措施项目消耗量不能准确分配到单位工程量的分部分项工程中，此类措施项目的消耗量与施工组织设计有很强的关联性，施工组织设计中的施工方案不同，相应的措施项目也会不同。

以房屋建筑及装饰装修工程为例，按总价（或系数）计算的措施项目包括夜间施工、非夜间施工照明、二次搬运、冬雨季施工、地上地下设施以及建筑物的临时保护设施、已完工程及设备保护等。

这些措施项目费用的计算如表3-13所示。

表3-13　按总价计算的措施项目费用的计算

序　号	费用名称	计　　算	计算基数及费率
1	夜间施工增加费	夜间施工增加费 = 计算基数 × 夜间施工增加费费率	（1）计算基数是定额人工费或定额人工费与定额机械费之和，其中材料费与机械费均不含可抵扣的增值税进项税额
2	二次搬运费	二次搬运费 = 计算基数 × 二次搬运费费率	
3	冬雨季施工增加费	冬雨季施工增加费 = 计算基数 × 冬雨季施工增加费费率	
4	已完工程及设备保护费	已完工程及设备保护费 = 计算基数 × 已完工程及设备保护费费率	（2）费率由工程造价管理机构根据各专业工程特点和调查资料综合分析后确定

当工程变更引起施工方案改变，按总价（或系数）计算的措施项目费用的调整按照实际发生变化的措施项目调整，但应考虑承包人的报价浮动因素，即调整金额按照实际调整金额乘以报价浮动率计算，其中，报价浮动率参照式（3-6）和式（3-7），计算如下：

$$调整后的措施项目费 = 工程量清单中填报的措施项目费 ±$$
$$变更部分的措施项目费 × 承包人报价浮动率 \tag{3-8}$$

（四）安全文明施工费的调整方法

《建筑安装工程费用项目组成》（以下简称《建标44号文》）规定安全文明施工费由环境保护费、文明施工费、安全施工费、临时设施费组成。安全文明施工费的计算公式为

$$安全文明施工费 = 计算基数 × 安全文明施工费费率 \tag{3-9}$$

安全文明施工费的计算如表3-14所示。

表3-14　安全文明施工费的计算

费用名称		计　　算	计算基数及费率
安全文明施工费	环境保护费的费用	环境保护费 = 计算基数 × 环境保护费费率	（1）计算基数是定额基价（定额分部分项工程费 + 定额中可以计量的措施项目费中的人材机费总和）、定额人工费或定额人工费与定额机械费之和，其中材料费与机械费均不含可抵扣的增值税进项税额
	文明施工费的费用	文明施工费 = 计算基数 × 文明施工费费率	
	安全施工费的费用	安全施工费 = 计算基数 × 安全施工费费率	
	临时设施费的费用	临时设施费 = 计算基数 × 临时设施费费率	（2）费率由工程造价管理机构根据各专业工程的特点综合确定

《13版清单计价规范》规定了措施项目中的安全文明施工费必须按国家或省级、行业建设主管部门的规定计算，不得作为竞争性费用。当安全文明施工费的计算基数或费率发生变

化时，其费用应进行调整。

1）计算基数发生变化时安全文明施工费的调整。当工程变更使得工程量发生变化，增加或者减少一定幅度时，安全文明施工费计算基数会发生改变，安全文明施工费按照计算基数增加或者减少的比例进行据实调整。

$$调整后安全文明施工费 = 调整前安全文明施工费 \times \frac{调整后的计算基数}{调整前计算基数} \qquad (3\text{-}10)$$

2）费率发生变化时安全文明施工费的调整。安全文明施工费按照实际发生变化的措施项目按下列规定计算：措施项目中的安全文明施工费必须按国家或省级、行业建设行政主管部门的规定计算，不得作为竞争费用。当工程所在地的地方和行业有关规定发生改变或者计费基数发生变化时，其合同价款调整的计算公式一般为

$$调整后安全文明施工费 = 原计算基数 \times 调整后费率 \qquad (3\text{-}11)$$

二、案例

案例 3-6：某学院应急通道工程招标工程量清单措施项目缺项引起的合同价款调整

（一）案例背景

四川省甲市某市政工程公司承建的四川某学院南北校区下穿人行应急通道工程于 2012 年 3 月 28 日开工建设，2012 年 5 月 10 日竣工验收，评为合格工程，已投入使用。施工单位进场后，发现无专项深基坑支护施工方案，无法进行施工作业，经与建设单位联系，发现原设计单位无深基坑支护设计资质，导致没有进行深基坑支护方案设计，故设计单位在施工图中已明确规定应由具有相应资质的设计单位进行深基坑支护方案设计。

由于该工程招标文件及清单中均无深基坑支护方案项目。建设单位及清单编制单位在招标工程量清单编制时未考虑该费用。经咨询建设主管部门，该工程基础已超过 5m，属深基坑施工作业，必须由具有深基坑处理及设计资质的单位进行设计，并由专家论证后方可实施。2012 年 4 月，经建设单位比选后由某岩土工程有限公司设计，该方案经研究院评审通过，由总承包单位分包给具有深基坑处理资质的施工单位实施。2012 年 5 月，与建设单位签订了该项方案的补充协议。

（二）争议事件

施工单位投标报价时，由于无具体的施工图及招标工程量清单中没有深基坑施工要求，故在已标价工程量清单中没有增补深基坑项目报价。2012 年 11 月经审计部门审核，意见为：该深基坑项目应为措施项目费，投标单位在投标时应已考虑该费用，不同意支付该笔工程价款。由于目前深基坑项目费用为 72 万余元，建设单位、施工单位均认为此次深基坑支护工程主要是钢筋混凝土挡墙和土钉喷锚等，属于实体工程，不应计入措施项目应予结算。原因是下穿通道工程的招标工程量清单中对此部分实体工程未列出相应的分部分项，应属于清单漏项，需按照相关程序进行工程量变更增减。

（三）争议焦点

针对该争议事件，焦点问题可以归结为：

1）该深基坑支护是否构成实体项目？

2）若此深基坑项目属于措施项目，那么工程量清单中措施项目缺项是谁的责任？能否

给承包人调整此项措施项目的合同价款？

（四）争议分析

因招标工程量清单缺项引起新增分部分项工程项目，并引起措施项目发生变化的，承包人提出调整措施项目费，应事先将拟实施的方案提交监理工程师确认，并详细说明与原方案措施项目的变化情况，拟实施的方案经监理工程师认可，并报发包人批准后，按照工程变更估价三原则以及措施项目费的调整原则调整合同价款。

1）依据2009年《四川省建设工程工程量清单计价定额》（以下简称《计价定额》）土建定额说明及计算规则中对土方工程的相关规定：深基础的支护结构，如钢板桩、H钢桩、预制钢筋混凝土板桩、钻孔灌注混凝土排桩挡墙、预制钢筋混凝土排桩挡墙、人工挖孔灌注混凝土排桩挡墙、旋喷桩地下连续墙和基坑内的水平钢支撑、水平钢筋混凝土支撑、锚杆拉固、基坑外锚、排桩的圈梁、H钢桩之间的木挡土板以及施工降水等，应按有关措施项目计算。可见，四川某学院南北校区下穿人行应急通道深基坑支护属于措施项目。

2）根据《四川省建设工程工程量清单计价管理办法》（川建发〔2006〕112号）第十三条的规定，措施项目清单是指为完成工程项目施工，发生于该工程施工前和施工过程中的技术、生活、安全等方面的非工程实体项目的清单。措施项目清单由发包人根据拟建工程的具体情况及拟定的施工方案或施工组织设计参照《13版清单计价规范》和《计价定额》编制。《13版清单计价规范》和《计价定额》未列出的项目，发包人可做补充。发包人招标时未列的措施项目，实际施工发生时另行计算。

在确定了深基坑支护属于措施项目的基础上，根据措施项目费调整的原则判断其缺项责任，进而判断此缺项是否可调。四川某学院南北校区下穿人行应急通道工程在招标时，由于没有专项基坑支护的图样，并且在招标文件及清单中均未涉及深基坑支护方案项目，施工单位在进行投标报价时，由于无具体的施工图及清单，所以也未对其进行报价，造成了措施项目缺项。这属于设计文件缺陷导致措施项目缺项，应由发包人承担责任，所以应对措施项目费进行调整。针对本案例，处理方法适用《四川省建设工程工程量清单计价管理办法》（川建发〔2006〕112号）第十三条，即发包人招标时未列的措施项目，实际施工发生时另行计算。

（五）解决方案

根据以上分析，给出处理建议，认定四川某学院南北校区下穿人行应急通道深基坑支护属于措施项目。依据《13版清单计价规范》对措施项目缺项的规定，由于招标工程量清单中措施项目缺项，承包人应将新增措施项目实施方案提交发包人批准后，按照工程变更相关规定调整合同价款。并且依据《四川省建设工程工程量清单计价管理办法》（川建发〔2006〕112号）第十三条应对该项目深基坑支护费用（72万余元）予以支付。

措施项目清单项目可由投标人自行依据拟建工程的施工组织设计、施工技术方案、施工规范、工程验收规范以及招标文件和设计文件来增补。若因承包人自身原因导致施工方案的改变，进而导致措施项目缺项的情况不能被招标人认可。但是招标文件以及设计文件等也是编制措施项目的重要依据，应该由招标人提供，如果因发包人原因或招标文件和设计文件的缺陷导致措施项目漏项，则给予调整。

［资料来源：改编自严玲，李建苹，胡杰. 招标工程量清单中措施项目缺项的风险责任及价款调整条件研究 ［J］. 建筑经济，2013（11）：45-48.］

案例3-7：某研究生公寓工程量偏差引起的安全文明施工费调整争议

（一）案例背景

某省高校建设二期工程研究生公寓，建筑规模为 2.5 万 m^2，分 2 栋，每栋 16 层。招标方式采用公开招标。招标文件中规定，根据该省《建设工程现场安全文明施工措施费计价方法》的规定，安全文明施工费的计取基数为分部分项工程费总额的 2.0%，其中安全文明施工费中的临时设施费采用总价包干形式，为安全文明施工费总额的 40%。该省某房地产开发经营集团中标，分部分项工程费总额为 6 610 万元，安全文明施工费按照招标文件的规定，总额为 132.2 万元，其中临时设施费为 52.88 万元。

（二）争议事件

施工过程中由于融资渠道出现问题，该项目资金不能达到预期的目的，因此发包人提出变更，将原来的建设规模由每栋 16 层缩减至每栋 14 层。

发包人认为，该项目最终审定的分部分项工程费为 5 950 万元，因对安全文明施工费进行调整，调整方法为该省《建设工程现场安全文明施工措施费计价方法》的规定，最终应该支付给承包人的安全文明施工费为

$$（132.2 \times 5\ 950/6\ 610）万元 = 119 万元$$

而承包人认为，合同中规定安全文明施工费中的临时设施计价规定为总价包干，因此临时设施费用不应该调整，承包人认为最终应该得到的安全文明施工费总额为

$$[52.88 + （132.2 - 52.88）\times（5\ 950/6\ 610）]万元 = 124.28 万元$$

（三）争议焦点

针对该争议事件，焦点问题可以归结为：

1）安全文明施工费能否予以调整？

2）若可以调整，那么以总价包干计价的临时设施项目费是否可以按 52.88 万元进行调整？

（四）争议分析

根据《13 版清单计价规范》的规定："如果因工程变更或实际工程量与招标工程量清单出现偏差等原因导致工程量偏差超过 15% 时，且该变化引起相关措施项目相应发生变化，如按系数或单一总价方式计价的，工程量增加的措施项目费调增，工程量减少的措施项目费调减。"

因此，工程量偏差导致的措施项目发生变化时，应当对措施项目费按照清单规定进行调整。工程量偏差导致的措施项目费的调整应当遵循以下原则：

1）由承包人原因导致的工程量出现偏差（如承包人未经发包人同意，擅自增加分部分项工程），其产生的额外增加的措施项目费由承包人自行承担。

2）由发包人原因导致的工程量出现偏差，其实质是此工程量偏差引起原工程量的变化从而引起相应措施项目费的改变。

本案例中，发包人自身原因导致融资无法顺利进行，要求减少建设规模，此时，工程量偏差产生的风险属由发包人承担责任。《建标 44 号文》将安全文明施工措施项目划分为环境保护措施项目、文明施工措施项目、安全施工措施项目及临时设施措施项目。由于安全文明施工费的计算都是相应计算基数 × 费率，在计算基数发生变化时，除非合同中约定总价包

干，否则安全文明施工费是可以调整的。

1）环境保护措施项目：①声音环保措施（项）；②污染环保措施（项）。

2）文明施工措施项目：①五牌一图（项）；②场容场貌（项）；③材料堆放（项）；④环保卫生（项）。

3）安全施工措施项目：①安全警示牌、标语（项）；②危险处防护措施（项）；③安全网（项）；④作业人员防护（项）；⑤安全培训（项）；⑥教育及检测（项）。

4）临时设施措施项目：①现场围挡（m）；②场地硬地化（m^2）；③临时建筑（m^2）；④现场临时用电设施（项）；⑤现场临时用水设施（项）。

临时设施费是指施工企业为进行建筑工程施工所必须搭设的生活和生产用的临时建筑物或构筑物，如临时宿舍、办公室、加工厂等。首先，根据临时设施的作用和实际发生来看，临时设施一般在项目开工初期已经一次性全部投入，其计价方式采用总价包干。其次，本案例中的工程变更是由于发包人资金不充足的原因导致的，且工程量的变化并没有导致施工组织设计的改变。因此，本案例中关于安全文明施工费的争议的解决更偏向于承包人，即临时设施费不能调整，其他安全文明施工费按照分部分项工程费的变化比例调整。

（五）解决方案

经过双方协商，总价包干的临时设施费不予以调整，仍是报价时的52.88万元，最终发包人付给承包人安全文明施工费：

$$[52.88 + (132.2 - 52.88) \times (5950/6610)]\ 万元 = 124.28\ 万元。$$

总的来说，导致工程量偏差的原因有工程量清单编制错误、施工条件变化和工程变更三种情形。《13版清单计价规范》明确了在总价合同条件下，当工程变更造成合同中规定的工程量发生改变后，合同总价应予以调整。当工程量偏差出现且超过一定范围后，可能造成相关施工方案的改变，需要通过调整措施项目来实现对初始合同状态的补偿；在清单计价模式下，若采取不予调整的策略，则会损害发承包双方的利益。首先工程量偏差过大时，由于施工方案的改变造成相关措施项目的新增或取消，由此构成工程变更；其次，工程量偏差过大可能影响施工过程中机械以及施工方法的改变，导致相关清单项单价的改变以及措施项目的改变。因此，当工程量偏差过大引起施工方案改变时，总价合同的初始合同状态发生了改变，需要对其进行调整以确保合同的继续执行。

[资料来源：改编自乔玉玲，陈梦龙，尹贻林. 总价合同体系下工程量差异导致合同价款的调整研究［J］. 建筑经济，2016，37（7）：58-60.]

案例3-8：某大学公寓因工程变更引起包干措施项目费调整

（一）案例背景

某大学研究生公寓总建筑面积21 317m^2，地上13层，建筑高度43.2m，属于二类高层，工程等级二级，建筑防火等级二级。合同中规定：措施项目费总价包干，不因工程变更等因素而调整。

（二）争议事件

在施工过程中，因各方原因，建设单位提出以下变更事件：①建设单位把首层标高2.6m的梁调整为3.5m，原梁模板大样如图3-6所示；②因该大学扩大招生，需要加高施工层数，由原来的 13 层变为 17 层。

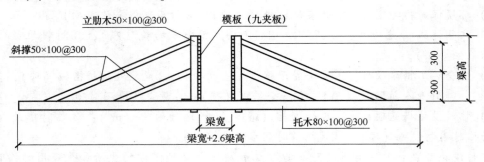

图 3-6 梁模板大样

1）变更通知下来之前该梁模板和脚手架已经施工，钢筋已经开料并运输至 2.6m 高，3 月 5 日施工单位报送签证如下：①拆除耗用架子工 4 个工日（150 元/工日）；②模板拆除木工 6 个工日（150 元/工日）；③模板支撑钢管切割 500mm，合计 100kg；④已经开料钢筋 1.45t；⑤钢筋二次转运 4 个工日（120 元/工日）；⑥钢筋、木枋、吊车吊运 0.5 个台班（1 800 元/台班）。

3 月 7 日建设单位签证意见如下：该梁模板拆除是因变更引起，已经开料的钢筋可用于其他梁，本工程合同第四条已明确规定，措施项目费以总价包干，不因工程变更等因素而调整，故不同意以上签证。3 月 9 日施工方出具联系单阐明：合同中包干的措施项目费是针对工程部位还没有施工的情况下，如发生变更则措施项目费由我方包干。建设单位在联系单中回复意见认为：包干是针对工程变更而言，并没有特指工程部位还没有施工情况下，故坚持不同意以上签证。

2）工程所用的原脚手架施工方案是通体一直从地面搭设到顶，现因施工层数的重大变化，脚手架要进行多次拆除和安装进行循环周转使用。

3）根据施工组织设计，本工程采用的大型施工机械有：①自有 QTZ80A—5513 塔式起重机 1 台（最大起重量 8t）；②租赁施工电梯 1 台（75W 以内）。

（三）争议焦点

针对该争议事件，焦点问题可以归结为：

1）工程变更引起包干措施项目费能否调整？

2）如果可以，应如何调整措施项目费？

（四）争议分析

根据该事件确定引发工程变更的责任主体，然后判定该工程变更引起的措施项目费调整属于何种计价方式，能否予以调整。首先，该研究生公寓在施工期间由建设单位提出了重大设计变更、工程量偏差从而造成工程变更，并且该项工程变更引起了建筑外部构造变化，包括建筑高度变化、建筑层数变化及柱梁结构尺寸变化，从而引起混凝土模板及支架（撑）、脚手架工程、垂直运输、大型机械设备进出场及安拆、临时设施等施工方案的变化，所以可以判定是非承包人原因引起的施工方案的改变，风险责任认定为建设单位。施工方案的变化如下：

1. 混凝土模板及支架（撑）施工方案变化

因大学研究生公寓由原来的 13 层变为 17 层，所以模板用量从 13 层增加到 18 层，应按照工程变更引起该清单项目的工程数量发生变化，偏差超过 15% 后，增加部分的工程量的综合单价予以调低；模板系统包括模板、支撑和紧固件，随着楼层的加高，混凝土模板及支架需要加大承载能力，所以会增加施工方案中支撑及紧固件的数量。

2. 脚手架工程施工方案变化

1）因梁施工高度从首层标高 2.6m 的梁调整为 3.5m，导致脚手架搭设过高，需进行拆除，引起工程量增加从而引起施工方案变化。

2）因该大学扩大招生，需要加高施工层数，由原来的 13 层变为 17 层，导致原从地面延伸到顶的脚手架需进行拆除安装循环使用，从而改变脚手架施工方案。

3. 垂直运输施工方案变化

建筑单体高度的增加引起建筑材料、构配件、装饰装修材料等使用增加从而引起垂直运输工程量加大，进而改变了原垂直运输施工方案。且垂直运输施工方案依据建筑面积计算，建筑面积的增加引起垂直运输费用的改变。

4. 大型机械设备进出场及安拆施工方案变化

该大学研究生公寓原大型机械设备进出场及安拆施工方案内容包括：①自有塔式起重机进出场费、机械一次性安拆费、机械基础安拆费；②租赁双笼施工电梯进出场费和一次性安拆费；③混凝土搅拌站进出场费及一次安拆费。由于该工程施工层数的变化，为了满足合同中约定的竣工日期，需要多个工作面同时施工，所以需增加一个混凝土搅拌站从而引起施工方案的变化。

然后，施工方案的改变使新的工程量已超过 15%，设计变更以及工程量偏差都引起了措施项目的改变，且施工单位已向建设单位报送了拟实施的变更方案和签证单，符合措施项目费调整的前提条件。因此，应参照工程变更引起单价计算的措施项目费的调整原则给施工单位调整措施项目费。

（五）解决方案

虽然措施项目包干，但是引发工程变更的责任主体在于建设单位，根据工程变更范围以及按单价计算的措施项目费调整值的确定予以确定价款调整，即判定新的工程量是否超过15%并依据分部分项的综合单价估价原则进行其综合单价的调整。针对该次工程变更，使得混凝土模板及支架（撑）施工方案发生变化，脚手架工程施工方案发生变化，垂直运输施工方案发生变化，以及大型机械设备进出场及安拆施工方案发生变化，且费用如表3-15所示，其中包括进出场费用、一次性安拆费。

表 3-15 混凝土搅拌站费用分析　　　　　单位：元

混凝土搅拌站出场费				
人 工 费	材 料 费	机 械 费		合 计
		机 械 费	回 程 费	
1 731.64	80.93	8 646.05	4 011.46	14 770.08
混凝土搅拌站一次性安拆费				
人 工 费	材 料 费	机 械 费		合 计
2 115	0	5 903.24		8 018.24
混凝土搅拌站费用汇总表				
人 工 费	材 料 费	机 械 费		合 计
3 846.64	80.93	18 560.75		22 488.32

措施项目费调整的前提是施工方案发生改变，那么分析引起工程变更的责任主体是首要任务，若因承包人原因导致措施项目改变，则直接不予以考虑调整合同价款。若非承包人原因引起施工方案改变，且该项改变引起了措施项目的变化，则承包人向发包人提交了拟实施的施工方案，并经发包人批准后，才予以调整措施项目费。在处理该项类似事件时，应先确定责任主体，然后确认每个步骤是否发生，再严格按照"单价计算""总价计算"确定变更后的措施项目费。

【资料来源：改编自陈丽娜. 建设工程措施项目费调整条件及调整方法研究 [D]. 天津：天津理工大学，2014.】

第四节 工程总承包商进行设计优化后收益共享原则及案例分析

一、原则运用中的关切点

（一）EPC 模式下设计管理职责分配

1. 设计管理责任分配

设计作为 EPC 项目的龙头，影响整个项目实施的全过程，也是项目风险控制的关键。国际工程 EPC 设计分三个阶段：概念设计、初步设计和最终设计。业主在招标文件中提供相对模糊的概念设计，EPC 总承包商依据业主招标文件，提出初步设计方案，参与竞标。如果中标，业主与总承包商将依据初步设计签订合同，此时合同中还含有很多不确定因素，如设计深度不明确等问题。

《99 版 FIDIC 银皮书》5.1 条规定："承包商应负责工程的设计，并在除下列雇主应负责的部分外，对雇主要求（包括设计标准和计算）的正确性负责。除下述情况外，雇主不应对原包括在合同内的雇主要求中的任何错误、不准确或遗漏负责，并不应被认为，对任何数据或资料给出了任何准确性或完整性的表示。承包商从雇主或其他方面收到任何数据或资料，不应解除承包商对设计和工程施工承担的职责。

但是，雇主应对雇主要求的下列部分，以及由（或代表）雇主提供的下列数据和资料的正确性负责：

1）在合同中规定的由雇主负责的或不可改变的部分、数据和资料。

2）对工程或其任何部分的预期目的的说明。

3）竣工工程的试验和性能的标准。

4）除合同另有说明外，承包商不能核实的部分、数据和资料。

2. 承包商设计优化权限

《99 版 FIDIC 银皮书》13.3 条变更程序规定："雇主收到承包商建议书后，应尽快给予批准、不批准或提出意见的回复。在等待答复期间，承包商不应延误任何工作。应由雇主向承包商发出执行每项变更并附做好各项费用记录的任何要求的指示，承包商应确认收到该指示。"

承包商对业主原来的设计进行优化，既可以显示承包商的技术力量，又可以达到降低成本、节约工期等目的，使合同双方都获利。承包商不仅对设计质量负责，同时设计标准及与设计相关的资料数据的标准性和准确性均由承包商负责，除合同中规定业主应负责的部分外，业主不需要对"业主要求"中的任何错误、不准确或遗漏负责。

需要注意的是承包商在提出设计优化前，应咨询业主的意见，在得到业主同意后，才可对项目进行修改。

（二）EPC 模式下总承包商优化设计的增值内容

《99 版 FIDIC 新银皮书》规定：承包商可以随时向雇主提交一份书面建议，提出（他认为）采纳后将：①加快竣工；②降低雇主的工程施工、维护或运行的费用；③提高雇主的竣工工程的效率或价值；或④为雇主带来其他利益的建议。

1. 节约工期

工程项目建设工期的长短将直接关系到工程投资的经济效益与社会效益。在目前的工程实践中，发包人与承包人的合同协调目标正在由传统的最低成本控制向压缩工期及增加系统收益转变。然而项目的工期和成本目标是相互联系和相互制约的，压缩工期可能会为发包人带来较大的时间收益，但同时可能会导致工程质量的下降以及承包人施工成本的大幅增长。

实际上，工程的建设期与维护期是两个密切相关的阶段。因此，发包人应立足于工程的全生命周期角度来综合考虑工期、成本、质量之间的约束关系，有效避免施工过程中只重工期不重质量、忽视未来维护成本等"短视"行为，从而能够实现降低工程维护成本、提高工程质量及运营安全等多目标管理与控制。

立足于工程的全生命周期角度，适当压缩工期会使工程及早投入运营。发包人与承包人所组成系统的整体收益主要源自工程投入运营后所带来的运营收益，工期优化对系统收益的影响如图 3-7 所示。收益共享是指发包人与承包人通过谈判对因工期优化而增加的系统收益进行分割，以促使双方均立足于工程的全生命周期，不断优化系统收益，从而实现发包人与承包人的"双赢"[⊖]。

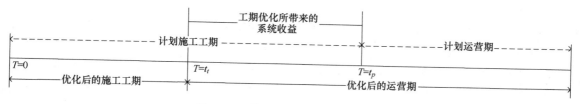

图 3-7　工期优化前后的对比关系图

2. 降低工程成本

施工阶段的设计变更往往对工程费用影响很大。通过激励合同的约束，能够使设计人员尽快针对出现的问题提出解决方案，进而使工程成本的损失和工期的延误达到最小。同时，通过建立施工阶段的设计变更反馈机制，能够更加准确地反映设计方案的优劣，减少设计承包人在设计阶段的投机心理和在施工阶段事不关己的心理，促使设计承包人认真分析工程的实际情况，从而真正地优化设计方案，减少设计变更的发生。

施工阶段的激励管理能降低工程成本，而有效的激励机制能够促进合作各方共赢。对于发包人来说，产品成本费用的降低无疑会引起投资费用的减少，而投资费用的减少恰恰是发包人费用控制的目的。因此，虽然发包人与承包人客观上存在着利益的对立关系，但发承包

⊖ 李真，孟庆峰，盛昭瀚. 考虑公平关切的工期优化收益共享谈判 [J]. 系统工程理论与实践，2013，33（1）：82-91.

双方都希望以最少的费用花费来完成工程的建设，即站在发包人的角度，投资费用的降低来自于工程产品成本费用的减少；站在承包人的角度，利润的增加同样来自于工程产品成本费用的减少。因此，如何降低工程产品成本费用是实现发包人和承包人双赢的关键[⊖]。

Meng X. 和 Gallagher B. 通过收集大量工程项目数据，利用蒙特卡洛法模拟出某工程的工期、直接成本、间接成本和总成本的累积概率曲线，将总成本累积概率曲线的 25%、50%、90% 作为区间段，在不同的区间，对于超过或者低于总成本的部分，给予不同奖惩比例[⊜]；Chana D. W.、Author E. T. C. 和 Chana A. P. 等针对风险规避者、风险承担者、风险中立者三种群体，运用效用函数探讨了发包人和承包人如何选择承包人的分享比例，提出了一种在发包人和承包人之间风险分配的方法[⊜]。P. Lahdenpera 探讨了目标成本、固定的激励费、因节省成本而获得的最大激励费和激励系数四个变量之间的相互关系及影响因素，按照发包人要求确保激励机制的设立与工程的总目标一致，而且要确保工程承包人的行为与其边际效益成正相关的原则，构建了激励成本与上述四个变量之间的影响模型，并在协商的过程中通过对这四个变量的敏感性分析，为发承包双方的决策提供参考依据[⊠]。

案例3-9：某铁路项目承包商设计优化节省的费用能否给予补偿

（一）案例背景

2006 年 10 月，中国 XX 公司与 XX 政府签署了 GF 城市现代化铁路项目总承包合同。项目全长 1 315km，总承包合同额为 83 亿美元，是迄今为止，中国对外承包工程领域合同额最大的项目之一。按照业主分段实施的要求，目前正实施该项目的第一段即 GF 标段铁路。GF 铁路项目总长 186.5km，合同总额约 8.5 亿美元，项目于 2011 年 2 月正式开工建设，合同工期为 36 个月。该铁路采用中国铁路 I 级铁路标准设计规范设计，项目业主为 XX 政府交通部，咨询工程师为 L 公司。

GF 铁路项目合同采用的通用条件是《99 版 FIDIC 新银皮书》，合同的特殊条款中说明了项目合同总额是基于单价基础上的价格，且合同的报价单（BOQ）采用的是工程量清单报价。因此，承包商做验工计价时是根据各分项工程内容套用报价单相应项单价乘以实际工程量算得。

（二）争议事件

GF 铁路路基基床表层填料，原设计中采用的是 A 组填料，在报价单里相对应的条目即为 60% 级配碎石掺 40% 鹅卵石材料，并且在 A 组填料的下面覆盖复合土工膜夹砂防渗层，在基床表层与底层之间起隔离和防渗作用。在做设计和预算时，承包商对 X 城市当地的实际情况了解不全面，报价单里基床表层 A 组填料项的报价为 44 美元/m³，而现场实际测算

⊖ 易涛. 基于费用控制的业主对承包商激励机制设计与模型构建 [D]. 北京：华北电力大学，2014.

⊜ Meng X, Gallagher B. The impact of incentive mechanisms on project performance [J]. International Journal of Project Management, 2012, 30（3）：352-362.

⊜ Chana D W, Author E T C, Chana A P, et al. An empirical survey of the motives and benefits of adopting guaranteed maximum price and target cost contracts in construction [J]. International Journal of Project Management, 2011, 29（5）：577-590.

⊠ P Lahdenpera. Conceptualizing a two - stage target cost arrangement for competitive cooperation [J], Construction Management and Economics, 2010, 28（7）：783-796.

的成本约为 50 美元/m³，GF 铁路沿线也没有足够的天然鹅卵石材料可用于掺和配置合同文件要求的所谓 A 组填料。

欠缺的报价以及材料的匮乏将给后期路基表层的实施带来相应的施工困难和相当的经济风险。鉴于以上成本压力和原材料匮乏等因素，承包商向咨询工程师和业主提出路基基床表层填料的变更设计申请。

业主同意该优化设计变更，且按照咨询工程师和业主同意的新报价，变更后的基床表层填料为 32 美元/m³，而承包商测算成本约为 25 美元/m³。按照新方案的价格，业主大约节省了 1000 万美元的投资。承包商企图与业主共享优化后节约的项目投资。

（三）争议焦点

针对该争议事件，焦点问题可以归结为：

承包商进行设计优化后节约的 1000 万美元的投资能否由合同双方分享？

（四）争议分析

业主与承包商签订了总价包干合同，承包商应对自己的报价负全责，承担所有风险，如果不进行设计优化，那么也不大可能向业主要来追加的新预算。这两项优化设计均属于设计变更，但是变更不一定会影响价款的调整。承包商做了充分的准备，为其变更将给业主带来的利益做了详细的分析。从收益分享的角度来看，因为签订的是总价合同，业主节省了投资，无须追加变更款，而承包商得到了项目优化后的高额利润，且承包商对节省下来的利润具有分配权。

本案例中，承包商因自身原因对该城市的情况没有过多了解导致后续施工无法进行，如果不进行变更，就会导致费用大幅度增加并且拖延工期。基于此，承包商向业主和工程师提出路基基床表层填料的变更设计申请。作为目标速度 150km/h 的 I 级铁路标准，我国铁路路基设计规范里明确规定基床表层必须采用除砂类土之外的 A 组填料，如果变更填料标准就必须摆脱现行中国规范的约束。经过承包商会同国内相关铁路设计部门和实验室、项目部相关技术人员的认真讨论和不懈努力，充分研究国内外相关的技术规范，消化吸收工程师的建议，及时地做出 1km 的路基试验段来验证相关变更优化，终于创新性地提出该项目的基床表层填料设计方案。新设计中改变原来的 A 组填料为改良 B 组填料（即 75% 的天然 B 料掺 25% 的级配碎石），同时对基床表层改良 B 组填料的压实度 $K^{\ominus}$、地基系数 $K30^{\ominus\ominus}$、静态变形模量 Ev2 和动态变形模量 Evd 值$^{\ominus\ominus\ominus}$进行了严格限制以满足质量要求，取消了原 A 组填料底面的防水土工膜，改在新设计的基床表层顶面设置沥青透油细石封闭层进行双表处理，起到防水、隔离、保温等作用。经过业主和工程师的商议批准变更，该设计优化视为设计变更，实行优化方案后，可以减少大量成本。

如果是业主要求承包商对原有的设计方案进行改变或者优化，则均算作设计变更且由业主负责。EPC 模式下，承包商承担了绝大部分的风险，除了《99 版 FIDIC 新银皮书》中

⊖　即压实系数（Coefficient of Compaction）。压实系数是指路基经压实实际达到的干密度与由击实实验得到的试样的最大干密度的比值 K。路基的压实质量以施工压实度 K 表示。压实系数愈接近 1，表明压实质量要求越高。

⊜　地基系数 K30 表示土体表面在平面压力作用下产生的可压缩性的大小。

⊜　Ev2 即静态 2 次变形模量，相对应的为 Evd 即动态变形模量。Ev2 是铁路试行规程《变形模量 Ev2 检测规程》中的计算过程值，Evd、Ev1、Ev2、K30（地基系数）是目前高速铁路路基压实标准的力学指标。

"业主要求"规定的几项内容，其余的均由承包商负责。对此案例，承包商提出的优化设计方案取得了业主和工程师的同意，成为变更，且此次优化给业主带来了巨大的收益，减少了成本。此外，业主的收益不仅仅包括项目的投资额度，还包括其社会效益、工期因素、投资回报等综合效益。在此案例中，承包商在设计优化后，也可由原来的亏损转为盈利，这是一个双赢的变更优化。然而，承包商并未在设计优化建议书中提出进行此优化的条件，即优化带来的好处应由承包商与业主共同分享，作为实施优化的前提，所以失去了主动性。

（五）解决方案

最终通过协商，业主同意与承包商共享1000万美金的收益。作为承包商，提出优化设计变更的目的是为了获取更大的利润，但是任何设计优化变更都离不开咨询工程师的认可和业主的批准，同时应该在建议书中表明优化的条件，避免争议。EPC模式下，因承包商自身原因导致工程变更的，是不予以追加合同价款的，但是承包商优化设计扭转劣势的行为是可以采取的。承包商首先要切实将业主的利益放在重要位置，为业主利益着想。对于变更优化，一个成功的变更优化必定是一个让业主承包商互利共赢的方案。

【资料来源：改编自吕奎、汪小康、吕锋. 国际工程合同索赔与变更优化 [J]. 建筑经济，2013（4）：38-41.】

案例3-10：某石油开发项目承包商设计优化产生的项目收益是否可以双方共享？

（一）案例背景

某石油开发项目，业主为一石油营运公司，中国石油天然气管道局作为总承包商，承担了该项目的整个输油管线系统的建设。在 EPC 工程实施过程中，业主在招标之前负责部分设计工作，其设计深度也因项目不同有所差异。在本项目中，业主给出的设计深度只是介于概念设计与基础设计之间，总承包商需要完善基础设计以及完成详细设计。

（二）争议事件

在总承包商的设计过程中，总承包商设计部对业主原来的设计提出了优化建议书，通过重新选择管线线路而将原来的管线长度降低了40km。业主在得到总承包商此设计优化不影响工程的原定各项技术指标的保证后，以变更形式批准了总承包商的优化建议书，并提出按合同规定的变更处理。总承包商不同意，并认为，此项设计变更不影响原工程的各类技术指标，并且有助于工程按时甚至提前完工，并且按照国际惯例，承包商提出设计优化给项目带来的利益应由合同双方分享，而不能由业主一方单独享有，业主只能根据删减的工程量扣除一定比例的款项。

（三）争议焦点

针对该争议事件，焦点问题可以归结为：

设计优化给项目带来的利益是否应该由合同双方分享？

（四）争议分析

设计是 EPC 项目的龙头，设计工作的好坏直接关系到承包商的项目效益。承包商在设计中对业主原来的设计进行优化，显示了承包商的技术力量，但在具体做法上欠妥。承包商的设计部在提出设计优化前应咨询合同部的意见，应考虑如何从设计优化中获得最大利益。

在本项目中，承包商的设计部认为，既然本合同标明为"固定总价合同"，即使删减了工程量，也可以拿到全部合同额，所以只要业主批准设计优化就可以了。这实际上是对

"固定总价合同"概念的误解。所谓"固定总价合同",一般指的是在合同涉及的所有条件不变的情况下,合同价格不变,而不是绝对不变。若根据合同实施变更,其合同价格也应做相应的调整(增加或减少)。

事实上,在国际工程合同中,为了避免出现此类误解,无论是总价合同或是单价合同,在合同条件中都有类似"标题和旁注"不构成合同解释的内容,这也是国际工程合同一个基本知识。即使本合同标题为"固定总价合同",也并不意味着合同价格的"绝对不变"。鉴于本合同没有明确规定承包商的设计优化作为变更被批准的具体处理方法,承包商在此设计优化建议书中本应提出进行此优化的条件,即优化带来的好处应由承包商与业主共同分享,作为实施优化的前提,从而争取主动。另外,在国际上的标准合同范本中,如FIDIC合同条件,通常有一专门"价值工程"条款,就是规定设计优化的,并规定了相关的处理方法。

（五）解决方案

经过承包商据理力争,最终合同双方都从此设计优化中获得了利益。针对国内工程,通常在合同中没有直接相关条款,承包商优化设计导致的工程量变化一般要按照工程变更的程序,据实结算,故类似案例中合同双方都获利的情况在国内比较难实现。但是作为合同管理人员,我们可以借鉴国际工程合同管理模式,在合同拟定阶段加入相关价值工程条款,或在承包商优化建议书中提出优化的条件,也可在执行变更前与业主进行谈判。在实践中的工程执行过程运用价值工程条款,力求双赢。

【资料来源:改编自张水波,等. EPC总承包工程项目的争端与索赔[J]. 国际经济合作,2014（02）:36-38】

第五节　工程变更费用超额的事前确认原则及案例分析

一、原则运用的关切点

（一）费用超额的认定依据

工程变更常常打乱时间安排和施工顺序,特别是处在关键线路上的变更,由于延误势必会导致建设工程项目工期的延长,造成施工过程的停工或返工现象,而工期延长最终一定程度上引起工程费用超额。《99版FIDIC新红皮书》第12.3款〔估价〕中对原合同单价或价格超额时重新估价的认定条件如下:

1）一项工作测出的数量变化超过工程量表或其他明细表中所列数量的10%以上。

2）数量变化乘以单价已经超过了中标合同款额的0.01%。

3）数量变化对单位工作量费用的直接影响超过1%。

4）该项工作并没有在合同中被标明为"固定单价项"。

往往重大变更会因更改的设计要求和施工方案而导致工程量增加,或是新增材料设备费用,这也直接导致工程费用的大幅度增加。重大变更无疑会增加发包人、监理人和承包人三方的协调工作量,干扰承包人在施工现场有序的管理工作。然而国内的合同对费用超额的认定并没有具体规定,在涉及重大变更时,具体的费用超额标准都在各项工程的专用条款中自行规定。

（二）预防费用超额的变更程序

建设工程合同的程序公平性包括参与权利对等、权利约束对等两个公平关切点，两者表述了程序公平的两个不同侧面。参与权利对等包括决策参与和意见反馈两项公平关切内容，强调了在参与过程中能够体现承包人参与权的两个方面。决策参与侧重于说明承包人对参与决策制定过程的重要性，即在合同约定的事件处理过程中承包人的参与权，以及对处理结果设置的意见征求过程；意见反馈侧重于说明在决策过程中承包人能够就不同意见进行反馈并获得认可，即对处理结果设置的意见反馈环节。权利约束对等包括权利限制与时间约束两项公平关切内容。权利限制侧重于表达权利使用的前提限制，通过设置权利生效前提或触发条件使得权利得到限制；时间约束则侧重于从时间长短的角度表达对权利的约束。

遵循程序公平，最理想的变更程序是，在变更执行前，合同双方已就工程变更中涉及的费用增加和工期延误的补偿协商达成一致，即先补偿再变更，如图3-8所示。

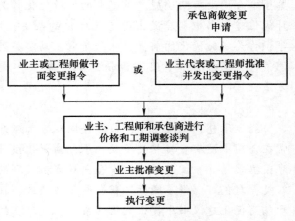

图3-8　优化的工程变更程序图

虽然按这个程序实施变更，可能会因谈判导致时间太长，合同双方对于费用和工期补偿谈判常常会有反复和争执，影响变更的实施和整个工程施工进度，但先补偿后变更的程序会让承包人感到公平，且有助于发包人在衡量成本和功能的基础之上做出合理的变更决策。

（三）基于价值工程的变更流程优化

大部分设计变更方案都会经过发包人的要求再逐次改造，同时承包人可能需提交多种方案供发包人进行设计比选。尽管承包人拥有变更建议权以及变更反对权，但基于发包人的优势地位，变更后的合同价款调整很难一次性满足承包人的要求，即便产生争议，承包人大多数情况也只能被动接受安排。而设计方案优化的目的在于论证拟采用的设计方案是否先进可行，在功能上是否满足需要，在经济上是否合理，在使用上是否安全可靠。为了选出最优的设计方案，还应同时考量该方案的经济效益、满足功能程度以及成本控制各方面因素。

使用价值工程，在提交变更方案的同时也估算了实施方案的费用，既可直观地得出该方案的功能系数，又可表现实施该方案需付出的成本，使得决策者可以全方面地衡量使用各方案的效果，做出最优的变更决策。不仅可以避免先变更后估价可能带来的费用超额现象，实时控制成本，进而也可避免变更方案后出现合同价款调整争议。

二、案例

案例3-11：某医院项目变更引起的费用超额能否调整合同价款

（一）案例背景

某医院（简称"发包人"）以工程量清单计价方式，与某建设集团有限公司（简称

"承包人") 签订了"某医院综合住院部工程施工合同",拟建项目包括住院部大楼、食堂、商店、地下停车场、花坛、围墙等,总建筑面积 24 787.8m²,招标控制价 43 265 651.00 元,签约合同价款 41 213 788.00 元,采用单价合同。开工时间为 2013 年 8 月 28 日,竣工时间为 2015 年 4 月 20 日,计划工期 700 天。合同文件组成及解释顺序为:合同协议书、中标通知书、招标文件及补充文件、投标文件及其附件、合同专用条款、合同通用条款、标准及规范、有关技术文件图样、工程量清单。其中,双方签订的施工合同就工程变更做出如下约定(部分条款):

12.10 变更的范围

(1) 取消合同中任何一项工作,但被取消的工作不能转由发包人或其他人实施;

(2) 改变合同中任何一项工作的质量或其他特性;

(3) 改变合同工程的基线,标高,位置和尺寸;

(4) 改变合同中任何一项工作的施工时间或改变已批准的施工工艺或顺序;

(5) 为完成工程需要追加的额外工作。

12.11.1 因工程变更引起已标价工程量清单项目或其工程数量发生变化时,应按照下列规定调整:

(1) 已标价工程量清单中有适用于变更工程项目的,应采用该项目的单价。

(2) 已标价工程量清单中没有适用但有类似于变更工程项目的,可在合理范围内参照类似项目的单价。

(3) 工程量清单中未包含和设计变更新增的项目计价按河北省建筑、安装工程综合基价 (2013) 及相应费用定额进行计算,按中标价和发包人最高限价相比的下浮比例进行同比例调整。设计变更新增项目同一子目与工程量清单中相同或相似的按工程量清单中综合单价进行调整。

12.11.2 实际完成的工程量与招标人提供的工程量清单中给定的工程量的差值在 ±3% 以内(含 ±3%)时,投标报价不予调整。实际完成的工程量超过 ±3% 时,按投标综合单价调整合同价款。

12.11.3 工程变更引起施工方案改变并使措施项目发生变化时,承包人提出调整措施项目的,应事先将拟实施的方案提交发包人确认,并应详细说明与原方案措施项目相比的变化情况。拟实施的方案经发承包双方确认后执行,并应按照下列规定调整措施项目费:

(1) 安全文明施工费应按照实际发生变化的措施项目计算;

(2) 采用单价计算的措施项目费,应按照实际发生变化的措施项目,依据本合同 12.11.1 条规定确定单价;

(3) 按总价(或系数)计算的措施项目费,按照实际发生变化的措施项目费调整,但应考虑承包人报价浮动因素。

此外,双方签订的施工合同就工程变更约定:单项变更金额应不超过在 400 万。

(二) 争议事件

在招标文件中有一分部工程为围墙工程,其设计长度 2800m,高度 3m,材料是彩钢板围墙,材料单价 1000 元/m,在施工过程中设计院将图样中的围墙变为不锈钢围墙,发包人同意了此变更。施工单位自行进行询价采购,单价约 2500 元/m,导致该变更项目价款达到 420 万元。

承包人认为,该项工程变更是由设计院提出的,本就不是己方应承担的责任,并且发包人既已同意了该项变更，且未提供该项目工程变更涉及的具体信息，就应当由发包人承担执行该项工程变更可能导致费用超额的风险，支付变更价款。

发包人认为，虽然该项工程变更被己方通过，但是施工单位自行询价采购的行为已经超越了其被授予的权利范围，且施工单位并未及时提交工程变更申请单以及报价信息，致使双方沟通不协调，信息不一致，因此发包人不同意支付该项工程变更价款。

由此，发承包双方就变更费用如何调整、是否支付的问题产生争议。

（三）争议焦点

设计单位变更图样信息引起设计变更，而承包人在施工过程中自主询价采购使工程变更费用超额，发包人不同意支付承包人该项费用。针对该争议事件，焦点问题可以归结为：

针对该项工程变更引起的费用超额能否予以调整合同价款并支付给承包人？

（四）争议分析

该案例中，设计院将图样中的围墙变为不锈钢围墙导致变更金额过大，并超过了合同规定的一般变更金额，理应是发包人应承担的责任，但是发承包双方在处理变更事项时都有不妥之处。

承包人在实施变更的过程中，承担了实施和报价的时间风险。承包人自行询价采购后若发现实施该项工程变更会导致变更金额过大，甚至超出合同中对单项变更金额的费用规定，就应当在变更估价阶段，向发包人提出预警。

而发包人则应当承担变更决策的风险。在收到承包人的工程变更估价申请单发现费用超额后，应全面参与变更价款的审查，并及时提出异议交由施工单位对施工方案和变更报价书进行修改。

该争议背后的本质问题是变更流程的优化。实际工程中，因工程变更导致费用超额的现象屡屡发生，虽然其中有审计单位对变更的立项及变更价款进行审批和监督，对变更行为的约束能力很大，可一旦发生工程变更引起费用超额，变更价款的审批程序在审计单位的介入下将会非常繁杂。国内的工程变更程序都是先执行变更，再协商如何调整变更价款，尤其是工程变更费用超额的情形下，由于变更金额过大，发承包双方非常重视审批流程。若先变更再调整变更价款，那么在商议的过程中很可能会产生争议并影响施工的进度。本案例中，发承包双方若能将合同中的变更流程进行优化，采用工程变更费用超额的事前确认原则，在变更执行之前，就商议好可调整的合同价款，就能避免审计单位的介入，缩短变更时间。

（五）解决方案

针对该项工程变更费用超额问题，发包人为了节省时间以及工程顺利实施，决定直接与承包人进行协商，最终承包人让步提出了395万变更价款的要求，发包人同意，审计单位审核通过。

工程变更项目费用超额的标准在不同行业和具体项目签订的合同中都有约定，一旦达到限额，需要重新审批追加投资，如此不仅会引发纠纷，还会耽误施工工期。实际工程中，承包人为了自身利益，不可能通过让利来解决变更争议，追加投资从发包人的角度来看又会显失公平，这就突显了工程变更费用超额的事前确认的重要性。

【资料来源：改编严玲．招投标与合同管理工作坊——案例教学教程［M］．北京：机械工业出版社，2015．】

案例 3-12：某铁路工程变电站线路变更方案优化比选流程成功避免了费用超额争议

（一）案例背景

黄岩路—津秦客运专线新兴村牵引站 220kV 线路工程施工地点位于天津市东丽区，新设起点为黄岩路 220kV 变电站，讫点为新兴村 220kV 牵引站，额定电压为 220kV，输送容量为 300MA。新设路径长度 8 235m，其中架空线路部分长度 2 253m，双回铁塔单侧挂线标准建设，导线截面为 $2 \times 300mm^2$；电缆部分路径长度 5 986m，新设 YJLW03-Z127/220kV-1 $\times$ 1200mm^2 交联聚乙烯电缆 18 484m，GIS 终端头 3 只，户外终端头 9 只，绝缘中间接头 24 只。

现状黄岩路 220kV 变电站为室内站，设有电缆夹层，并在 GIS 下预留了进线支架主材。本期自该站西侧向南伸出至新兴村 1 回 220kV 电缆，该出线通道考虑至中和及山青道共 3 回 110kV 电缆。预留部分另立工程建设。

待建新兴村 220kV 牵引站为户外站，不设夹层。该站共两路进线，由本工程及"航空—津秦客运专线新兴村牵引站 220kV 线路工程"一并上齐，且无出线规划，故不考虑预留通道。

（二）争议事件

本工程新设电缆主要采用沟槽、排管的敷设形式，局部采用拉管、顶管的敷设方式，共新设工井 5 座。黄岩路站有变电站夹层至围墙间设有缆沟，新兴村站有送电专业在站内新设沟槽至电缆终端支架下方。

在黄岩路—津秦客运专线新兴村牵引站 220kV 线路工程中，由于电缆路径与驯海路交叉处为钻越京山铁路的地道，故设计单位提出了驯海路新设电缆以 8 +2 孔拉管通过，并对该方案的优劣势以及危险点和控制措施做了详细的分析，驯海路施工取得东丽公路局施工许可。但是发包人在审图会时，反对此项方案，认为在拉管施工的过程中可能会遇到其他不明障碍物导致无法顺利施工，并针对此项方案列出了更改意见，要求设计单位提出新的设计方案。

（三）争议焦点

由于在审图会时，发包人反对过驯海路时使用拉管通过。因此，此项工程面临设计变更的问题。修改设计方案可能会加大施工成本，针对该争议事件，焦点问题可以归结为：如何得到一个既能满足运行单位要求，又符合实际施工情况的设计优化方案。

（四）争议分析

设计变更的相关情况将影响投资范围的调整和最终成果的实现。如果是利用优化而实现的设计变更能够减少投资和支出，增加最终收益。如果不是主观意愿的设计变更，而是属于一种处理意外情况的变化，包括施工过程中发现与之前预想不同的情况，甚至是发包人要求的，只能临时改变计划来解决，一旦发生这种情况将预示着费用的增加，此次变更是由发包人提出来的，也就是说发包人要求优化设计进行变更，所以无论优化设计后成本增加还是减少，发包人都得负责。

黄岩路—津秦客运专线新兴村牵引站 220kV 线路工程中，因发包人的原因，没有在招标阶段给出正确的勘探资料，原来已批准的设计方案因发包人反对且提出不同意见造成了设计方案变更。经过各部门研讨，提出了一些修改建议，根据实际情况做出了设计变更的申请，申请的过程中详细地列举了设计变更的原因，原因如下：

1）驯海路地道过深，且长时间处于车辆通过状态，新设拉管埋深过深，地下受到压力过大，容易形成对电缆造成挤压，且对电缆运行的可靠性造成影响。

2）该路段在以后其他部门的施工中，如果误伤驯海路拉管的起点或终点中电缆，将无法进行正常抢修。且该电缆是黄岩路—津泰客运专线提供主要电源的介质，如果遭到误伤造成停电，将会对黄岩路—津泰客运专线的正常营运造成巨大的影响。

3）拉管的起点与终点位置的拉管观测井紧邻保护两座高铁桥基的围栏，如果围栏的位置发生偏移，将观测井划入围栏范围内，则会对日后观测并正常巡视造成很大的影响。

4）地下管线中通信线路较多，容易误碰，弄伤通信电缆，因此通信公司在会上为了自己的通信电缆不被破坏，无论是拉管通过还是桥架通过都要提出保护措施。

因此，设计单位针对发包人提出的意见，根据所收集到的资料又提交了电缆桥架敷设方案。其中方案一，拉管方案，工程总投资约为 1 066.73 万元；方案二，桥架方案，工程总投资约为 1 186.95 万元。从投资来看，桥架方案比拉管方案需要更多的资金。那么电缆拉管敷设方案和电缆桥架方案究竟哪一种更能符合工程实际情况，就需要用到价值工程来进行方案比选。价值工程可以完善工程设计变更，优化工作结构，加快工作进程，以最小的成本获得最大的利益，实现更多功能。价值工程比选的相关参数值如下：

价值系数公式为

$$V = F/C$$

式中　V——价值系数；

　　　F——功能系数；

　　　C——成本系数。

根据成本指数 C = 各方案的总投资/两方案的总投资之和，得出：$C_{桥架}$ = 0.526 75；$C_{拉管}$ = 0.473 35。通过对 $V_{拉管}$ 与 $V_{桥架}$ 进行比较，计算出各方案的价值系数，价值系数最大者为最优方案，确定为最适用于此段施工的工序。针对拉管施工与桥架施工的方案比较，通过量化打分确定功能指标的权重，如表3-16所示。

表3-16　两方案功能指标得分表

序　　号	方案功能指标	功能权重	拉管方案		桥架方案	
			功能得分	功能加权得分	功能得分	功能加权得分
1	使用功能	0.20	65	13.00	92	18.40
2	交通组织管理	0.14	61	8.54	87	12.18
3	对周边环境影响	0.12	70	8.40	82	9.84
4	交通安全性	0.12	67	8.04	92	11.04
5	施工工期及难易度	0.2	68	13.6	95	19
6	占地面积	0.12	65	7.80	90	10.80
7	对相交道路影响	0.1	94	9.40	68	6.80
8	总分合计	1.00		68.78		88.06

功能的价值计算出来后，需要进行分析，以揭示功能与成本的内在关联。通过对两种方案得出的指数套用价值系数公式 $V = F/C$。根据价值系数法计算的结果可分以下三种情况：

1）$V = 1$，此时评价工程的功能比重与成本大致平衡，可以认为此评价工程方案为最佳。

2）$V < 1$，此时评价工程的成本比重大于其功能比重，表明成本偏高，从而导致功能过剩。此评价工程方案列为待改进对象，改善方向是降低成本。

3）$V > 1$，此时评价工程的成本比重小于其功能比重，表明成本偏低，不能满足功能的要求，致使功能偏低，此评价工程方案列为待改进对象，改善方向是降低功能水平或增加成本。

将两种方案套用价值系数公式后，得到$F_{桥架}$远远大于$F_{拉管}$，$C_{桥架}$大于$C_{拉管}$。但是由于桥架的功能系数特别突出，即使拉管的成本系数小于桥架的成本系数，但还是决定此次设计变更后所选择的方案是桥架敷设方式，如表3-17所示。

表3-17　两方案系数表

序　号	系　数	桥架方案	拉管方案
1	功能系数 F	0.561 46	0.438 54
2	成本系数 C	0.526 67	0.473 33
3	价值系数 V	1.066 06	0.926 50
4	最优	√	

本次对驯海路通过方式进行了变更，由拉管变更为桥架，以两方案的价值系数为依据进行功能价值分析比较，确定桥架方案价值系数$V_{桥架} = 1.066\ 06$为推荐方案。

工程变更程序中，往往是在承包人收到变更指示后才提交变更估价，容易与发包人产生计价的争议，此案例中的工程变更利用价值工程将变更估价和变更指令同时进行，在提交修改方案的同时也提交了该方案所用的成本，让发包人全面了解并做选择，既优化了变更程序又有利于发包人决策，避免了争议。发包人因自身失误要求承包人改变原先的设计方案，设计方案改变又引起了施工方案改变，对于承包人来说是费时耗力的。发包人身为受益者在变更估价方面给予承包人空间，利用价值工程比选优化方案避免了变更后费用增加可能产生的争议点。

（五）解决方案

本次设计变更前后的方案导致了关于进度和费用方面的变化：

1）关于工程进度比较。变更前：-现浇沟槽制作-拉管施工-电缆敷设-，按照初始进度安排，拉管施工所需天数为7天。变更后：-现浇沟槽制作-桥架敷设-电缆敷设-，经变更后，桥架敷设所需天数为15天，比初始设计增加了8天。

2）关于费用比较方面，工程变更前：工程本体费用（过驯海路采用拉管施工）为1 066.73万元。其中，电缆工程费用1 019.5万元，拉管费用47.23万元。工程变更后：工程本体费用（过驯海路采用桥架施工）为1 186.95万元。其中，电缆工程费用1 019.5万元，桥架费用167.45万元。因此，桥架施工改拉管施工增加费用为120.22万元。

优化设计的最终目的不仅仅是为了减少成本，扩大利益，其关键在于让整个建设工程能够按照预定计划正常实现，最终完成工程任务。设计阶段价值工程的重点应着重于工期能否按时、质量能否完善、投资能否得到最大价值的回报等方面，最终实现整个计划的目标，创造更大的价值。

案例3-13：某老钢厂路面改造项目采取优化的变更流程避免了费用超额

（一）案例背景

某老钢厂改造项目，项目定位为某市首家设计创意产业园。7、8号厂房及服务楼周围道路为园区内主要通行道路，道路总铺装面积达2 270m²。现要对老钢厂园区内路面进行设计变更改造。

老钢厂改造园区内路面特点分析：

1) 改造园区内路面需兼顾周围旧工业建筑的现状。例如，原工业建筑周围无散水，建筑物周围路面下需重新布置排水系统；周围旧工业建筑墙面斑驳，需谨慎选择路面颜色。

2) 改造园区内路面施工障碍多。例如，原道路系统下管道覆土过浅，达不到施工要求，路面施工过程中常出现破损管网现象，因此需水电工程师进行现场勘察，配合路面施工；老钢厂改造园区内地下电缆埋设位置不明确，不宜进行夯实等。

3) 改造园区内路面应与既有路基良好结合。老钢厂园区内既有路基稳定，20 世纪五六十年代修筑的路基基本性能良好，经过长期重型工程运输车碾压的作用，已基本完成沉降固结。而良好的路基使用性能将反映在路面结构上，延长路面的使用寿命。

4) 改造园区内道路路面应具有装饰性。选择路面的材料、质感、形式、尺度及路面图案的寓意、意境，应符合老钢厂与设计创意产业园混合的特色，使路面更好地融为园区的一部分。

（二）争议事件

结合老钢厂改造园区的整体风格及路面的要求，经广泛收集资料和方案创造，现有四种面层铺装方案，各设计方案的做法、可行性分析陈述如下：

方案 1：仿古青砖贴面铺装素土夯实，150mm 厚 3∶7 灰土，150mm 厚的混凝土基层，20mm 厚干硬性水泥砂浆（1∶3），青砖贴面铺装。青砖，营造出独特的复古情调，与老钢厂（城市中最后的工业遗产）相得益彰；拼花铺装，产生规律与错落重叠的美感；青砖材料体积小，容易控制平整度及坡度，排水效果较好；但存在诸多问题，如施工速度慢，材料费、人工费高。

方案 2：艺术混凝土路面素土夯实，300mm 厚 3∶7 灰土，250mm 厚 C25 混凝土收光磨平，嵌入 20 ~ 30mm 嵌料，嵌料间距 80 ~120mm。嵌料为 20 ~30mm 红色石材和黑色石材，石材厚度≥20mm。嵌料安放尽量均匀，随机无规律，面层无破损，与混凝土面层高低误差控制在 1mm。碎石镶嵌铺装，材料费较低，碎石材亦可收集园区内的建筑废料切割下料。但人工费高，人工嵌料能达到 200 元/天。施工时要求注意面层平整度及坡度，保证排水通畅，杜绝积水。

方案 3：混凝土彩色路面压膜 250mm 厚混凝土基层，初凝前抹平。洒彩色强化料：第 1 次洒标准用量的 2/3（3kg/m²），第 2 次补洒剩下的 1/3。在彩色强化料润湿后用镁合金大抹刀进行找平收光，表面干燥无明显水分时，均匀撒上脱模粉。用模具交替进行压模，并一次成形。在压模 3 天后，进行清洗、切缝。7 天后，喷涂彩色艺术地坪保护剂。混凝土彩色压膜路面造型独特，色彩丰富，承载力高，使用寿命长；但根据老钢厂园区内原道路的设计方案，需重新开模，并为了达到设计效果，需采用分块分色施工法，将严重影响施工工期，增加施工成本。

方案 4：瓦片镶嵌铺装素土夯实，150mm 厚 3∶7 灰土，150mm 厚 C25 混凝土基层，20mm 厚干硬性水泥砂浆（1∶3），青瓦面层铺装。青瓦瓦片镶嵌出线条纹样，组合成基本图样。铺装结束后，用水泥砂浆灌缝。瓦片镶嵌铺装是设计院提供的最初设计方案，最能体现出改造老钢厂的韵味，是集美观、排水效果最好的一种设计方案。但存在一个不可忽视的缺点，即承载力不足；同时施工速度最慢，人工费高，使用寿命短。

经过设计方、甲方、施工方三方进行可行性研究分析，认为方案 4 可行性较差。主要原因如下：

1）承载力不足。园区内这两条道路地理位置优越，位于服务楼周边，无法预测道路是否通行大型车辆，而瓦片镶嵌铺装承载力不足，容易破裂，影响使用寿命。

2）施工不便，速度慢。实施这种施工工艺，无法保证在学生暑假结束前完成路面铺装，开放通行。学生人流量大，半成品路面容易破坏；若实行全封闭围挡，则成本较高，而且学生不易管理。

3）施工成本高。不仅材料费、人工费高，其维护费用也较高。由此看来，瓦片镶嵌铺装路面全寿命周期费用较高。

综上所述，决定放弃方案4。但是方案1、方案2、方案3均具有可行性，且各有利弊，难以抉择。

（三）争议焦点

施工现场设计方案变更与工期要求之间矛盾突出；改造项目对成本控制严，开发商既追求改造效果，同时又希望投资额低于将其重建的费用。针对该争议事件，焦点问题可以归结为：如何对该改造项目做出合适的设计变更决策。

（四）争议分析

旧工业建筑改造工程往往采用 BOT（建设—经营—转让）模式开发经营，因此，开发商较关心其改造成本、运营费用及美观效果。方案优化时，甲方有意降低成本，同时不愿牺牲效果，遂决定采用价值工程法优选设计方案。选定路面铺装为价值工程对象，前3种方案进入备选环节。经各专家讨论分析，将 F_1 承载能力，F_2 排水能力，F_3 美观效果，F_4 日常维护方便，F_5 施工工期，F_6 使用寿命定义为此方案功能，各方案功能系数如表3-18所示。

表3-18 各方案功能系数

方案	空间距离 L	功能系数 F_i
方案1	0.659 779	0.340 221
方案2	0.703 012	0.296 988
方案3	0.637 209	0.362 791
合计		1.0

若按照距离小的更接近理想方案为标准选择方案，则方案3为最优方案。

成本系数的确定：

方案1主要工序为：浇筑混凝土基层→铺砌青砖面层；主要材料为混凝土、水泥砂浆干料和青砖。

方案2主要工序为：浇筑混凝土面层→嵌碎石材；主要材料为混凝土、红色和黑色碎石材。

方案3主要工序为：浇筑混凝土→洒颜料→压模→刷油、切缝；主要材料为混凝土、颜料粉、模具。

人工费采用市场询价法获得，材料费按信息价计取，用广联达软件计算确定方案的综合单价，导出综合单价分析表。确定价值系数并计算出各方案的成本系数，按照价值系数计算公式 $V_i = F_i C_i$，确定各个方案的价值系数。计算结果如表3-19所示。

表 3-19　成本系数及价值系数

方　　案	成本/（元/m²）	成本系数	功能评价系数	价值系数	方案选择
1	338.16	0.491	0.340 221	0.693	
2	168.41	0.244	0.296 988	1.217	
3	182.60	0.265	0.362 791	1.369	√
合计	689.17	1	1		

从表 3-19 可以看出，方案 2、方案 3 的价值系数均大于 1，且方案 3 的价值系数最大。因此从价值工程的角度来看，方案 3 为最优方案。

（五）解决方案

老钢厂改造园区内路面方案优化案例，运用价值工程方法，并结合可行性研究法，以定量分析为主，定性分析为辅，最终选择价值系数最高的混凝土彩色路面压模方案。方案 3 既能可靠地实现功能又使费用相对较低：方案 3 总费用 41.45 万元，较方案 1 节省费用 35.31万元，而仅仅比方案 2 高 3.22 万元，且工程效果和工程成本都得到了优化，更大限度地利用了资源。

面对变更方案优选决策，应加强采用科学方法进行方案优化，方便发包人更好地做出决策，选择双赢的方案。该案例中选择的设计优化方案控制了成本，杜绝了费用超额的情形出现，并通过管理者的实践经验确定决策方案，以避免将来出现互相推卸责任的现象。

【资料来源：改编自武乾，宗一帆，杨金涛，刘涛. 老钢厂改造园区内路面方案决策研究[J]. 施工技术，2016，45（10）：82-85.】

第六节　业主要求改变有无正当理由原则及案例分析

一、原则运用的关切点

（一）EPC 总承包合同下业主的责任和权利

1）业主应按合同规定日期，向承包商提供由其负责的经工程勘测所取得的现场水文及地表以下的资料。承包商应负责核实和解释所有此类资料。除合同明确规定业主应负责的情况以外，业主对这些资料的准确性、充分性和完整性不承担责任。通常总承包合同的承包范围不包括地质勘察，即使业主要求承包商承担勘察工作，一般也由另一份合同解决。这涉及在总承包范围内承包商对地质风险的责任。

2）变更主要是指经过业主指示或批准的对业主要求或合同工程的改变或修改。通常对施工文件的修改，或对不符合合同的工程进行纠正不构成变更。业主对"业主要求"中的任何错误、不准确或遗漏，以及对业主提供的任何数据或资料的准确性或完备性不承担责任。

3）若发生缺陷和损害，而承包商不能在现场迅速修复，则业主有权将有缺陷或损害的工程的任何部分移出现场修复，并有权要求和指令承包商调查产生该缺陷的原因，就此决定是否调整合同价格。

（二）承包商响应"业主要求"后应承担的责任

1）承包商的总体责任是提供符合合同要求，并符合合同规定目的的工程。承包商的设计以及施工方案应满足业主的要求，承包商应提供合同规定的生产设备和承包商文件，以及设计、施工、竣工和修补缺陷所需的所有承包商人员、货物、消耗品及其他物品和服务。

2）承包商承担工程设计责任。承包商应使自己的设计人员和设计分包商符合"业主要求"规定的标准，且承包商应完全理解"业主要求"，并有义务将"业主要求"中出现的任何错误、失误、缺陷通知业主代表。除合同明确规定业主应负责的部分外，承包商对"业主要求"（包括设计标准和计算）的正确性负责。

3）承包商对承包商文件承担责任。它应足够详细，并经业主代表同意或批准后使用。承包商若要修改已获批准的承包商文件，应通知业主代表，并提交修改后的文件供其审核。在"业主要求"不变的情况下，对承包商文件的任何变更不构成工程变更。

发生工程变更时，首先要明确在施工技术和施工措施的约束下，这项变更究竟应不应该发生，能不能作为变更，承包商有权选择更加科学合理的施工方案，除非业主有足够证据证明施工方案的改变会影响到工程目标的实现，否则业主拒绝新方案会被视为一个工程变更。

（三）承包商在满足"业主要求"的前提下有权调整施工方案

EPC模式下，承包商为其编制的设计文件和施工方案负责，且必须符合"业主要求"。业主向承包商授标就表示对承包商施工方案的认可，承包商应对所有现场作业和施工方案的完备、安全、稳定负全部责任。承包商对决定和修改施工方案具有相应的权力，为了更好地完成合同目标（如缩短工期）或在不影响合同目标的前提下，承包商有权采用更为科学和经济合理的施工方案，即承包商可以进行中间调整，不属于违约。业主不能随便干预承包商的施工方案，如果业主无正当理由改变承包商的施工方案，则可能会构成一项变更指令。也就是说，尽管合同规定必须经过工程师的批准，但工程师（业主）也不得随便干预。当然承包商需承担重新选择施工方案的风险。

只有"业主要求"改变或者业主指令性变更，承包商才能更改其编制的设计以及施工方案。也就是说，施工方案是否变更最终的决定权在业主，并且若因承包商自身原因使设计的方案有缺陷，就算经过业主批准变更，也未必能调整价款。因此，业主是否有正当理由合理地变更施工方案、"业主要求"是否改变是判断变更的标准。

（四）业主要求不构成工程变更的正当理由

在工程施工中，承包商采用或修改施工方案都要经过工程师的批准或同意。如果工程师无正当理由不同意可能会导致一个变更指令。这里的正当理由通常有：

1）在合同签订后的一定时间内，承包商应提交详细的施工计划供业主代表或监理人审查。若工程师有证据证明或认为，承包商的施工方案不能保证按时完成他的合同责任，不能保证实现合同目标，如不能保证质量、保证工期或承包商没有采用良好的施工工艺，业主有权指令承包商修改施工方案，这不构成工程变更。

2）不安全，造成环境污染或损害健康。承包商为保证工程质量、保证实施方案的安全和稳定所增加的工程量，如扩大工程边界，不构成工程变更。

3）承包商要求变更方案（如变更施工次序、缩短工期），而业主无法完成合同规定的配合责任。例如，无法按这个方案及时提供图样、场地、资金、设备，则有权要求承包商执行原定方案。

4）在招标文件的规范中，业主对施工方案做了详细的规定，承包商必须按业主要求投标，若承包商的施工方案与规范不同，或者在投标书中的施工方案被证明是不可行的，则业主不批准或指令承包商改变施工方案，不构成工程变更。

5）由于承包商自身原因（如失误或风险）导致已施工的工程没有达到合同要求，如质量不合格、工期拖延，工程师有权指令承包商变更施工方案，以尽快摆脱困境，达到合同要求。修改施工方案所造成的损失，由承包商负责，不构成工程变更。

二、案例

案例3-14：某工厂业主干预施工方案后承包商能否要求损失补偿

（一）案例背景

我国 A 工程承包公司（以下简称承包商）在某国以总承包模式承建一座现代化化工厂。该项目使用了《99 版 FIDIC 新银皮书》作为通用合同条件。业主聘请英国 B 公司作为工程师为其规划和管理项目。该化工厂建筑面积 5 400m²，于 2012 年 7 月开工，2014 年 6 月建成。

（二）争议事件

按合同约定的总工期计划，应于 2012 年 8 月开始现场搅拌混凝土。因承包商的混凝土拌和设备迟迟运不进工地，承包商决定使用商品混凝土，但是该项决议被业主代表否决。而在承包合同中未明确规定使用何种混凝土。承包商不得已，只有继续组织设备进场，由此导致了施工现场停工、工期拖延以及费用的增加。为此，承包商提出了费用索赔，而业主以如下两点理由否决了承包商的索赔请求：

1）已批准的施工进度计划中确定承包商使用现场搅拌混凝土，承包商应当遵守。

2）拌和设备不进工地，是由于承包商的责任，因此无权要求赔偿。

（三）争议焦点

针对该争议事件，焦点问题可以归结为：业主拒绝承包商提出的施工方案更改是否构成变更，承包商能否要求业主赔偿其干预施工方案所造成的损失。

（四）争议分析

1）在投标文件中，承包商就在施工组织设计中提出了比较完备的施工方案，虽然它不作为合同文件的一部分，但它也具有约束力，承包商不能随意对其进行修改，同时业主向承包商授标就表示对该方案的认可。此案例中，承包商与业主所签订的合同中未明确规定一定要用工地现场搅拌的混凝土（施工方案不是合同文件），只要提供的商品混凝土符合合同规定的质量标准，承包商就可以使用。

2）在施工方案作为承包商责任的同时，又隐含着承包商对决定和修改施工方案具有相应的权力：业主不能随便干预承包商的施工方案；为了更好地完成合同目标（如缩短工期），或在不影响合同目标的前提下承包商有权采用更为科学和经济合理的施工方案，即承包商可以进行中间调整，不属于违约。尽管合同规定必须经过工程师的批准，但工程师（业主）也不得随便干预。针对本案例，实施的工程方案由承包商负责，他在不影响为了更好地保证合同总目标的前提下，可以选择更为经济合理的施工方案，业主不得随意干预，而实际上业主拒绝了承包商使用商品混凝土。

3）业主在拒绝承包商使用商品混凝土时，并没有正当理由，即业主进行干预，而承包商提供的方案并非不能保证按时完成他的合同责任，此时业主的行为构成一个变更指令，即工程变更，那么承包商可以对此进行工期和费用索赔。但是该项索赔必须在有效的合同期限内进行，同样，承包商不能因为用商品混凝土而要求业主补偿任何费用。

（五）解决方案

最终，业主为其行为造成施工现场停工、工期拖延的结果负全责，同时承包商成功获得现场停工期间工期和费用的补偿。

EPC模式下，承包商有权在保证施工顺利进行的前提下，编制、更改施工方案。在业主要求不变的情况下，对承包商的文件的任何变更都不属于工程变更。

若承包商为了保证顺利施工，申请改变施工方案，除非业主有足够证据证明施工方案的改变会影响到工程目标的实现，否则业主无正当理由拒绝新方案会视为业主干预了承包商，并构成一项工程变更指令，业主应对其干预的行为承担相应的责任。

【资料来源：改编自成虎. 建设工程合同管理与索赔［M］. 南京：东南大学出版社，2008.】

案例3-15：某水电站工程业主改变施工工艺能否予以总承包商补偿

（一）案例背景

某水电站二期工程以发电为主要开发目的，枢纽建筑物主要包括154m高混凝土面板堆石坝、左岸岸边溢洪道、右岸放空隧洞、右岸引水隧洞及地下厂房系统等，工程总工期为48个月。该水电站工程采用EPC总承包模式，某勘测设计研究院（以下简称承包商）承担了该工程的总承包工作，从项目一启动，就任命项目经理，组建项目部，编制项目计划；实施设计管理、采购管理、施工管理和试运行管理；对项目的进度、费用、安全、职业健康和环境保护、人力资源、风险、材料、资金和项目收尾等方面进行系统的综合考虑，制定完善的工作程序及管理制度；使工程总承包管理工作有效地贯穿于项目启动阶段、项目初始阶段、设计阶段、采购阶段、施工阶段、试运行阶段和项目收尾阶段等全过程。

（二）争议事件

其首部基础帷幕灌浆项目，业主在招标文件中，并未要求必须采用自动灌浆记录仪，承包商在投标文件中采用的是手动灌浆记录仪。合同履行中，业主从提高帷幕灌浆质量和准确计量方面考虑，要求承包商改用自动灌浆记录仪进行记录。而承包商认为，实际施工采用的设备与投标时施工组织设计配置的设备一致，符合合同要求且不违背施工技术规范规定（工程实施时执行的《水工建筑物水泥灌浆施工技术规范》为SL62-94：灌浆工程宜使用测记灌浆压力、注入率等施工参数的自动记录仪），若业主要求采用自动灌浆记录仪，应承担其设备采购费。业主拒绝总承包商的提议，由此双方产生争议。

（三）争议焦点

针对该争议事件，焦点问题可以归结为：

1）业主要求承包商修改施工工艺是否构成工程变更？

2）业主的要求导致超出承包商投标时的施工方案和报价范围，由此造成的后续连带责任应该谁来承担？

（四）争议分析

上述争议事件是由于施工工艺改变所引起的，实际在施工过程中，改变某项目的施工工艺或选用不同施工设备的事件时常发生。对业主而言，关注的重点是以合理的价格按期获得满足合同约定质量标准的工程，并不拘泥于采用何种工艺；而对承包商来说，施工工艺的选用与其施工成本密切相关，往往会引起施工成本的变化，但是这种变化并不是一定就构成变更。改变施工工艺要使变更成立，应满足以下条件：①合同条件发生变化，使得原施工方案不可行而必须采用新的施工方案；②业主为提高工程质量标准或加快施工进度而要求改变施工工艺；③上述变更应由工程师（业主）发出书面变更指令。

EPC 总承包模式下，承包商为其编制的设计文件和施工方案负责，且必须符合"业主要求"。业主向承包商授标就表示对承包商施工方案的认可，承包商应对所有现场作业和施工方案的完备、安全、稳定负全部责任。本案例中，承包商实际施工采用的设备与投标时施工组织设计配置的设备一致，符合合同要求且不违背施工技术规范规定。而业主自身为了提高质量标准等，要求承包商改用自动灌浆记录仪进行记录，属于一项变更指令，该指令造成了施工方案的改变，这超出承包商投标时的施工方案和报价范围。因此构成工程变更。

此外，要确定责任承担的对象以及争议解决的方式。往往争议处理结果有双方协商妥协的因素，但更主要的是依据合同所界定的双方责任，各自承担相应的责任和费用。针对此案例，若承包商接受了业主的书面指示，就需要为实施该指令对项目进度计划和施工工艺、方法等进行调整，并对所增加的措施和资源提出估算，经业主批准后，业主应承担增加的费用。考虑到业主虽然要求将手动灌浆记录仪改为自动灌浆记录仪，但是其他施工工艺没有变化，除设备采购费外，并没有增加承包商的其他费用，因而只需补偿承包商购买的自动记录仪设备在本工程上的摊销费。

（五）解决方案

发承包双方在监理人的协调下，最终决定，所采购的四台自动灌浆记录仪，考虑在本工程上的摊销，业主承担其中两台的采购费用，合同单价不再调整。

设计阶段时，承包商应合理地制定施工方案，若承包商因其自身原因导致施工方案的不可行或者进度缓慢等，业主有正当理由下变更指令要求承包商整改施工方案，以保证施工的顺利进行。此外，承包商在制定施工方案时要对施工方案可能导致费用的变化进行预测。中标后，要根据设计图，结合施工现场的情况编制实施性施工组织设计，对工期、进度、人员、材料设备、施工工艺水平等进行合理调整，以控制施工成本。

【资料来源：改编自李建华. 施工工艺改变影响工程变更的依据和要件 [J]. 建筑，2012（14）：42-43.】

案例 3-16：某总承包工程施工顺序改变能否调整合同价款

（一）案例背景

某承包商 TD 建筑与业主 HF 公司经过招标投标后签订总承包合同，该项目使用了《99版 FIDIC 新银皮书》作为通用合同条件。2013 年 11 月开始施工，约定沿街用房和仓库共七项工程总工期为 210 天，招标文件载明 1、2、3 号仓库已具备施工条件，沿街用房暂缓施工。承包商据此拟定了施工方案。

（二）争议事件

施工过程中，业主要求承包商改变施工顺序，对沿街用房 1 号楼及 1、2、3 号仓库先施工，其他工程后施工。承包商认为业主调整其施工顺序，可能会对工程施工力量的组织上产生一定的影响，引起工期的延误，要求业主顺延工期。双方因此发生争议。

业主认为：即使调整施工顺序，承包商仍应在约定总工期内完成工程，工期不顺延。

承包商认为：业主要求承包商调整已定施工顺序，构成工程变更，承包商可据此要求顺延工期。

（三）争议焦点

针对该争议事件，焦点问题可以归结为：

1）该项事件应由谁来承担责任？

2）是否给予承包商工期顺延作为补偿？

（四）争议分析

承包商在施工组织设计中提出比较完备的施工方案，但它不作为合同文件的一部分，因为业主向承包商授标就说明业主对这个施工方案表示认可，该施工方案就具有约束力和可施工性。若施工方案不能够满足合同的设计要求，业主有权要求改变施工方案，以保证工程的顺利进行；若承包商的施工方案与规范不同，业主有权指令要求承包商按照规范进行修改，这不属于工程变更。

在施工方案作为承包商责任的同时，承包商也拥有修改和决定施工方案的权利，也就是说业主不能随便干预承包商的施工方案。但是在施工过程中，业主因自身原因要求改变施工方案，并没有拿出其认为改变施工方案可能会带来的好处等具体资料，只称承包商应该对施工方案负责，施工方案的批准不免除承包商的义务，因此不肯给承包商补偿。虽然合同只约定了总工期，未约定各单项工程工期，但是承包商仍然有权自主确定施工方案和各单项工程的施工顺序。根据业主有无正当理由原则，业主并没有证据证明或认为，承包商的施工方案不能保证按时完成他的合同责任，如不能保证质量、保证工期，或承包商没有采用良好的施工工艺，如此构成一个变更指令。从工程变更的范围约定来看，施工过程中业主要求承包商调整施工顺序时，可视为工程变更，承包商可以据此要求顺延工期和/或补偿费用。

业主没有正当理由要求承包商改变施工顺序，是业主应承担的风险责任。在解决争议的过程中，首先承包商应请业主出具要求调整各单项工程施工顺序的书面指令，如是口头指令，应立即发函要求其确认。其次，承包商应及时按照变更估价程序向业主申请增减合同价款，按照工期索赔程序向业主要求顺延工期。如果业主不同意，承包商可以以调整施工顺序将无法保证工期等为由请业主不要调整施工顺序。最后，承包商应保留发生额外费用、工期拖延的相关证据材料。

（五）解决方案

业主无正当理由要求承包商调整施工顺序是业主的责任，业主应向承包商给予一定的工期和相应的费用补偿，可按设计变更追加价款。

EPC 模式下，承包商有权在保证施工顺利进行的前提下，编制、更改施工方案，在施工过程中，应尽量避免业主没有理由的强行干预。若业主下达指令变更施工方案，承包商认为不可行的，应及时反馈给业主，进行沟通说明利害关系，将可能带来的损失降到最低。业主的强势地位是不可更改的，但并不证明其有权力随意干预承包商，否则业主将承担该行为带来的风险。

【资料来源：改编自汪金敏．识别变更机会追加工程价款［J］．施工企业管理，2012（16）：110-111．】

案例 3-17：某刀片厂迁建项目"业主要求"模糊能否调整合同价款

（一）案例背景

某刀片厂迁建项目使用了《99 版 FIDIC 新银皮书》作为通用合同条件。其中总承包合同规定：合同总价为 2 954 万元，承包商负责项目的设计、采购、施工、设备搬迁和现场管理，工程应该满足 ISO 14001 对硬件的要求。2005 年 3 月，设计图通过审查并开始施工，9 月项目竣工，11 月设备运转验收合格。

（二）争议事件

交付后，项目乳化液系统多次发生故障，刮板机经常停运，金属磨屑沉积，乳化液变质，导致磨床无法正常日夜生产。承包商整改不力，业主自行进行了设备更换和清洗，已发生损失 90 万元，后续损失仍在发生。最终承包商仲裁请求支付工程款，业主反请求承担质量缺陷造成的损失。

仲裁庭委托某建筑科学研究院鉴定造成项目乳化液系统质量缺陷的原因。该建筑科学研究院联系了全国主流行业协会、测试中心及高校实验室，得出该次故障主要由于缺少企业标准，加之设计标准不明确，无法对该系统进行质量鉴定。对此，业主也不能明确可以鉴定该质量问题的有资质的鉴定单位。在此情况下，仲裁庭还查明：承包商承认其中乳化液变质是设计缺陷所致，业主日常管理不善，系统回流明沟里被扔了许多垃圾。最后仲裁庭认为：乳化液系统质量缺陷责任无法查明的主要原因是"业主要求"模糊。

（三）争议焦点

针对该争议事件，焦点问题可以归结为：

1）"业主要求"模糊的风险应该由谁承担？

2）由此引起的损失承包商能否要求调整合同价款？

（四）争议分析

《99 版 FIDIC 新银皮书》规定，承包商要对设计以及"业主要求"（除了业主应负责的部分外）的正确性负责，在规定的"业主要求"范围外，业主不对原包括在合同内的"业主要求"中的任何错误、不准确或遗漏负责，并不应被认为，对任何数据或资料给出了任何准确性或完整性的表示。其中，"业主要求"中业主应负责的部分是业主应对竣工工程的试验和性能的标准以及由业主提供的相应数据和资料的正确性负责。

针对该事件，业主未对竣工工程的试验和性能的标准给出正确且完整的规定，而"业主要求"是由业主编写并提供的，如果业主自身都不清楚合同工程是什么，则其更无法要求承包商按照合同实施。因此，"业主要求"模糊的主要风险应该由业主承担。

由此可见，"业主要求"模糊对承包商而言并非全是风险，用得好就是机会。那么针对本案例，承包商如何在"业主要求"模糊的情况下调增包干合同价呢？建议如下：

1）招标答疑时，尽量通过现场踏勘及其他核实措施，发现业主要求错误点，采取不平衡报价措施（如取消项目低报、增加项目高报）。如合同约定总承包商有核实义务时，应择机书面通知业主。

2）投标报价时，尽早发现业主要求模糊点，按最低标准、最小范围编写承包商建议书，并将该部分考虑清楚反映到报价文件之中。

3）签订合同时，尽量要求合理分配风险。尽量选择《99 版 FIDIC 新黄皮书》相关条款

（类似《12 版设计施工总承包招标文件》通用合同条款（A）条款），避免选择《99 版 FID-IC 新银皮书》相关条款（类似《12 版设计施工总承包招标文件》通用合同条款（B）条款）。

4）工程设计时，在不明显违背业主要求的前提下，结合承包商建议书，按照最低标准、最小范围进行设计。

5）设计审查时，对已方提交的设计文件，业主不同意的，坚持要其详细说明设计如何不符合业主要求，争取促使业主最终同意已方设计。

6）设计报批时，政府有关部门有审查意见的，除非明显属于已方设计不当，应尽量要求业主先据此修改要求，再修改已方的设计文件。随后，就该修改部分要求业主调增合同价格。

7）工程施工时，在收到业主/工程师变更指示时，要核实其是否明确修改了业主要求；如果不明确，应发函请业主/工程师明确修改业主要求的内容后再执行。同时，申请变更调增价格，并要求在当期进度款中支付。

8）竣工结算时，汇总变更调增价款，与其他追加价款一起，在包干总价合同价基础上做增减账，形成完整的竣工结算书，并促使业主认可。

（五）解决方案

乳化液系统质量缺陷责任无法查明的主要原因是业主要求模糊，裁决业主承担 60% 的质量缺陷损失、承包商承担 40%。

在 EPC 总承包合同中，工程变更是调整包干合同价的主要情形。而工程变更又取决于对业主要求或合同工程的变更。实际工程中，承包商因为"业主要求"模糊而难以调增合同总价的情形比比皆是，《99 版 FIDIC 新银皮书》中更是强调了一个有经验的承包商在提交投标书之前对"业主要求"进行细心地检查并发现错误是其应有的责任。因此，承包商应仔细并正确理解"业主要求"，在投标报价之时，做好现场踏勘等准备工作，尽早发现"业主要求"模糊点，避免不必要的争议。

【资料来源：改编自汪金敏. 设计施工总承包合同变更的对象与调价操作要点 [J]. 施工企业管理，2014：108-109.】

第四章

索赔引起的合同价款调整

第一节　合同分析及合同价款调整原则

一、概述

（一）索赔的概念

索赔，仅从字面上的意思来说即是索取赔偿。在《辞海》中，索赔被解释为"交易一方因对方不履行或未正确履行契约上的义务而受到损失，向对方提出赔偿的要求"。在工程中索赔不仅是有权赔偿的意思，而且表示"有权要求"，是向对方提出某项要求或申请（赔偿）的权利，法律上称之为"有权主张"。在《13 清单计价规范》中也对索赔进行了解释："索赔是在合同履行过程中，合同当事人一方因非己方的原因而遭受损失，按合同约定或法律法规规定应由对方承担责任，从而向对方提出补偿的要求。"

从上述对索赔的解释可以看出，建设工程中的索赔是双向的，承包人可以向发包人提出索赔，发包人也同样可以向承包人提出索赔，是索赔方要求被索赔方给予补偿的权利和主张。

但是，随着建设工程实践的发展，结合工程建设实际情况来看，索赔可从以下两个角度来理解：

1）索赔方没有过错，索赔原因可能是被索赔方违反合同约定或是被索赔方未违反合同而是其他外界原因导致索赔方有所损失。

2）补偿的内涵不应只包括对损失的补偿，同样应当包括对主动承担和控制具有风险性干扰事件的增值补偿，即通过努力实现项目增值对所获增值收益的有权分享。索赔方代替被索赔方承担了本该由被索赔方承担的风险，相对被索赔方来说，索赔方是最有效（有能力和经验）控制和降低风险损失的一方。即索赔方控制相关风险是经济的，能够以最低的成本来承担风险损失，在此情形下作为风险承担者的索赔方向作为受益者的被索赔方提出利益共享的权利主张。

索赔是双方未达成一致协议的一种单方行为，必须有切实有效的依据，其依据主要是合同文件、法律法规。且只有在实际发生了经济损失或者权利损害时，一方才可以索赔。例如，由发包人提供设计的建设项目，若发包人未按时提供设计图，造成承包人的一定经济损失同时又拖延了承包人的工期。这时承包人既可以提出经济赔偿也可以提出工期延长，且这种索赔要求必须得到确认后才能得以最终实现。

补偿要求可以是承包人向发包人提出的费用、工期等要求，也可以是发包人向承包人提出延长质量缺陷修复期限、支付发包人实际支出的额外费用等。但补偿的数额或比例一般是双方根据各自在索赔事件中的权责利关系商讨协商重新分配得出的。因此，索赔从其实质上来说，是项目在实施阶段保证承包人和发包人之间权责利关系和风险承担比例的合理再分配，体现的是风险重新分配的思想。

（二）索赔与合同状态补偿

1. 合同签约与合同的不完备性

工程合同的签订实质上是双方对合同文件（包括双方的合同责任、工程范围等）、工程环境条件、具体实施方案（包括工期、技术组织措施等）和合同价格等诸多方面的共同承诺。合同双方通过签约合同的安排——合同的通用条款和专用条款，在合同中落实签约双方的权责利。通用条款旨在实现保护利益的功能，对当事人双方的权责利等交易事项的具体规定，形成合同的一般性框架；专用条款是为了协调行动而对未来各种可能发生的偶然性事件以及相应处理方案给出的描述。通用条款设计得越具体和详细，相应地对各种专用条款的制定就更加具有针对性。

（1）签约双方的有限理性导致合同不完备性

合同的签订过程中，合同各方当事人的个人偏好、生理及心理特点以及风俗习惯等使得合同在订立时必然包含有漏洞或遗漏的条款。大量学者围绕有限理性对合同不完备性的影响展开研究。Williamson[1]指出由于人的有限理性，人们无法在事前预测到将来可能出现的各种情况并在合同中做出详尽与准确的规定，也不能在事前将与合同有关的所有信息全部写入合同条款，导致合同的不完备性。Hart[2]认为在复杂的世界中，人们不可能想得太远，也难以对未来可能发生的所有的不确定性的事件做出相应的计划，即合同存在于一个不可预见的未来预期中。也就是说有限理性是导致合同不完备性的原因。并且人的描述能力的有限性使得很多条款模糊不清，即使人们在现实的经济活动中主观上追求理性，也只能做到有限理性。因而，合同各方当事人无法预测未来的事，也无法界定与此相关的权利与义务，从而导致合同的不完备性。

（2）签约时双方信息的不完全导致合同不完备性

双方签约过程中由于所处的地位不同、外界环境的变化、社会分工的不断发展以及专业化程度的不断提高，使得人们在现实交易中获得不完全信息。不完全信息主要包括不对称信息和不确定信息，这类信息容易导致交易双方的机会主义行为，信息优势方拟定有失公平的合同条款。Maskin[3]指出不完全信息是导致合同不完备性的原因。在实际的交易过程中，交易各方很难获得完全的信息，所以大部分的交易都是在不完全信息的情况下达成的。向鹏成[4]认为不对称信息就是在工程合同双方当事人之间不做对称或概率分布的有关事件的知识，因此在签订工程合同时处于信息优势的当事人会利用这种优势只去传递对自己有利的信

[1] Williamson, Oliver E. Transaction-Cost Economics: The Governance of Contractual Relations [J]. Journal of Law and Economics, 1979 (2): 233-261.

[2] Hart Oliver, John Moore. Incomplete Contracts and Renegotiation [J]. Econometrica, 1988 (56): 75-86.

[3] Maskin E. On indescribable contingencies and incomplete contracts [J]. European Economic Review, 2002, 46 (4): 725-733.

[4] 向鹏成, 任宏, 郭峰. 信息不对称理论及其在工程项目管理中的应用 [J]. 重庆建筑大学学报, 2006, 28 (1): 119-122.

息，导致合同条款有漏洞或者遗漏的不完备性。

（3）交易成本导致合同不完备性

为了确保合同关系的顺利建立以及实施，会开展一系列活动并产生交易成本。交易成本包括合同起草、谈判、落实条款、纠正合同出现的错误，及实现所有承诺等所花费的费用。Bernheim and Whinston[一]认为交易成本是导致合同不完备性的主要原因，合同双方为了节约交易成本或者提高合同的执行效率而故意把一些事件不在合同中做出规定，以让合同保持一定程度的不完备性。Tirole[二]指出，合同当事人真正关心的不是或然事件本身，而是或然事件对支付产生的影响，即使当事人可以预见到或然事件，但是以一种双方没有争议的语言写入合同也很困难或者是相关的成本太高，所以为了节约这些成本会故意让一些事件在合同条款中保持一定模糊性，不对其做出具体规定。即交易成本是合同不完备性的成因。

从以上契约理论的视角来看，发包人和承包人都是有限理性的，其无法获得也很难证实所有信息，以及为了降低交易成本，发承包双方签订不完备性合同。考虑一个发包人与承包人的缔约模型，如图4-1所示。合同各方在时期0缔结合同，并在时期1交易，在时期1/2，承发包双方进行专用性投资行为。

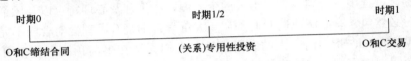

图4-1 发包人与承包人的缔约模型

在时期0，由于发包人与承包人的有限理性及双方各种拥有私人信息，且项目未来实施过程的各种不确定性存在等原因，缔约时点双方只能订立一份不完全合同。时期1时，交易双方交易标的物的特征（如工程质量、工期、造价等）在时期0并不能完全界定准确，而是依存于时期0～时期1过程中的各种自然状态及双方在投资过程中的行为表现（如发包人投入土地、管理人员，承包人租赁或购买设备、技术人员、资金等投资行为）最终得到确定。所以，时期0缔结的合同不可避免地成为一份"不完备性合同"，但它是在给定的有限知识条件下，当事人所签订的最佳合同。

2. 合同状态的改变与索赔的发生

成虎早在1995年就提出了"合同状态"的概念，合同状态（又被称为计划状态或报价状态）是指合同签订时各方面要素（包括合同主体责任、工程范围、工程环境条件、具体实施方案和合同价格等）的总和，能符合并充分体现建设工程的整体目标。这些要素相互联系，相互影响，共同构成工程的"合同状态"[三]（见图4-2）。

"合同状态"理论提出：如果在工程中某一因素发生变化，打破"合同状态"，造成工期延长和额外费用增加，由于这些变化没有体现在原合同中，则应按合同规定调整"合同状态"，以达到新的平衡。签订合同实质上是双方对"合同状态"的一致承诺，由于发承包

⊖ B Donglas Bernheim, Michael D Whinston. Incomplete Contracts and Strategic Ambiguity [J]. The American Economical Review, 1998, 88 (4): 48-56.

⊜ Tirole J. Incomplete Contracts: Where do we stand [J]. Econometrica, 1999, 67 (4): 741-781.

⊜ 成虎. 建设工程合同管理与索赔 [M]. 南京: 东南大学出版社, 2015.

双方签订的合同是不完备性合同，所以在合同的履约过程中，合同的状态随实际自然状态的变化及双方在投资过程中的行为表现而相应发生改变，如：①合同文件的修改、变化，造成承包人工程范围、工作内容、性质、合同义务的变化。②环境变化。环境变化是工程的外部风险，这在工程中极为常见。它会引起实施方案的变化和价格的调整。③实施方案的变化。通常实施方案由承包人制定，但在实施过程中若发包人要求修改实施方案或者是由于外界环境的变化会导致承包人实施方案的变更。

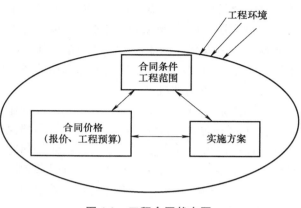

图4-2　工程合同状态图

通过对原定合同状态与实际履约过程中合同状态的比较，可能会产生两种结果。正常情况下，合同状态会依据合同条款的发展而变化，这时的合同状态是合同当事人认可的理想状态，合同中权责利的分担方案也是已知的最佳方案；但是，由于建设项目在实施过程中必然受到各种干扰因素的影响，使得合同履行偏离设定的目标。当签订的合同状态和实际合同状态相差较大，则说明合同受到的干扰较为严重，且出现若干签约合同中未能阐明的现实状况以致签约合同条款不能正常执行。双方对目前的执行结果不满意，也无法实现双方利益的最大化。

针对上述不完备性合同在具有风险的干扰因素影响下合同状态发生改变，在产生合同纠纷及争议之前，损失方向合同另一方索要赔偿损失的权利就应运而生。所以，索赔是在修正和补充不完备性合同条款时发生的，修正合同条款的原因是合同交易双方无法按原有约定完成交易，合同的正常执行受到了干扰，被干扰的当事人就是索赔方，而干扰的责任人就是被索赔方。即索赔可以平衡发生变化的合同状态，使得受到影响的状态再次回归合理状态。在平衡过程中，索赔能不断地强化原定合同，实现所约定合同内容的完善，这一做法是对签约合同进行合同状态补偿的手段。索赔是层次较高、综合性较强、可贯穿于工程实施全过程的补偿措施。

（三）索赔与风险重新分配

1. 风险重新分配及支持机制

未预测到的风险也就体现了合同的不完备性，不完备性合同无法穷尽与交易有关的所有可能状态和各种状态下各方的权责利。于是在实施过程中通过一定的方案来达到合理的新的平衡状态，是风险的重新分配过程。风险的重新分配发生并实现于合同的履行过程中，合同各方当事人需要对未预测到一定会发生的风险进行重新分配，以及对相应收益或损失重新分割。即风险的重新分配是合同主体对项目风险、责任、损益进行重新分配的过程⊖。

风险重新分配主要是借由合同事后治理的三种支持机制——合同的自履行机制、第三方治理机制和再谈判机制来得以实现的。

（1）自履行机制

自履行机制是指一般合同均包含实施条款、争端解决条款和违约惩罚条款，这种合同具

⊖　严玲，邓娇娇. 公共项目代建人激励［M］. 北京：科学出版社，2012.

备了自动履行的条件。不完备性合同的合同当事人如果违背合同致使合同终止将会给其自身现在和未来带来显性和隐性的损失，如被违约方通过市场公布交易失败的信息来破坏违约方的商业信誉，因此这也体现为合同当事人违约的机会成本。所以合同当事人从自身利益及未来发展的角度出发，会做出使双方的合作关系稳固持续下去的自动履行合同的选择。

（2）第三方治理机制

合同关系中引入第三方或者中间人，或者作为履约的信誉担保，或者作为合同纠纷的调解人，共同来推动合同的履行。但是维持合同执行的一种机制，第三方裁决履行并不是强制性的，而是尽可能寻求妥善的办法解决纠纷问题。相对于具有公共性强制履约机制的国家法院的处理结果而言，第三方治理机制可以节省许多时间和精力，有助于营造一种非强制、非对抗性的合同履行环境，促进合同履行效率的提高。

（3）再谈判机制

虽然合同的自履行机制和第三方治理机制具有调试功能，可以部分实现合同的风险重新分配，但是由于合同的不完备性决定了不可能通过这两种机制完全实现建设项目的要求。于是，在前面两项风险分配的支持机制基础之上引入了再谈判机制。再谈判机制是在交易条件发生变化时，发生了一些意外事件，合同交易双方无法按原有约定完成交易，于是通过再谈判对原有合同进行修订与补充，从而协调双方的责任和利益以达到重新签约的目的。正是由于合同的不完备性使得再谈判变得有价值，也成为实现风险重新分配的重要机制之一。通过再谈判机制的运作，使合同当事人之间可以根据合同履行过程中发生的各种实际状态修订合同，实现基于项目所有权配置（权利分配下）的风险有效分担和利益的合理分配。

2. 索赔是风险重新分配的重要途径

索赔是在修正和补充有不完备性合同条款时发生的，索赔方将履行过程中繁多复杂、意想不到或不可预测的因素导致的损失向对方提出补偿与修正的要求，实现双方风险的重新分配。风险重新分配借由自履行机制、第三方治理机制、再谈判机制这三种事后治理的支持机制得以实现。基于风险重新分配视角来看，索赔就是一种将风险重新分配的三种支持机制都可能会加以应用的重要途径。

合同当事人在签约的合同中加入与索赔相关的可调柔性条款设计，在显性条款中为利益相关者提供索赔权。继而，合同双方根据合同条款的约定以及实际状态，通过索赔程序来自动履行重新分配的相关工作；在双方进行索赔的过程中，会引入第三方或者中间人作为对双方索赔进行分析和调解的人，如监理、造价工程师或相关律师，共同来推动合同的履行；索赔一方承担了本不应承担的损失，或是履行了本应由对方履行的职责而带来收益等未预测到的事件，双方对分担方案进行再谈判过程并对原有合同进行修订，从而协调双方责任和利益以达到重新签约的目的，如补充协议，解决双方合同争端。

索赔是调整整个项目生命周期风险重新分配的重要途径，使得合同顺利履行得到保障。在这一途径的实施中，索赔能够使得合同趋于完备，但由于有限理性、信息的不完全等情况的存在会使合同始终不完备。所以索赔过程就是不断调整、逐步使合同逼近其完备状态的过程。

二、工程合同中的索赔权分析

合同当事人的权责利一经签订合同就有了法律保护。合同中注入索赔权是一种主动应对合同事后不确定性的管理手段，从而使得合同结构具有更好的灵活性和适应性。下面从合同索赔条款展开分析，主要分析合同文本中发承包双方具备的索赔权。

（一）基于施工合同的索赔权分析

从《17版合同》和《99版FIDIC新红皮书》可以看出：发、承包人均具有提出索赔的权利，且被索赔方有责任按要求给予索赔方及时的审定后答复。监理人（工程师）兼有"临时裁判"的角色权利，对承包人的索赔报告具有接收、转达并提前认真查看的责任，以及提出异议的权利。而且，监理人有要求承包人提交全部记录副本等进一步证据的权利，从而确保索赔的效率和真实性。

1. 《17版合同》中索赔相关规定

（1）承包人的索赔权

根据《17版合同》，总结出在施工索赔过程中承包人的索赔权包括但不限于以下四类索赔事件，如图4-3所示。

1）承包人就发包人原因引起的干扰事件具有的索赔权。即由于发包人的作为或者不作为直接导致承包人损失的事件。

2）承包人就发包人责任引起的干扰事件具有的索赔权。即由于发包人对承包人应了解的工程信息未尽到披露的责任，造成承包人损失的事件。

3）承包人就发包人风险引起的干扰事件具有的索赔权。即由于外部客观因素造成承包人工期延误的事件。

4）承包人因某些只影响费用的特殊事件具有的索赔权。如提前向承包人提供材料、工程设备，基准日之后法律的变化。

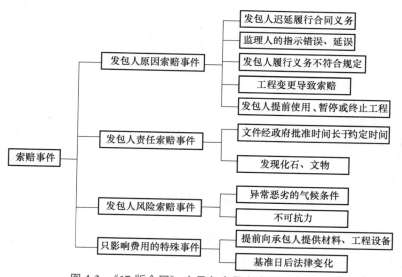

图4-3 《17版合同》中承包人具有索赔权的情形

（2）发包人的索赔权

1）发包人就承包人工程质量缺陷具有的索赔权。工程施工期间和质量保修期内，承包人原因导致的工程质量没有达到合同要求。

2）发包人就承包人工程拖期、延误竣工具有的索赔权。承包人的行为造成部分或整个工程未按合同工期竣工，一般合同已规定了工程拖期的赔偿标准。

3）其他损失索赔权。承包人的过失给发包人造成的其他经济损失。例如，承包人施工时对发包人的设备造成的损坏，发包人维修造成费用损失等。

2. 《99 版 FIDIC 新红皮书》中索赔相关规定

（1）承包商的索赔权

《99 版 FIDIC 新红皮书》中承包商的索赔权条款更全面，总结起来体现在四类索赔事件上——承包商就业主原因、责任、风险引起的干扰事件具有的索赔权以及承包商因某些只影响费用的特殊事件具有的索赔权。具体的细节内容包括但不限于图 4-4 中的示例。

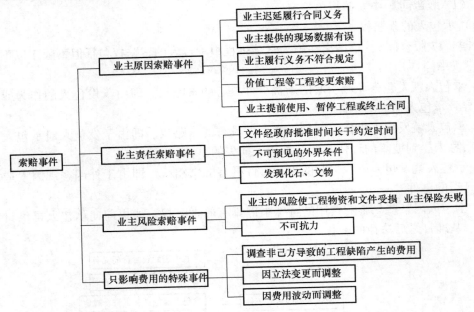

图 4-4 《99 版 FIDIC 新红皮书》中承包商具有索赔权的情形

（2）业主的索赔权

《99 版 FIDIC 新红皮书》中业主的索赔权，主要在于以下五个方面的索赔权：

1）履约担保引起的索赔。业主就承包商未能按规定提交履约担保或延长履约担保有效期所具有的索赔权。

2）承包商支付引起的索赔。因承包商未支付业主提供设备和供应材料的费用，业主拥有索赔权。

3）质量或检验引起的索赔。由于承包商质量缺陷和未能修补缺陷以及延误试验而使业主拥有的索赔权。

4）进度引起的索赔。承包商因工期延误采取补救措施以及误期竣工给业主造成额外费用，业主有索赔权。

5）其他原因引起的索赔。当法律调整造成承包商成本下降时，业主可以适当要求调低合同价格的索赔权，以及本应由承包商完成的清理工作而承包商没有处理，由此造成额外费用业主有此索赔权。

（二）基于总承包合同的索赔权分析

从《工程总承包合同示范文本（试行）》第 16.2 款〔索赔〕和《99 版 FIDIC 新银皮

书》等 2.5 款〔业主的索赔〕、第 20.1 款〔承包商的索赔〕可以看出：发承包双方均有索赔权。当发、承包人认为对方未能履行合同约定的职责、义务时，发、承包人均有权根据本合同的条款约定向对方提出损失赔偿。总承包合同下索赔范围小于施工合同下索赔范围。

1.《工程总承包合同示范文本（试行）》中索赔相关规定

《工程总承包合同示范文本（试行）》中既有"实施阶段全过程"的承包，也有"若干实施阶段"的承包；既有"双方负责"的实施阶段，还有"单方负责"的实施阶段，故双方在各实施阶段的责任、义务和权利，较《99 版 FIDIC 新银皮书》复杂，如生产工艺技术或建筑设计方案、工程设备材料的采购，国内实际情况有发包人提供的、承包人提供的，还有双方分别提供的。因上述情况的存在，故《工程总承包合同示范文本（试行）》对项目功能的生产工艺设计或建筑功能分区设计、采购检查结果、竣工试验结果、竣工后试验考核结果等，需依据实际工程的恰当情况在合同中对各自应承担的责任、义务和权利做出相关约定⊖。所以《工程总承包合同示范文本（试行）》中，有关索赔的规定与实施，需要基于总承包的实施阶段和过程而言。施工总承包、设计施工总承包及设计采购施工总承包下的发承包各方的索赔权都是不一样的。因此应依据具体的总承包情形来分析，此处不做赘述。

2.《99 版 FIDIC 新银皮书》中索赔相关规定

《99 版 FIDIC 新银皮书》将设计、采购、施工、竣工试验和竣工后试验全部实施阶段交由承包商。对双方在各实施阶段的责任、义务和权利划分明确。

（1）承包商的索赔权

《99 版 FIDIC 新银皮书》适用的 EPC 模式下承包商可以提出索赔的机会少于《99 版 FIDIC 新红皮书》DBB 模式下的索赔机会。承包商可以向业主提出索赔权的索赔干扰事件是业主方导致承包商损失而使之具备索赔权的事件，主要是由于业主原因事件、业主责任事件、业主风险事件所导致的，如图 4-5 所示。

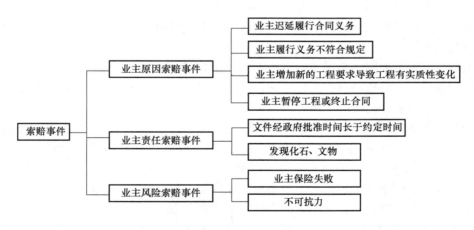

图 4-5　《99 版 FIDIC 新银皮书》中承包商具有索赔权的情形

⊖　刘玉珂.《建设项目工程总承包合同示范文本（试行）》组成、结构与条款解读大纲（上）[J]. 中国勘察设计, 2011（11）.

（2）业主的索赔权

《99 版 FIDIC 新银皮书》中，业主拥有索赔权的事件分为三方面，即承包商未履行合同义务、由于承包商的原因导致工期延误或质量缺陷以及其他应由承包商承担的干扰事件，具体内容如表 4-1 所示。

表 4-1 《99 版 FIDIC 新银皮书》中业主索赔权的事件分类和具体内容

索赔权事件分类	主要具体内容
承包商未履行合同义务	承包商未履行避免干扰的义务造成业主承担损失（包括法律费用和开支）
	承包商未履行货物运输的义务造成业主承担损失
	承包商未履行支付电、水和燃气应付金额义务
	承包商未履行支付使用业主设备的应付金额义务
承包商原因导致工期延误、质量缺陷	承包商使竣工后试验未通过和重新试验造成业主费用增加
	承包商赶工导致业主费用增加
	承包商导致工期延误向业主支付误期损害赔偿费
	承包商未能修补缺陷导致业主费用增加
	由于某项缺陷导致工程或主要生产设备不能按原定目的使用
承包商承担的其他风险	业主对生产设备、材料、设计或工艺拒收或再次试验使业主增加了费用
	承包商未能遵守业主生产设备、材料更换或修补工作的指示，导致业主费用增加

三、索赔引起合同价款调整原则

（一）严格责任的归责原则

归责是指"负担行为之结果，对受害人而言，即填补其所受之损害"[一]。归责原则乃归责的规则，是确定行为人民事责任的根据，它直接决定着责任的构成要件、举证责任的内容和免责事由，在某些情形下还决定着损害赔偿的范围。因此，归责原则在民事责任制度中具有重要的意义，特别是违约责任，在不同的时期、不同的国家，其归责原则是有差异的，不同学者说法也不同。

英美法系国家与大陆法系国家确立了不同的违约归责原则。大陆法系的国家，传统上一般采取过错责任原则。所谓过错责任原则，是指一方违反合同义务时，应以违约方主观上有过错作为确定违约责任的要件。

对于英美法系中的《国际商事合同通则》和《欧洲合同法原则》是由两大法系权威学者共同参与拟订的，其采用的严格责任原则，反映了合同法共同的发展趋势。在合同条件中，无论是有关承包人索赔的明示条款还是默示条款，都没有将发包人的主观原因考虑在内，所以 FIDIC 合同条件采用的就是严格责任原则[二]。严格责任原则又称无过错责任，是指违约责任发生以后，确定违约当事人的责任，应主要考虑违约的结果是否因违约或不当的行为造成，而不是从违约方的主观故意角度来考虑。也就是说，在此原则下不论当事人在主观上有没有过错，只要是属于当事人的责任或应承担的风险也应当承担责任。所以严格责任原则的使用范围是大于过错责任原则范围的。《标准施工招标文件》《17 版合同》等受 FIDIC

[一] 王泽鉴. 民法学说与判例研究 ［M］. 2 版. 北京：北京大学出版社，2009：272.

[二] 李明智. FIDIC 合同条件下索赔问题的法律研究 ［D］. 长沙：中南大学，2008.

合同影响，所以索赔的规定也依从严格责任原则来处理。

合同责任作为保障双方权益的实现和义务履行的重要措施，其主要功能在于补偿性，即保障一方能从另一方中获得或尽可能获得因其不履行合同所遭到的全部损失的补偿，同时也兼具警戒功能。作为过错责任原则而言，它在合同法上最大的缺陷即在于给违约者提供了较多的免责机会，使得受损方难以得到救济。然而，严格责任原则排除了主观上的过错要件，限制了责任人的抗辩事由，使基于结果和行为的责任易于成立，从而使得合同的受损方易于得到救济，也使得合同责任的补偿功能得到了最大限度的体现。即严格责任对索赔方的侧重救济无疑使得被索赔方的责任范围得以扩大。相比而言，严格责任归责原则更为合理，故而在索赔处理的过程中应遵循严格责任归责原则。

在严格责任归责原则下，索赔方论证工程实施过程中在发生具有风险的干扰事件中所拥有的索赔权可用如图 4-6 所示的论证过程。索赔方在识别出索赔机会点后，按先归因后归责这一论证顺序来论证索赔权。

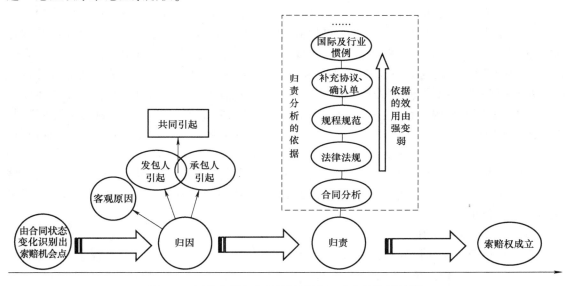

图 4-6 严格责任归责原则下索赔权成立的论证过程

(二) 有经验的承包人不可预见原则

"有经验的承包人"是指在进行建设工程活动时，能够通过从事相关工作的经验，对工程建设过程中的不确定因素进行合理预期并采取有效措施降低对承包人的"破坏性"影响。由于建设工程的周期长且具有复杂性，牵涉到的技术知识面广，发包人不可能掌握建筑活动需要的种种专业知识，其相对于承包人存在技术劣势。而承包人承包的工程项目居多，具有大量的施工经验，因此将一部分风险以有经验的承包人可以合理预见为基准分配给承包人承担，能够提高承包人在建设活动中的主动性，保障发包人的利益，有利于促进工程建设市场的发展。

但是，即使是有经验的承包人也会遇到一些其不可预见的事件，这类事件给发承包双方带来损失，这时就导致了索赔事件的发生。

因此，《99 版 FIDIC 新红皮书》中，有很多条款直接使用"有经验的承包人不可预见"

这一概念。其中，第1.1.6.8指出"不可预见"是指一个有经验的承包人在提交投标书截止日期时不能合理预见。第4.7条规定："在放线环节，如果承包人在实施工程中由于工程师提供基准点错误必然遭受延误和（或）招致增加费用，而该项错误属于有经验的承包人不能合理预见到的，承包人可以向工程师报告，并要求其对该延迟和成本增加负责"。也就是说，在合同约定的过程中就已经将可预见的一部分风险分配给了承包人，而在施工过程中发生承包人不可预见的因素，需要提供证据和理由论证"不可预见"，发包人据此来判定是否给予损失补偿。

理解有经验的承包人不可预见这一原则，要掌握以下几点：

1）承包商是"合理预见或不可预见"的主体。将承包商作为是否能预见风险事件发生的主体，既不会将风险强加给他而损害其利益，也不会纵容其损害业主利益。若预见主体为业主，则其预见到的风险损失由承包商负责，无异于使承包商在强制下承担风险而得不到合理对价，显然并非合理的风险分担。

2）是否不可预见的标准以主观标准为例外，客观标准为原则。主观标准，即承包商预见能力高于或低于一般社会人时，以其实际能力为准，但需由业主或承包商举证。而客观标准，即一个理智承包商（一般社会人）在订立合同时能够预见到的风险。也就是说，有经验承包商的预见力应根据工程项目情况，从承包商的经验、认识、能力和资历等角度衡量。

虽然可预见性风险分担原理得到了FIDIC等合同条件的支持，但是"没有被到处采纳"。这一原则的局限性在于：①容易在风险分担时引起争议，如"有经验的承包商"与"合理预见"难以认定，是争议产生之源；②容易导致工期和费用的不确定性，从而遭到业主的反对，特别是随着集成化项目交付模式的发展，如PPP（政府和社会资本合作）、PFI（民间主动融资）、BOT、EPC、DB等，业主希望将风险更多地向承包商转移，更多地将费用固定下来，这一分担原理显然不能很好地适应；③没有考虑到合同主体的风险偏好，很可能造成风险分担的低效率。

（三）程序公平原则

在发承包双方交易过程中，发包人处于天然的优势地位，承包人在交易程序下常感到不公平。交易阶段发包人负责编制招标文件，而合同文件作为招标文件的重要组成部分，同样由发包人负责拟定，承包人被动接受。尤其在总承包模式下大部分风险由承包人承担，对发包人要求规定模糊，发包人还为己方配置超限控制权利，承包人甚至在此不公平的感受下采取消极态度行事。此种大环境下，发承包双方之间的公平是确保承包人履约并积极完成工程的重要基石。

有关索赔程序的研究文献表明：索赔的处理过程是一个组织性质的相互接洽相互谈判的过程，双方不仅需要充分理解合同条款和正确解读订立合同时的正确用意，建设项目合同的双方利益地位均等，而且索赔处理过程应该做到客观公正。索赔管理过程中，合同方的公平感与所得赔款共同影响其合作行为。研究结果表明，索赔管理程序相对公平的情况下，即使没有得到期望赔款，也只会较少冲突与纠纷。在索赔事件处理时，当事人感知到他们拥有过程的控制权，例如，有足够的时间陈述自己的案件、有权为自己进行辩护，那么他们就会认为程序是公平的。由此可知：合同方的行为受到索赔管理公平方式的影响。而且，当双方存在利益冲突时，不论收益结果如何，不同程度的索赔程序公平都会带来一定满意度。索赔程序公平的情况下，面对收益分配不公平，与程序不公平的情况相比人们也会出现相对较少的负面行为[⊖]。

程序公平的判断可依据以下六个方面：①一致性：程序应在不同对象和不同时间都能得到一致性应用。②无偏见：程序不应存在偏见。③信息准确性：程序需要保证决策所需信息的准确性。④可修正性：程序应当存在某些机制来纠正错误和不准确的决策。⑤伦理性：程序必须遵守一般的道德伦理标准。⑥代表性：程序应代表所有相关人员的利益，保证各群体的观点都能够影响到决策，在索赔程序中应明确索赔的参与方、索赔时效、索赔时需要提交的资料。

（四）实际损失原则

在索赔双方确定了其一方具有索赔权后，索赔双方紧接的工作就是需要确定应予索赔的内容及数值。《合同法》第一百一十三条指出，当事人一方不履行合同义务或者履行合同义务不符合约定，给对方造成损失的，损失赔偿额应当相当于因违约所造成的损失，并且包括合同履行后可以获得的利益，这是根据实际损失来赔偿违约造成的损失。实际上，索赔的赔偿也应以实际损失原则来确定索赔的内容。

实际损失，指的是干扰事件对索赔方造成的实际影响，主要是对费用开支、工期和利润的实际影响，这个实际影响的大小就作为索赔值。按照实际损失原则，索赔方不能因为索赔事件而获得额外的收益或损失，这也体现了索赔对被索赔方来说不具有任何惩罚的性质。

实际损失包括直接损失和间接损失。所谓直接损失，是指索赔方现有财产和利益的直接减少以及工期的延长，常表现为成本的增加或实际费用的超支。所谓间接损失，是将来可得财产（利益）的失去。例如，由于发包人拖欠工程款，使承包人失去这笔款项的存款利息收入。

根据干扰事件造成索赔方直接损失以及可获利益减少的间接损失，在可赔偿内容确定的基础上采用合理适当的计算方法计算得出索赔值。

所有干扰事件引起的实际损失以及这些损失的计算分担，都应依据实际发生的成本记录或单据。即需要有详细具体的计算证明，而且在索赔报告中必须出具这些证据。这些证据通常有各种费用支出的账单，工资表，财务报表，包括会议记录、施工日志、质量验收记录、工程量变更记录等在内的证实工程量、工期、计价标准的资料。

第二节　严格责任归责原则及案例分析

一、原则运用的关切点

（一）合同状态变化分析

合同签订时形成一种合同状态，这种状态很容易被打破，而索赔的目的就是使合同状态达到新的平衡。根据干扰事件以及与事件有关的依据，从合同的原始、可能、实际这三种状态入手来分析干扰事件的实际影响，从而分清各方的责任。从合同状态的变化来帮助发承包

⊖ Ajibade Ayodeji Aibinu, George Ofori, Florence Yean Yng Ling. Explaining Cooperative Behavior in Building and Civil Engineering Projects' Claims Process: Interactive Effects of Outcome Favorability and Procedural Fairness [J]. Journal of Construction Engineering and Management, 2008, 134 (9): 681-691.

双方识别索赔机会点以及分析索赔内容和数值。

1. 合同原始状态

合同原始状态是合同签订时根据合同条件、工程环境、实施方案确定的合同工期和价格。分析的基础为招标文件和各种报价文件，包括合同条件、合同规定的工程范围、工程量表、施工图、规范、总工期。双方认为的施工方案和施工进度计划以及人力、材料、设备等的安排、里程碑事件、承包人合同报价的价格水平等。合同原始状态分析确定的是如果合同条件、工程环境、实施方案等方面均没有发生变化，则索赔方应该在合同工期内，按合同规定的要求行使责任。

2. 合同可能状态

合同可能状态是一种理想状态，在现实中不存在，只是一种计划状态。要分析干扰事件对施工过程的影响，必须在合同状态的基础上加上干扰事件。为了区分各方面责任，这里的干扰事件必须是非索赔方的责任引起的，而且不在合同规定的承包人应承担的风险范围内，符合合同规定的赔偿条件。

3. 合同实际状态

合同实际状态是按照实际的工程量、生产效率、人力安排、价格水平、施工进度安排等确定承包人实际履行合同义务的工期和费用。

在合同实施过程中可以根据合同状态的变化来发现索赔机会。当合同状态发生改变时，工程合同主体可以通过监督、跟踪、分析和诊断，来寻找和发现索赔机会。比较三种合同状态，可知：①实际状态与合同原始状态之差为延长的工期或增加的费用，这里包括所有因素的影响，如发包人责任的、承包人责任的、其他外界干扰的；②可能状态与原始状态之差是按合同规定索赔方真正有理由可直接提出的索赔值，即索赔方有索赔权；③实际状态与可能状态之差为索赔方自身责任造成的损失和合同规定的索赔方应承担的风险，其由索赔方自己承担，得不到补偿。三个合同状态之间的关系如图 4-7 所示。

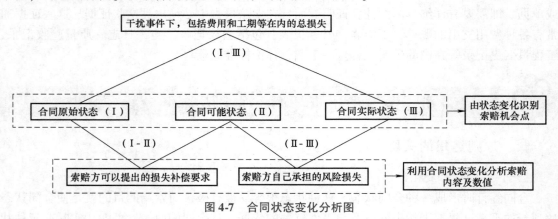

图 4-7　合同状态变化分析图

索赔值的大小则是由干扰事件造成实际施工过程与预定计划的差异所决定的，也就是合同原始状态与其可能状态的差异所决定，并非是所有损失大小，因为有一部分是索赔方自身需要承担的风险损失。

（二）索赔的归因分析

索赔归责的前提是对索赔事件进行归因分析。归因理论的最早出处可追溯到 Heider 所著的《人际关系心理学》，归因指的是人们基本认知的过程，为了更好地了解身边事物，而去探索事件的形成原因，是人们解释自己行为或者他人行为以及这种解释对动机、情绪和行为的影响过程。归因理论的核心是探索事件发生背后的原因。

1. 索赔事件的原因分类

无论是工程施工合同还是 EPC 总承包合同，导致风险损失的原因主要体现在三个方面，即客观原因、发包人引起的风险事件和承包人引起的风险事件。发包人和承包人原因的各种可能性都有，不仅有单方面原因导致还有双方共同引起的干扰事件，即交叉影响共同引起的干扰事件。索赔事件归因分类如图 4-8 所示。

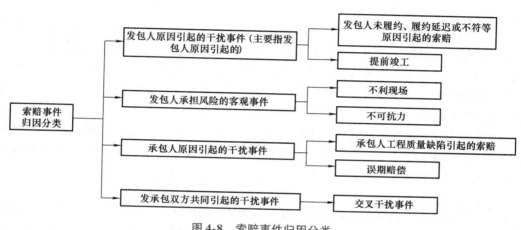

图 4-8　索赔事件归因分类

2. 归因分析的维度

根据归因理论，归因分析主要从两个维度，即原因源维度、可控性维度来分析。

（1）原因源维度

原因源维度是指原因产生的位置，包括内部原因和外部原因，也称内外性。即风险事件的发生是由于合同双方当事人自身原因造成的，或者是由于客观条件造成的。若风险事件的发生是由合同一方当事人的行为造成的，则行为人就要为其行为造成的结果承担主要责任；若风险事件不是由双方当事人的行为导致的，而是由于第三方或者其他事件造成的，则责任要由双方共同承担。

（2）可控性维度

可控性维度是指风险事件的发生是否由于合同一方可以控制的原因造成的。若合同一方当事人可以通过采取一系列措施控制此类风险事件的发生，则属于其可以控制的范畴，如果其未采取措施任由事态发展，则要承担责任；如果风险事件是不可能避免的，不在合同任一方的控制范围之内，任一方的任何行为或措施均无法减轻结果损失，则属于不可控的事件，承担的责任相应较少。

综上所述，从原因源和可控性两个维度进行风险事件的归因分析，可为后续的归责分析做基础。

（三）归责分析的依据

归责分析的依据种类繁多：在合同签订和合同实施过程中的依据主要为合同资料，双方信息沟通资料；此外，还有合同之外的依据，例如，工程建设领域大环境下的法律法规、国际及行业惯例等。

1. 合同分析

索赔须以合同为准则。合同文件是索赔的基础，是索赔的依据。合同是双方当事人经过平等协商后达成的合意，对双方均有法律上的约束力，记载着双方的权利义务及合同风险分配的内容。归责分析应回归到双方签合同中通用条款和专用条款对相关事项的约定。当索赔方提出补偿要求时，都需要在合同中找到相应的依据。即归责分析首先根据合同中记载的权利、义务及风险来分析事件的责任归属。

2. 法律法规

索赔是合同法律效力的具体体现，归责分析时应遵循相应法律法规文件的规定。建设法律法规是由国家制定和认可的，由国家强制力保证实施的行为规范。我国的建设项目需遵循的法律法规，有《中华人民共和国建筑法》（以下简称《建筑法》）、《招标投标法》、《建设工程质量管理条例》、《最高人民法院关于审理建设工程施工合同纠纷案件适用法律问题的解释》（法释〔2004〕14号）等。

法律法规中规定了权利和责任，索赔归责分析时应在项目所在地法律法规的规定中找到相应的索赔权。每一项工程的合同文件，都适用于所在地的法律，符合法律规定的索赔要求即具备索赔权，不符合其法律的索赔要求不能成立。

3. 规程规范

建设工程从开始的策划到最后的履行这一过程都要遵循行业规程规范，在行业规程规范中也规定了发承包双方的责任和义务以及建设工程的工作要求。所以在论证索赔权时可根据规程规范找到归责的依据，进而判断是否拥有索赔权。

国内的行业规程主要有《建设项目设计概算编审规程》（CECA/GC 2—2015）、《建设项目施工图预算编审规程》（CECA/GC 5—2010）、《建设项目全过程造价咨询规程》（CECA/GC 4—2009）等；行业规范主要是工程量清单计价计量规范，是由《13版清单计价规范》和《房屋建筑与装饰工程工程量计算规范》（GB 50854—2013）等9个不同专业工程的计量规范组成的。

4. 补充协议及确认单

索赔亦需以事实为依据。其事实依据主要体现在施工过程中的各种补充协议和确认单。补充协议必须在实际工程过程中产生，完全反映实际情况，经得住推敲。所以，施工过程中的补充协议及确认单必须是当时的书面文件且为决定性决议和商讨，而一切口头承诺、意向性的意见或建议都不算；工程中的重大事件、特殊情况的记录，发包人或监理人口头指令形成正式确认文件并经签署认可。

对于未确认、无旁证的口头指令等类似文档记录，及未鉴定的施工照片及视频、录像资料等，这些都不能作为索赔过程中归责的依据。

5. 国际及行业惯例

建设工程管理中的国际及行业惯例是在长期实践中形成的，是各国在长期工程实践中不断积累和总结的并为公众所认可、反复采用的结果，体现了建设管理的一般规律。国际及行业惯例不仅可以填补法律、合同等的空缺，还有助于平衡各方当事人的利益。因此，索赔事件中的索赔方难以从合同等文件中找到有力论据支持索赔权时，可以参照国际和行业惯例来归责分析。但是，在引用国际及行业惯例时，不能引用与有关法律、公众利益及合同条款相冲突的惯例。尤其是在承接国际工程时，项目参与方应更清楚工程项目索赔事件在国际及行业中常用的惯例处理方式。

（四）归责分析的要点

1. 过错责任者承担损失

根据传统立法上的过错责任原则，合同当事人没有履行或没有完全履行合同规定的义务的，应以过错责任原则作为确定违约责任的要件。在合同履行过程中，一方不能因其自身的过错而不承担责任，这也体现了权利和义务的对等性。由此在建设工程项目实践中，遵守合同的一方，其权利受到法律法规的保护；不履行合同义务的一方，就需对其违约行为承担损失。例如，因发包人原因导致工期延误期间的物价变化风险，作为违约方的发包人就需要对自己的过错承担为承包人调增物价的责任。即使发承包双方在签订的原合同的风险分担方案中约定价格一律不调，工期顺延期间遇到价格上涨时，承包人也可以向违约的发包人要求风险重新分配。

2. 首发过错责任归属

过错是违法行为人对自己行为及后果的心理状态，它分为故意和过失两种形式。故意是指行为人明知自己行为的不良后果，而希望或放任其发生的心理状态；过失是指行为人应当预见自己行为可能发生的不良后果而没有预见，或者已经预见而轻信不会发生的心理状态。故意和过失在民事责任中并不是确定责任大小的依据，而是承担责任的依据。在过错责任归属中常会出现多种过错责任方，形成混合过错。

在实际施工过程中，索赔的干扰事件不只由一方造成，往往是由二三种甚至多种混合原因共同导致，在交集时间内发生（或相互作用）而形成。根据首发过错责任来判断最先发生干扰事件的责任归属方，在首发事件结束之前不考虑此过程中其他干扰事件的影响。

3. 免责事由认定

免责事由是指法律规定或者合同约定，当事人可对其不符合合同约定的行为或者对于他人人身、财产等损失不承担法律责任的事实和理由。根据《合同法》及合同示范文本的规定，当事人因不可抗力不能履行合同的，应当及时通知对方，以减轻可能给对方造成的损失，并应在合理期限内提供证明。在 FIDIC 合同条件中，不可抗力的定义为：不可抗力是指符合以下条件的异常事件或情况：①一方无法控制的；②在签订合同前该方无对于使得发承包双方均遭受损失且非双方原因导致的自然灾害等不可抗力因素的干扰事件。国内的合同中对不可抗力的定义，是指合同当事人在签订合同时不可预见，在合同履行过程中不可避免且不能克服的自然灾害和社会性突发事件，如地震、海啸、瘟疫、骚乱、戒严、暴动、战争等和专用条款中约定的其他情形。由此可知，不可抗力具有"三不"特性，即不可预见、不可避免、不可克服。

所以按照法律规定或者合同的约定，不可抗力类的事件可以认定为免责事由。按照免责事由的责任归属以及合同示范文本中的规定，不可抗力事件的损失承担方案为：发包人需要承担任何可归结为发包人的工程损失和其内部损失，承包人只需承担自己的内部损失。

4. 受益者补偿

根据索赔相关概念的分析可知，索赔也意味着获益方应补偿那些牺牲自己利益提供增值的合同另一方。即基于合同状态补偿理论的原理，不仅包括对损失的补偿，还应当包括对具有风险性干扰事件的承担者的增值补偿，即具有积极履约精神的一方应获得回报。获得项目增值的一方即为受益者，受益者应分享项目增值的收益或给予损失救济。

受益者补偿是指在施工过程中，协调贡献者与受益者之间的"利益冲突"，实现建设工程资源和正外部性的可持续发展。即发包人或承包人提出包括工程变更、方案建议、提前风险防范等在内的项目优化，优化项目后实现工程项目增值或工程项目绩效目标提升的所得利益者向为优化工程所做贡献者进行相应的经济补偿和非经济形式的回报和弥补的行为。受益者给予贡献者补偿，使双方的良好合作关系可持续。

索赔方在尽善履约或是承担风险责任的同时，关注的就是其可获得的收益。受益者补偿体现了事件处理的公平性，是合同双方的重点关切内容，也是分配公平的重要组成部分。

二、案例

案例 4-1：某扩建工程施工索赔的归责分析案例

（一）案例背景

1. 项目背景

某扩建工程包括厂房建安工程、热轧开挖和基础工程、精整设备基础工程、加热炉设备基础、版基线基础、冷轧开挖、热轧设备安装、加热炉设备安装、版基线设备安装、DC 铸锭机基础、公辅管道安装、精整和热轧照明等共计 12 项。

项目采用代理型 CM 管理模式（CMA），参与方为承包商 TJ 建设公司、业主 ML 有限公司、项目管理公司 XT 建筑上海有限公司、监理公司 QX 工程建设监理公司、分包商及供应商。

经过招标，项目管理公司于 2011 年 4 月 18 日下发了中标通知书给承包商，之后双方就细节问题进行谈判，最终达成一致，双方于 2012 年 5 月 25 日签订了总价固定合同，合同总价为 4 500 万元，约定工期为 2012.9.1 ~ 2014.3.1。

2. 合同背景

本项目选用的范本为美国建筑师联合会（American Institute of Architects，AIA）出版的 AIA 系列合同⊖中的 A201CMa-1992。合同目录如下：①一般规定；②业主；③承包商；④工程师；⑤分包商；⑥业主或其他承包商的施工；⑦变更；⑧工期；⑨支付与完工；⑩人员和财产的保护；⑪保险和保函；⑫剥离检查或者缺陷修复；⑬其他规定；⑭合同终止和暂停；⑮争议和索赔。

（二）索赔事件及分析

本项目在施工过程中，业主和总承包商之间发生了如下四项事件：

1. 施工范围发生改变

（1）争议事件

根据项目管理公司下发的图样，施工承包商编制了采购计划，2012 年 11 月 21 日材料进场，承包商多次催促管道支架形成（这是总承包单位进行施工的前提条件），但由于项目

⊖ AIA 致力于出版用于工程管理的标准项目设计和施工合同文件。AIA 于 1988 年出版了第一份适用于业主和承包商之间的合同（The uniform contract for use between an owner and an a contractor）。在 1911 年出版了第一份标准建设工程通用条件（Standardized general conditions for construction）。

管理原因迟迟没有提供形成施工条件，导致无法正常开工。2013年1月5日形成变更，项目管理公司通知承包商将该工作从总承包范围内移除，并于2013年3月25日将该部分工程移交其他承包商进行，承包商采购的材料同时移交，业主支付材料费。2013年4月30日支付采购所用工程款，施工承包商垫付材料款5个月（2012.11.31～2013.4.30）。合同中该部分工程费用为：材料费＋安装费，共计175万元，其中，安装费为63万元。

承包商向业主就人员窝工（1200工日，75元/工日）、机械窝工（160台班，350元/台班）进行索赔，同时，通过对投标文件中涉及该部分工程的内容分析，企业管理费与利润的综合费率（含风险）为4%，并向业主提出负责已购买的长达五个月的材料存储的材料保管费和工期顺延的要求。在承包商表达索赔的意向时，业主没有立即给出具体的答复，而是要承包商提供更加详细的论证分析。

（2）争议焦点

双方争议的焦点在于：由于业主方的管理原因导致承包商延迟进场，以及将工程转移发包给其他承包商的一系列问题，使得承包商受到较大的损失，在这种情况下，业主是否应该给予承包商损失补偿。

（3）争议分析

承包人找到签约合同的相应条款来加以论证。与该事件相关的合同约定有：

1）合同第9.3.4款：除非合同中另有约定，材料和设备到场被储存好后，该笔款项（材料费）将被支付。

2）合同第14.4.1款：业主可以在自己方便的情况下终止合同而不需要任何理由。

3）合同第14.4.3款：在业主终止合同的情况下，承包商应获得已完工程的付款，以及由于该终止而造成的费用，包含未实施的工程的合理利润。

4）合同第24.2.2款：业主可以为了自己方便，以书面通知承包商的方式终止承包商继续进行全部或部分工程的权利。

5）合同第24.3款：在按照第24.2款终止合同后，承包商将按比例获付被终止工程中已执行部分的合同报酬的一部分，包括承包商已经为之预定且未被撤销的合同范围内的材料和服务。

6）合同第6.1款：如果延迟不是由于承包商的任何作为或不作为造成或助成，则完工时间相应顺延。如果业主要求承包商加班以弥补任何该等迟延，则业主将向承包商支付该等加班时间的费用。

承包人根据合同条款内容以及发生的事件，做出以下论证：

1）依据合同第14.4.3款，承包商认为业主应补偿因删除合同中部分工作而造成的人员及机械窝工费用以及该部分工程的合理利润。

2）依据合同第24.3款，业主应向承包商补偿被业主删除合同中部分工程的合理报酬，同时，由于承包商购置并储存了材料一定的时间，业主应向承包商补偿一定数量的材料保管费。

3）依据合同第6.1款，承包商可向业主索赔由于变更导致的工期顺延。

所以根据严格责任原则，承包商以上所述损失是由业主的违约行为造成的，而且有合同文件的约定做佐证，承包商提出的索赔要求是合理的。

（4）解决方案

业主根据签订的合同条款及承包商做出的索赔论证，承认是由于己方删除合同中部分工程造成承包商的工期延长及人员、机械的窝工，并同意支付因删除工程导致承包商有所损失的利润，以及承包商支付的材料保管费。因此业主最终同意了承包商的索赔要求。

针对类似事件，应满足以下三点：

1）由于业主的原因造成总承包商发生损失。

2）在双方签订的合同中有条款确切地表明在业主造成承包商的损失时应给予其合理的补偿。

3）索赔方在提出索赔的合理期限内提出补偿要求，并准确论证其索赔要求。

按照严格责任原则中的过错责任者需要承担损失来看，业主应对自己的违约承担责任，从而来满足承包商损失心理的补偿欲望，并且也保证了双方签订的合同的继续履行以及履行的效率。

2. 修复过程出现缺陷

（1）争议事件

业主在考虑该项目特殊性（较高的防水要求）的情况下，为承包商指定了一种施工工艺而没有采用承包商施工方案中的施工工艺；同时设计规范指出，该类项目允许出现漏水情况，并允许承包商采取修补措施。

合同签订以后，承包商按照要求进行了防水措施。尔后，该项目在防水措施完成后出现漏水情况。针对该情况，承包商进行了修补。然而在修补过程中，业主在承包商不知情的情况下，自行雇用其他承包商在某些施工难度较大的部位使用特殊材料（合同并无约定）进行了修补工作。

业主就漏水缺陷修复向该项目的承包商进行逆向收费。业主依据的与该事件相关的合同约定是第6.1款："业主保留自己进行施工或者承包给其他承包商施工的权利。业主负责协调业主自己的施工队伍和其他承包商的工作。当业主选择使用自己的施工队伍进行施工时，业主的施工队伍被视为和其他承包商有相同的权利和责任。"

根据合同第6.1款，业主表明其可以自行雇用其他承包商进行漏水修复。且在施工过程中，承包商对业主指定施工工艺没有提出异议，表示承包商认可该防水施工工艺。因此，承包商应对该防水工程负工程缺陷修复的义务，所以业主提出由原承包商承担修补费用。

承包商拒绝业主就漏水缺陷修复向其进行逆向收费的要求，声称业主自行修补发生的修补费应由业主自己承担，且在合同中并没有约定此种情况下承包商来支付修补费。

（2）争议焦点

业主认为对于承包商没有异议的施工工艺，在其完成后发生的质量问题应由承包商来支付修补费用，即使是业主雇用其他承包商完成了修补，其费用也仍由原承包商来承担；但是承包商认为在其自身原本愿意自行修补的情况下，既然业主没有发出修补通知就独自行动了，那么修补费就应由业主自己承担。所以双方争议的焦点在于：施工过程中发生质量缺陷的修补费，应由业主承担还是由承包商来承担。

（3）争议分析

在工程质量发生缺陷以及解决缺陷修补问题时，要注意思考以下两方面内容：

1）按照归因思想，判断索赔方申请的索赔事件是否为非己方的原因，即工程质量的缺陷问题到底是由哪一方引起的。此案例中发生缺陷部分的施工工艺是由业主采纳其他施工工艺完成的，但是对于业主的决定，承包商对此施工工艺并没有提出异议，表明承包商是默认此工艺的。但是仅据此又不能完全断定这是由于承包商的原因导致的工程质量缺陷问题。而在合同中也没有说明业主安排的、承包商无异议的施工方案导致的质量缺陷责任应由谁来承担。

2) 从归责的角度，分析保证工程质量的责任主体，以及当发生缺陷时承担相关责任的主体。在此案例中，项目出现漏水时，承包商已经及时修补了漏水情况，证明其有能力对漏水情况进行修复，且并未消极怠工。按照合同的约定，业主不仅有自主决定施工队伍的权利同时也有协调施工队伍的义务。所以，业主不能在合同履行的过程中只行使指定其他承包商的权利而不履行协调各方的义务，业主不该妨碍承包商的工作。而且，承包商没有申明也没有用行动表明其不能或者不愿意进行修补。业主在这一过程中直接雇用其他承包商进行修复的行为不妥，没有给予承包商"合理的"时间来修补。据此，这一事件的责任应由业主来承担，承包商拒绝业主的索赔是合理的。

（4）解决方案

在承包商向业主阐述清楚此事的责任归属问题并坚定拒绝后，业主放弃了此索赔。由以上分析可知，事件的责任应由业主来承担，承包商拒绝业主的索赔实属合理。如果在索赔管理过程中承包商自身的处理能力不足，可组建索赔小组或求助有经验的律师来帮忙。

依据合同分析事件的原因和责任时，应明确不同合同对合同双方的责任和义务具有不同的约定，这会影响合同履行过程中发生事件的责任归属问题。所以要从所签订的合同条款来综合性地分析合同双方的责任，判断所发生的争议事件的真正承担主体。

3. 业主设备损坏引起的逆向收费

（1）争议事件

施工过程中，发生了如下事件：①2013年10月30日前后，承包商的施工队在使用升降机的过程，一个位于立辊机入口辊台前方的升降机撞到立辊机入口辊台前侧的防护装置，导致防护装置变形并倾斜，后由另一家承包商修理好；②一个月后，立辊机入口辊台前侧的防护装置再次由于升降机的撞击而变形，并由其他承包商修理好；③业主及时让有修理能力的其他承包商修理好并承担了损坏的升降机的修理费用，因此承包商没有因设备问题导致工期延误。

工程竣工后，业主向承包商提出因设备损坏引起的索赔要求，索赔费用为61 959.00元。

根据与该事件相关的合同第15.1.2款的约定："合同任何一方必须在索赔事件出现21日内或索赔人意识到索赔事件的出现21日内提出。在索赔得到最终处理前，承包商应当继续执行合同，而业主应当继续按照合同约定支付工程款。"于是，承包商以超过索赔期限为由不同意承担，该索赔费用。

（2）争议焦点

业主认为承包商作为一定的受益者，应该支付维修设备的费用。但是承包商认为业主没有在合理的索赔期限内提出索赔。所以双方的争议焦点在于：一方超出索赔期限提出索赔，作为受益者的被索赔方是否应给予索赔方赔偿。

（3）争议分析

业主及时主动地修理非己方原因损坏的设备，这一行为不仅保证了承包商的继续施工，防止工期拖延，还为双方所签订合同的有效履约做出了一定努力。这些对承包商来说是有益的，承包商不该让修补的损失由业主来承担。所以从受益者补偿原则角度来说，承包商应该给予业主修理费的损失补偿。

双方签订的合同中也没有说明超出时限就丧失了索赔权。且承包商只是认为索赔的提出超出了期限，而没有否认业主提出修补损坏设备的事件。双方的这一共同认知有助于业主的索赔。

（4）解决方案

承包商最终承认了业主的索赔，但又不赞成索赔费用数额。于是这一索赔事件与其他事件一起综合处理。所以，只要业主掌握双方均认可的事实，对于以上事件造成的业主的损失，就可以让承包商来承担。如果承包商依旧不给予赔偿，则业主可以找承包商进行谈判协商，或者在第三方的帮助下进行调解。甚至一些强势的业主可能直接从应支付给承包商的工程款中扣除。但为了双方和谐关系的考虑，采取洽商的形式为妥。

在签订合同时，业主和承包商均应明确索赔时限，甚至包含对超过期限即视为放弃索赔权的约定。承包商在合同内享有的索赔权利终止的时间是从最终结清单生效开始终止。而业主的一些可索赔项的索赔权在工程保修期结束后才终止。实际上，在工程实践中，即使工程完成竣工验收，在工程保修期内，当工程出现质量问题时，根据施工单位签署的工程保修书，业主仍有权向施工单位提出质量损坏的修补赔偿。

因此，在工程实施中，索赔方最好在合同约定的时间限制内完成索赔的各项事宜，防止索赔障碍的出现。

4. 工程延期完工

（1）争议事件

承包商发现地质情况与勘察结果不同并告知了业主，业主为此提出了很多工程变更，如更改了施工方案。类似的业主提出的工程变更还有很多，共发生设计变更联系单 1 134 次，图样变更 526 次。最终在工程完工时，实际完工工期与计划工期产生了严重差异，双方在竣工结算时对工期问题产生了大量争议。例如，在进行版基线设备安装工程时，承包商提供的施工方案和施工进度计划已经得到了业主的批准，总工期为 22 天。实际施工时，业主要求其中一项工作采用新的工艺，并且要求承包商重新编制施工方案，导致这项工作的持续时间延长了 3 天。然而，对于业主提出的各项变更导致的工期延迟，承包商均未按合同约定在发生工期延迟的 5 天内向业主提交工期延迟申请。

在竣工结算阶段，承包商认为上述时间延误责任应由业主来承担。业主不赞成承包商的工期拖延的理由，与此同时，业主根据实际完工工期与计划工期产生的工期差异，向承包商索赔误期赔偿费共计 600 万元，从应允过但还没有给予的工程变更款中扣除。但是，承包商拒绝向业主支付 600 万元的误期赔偿费，其一是数额较大，其二是承包商认为施工中复杂的变更及工作变化，加重了工作任务而来不及反映工程的延期事实。

（2）争议焦点

业主认为承包商未按合同约定的 5 日内期限来按时告知，说明承包商对工期可控且自愿承担误期风险，向承包商索赔误期赔偿费实属合理。承包商则认为即使超出了业主所说的 5 日期限的限定也不能除去其索赔权。该事件的焦点在于，超出合同约定的索赔期限是否就表明丧失了索赔权，业主的误期赔偿费按照合同中给定的比率、计算方法是否应该得到全额补偿。

（3）争议分析

与该事件相关的合同约定：

1）合同第 15.1.2 款：合同任何一方必须在索赔事件出现 21 日内或索赔人意识到索赔事件的出现 21 日内提出。在索赔得到最终处理前，承包商应当继续执行合同，而业主应当继续按照合同约定支付工程款。

2）合同第 15.1.3 款：承包商必须在引起工期索赔事件且在发现工期延期不能按照计划完工的 5 天内正式告知业主。

3）合同第 7 款：如果承包商不能按合同附件 1 及第 6 条完成工作或工作的关键部分，则将按合同规定的工程期限向业主每天按合同额的 0.3% ~ 10% 支付误期损害赔偿费。

首先，依据合同第 15.1.3 款，业主认为合同规定承包商一旦发现工期延后不能按照计划完工就必须在 5 天内正式告知业主。但现实是承包商没有做到按时告知，就相当于放弃了申请工期延期的权利。业主认为可向承包商进行误期索赔。

其次，业主在工程施工过程中，共发生设计变更联系单 1 134 次，图样变更 526 次，大大增加了施工单位按合同约定提交工期延迟申请的工作量。从归责的角度来看：延误的部分干扰是由于业主的原因导致承包商无法及时提交书面说明；繁重的变更加大了承包商的管理难度，或许承包商的管理能力有限也是延迟的一个重要原因。从合同状态变化角度来分析，索赔方可以提出索赔部分的应是不包含其自身原因导致的合同状态变化的其余部分。在此事件中，有双方的原因导致的合同状态变化。所以承包商可提供相关证据，说明工期延误不全是由承包商造成的。

风险事件发生时，双方囿于时间和能力的不足而滞于提出索赔，并寄希望于最后的竣工结算阶段的一揽子索赔工作。此处的承包商就是这类做法的典型代表。这一滞后的处理方式往往会使索赔遇到障碍。

（4）解决方案

经过双方的交流，承包商不得不同意业主的全额误期赔偿费。同时，承包商也将在工程实施过程中由于业主原因（频繁的变更）导致的未及时提出工程延期索赔，通过提供变更等证据进行了费用索赔。最终达成的是业主承担了其自身原因导致的工期延误部分损失，也是对承包商的救济，是考虑到即使承包商没有在合同规定的时间内提出索赔，但承包商的确也受到了由于业主原因导致的损失，而且承包商承担了其索赔管理不善等自身原因导致的损失。双方在谈判后确定了合理的费用分摊比例。

针对类似事件，承包商应该明晰合同中约定的索赔期限，对于影响较大、过程较为烦琐的事项，承包商应该随时跟进、定期向业主反映情况并提交搜集的资料。承包商应根据合同的约定和项目的事实情况来分析工程延期的原因以及误期的责任承担主体，从而保障自身权益，以防在后期的事件处理时遇到障碍。

案例 4-2：某水电工程发包人原因导致承包人损失的索赔案例

（一）案例背景

某工程公司作为发包人承担某电站 4 台 180MW 水轮式发电机土建及安装工程，发包人将工程的各个专业工程进行专业发包，并和各专业工程的承包人签订合同。发包人与土建施工单位根据《13 版合同》签订了一份单价合同。该电站按承包合同中的规定，2013 年 5 月 15 日由发包人提供 1 号机水轮机埋件安装工作面，2013 年 6 月 15 日开始水轮机蜗壳安装，2014 年 8 月 1 日由机电安装单位向土建施工单位移交混凝土浇筑工作面，2015 年年底首台机组成功发电。

（二）索赔事件及分析

1. 发包人导致开工延迟

（1）争议事件

由于发包人前期投资不到位的原因，使土建工程开工延误 4 个月，土建混凝土工程直接进入冬季施工。进入冬季施工后，质监站要求承包人提高混凝土标号，竣工验收时按照提高后的混凝土标号进行验收。

承包人向发包人提出冬季施工以及混凝土提高标号导致费用增加的费用索赔。而在招标投标时，按照正常时间安排工程不会进入冬季施工，所以双方均没有考虑到冬季施工的情况。招标文件工程量清单的措施项目中没有冬季施工项，承包人也没有提出异议进行报价。

承包人就冬季施工提出索赔，表明按照合同约定，土建工程不会进入冬季施工。但是，由于发包人的原因导致工程进入了冬季施工，产生额外费用支出。因此，由于发包人原因导致费用大量超出合同约定范围的责任应由发包人来承担。

而发包人以合同中没有冬季施工费为由不同意承包人的索赔要求。

（2）争议焦点

发包人认为合同签订时承包人并没有对冬季施工提出异议，证明承包人在签订合同时是根据其报价策略，自愿承担这部分风险的。双方争论的焦点在于：发包人提供的工程量清单中没有冬季施工费，但工程施工中却产生了冬季施工费，此情况下的合同价款应如何处理。

（3）争议分析

发包人提供的工程量清单中没有冬季施工的措施项，作为投标人的承包人不应承担因工程量清单的缺项、漏项的风险和责任。根据《13版清单计价规范》第9.5.3款〔工程量清单缺项〕可知："由于招标工程量清单措施项目缺项，承包人应将新增措施项目实施方案提交发包人批准后，最后按照变更事宜来调整价款。"此工程会进入冬季施工是发包人前期资金不足，工作安排不合理的原因导致的。质监站要求提高冬季施工的混凝土的质量标准而导致承包人的费用增加。因此承包人向发包人进行索赔是合理的，发包人理应准许。

（4）解决方案

承包人为了提高索赔成功率，在提交的索赔报告中做出了以下论证：

1）承包人依据监理人发出的推迟开工的开工令或开工报告、原施工进度计划和现在的施工进度计划等以此证明工程延期进入冬季施工是发包人前期投资不足、管理不善等自身原因导致的。

2）《13版清单计价规范》第4.1.2款规定："工程量清单必须作为招标文件的组成部分，招标工程量清单的准确性和完整性由招标人负责。"因此，招标文件中缺少冬季施工项由发包人承担责任。

3）承包人用质监站要求提高混凝土标号的资料文件，证明其是按照质监站的要求，施工时必须提高混凝土标号，且竣工验收时按此标号验收。

最终，业主同意了承包人的索赔要求，同意补偿其损失。

承包人的索赔权得到认可后，发包人应认真核准承包人提交的索赔报告中的费用要求，防止承包人有额外的虚报情况的发生。所以对于此类非承包人原因的干扰事件下的索赔，承包人应根据归责依据为自己争取索赔权，而且发包人也要认真核实索赔要求，防止受损。

2. 发包人要求加快冬季施工

（1）争议事件

工程实施中，业主为了保证2014年年底投产的目标，将各分部工程的工期都以加快施工的方式赶工完成。发包人要求承包人加快冬季施工。针对这种情况，承包人项目部进行认真分析，做出了具体负责项目的抢工期调整方案。该方案中提出了增加工作面，采用工序间合理搭接的流水作业方式。根据该方案需要增加相应的机械设备和采取相应的冬季保温措施（当时月份最低达 $-18℃$），整体方案各项费用累计 180 万元。

当承包人将预算报监理工程师审批时，由于监理人及发包人个别人认为承包人报价过高有意取财，直接以这些都是承包人自己的事情而不愿承担任何费用。承包人向发包人提出加快施工索赔，论证如下：

1）承包人认真分析合同条款，并根据发包人的工期导向思想，提出了索赔的主要依据和抢工期对 2014 年年底投产的重要性和必要性。

2）合同中的技术规范规定：当室外温度低于 $-10℃$，金属结构焊接工作应当停工。承包人根据规定认为当时室外温度低于 $-10℃$，冬季施工本是缺乏条件的，且厂房还未封顶，金属焊接的工作按照规范本应该停止。

3）合同专用条款第 7.5.4 款规定："工程施工过程中，相应的工作面交接时出现交面拖延，接替承包人的有关工作面也应相应顺延。"据此认为土建工程的施工时间应按原计划工期相应向后顺延时间，但现在发包人要求赶工，那么发包人应给予赶工补偿。

（2）争议焦点

针对发包人要求以赶工的方式达到在上一个事件已顺延工期的基础上按原时间完工，承包人坚持要求发包人给予赶工补偿。而发包人却不同意给予承包人的赶工补偿。双方争议的焦点就在于：在此情形下发包人要求赶工的，承包人能否得到赶工补偿。

（3）争议分析

该事件是由于赶工引起索赔，而赶工的原因是业主前期投资不到位造成合同工期不能实现计划工期，理应顺延工期，但业主要求通过赶工实现工期。根据《13 版合同》第 7.9.2 款的规定："发包人要求承包人提前竣工，或承包人提出提前竣工的建议能够给发包人带来效益的，合同当事人在专用合同条款中约定提前竣工的奖励。"即发包人应当给予其一定的提前竣工费。在此事件中发包人要求冬季赶工，对承包人来说是一件耗费财力的事情。因为冬季赶工比普通时节要付出更多，一方面要考虑工程质量及安全，达到各项硬性指标，另一方面还要兼顾工作人员安全。所以发包人的拒绝显得不合理。

（4）解决方案

承包人依旧据理力争，再次按照以上论证观点搜集足够的资料证明，提交索赔报告，积极组织同发包人及监理工程师协商讨论，直到双方达成共识，并签订了补充协议。补充协议明确了双方协商采取赶工措施后，按照采取加速施工的实际成本加上提前竣工后的奖励，实现对承包人的赶工补偿。

承包人获得签订补充协议的机会后要抓住这一机会，承包人项目部应及时动员内部职工，充分挖掘，将原来粗线条的计划分解为日计划，按日计划对班组进行考核，对施工人员实行奖罚结合。同时在施工中加强影响工期因素的记录和工序调整分析，对因发包人及监理人等原因引起的工期延误及时发出索赔通知书备案，从而成功地达到预期补偿目的，取得良好的经济效益。

案例 4-3：传染性疾病引起的免责事由索赔案例

（一）案例背景

位于沿海城市的一项工程建设项目 AB，发包人与承包人按《13 版合同》签订了施工合同，工期是 400 天。2002 年 9 月份开工，工程已经完成部分施工。至 2003 年年初，我国广东省首先发生传染性非典型肺炎（SARS）病例。随后，我国有 24 个省份先后发生 SARS 疫情，共波及 266 个县和市区。这场突如其来的疫情灾害，严重威胁了建筑工人的身体健康和生命安全，也影响了在建工程的进度。为了避免人员密集与交叉传染，许多工地被迫停工。2003 年 3 月份开始，AB 工地上的工人有了恐慌情绪，数位工人因害怕染上 SARS 而不辞而别。为了抗击 SARS 疫情，政府采取了大量措施，如限制人群聚集活动，甚至是停工、停业、停课，征用物资和交通工具。

（二）争议事件

国家有关部门为了防止传染性疾病的扩散进行了交通管制，致使材料、设备等不能及时到位。在疫情的压力之下，AB 工程的承包人不得不安排现场施工人员停工。继而，延误了本工程的计划工期。鉴于已经完成部分工程的实施建设，承包人以高工资安排部分管理及施工人员驻扎在项目现场进行照管。同时，承包人在合理期限内证明并提供了一份索赔报告提交给监理人，得到发包人的回复是允许暂停施工，工期不予顺延。当 SARS 疫情结束后，全国各地各业逐渐恢复正常运转，本工程也再次开工，承包人经过计算发现赶工也很难实现在原定的计划工期内完成工程。于是，承包人将此次疫情当成不可抗力事件，根据所签订合同的第 17.3.2 款，再次提出：①因传染性疾病导致的工期索赔；②停工期间必须支付的部分工人工资；③停工期间在现场照管、清理等人员的费用索赔。发包人仍然不赞成承包人提交的索赔要求。

（三）争议焦点

本事件的焦点在于：根据所发生的重型传染性疾病情形，承包人必须停工，在此情况下造成的工期延误以及现场照管人员的工资索赔等是否应得到发包人的悉数补偿。

（四）争议分析

发包人不同意将传染病事件认定为不可抗力事件，传染性疾病的影响程度不同，政府采取的相应措施也不同，故应先判断其达到何种程度可对工程项目造成实质性的影响，进而认定传染性疾病能否构成不可抗力。通过整理以往研究成果和相关规范性文件中的内容，将这些特质分为了 3 个等级，如表 4-2 所示。因此，当承包人能够分析此次的 SARS 疫情实属不可抗力事件，则可以按照免责事由的处理原则向发包人提出索赔要求。

表 4-2　传染性疾病的特质和政府采取措施的特质的等级划分

研究分类\级别	传染性疾病的特质				政府防制措施的特质	
	持续时间	传播途径	影响范围	危害程度	限制人员流动	强制征用
一级	3 个月以上	空气传播 接触传播 食物传播 水传播	全球爆发，国内超过 20 个省市受到严重影响	近千人感染，超过 50 人死亡	强制隔离，交通管制，禁止人员集会	物资 设备 交通工具 人员
二级	1~2 个月以上	接触传播 食物传播 水传播	国内爆发，大部分地区受到影响	感染超过百人，死亡不足 10 人	强制隔离，交通管制	物资 设备
三级	15 天以内	接触传播 食物传播	单个省市范围内受到小范围影响	不足 50 人感染，无死亡病例	强制隔离	物资

而且从传染性疾病的特质描述和等级划分以及政府采取的相关措施来看，可从持续时间、传播途径、影响范围、危害程度和限制人员流动五个方面分析其满足不可抗力事件的"三不原则"：①不可预见性。由于传染性疾病爆发突然、产生原因十分复杂，即使是具有广泛医学知识的医学专家也无法准确预见其发生的时间/地点、持续时间、影响范围、危害程度等，即具有无法预见的客观性。②不可避免性。从传播途径来看，由于人类依赖于大自然生存，现今的医疗水平还无法做到完全避免传染性疾病的传播，从传染性疾病的影响范围和危害程度来看，人与人、人与动物之间的密切接触程度是无特定关系的。因此，发生病例死亡和经济损失都是在做出努力后仍不可避免的；政府为了防止疫情传播进行交通管制，致使材料、设备不能按时到位，这些强制性措施承包人不能违抗，是不可避免的。③不能克服性。从传染性疾病疫情爆发至今，医学界还没有研制出确切有效的医疗方法阻止传染源的传播扩散和克服传染性疾病的发生，传染性疾病没有明确的传染源。政府为了防止疫情的传播而禁止大规模的群众活动，要求工程项目封闭施工，使得工程存在窝工、进度缓慢的现象，这也是无法克服的。

综上所述，可以看出 SARS 疫情已经达到不可抗力事件的"三不原则"，因此，承包人可以按照免责事由的处理原则来达成索赔的目标。

（五）解决方案

承包人在律师等专业人员的帮助下多次提交索赔文件的基础上，发包人最终意识到 SARS 疫情的危险性、承包人停工的必要性，以及按时完工的困难性。于是，双方在一番探讨后同意按照免责事由来解决此索赔事件。双方达成由于危险传染性疾病导致工程遭遇不可抗力的索赔工作共识，发包人同意按照网络分析法计算得出以总延误时间为批准顺延工期，也给予了现场照管人员部分费用。

根据分析结果以及现有的文件，得出不可抗力的传染性疾病的具体界定情况可概括为以下六个方面：

1）持续时间。根据卫生部发布的《流感样病例爆发疫情处置指南（2012 年版)》的研究结果，认为传染性疾病持续三个月以上即属于不可抗力。

2）传播途径。通过阅读相关文献发现，当传染性疾病的传播途径多达四种及以上时属于不可抗力。

3）影响范围。根据国家统计数据汇总得出结论，当传染性疾病暴发时，国内大部分地区受到影响或严重程度达到全球性暴发可构成不可抗力。

4）危害程度。通过国家发布的《中华人民共和国传染病防治法》和国家统计数据总结出传染性疾病感染超过百人，死亡达 10 人及以上属于不可抗力。

5）限制人员流动。根据国家发布的《国家突发公共卫生事件应急预案》和相关文献总结出：当国家采取强制隔离和交通管制或者更多相关措施时即可达到不可抗力。

6）强制征用。根据国家发布的《发生公共卫生事件的处置办法》总结出：当强制征用的范围同时包含人员、物资、设备和交通工具时即属于不可抗力。

所以，对于不可抗力事件的处理，承包人应搜集并整理资料，按照免责事由来申请相应的索赔，而发包人的重点是分析和把关发生的事件是否足以达到不可抗力事件的层级。这些都对发承包双方的管理工作提出了挑战，而且发承包双方可以在条款中将严重型传染性疾病列入不可抗力的范畴或者在专用合同条款中说明此类风险事件的处理方式。

【资料来源：改编自张凯红，杜亚灵，张宇. 13 合同范本下传染性疾病引起的索赔问题研究［J］. 价值工程，2015，34（33）：216-218.】

案例4-4：XLD工程赶工引起的受益者补偿案例

（一）案例背景

XLD水利枢纽土建国际二标（泄洪排沙系统工程标）合同规定的具备截流条件的目标日期是1997年10月31日，这是XLD工程的重要里程碑之一。按时完成截流，对于XLD工程来说具有较大的经济和社会效益。但从1995年年初开始，由于承包商导流洞一期开挖进度缓慢和开挖过程中业主方的原因出现了一系列工作难题，使得工程进度受到严重影响，造成约11个月的工期延误，而且存在着进一步工期延误的危险，直接影响到二标工程的按期截流目标的实现。

业主与承包商就工期延误有关细节方面存在很多分歧，但业主与承包商在最初的高层会谈中，为确保截流目标的实现，在原则上达成了"搁置争议，实行赶工"的共识。为此，双方就赶工问题进行了进一步讨论，想就此问题形成一个协议性文件，但由于涉及具体问题太多，双方分歧较大，很多问题都没有得以确定。更为重要的原因是承包商提出巨额的赶工费用但又不承诺保证按期截流，最终双方并未形成一个正式的赶工协议。

承包商考虑到业主关心的是工程项目的成功，XLD二标工程的赶工就在双方充满不确定且未达成协议的状况下开始了。1995年9月，工程师根据业主与承包商达成的关于赶工的初步共识，根据合同（1987版FIDIC合同条件）第51条〔变更〕，向承包商发布了导流洞赶工的指令。同月，承包商也根据双方会谈的精神，提交了修订的基线进度计划IT05——赶工一揽子计划。在以后赶工的过程中，承包商不断修订其赶工计划，直至IT14计划，其中1996年10月提交的IT09计划为工程师正式批准的全面赶工计划，在这个计划中承包商承诺能够最大限度地实现完工日期和以后的最终完工日期。

（二）争议事件

1. 承包商提出赶工索赔

1996年12月，工程师要求承包商提出关于赶工措施费用报价。1997年6月，承包商采用"总时间法"计算延误，并提交了主题为"为实现1997年10月31日截流赶工措施——承包商的估价"的赶工索赔文件，该文件共分为三卷，分别为权利、估价和附件。承包商的赶工费用索赔内容归纳起来包括三类：①赶工措施费用；②效率损失费用；③间接费用。

2. 工程师的决定

工程师基于合同第51条〔变更〕发布赶工指令，指令承包商采取赶工措施，保证截流目标的按期实现。因此，工程师处理赶工索赔问题基本是按照FIDIC合同条件关于变更的处理程序来进行的。在工程师的决定中，工程师根据工程同期记录等基础资料和合同规定，对承包商提交的赶工索赔各个子项目各个单项事件分别分析、计算和评估。对其认为合理的部分同意进行补偿，有分歧的部分进行修正，不合理的部分进行否定，并考虑业主与承包商双方责任的分摊，确定了赶工费用金额。

3. 业主和承包商的观点

1) 业主根据合同分析以及合同状态变化情况，认为工期的延长的部分原因是由于承包商在前期开挖的时候内部管理和技术较为落后，改变了里程碑事件的时间，导致工程无法按照合同原始状态进行下去。所以，业主同意工程师按照合同第51条〔变更〕指令承包商实施增加的工作或改变施工顺序及其评估的赶工费用。

2）承包商并没有接受工程师做出的决定。首先，承包商认为对于非自身原因造成的工程延误以及合同状态的改变是业主的责任，承包商没有义务进行赶工；其次，承包商认为即使自己对延误负有责任，但按照合同不一定非要采取赶工的方式，可以在工程师授予的延期内采取费用较低的赶工措施或者不赶工而接受误期损害赔偿；而且承包商认为因"赶工指令"而变更的工作原合同中的单价不再适用，应按合同第52条〔变更过程的估价〕和承包商的施工记录重新估价。

据上，发承包双方就工程师对赶工索赔的决定有不同的看法。而且，承包商表示还会继续加以索赔。

（三）争议焦点

承包商为业主工期利益考虑，在没有签订正式补充协议的情况下继续施工，并按照"总时间法"进行索赔。但业主要求按归因归责分析来分摊赶工费用（采用单个干扰事件分别评估方法）。双方的焦点在于：正式协议签订前，承包商考虑到工程工期，接受工程师的变更指令进行赶工任务，事后能否得到补偿。

（四）争议分析

由于施工条件的复杂性及开挖过程中业主方提供的相关工作也出现了一系列困难，使得工程进度受到严重影响。索赔事件的发生主要是客观复杂的施工条件及业主的工作原因导致的工期延误。承包商采用按总计算的方法，也是夸大非己方原因和非己方责任的想法。业主与承包商关于赶工问题在技术和财务方面未达成一致性协议，根据FIDIC合同条件，工程师无权根据合同第51条〔变更〕发出赶工指令。

尽管业主和承包商双方未达成书面赶工协议，但仍然可以要求承包商履行赶工的义务，承包商因此就丧失了使用延期进行施工的权利，这也说明承包商从己方角度认为这是业主方要求的赶工。从归责角度来看，业主是参与者也是受益者，承包商为工程的整体工期考虑，可以要求补偿，业主也应给予损失救济。

同时，业主按"对延误承担的责任的比例来分摊赶工费用"的方法在工程建设的施工中是不存在的。合适的做法是根据合同状态分析思路找出承包商应承担的风险损失，从而确定索赔方的索赔权。

对于承包商认为因"赶工指令"而变更的工作原合同中的单价不再适用，实际中赶工通常会导致效率降低。对于赶工费用的评估应将合同工程量清单的单价和实际情况结合起来，按照施工中双方确认单中确定的量和对价格变化的确认记录来得出承担责任的大小。

（五）解决方案

因仲裁的漫长过程和费用对双方都是很大的负担，为了避免走上"仲裁"之路，双方最终经过了4轮艰苦而又丰富的谈判——既谈原则，也涉及具体问题；既有技术，也包括合同、法律和商务等方面的内容。经过半年的共同努力，承包商方面大幅度降低补偿要求后，业主也同意对"欠支付"状况进行调整，给予了补偿。在达成基本共识后，双方的高层举行了最后一次谈判，签订了一揽子协议。

为了厘清双方在索赔事件中的责任界定问题，应用合同状态分析的思想，采用"But-For"（即"要不是"）方法。考虑假如没有业主责任的情况下，承包商所能达到的实际进度和实际成本，得到承包商在此延误中也应承担的部分损失。这将降低业主的责任，并以此作为确定业主应补偿的延期和费用的基础。此方法较好地解决了业主不赞成承包商的"总时间法"和"总费用法"存在的问题。

对于双方有较大分歧的索赔，建议积极针对原则性问题，通过协商和谈判达成一致。谈判可分为两方面，即"技术"和"商务"。技术协商侧重技术评估，针对具体问题，按照各方建议，用尽可能科学和客观的方法进行量化和评估。商务谈判是针对双方在技术协商中所未能解决的问题，本着友好协商、互谅互让和积极解决分歧的精神，以综合的、灵活的方法一揽子解决所有存在的问题，消除分歧、缩小目标差距，积极取得谅解并做出承诺。承包商方大幅降低其补偿要求后，作为受益方的业主同意对以前"欠支付"状况进行适当调整，并对某些项目给予补偿。

从此次困难的索赔过程也可以得到一定的启发，在日后的一些需要赶工的施工工作中，发承包双方最好能够尽快签订协议，不应因时间紧迫而搁置协议的签订。所以这也为双方的管理工作提出了一定的要求，双管齐下，在加快施工的同时也进行专项管理人员的协议签订以及赶工的估价工作。即使承包人是为业主、为项目考虑而采取的赶工，在赶工的过程中完善一些证据资料等确认单，为后续的索赔管理工作做好铺垫依然是很重要的工作。

【资料来源：改编自朱卫东．小浪底工程赶工索赔和争议处理［J］．中国水利，2004（12）．】

第三节　有经验的承包人不可预见原则及案例分析

一、原则运用的关切点

（一）合同范本对"有经验的承包人不可预见"的规定

不同的合同示范文本中对有经验的承包人不可预见的导致的损失补偿情况有较为具体的规定，如表4-3所示。从表中可以知道：在施工合同下，包括《17版合同》和《99版FIDIC新红皮书》，对于有经验的承包商的损失是可以得到补偿的。而《99版FIDIC新银皮书》中，有经验的承包商被视为承担所有"不可预见的困难"发生时的风险，损失得不到补偿。

表4-3　合同范本对有经验的承包人不可预见的损失调整规定

合同范本	条款编号	相关规定	分析
《99版FIDIC新红皮书》	4.12〔不可预见的物质条件〕	如果承包商遇到他认为不可预见的不利物质条件，应尽快通知工程师。此通知应说明物质条件，以便工程师进行检验，并应提出承包商认为不可预见的理由，因这些条件达到而遭受延误和（或）增加费用的，承包商有权要求费用和工期索赔	有经验的承包商遇到不可预见的情形，是允许调整合同价款的
《99版FIDIC新银皮书》	4.12〔不可预见的困难〕	除合同另有说明外，承包商应被认为已取得了对工程可能产生影响或作用的有关风险、意外事件和其他情况的全部必要资料；通过签署合同，承包商接受对预见到的为顺利完成工程的所有困难和费用的全部职责；合同价格对任何未预见到的困难和费用不应考虑调整	有经验的承包商被视为承担所有"不可预见的困难"发生时的风险。承包商的困难损失得不到调整

（续）

合同范本	条款编号	相关规定	分析
《17版合同》	7.6〔不利物质条件〕	承包人遇到不利物质条件时，应采取克服不利物质条件的措施继续施工，并及时通知发包人和监理人。监理人经发包人同意后应当及时发出指示，指示构成变更的，按变更处理。承包人因采取合理措施增加的费用或延误的工期由发包人承担	其因采取合理措施增加的费用或延误的工期由发包人承担。即可以得补偿
	7.7〔异常恶劣的气候条件〕	承包人应采取克服异常恶劣的气候条件的措施继续施工，并及时通知发包人和监理人。监理人经发包人同意后应当及时发出指示，指示构成变更的，按变更处理。承包人因采取合理措施增加的费用或延误的工期由发包人承担	当承包人得到的指示没有按照变更执行，其因采取合理措施增加的费用或延误的工期由发包人承担。即可以得补偿

施工合同下承包人履约过程中出现与勘察或设计文件不符时，发包人要为其提供的设计文件、勘察资料的正确性和完备性负责，甚至发生发承包双方均无法预见的事件时，发包人应承担更多的风险。

但是总承包模式的总价合同下，设计、采购、施工都由总承包人负责。《99版 FIDIC 新银皮书》中没有对"不可预见"做出规定，而《99版 FIDIC 新银皮书》第4.1款〔承包商的一般义务〕中规定："承包商应对所有现场作业、所有施工方法和全部工程的完备性、稳定性和安全性承担责任。"此外，承包商还要为业主提供的信息不全负责，需在基准日期前仔细审查业主要求（包括设计标准和计算，如果有）并对其正确性负责。在一些特定的情况外，业主不对其要求的错误、不准确或遗漏负责。因此，总承包下，一个有经验的承包人就得预见可能会发生的风险事件，提前做好风险防范措施，以避免遭受损失。

（二）有经验的承包人不可预见的情形

合同条款无法对未来会发生的所有事情做出明确规定，有经验的承包人不可预见的风险事件情形主要是不利物质条件、异常恶劣的气候条件及合同中未约定的其他风险事件。

1）不利物质条件在《99版 FIDIC 新红皮书》《标准施工招标文件》和《17版合同》中均有定义，如表4-4所示。《99版 FIDIC 新银皮书》中有经验的承包商被视为承担所有"不可预见的困难"风险。

表4-4 合同范文对不利物质条件的界定

合同范本	条款编号	界定标准
《99版 FIDIC 新红皮书》	4.12	①无法预见；②外界自然物质条件；③人为条件；④其他外界障碍和污染物（包括地表以下和水文条件）；⑤不包括气候条件
《标准施工招标文件》	4.11	①不可预见；②自然物质条件；③非自然物质障碍和污染物；④地下和水文条件；⑤不包括气候条件
《17版合同》	7.6	①不可预见；②自然物质条件；③非自然物质障碍和污染物；④地表以下物质条件和水文条件；⑤不包括气候条件
《99版 FIDIC 新银皮书》	无	无

从表4-4可看出，不利物质条件的界定主要包括两项关键内容：①包含地质、水文、化

石、文物、人为障碍等的自然不利物质条件以及非自然的物质障碍和污染物，但不包括恶劣天气和瘟疫等不可抗力因素；②有经验的承包人亦不可预见，即承包人尽已所能也没有预测到会有这类事情的发生。只有同时满足这两项关键内容的风险方可被视为"不利物质条件"。

2）对于异常恶劣的气候条件，《17版合同》第7.7款〔异常恶劣的气候条件〕规定："异常恶劣的气候条件是指在施工过程中遇到的，有经验的承包人在签订合同时不可预见的，对合同履行造成实质性影响，但尚未构成不可抗力事件的恶劣气候条件。合同当事人可以在专用合同条款中约定异常恶劣的气候条件的具体情形。"所以异常恶劣气候条件的具体约定是由合同双方约定的。

3）其他风险事件在合同中未约定，可包含的内容却很多，需根据不同项目情况及当事人的行为而定，如合同范围之外的，随着施工的进行可能发生的零星工作。

（三）有经验的承包人不可预见的风险事件归责及损失补偿分析

1. 有经验的承包人不可预见的风险事件归责路径

鉴于合同条款无法对所有未来会发生的且承包人难以预见的风险事件的责任归属做出明确的合同规定，所以为了处理合同中未约定的其他风险事件而绘制分析风险事件责任归属的分析路径，如图4-9所示。

借鉴责任归因理论，从风险事件的可预见性（风险事件造成的结果是否可以预见）、造成原因的内外性（风险事件是由于当事人的原因造成的，还是由客观事件造成的）两方面来对风险事件进行定性的状态描述。从而为有经验的承包人不可预见的风险事件的责任推定提供依据。

按照以上的分析路径来看，风险事件可能是由承包人独自承担责任，或由发包人独自承担责任，也可能是由发承包双方

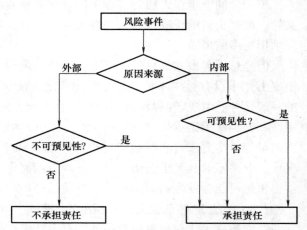

图4-9 风险事件归责的分析路径

共同承担责任。对于由外界条件导致的且当事人无法预见的风险事件，当事人不承担责任。对于由内部条件导致的风险事件，不管是否可预见，都由当事人来承担责任。所以，对于一个有经验的承包人而言，只有在外部的风险而且是其不可预见的情况下才可以免责。

2. 有经验的承包人不可预见的风险事件索赔依据

不可预见风险事件归责后，关键工作是承包人提供其可以索赔的依据。对承包人而言，其关键包括：①是否按照一个有经验的承包人履行了对招标文件的检查义务；②是否履行了现场勘察的义务；③在不可预见的风险事件发生后，承包人是否采取了合理的措施防止损失扩大⊖。在承包人履约行为得到证实的情况下，才能判断该风险属于不可预见的风险，且责任不在承包人一方。承包人在不可预见风险事件的责任分配中应履约的义务体现为下列几个方面，这是判断承包人是否可以获得补偿的依据：

1）承包人对招标文件的检查义务。承包人在投标时应客观地对所有可利用的工程条件

⊖ 严玲，丁乾星，张笑文. 不利物质条件下建设项目合同补偿研究 [J]. 建筑经济，2015（11）：55-59.

进行合理的检查与分析，对模糊与错误的部分应主动要求发包人澄清，并对所有资料的解释结果负责。

2）承包人履行现场踏勘义务。承包人的现场踏勘义务不仅仅是到场就可说明其已履行该义务，而是凭借其经验充分考察工程所在地及其周围的气象、交通、风俗习惯、特殊地质及其他任何与工程有关的资料。

3）不可预见的风险事件发生后，承包人采取了合理的应对措施。在不可预见的风险事件发生时，承包人应采取合理措施防止损失扩大，并及时通知发包人。根据《合同法》第一百一十九条的规定，承包人没有采取适当措施致使损失扩大的，不得就扩大的损失要求赔偿。

二、案例

案例4-5：承包人在施工中遇到不利地质条件能否得到损失补偿

（一）案例背景

水电站的某部分工程是全长303m的施工支洞工程，地质条件比较复杂。经过周密有序的招标投标工作后，此工程项目由某承包商中标来完成施工。某建设单位（以下简称发包人）和某施工单位（以下简称承包人）按照《13版合同》签订了一份水电站工程施工合同。由发包人向承包人提供地质条件和水文资料。发包人对工程的工期很关注，希望承包人能按照合同中约定的工期尽快施工按时完成工作。其中，合同第7.6款规定，承包人遇到不利物质条件时，应克服不利物质条件继续施工，并及时通知发包人和监理人。通知应载明不利物质条件的内容以及承包人认为不可预见的理由。承包人因采取合理措施而增加的费用和（或）延误的工期由发包人承担。

（二）争议事件

承包人在开挖过程中遇到了断层软弱带和一些溶洞，断层带宽约60m，给施工造成极为困难的条件。承包人收集了此断层的数据资料并同发包人提供的资料对比后，改变投标报价文件中的施工方法，并经监理人同意，采用迫开挖、迫衬砌的"新奥法"工艺施工。从而，实际施工进度比原计划延后了120天，但是在发现断层带之前，承包人的一个开挖队与另一施工项目也签了开挖合同，承包人做出违约后签合同的决定。

施工中，承包人决定调整钢管斜井的施工进度，利用原计划中的浮动工期，可挽回30天的延误工期，在规定的5天内提交索赔通知。承包人表明：施工支洞开挖过程中出现的不良地质条件，超出了招标时承包人提供资料中所预期的断层软弱带的宽度，属于承包人不能够合理预见和控制的不利施工条件，并非承包人的失误或疏忽所致。这一风险事件导致另一合同违约，亦是不可控的。遂请求监理人批准另外90天的拖期，并同时提出由于此事件导致费用增加，及另一施工工作违约的利润索赔。

对此，监理人评价表示：这一不利的施工条件，以及它所导致的工期延误，也不是发包人及监理人所能预见和控制的，不是发包人自身原因导致的。而且在招标时招标文件中就已说明此工程地质条件复杂，招标投标过程中也是周密有序地选择承包人，所以承包人应是有经验的承包人，此事件应是可预见的，故不予补偿。但是，承包人对监理人的回复表示不满意，并坚持索赔。

（三）争议焦点

承包人认为由于不可预见的地质条件出现断层导致损失，也使其失去了其他盈利的机会，应得到补偿，但是监理人（发包人）不予补偿的原因是认为不利的施工条件也不是发包人自身原因导致的。双方争议的焦点在于：对于施工中出现的不良地质条件，承包人的损失补偿及其额外的利润补偿应如何判定。

（四）争议分析

事件中提到承包人在施工过程中遇到的地质情况与发包人提供的勘察报告中的描述不同，故承包人认为应属于发包人内部风险来源。对于在开挖中遇到了断层软弱带和一些溶洞，给施工造成极为困难的不利物质条件是承包人不可预见的，同时也不是发包人的责任，只是属于发包人的风险事件。在《13 版合同》中将此事件称为不利物质条件。不利物质条件是指有经验的承包人在施工现场遇到的不可预见的自然物质条件、非自然的物质障碍和污染物。遇到不利物质条件造成承包人损失可以向发包人进行索赔。但承包人要说明其不可预见的理由。

根据所签订合同的第 7.6 款也可分析，承包人遇到不利物质条件时，要做到在不利物质条件发生后继续施工，并及时通知发包人和监理人。这样才能使得不利物质条件较为容易地得到发包人的认可。从事件可知：承包人做了相当多的资料工作来证实这属于有经验的承包人依旧无法预见的风险。虽然承包人拥有了此项索赔权，但是承包人可以得到的索赔内容应就此风险事件的实际情况来判定。而在此工程相关的工作上承包人没有发生利润损失，所以应不予补偿。

（五）解决方案

根据以上分析，承包人提供的有效数据可证实这是有经验的承包人不可预见的风险事件。发包人同意批准承包人延长工期 90 天，并支付延长期承包人的成本。即按投标文件中的施工单价和实际增加的工程量向承包人进行施工进度款支付，但不进行利润补偿。发包人坚持回应承包商不存在利润损失。

即使合同双方签订了施工单价合同，在发生有经验的承包人不可预见的事件时，根据合同条款依据分析价款可以调整，但也不意味着承包人的所有损失都可予以补偿。此事件下，承包人没有利润索赔的权利，所以说每一个干扰事件影响下的索赔权都需要经过论证和举证才能得到认可。

案例 4-6：EPC 总承包商能否得到不可预见事件的损失补偿

（一）案例背景

国外某一全长 1 506km 的石油管道工程施工是在一个恶劣环境下的巨型 EPC 总价合同项目。工程内容包括设计、采购供货、施工、安装、试运转及技术培训等。通过有序的投标竞争，中国某建设公司中标为总承包商，双方按照《99 版 FIDIC 新银皮书》签订总价包干合同，承包合同价为 3.09 亿美元。

总承包商为完成此项工程付出了巨大的努力。勘测人员利用全球卫星定位仪等先进仪器和测量技术，在两个月内完成了选线、测量和改线工作。设计人员在限定时间内按照业主要求的施工地址信息，绘制出各类图样，编写好技术规格书和计算文件。采购人员在极短时间内完成了所需设备材料采购和调运任务。工程完成后，质量达到国际先进水平。但在施工过程中发生了对承包商影响较大的损失事件。

（二）索赔事件及分析

1. 业主提供不准确的数据资料

（1）争议事件

根据合同要求，管道应全部埋入地表1.5m以下，以期安全。按照投标文件报价书，在B管道共有70km地段需要岩石开挖埋设。但在施工过程中，实际上岩石开挖段总长度达685.9km，是招标文件中所述长度的9.8倍。由于岩石开挖段的大量增加，使施工成本大量超支，给承包商造成严重的经济损失。承包商提交了自己整理出的大量损失报告以及地质资料图的前后对比，证明这是有经验的承包商无法预见的风险事件。

业主根据合同条件2.13.4款规定，"业主在合同文件中给出任何数据和信息仅供承包商参考，业主不负责承包商依据此类数据得出的结论的正确地……对现场条件的不了解不解除承包商的履约义务，也不能作为承包商索赔依据。"据此，以承包商的依据不足且其提供的资料也已指明是恶劣的环境为理由直接拒绝了承包商的索赔要求。

业主代表断然拒绝索赔要求后，承包商深感损失较大仍然希望得到一定的损失补偿，于是继续展开大量的索赔工作。

（2）争议焦点

双方争议的焦点在于：根据《99版FIDIC新银皮书》签订的总价合同，在工程实施过程中，发生了现场数据和业主提供的数据差距甚大，并已经给承包商造成较大损失，这时承包商是否具有索赔权。

（3）争议分析

虽然承包商在极力证明这是有经验的承包商无法预见的风险事件。但是业主代表仍可坚持：承包商对施工现场未做详细的调查和了解，对业主提供的资料没有做足够的验证。这是有经验的承包商没道理做得不好的基础工作，只要按步做好就能实现可预测。所以工程中因为资料数据和现实情况差别很大，引起的工程成本增加或工期延长的事件，均不能作为索赔的理由。即使承包商认为这属于非己方的原因导致的自己损失重大的情况，业主也不愿意承担任何责任。

承包商则极力证明其在投标阶段依据招标文件的规定以及相关信息，对项目现场进行了充分的了解，但"充分了解"应被认为是"在客观条件允许的情况下所进行的切实可行的了解"，而不是对现场的任何情况都了解。

通过投标阶段的现场考察，在投标书中的工作范围中，提出本投标报价是以石方段为70km为基础进行报价的，施工发现的大量石方段，均属于"浅表层为土，实际为石方"的情况，是承包商在投标阶段无法预见的。因此，超越此工作范围的内容应为"额外工作"。

其次，任何合同语言必须运用其所适用法律（Governing Law）进行理解。本合同的适用法律为工程施工所在地的法律。该国的民法典（Act of Code of Civil Transaction）规定，"若由于不可预见的情况，使合同工作的实施变得繁重……并当工作量超过原来的2/3时，可以考虑将合同义务修改到合理的程度……任何与本规定有矛盾的合同条款，应予以取消"。本合同所遇到的情况符合适用法律的规定，因此，业主引用合同条件2.13.4款规定拒绝承包商的索赔是不成立的。

综上所述可知，业主代表拒绝了承包商提出的索赔要求并不合理，不符合合同中风险和职责的划分。

（4）解决方案

经过双方反复信函往来和谈判，承包商列举了大量的事实及相关案例以证明索赔的合理性。最终使得业主感到，若提交仲裁其获胜的希望不大，同意给予承包商合理的补偿。

对有经验的承包商遭受巨大的经济损失的情况，又不能借助合同中的有力条款来为自己争取此项事件的索赔权时，承包商应加强资料管理，尝试双方高层相约展开商谈。经过商谈，为自己的损失找回一些补偿的机会。承包商也可以参考类似案例的处理经验，争取为自己的损失获得一些补偿。

所以，承包商应充分地认识到总承包模式下工程风险之大。在投标总承包工程项目之前应该认真阅读业主提供的招标文件中的相关内容、采用的合同范本等资料。在投标的勘探阶段，对业主提供的地质条件做细致的勘测，积极参与勘察活动，对有疑问的部分，提前向业主提出，达成共识。继而，减少这种由业主提供资料，承包商又难以预见的地质风险的发生。若出现此类索赔事件时，承包商在国际工程中碰到影响较大的索赔时，应善于利用外部合同专家与律师的专业意见，这有助于进行正确的索赔决策，达到事半功倍的索赔效果。

2. 遭遇破坏性的特大暴雨

（1）争议事件

施工过程中承包商的施工队遇到了破坏性的自然力条件——遭遇特大暴雨，大暴雨冲断管道等多起非承包商所能控制的事件，影响了工程成本和工期。为了保护暴雨冲刷下的已建工程和继续施工的现场条件，承包商做了大量合同外工作，且得到了业主的赞许和认可。承包商在完成这些工作的同时收集了大量相关资料。由于暴雨的影响，油管线路的数个泵站不得不采取地址变更的解决办法，但影响了施工进度。

据此，承包商多次做出以下索赔论证：①以收集的特大暴雨的损失资料来提出费用索赔。②承包商根据签订的合同条款中的第13.1款〔有权变更〕的每项变更可以涉及的范围，包括的其中一种——工程某部分的标高、位置或尺寸的改变，承包商以数个泵站的地址变更归为工程某部分的位置变化为由进行工期索赔，同时提供了地址变更时业主和承包商双方签订的变更确认书。

业主代表多次拒绝承包商的索赔请求，根据签订的总承包合同条款做出回应。业主代表列出所依据的条款，即《99版FIDIC新银皮书》第4.12款〔不可预见的困难〕：承包商必须承担"外部条件"风险，被认为已经获得了对工程产生影响或作用的有关风险意外事件的全部资料；在订立合同时承包商应已预见到会发生的一切困难和费用；不能因任何没有预见的困难和费用而进行合同价款的调整。

承包商寻找了一些类似破坏性的索赔事件，分析国际惯例的处理方法，作为示例向业主提出索赔。列举的类似国际案例是中国水利电力对外公司采用总价合同的总承包设计和施工的水坝工程，由于不可预见的施工现场条件，中国水利电力对外公司不仅取得了经济补偿，还取得了工期延长。据此，承包商得出不排除其经济赔偿和工期延长的权利。

（2）争议焦点

承包商认为业主应该为不可控的损失给予一些补偿。而业主认为这些费用都包括在合同包干价内，按约得不到补偿。事件的焦点在于，EPC总承包模式下，由于特大暴雨等自然风险事件导致的一系列不可控的损失，承包商能否得到补偿。

（3）争议分析

承包商认为自身损失太大，造成损失的原因是客观特大暴雨造成的。承包商为了工程的实施环境，投入了一定数量的人力和财力，并得到业主的认可，即承包商已尽力降低风险损失。从这可以看出，承包商是符合"有经验的"这一标准的。而"破坏性的"特大暴雨也没有规律的可靠数据可预测。

双方按照《99版FIDIC新银皮书》，签订的是EPC总价包干合同。由于EPC总价包干合同下的承包商承担的风险大，其投标报价中就增加了相当大的风险费，同时业主也愿意支付更高些的合同价格。双方签订的合同中第4.12款〔不可预见的困难〕约定了承包商必须承担"外部条件"风险，不能因任何没有预见的困难和费用而进行合同价格的调整。所以业主认为合同中包含了承包商可能承担的风险费，对于工程实施过程中的风险事件——特大暴雨，这类恶劣自然环境的风险费不给调整，这一看法是可以接受的。

从承包商提供的国际索赔例子可知，在国际工程中依然有总价合同下得到索赔的案例。案例中特大暴雨导致的地址变更，虽有变更确认书，但并未确切表明是业主要求承包商做出的变更，还是承包商自行表示要做出地址变更。若是业主提出变更，则应支付业主损失；若是承包商自行做出变更决定后经业主批准，则得不到索赔。所以此项索赔的处理要根据双方的谈判结果而定。

（4）解决方案

本案例中承包商最终完成的工作质量及解决问题时的高效率得到了业主的认可。同时承包商整体损失过大，虽索赔艰难，但承包商没有放弃，还请当地律师收集资料，并寻找机会和业主进行商谈。

同时，承包商运用国际惯常的补偿做法来说服业主，并开始在政治层面上寻求突破。一方面承包商在做好现场工作的前提下，邀请工程所在国的一些官员甚至是媒体体察现场，宣传克服困难、积极拼搏的正面形象；另一方面主动接洽案例工程的政府主管部门，说明如果业主不肯与承包商共担这些损失，工程很难顺利完工。承包商的内外围工作博得了当地政府和社会的支持，对索赔有一定的帮助。

由此得出的启示是，承包商承接EPC项目时需明确责任、风险问题。《99版FIDIC新银皮书》中承包商承担的责任范围远大于《99版FIDIC新红皮书》中的规定。虽然这种合同下的风险较大，但只要有足够的实力、高超的管理水平，掌握完整的工程资料，承包商依然可以完成令业主满意的工程项目。

【资料来源：改编自梁鑑，潘文，丁本信．建设工程合同管理与案例分析［M］．北京：中国建筑工业出版社，2007．】

第四节　程序公平原则及案例分析

一、原则运用的关切点

（一）索赔工作程序

索赔工作程序包括许多工作内容和过程。总结起来主要是两个方面的工作：①索赔方与被索赔方之间涉及索赔的一些事务性工作；②索赔方为了提出索赔要求以及使得要求能够得到满意的解决所进行的一些内部管理工作。

综上所述的两方面工作，结合不同范本下（《17版合同》《工程总承包合同示范文本（试行）》和99版FIDIC系列合同）对索赔程序的相关规定，将索赔工作过程细化为以下四个工作步骤：

1. 索赔意向通知书

风险事件发生后，寻找索赔机会，进行事态调查，了解事件的前因后果，抓住索赔机会，迅速反应，在一定时间内（《17版合同》及99版FIDIC系列合同条款中规定为28天，实践中的合同需约定时间期限），向对方提交索赔意向通知书，该通知是索赔方就具体的干扰事件表达索赔理由和要求。

2. 索赔方的内部处理过程

在提交了索赔意向通知书后，索赔方就应进行其内部处理工作，直到正式向对方提交索赔报告。在这一阶段有一些具体的内部工作：

1）干扰事件原因分析。记录并分析干扰事件产生的原因，做好事件记录以及相关文件的各种准备。

2）索赔依据分析。主要指合同条文、法律法规等的分析，进而按照依据具体界定其责任应由谁来承担，划分好各自的责任范围。

3）损失调查。对干扰事件的影响分析，主要表现为费用的增加、工期的延长和利润的减少。如果干扰事件不造成损失，则无索赔可言。

4）证据收集。一经干扰事件发生，索赔方应按照对方的要求做好在干扰事件持续期间内完整的记录，并接受对方的审查。按照99版FIDIC系列合同，索赔方只能获得有证据能证实部分的索赔。

5）索赔报告的编制。由合同管理人员在其他项目管理职能人员的配合和协助下编制。索赔报告是对上述工作结果的总括。

3. 提交索赔报告

索赔方必须在合同规定的时间期限内向对方提交索赔报告。合同范本规定在索赔意向通知书发出后的28天或对方同意的合理时间内递交最终索赔报告。若事件具有连续影响，则索赔方应当按照合理的时间间隔继续提交延续索赔报告，说明连续影响的实际情况和记录，并列出累计的追加款额和工期天数；并在索赔事件影响结束后的28天内，向对方提交最终索赔报告。

4. 处理索赔

从索赔方提交索赔报告到最终获得赔偿支付是索赔的处理过程。这个过程的工作重点是通过谈判、协商、调解，使索赔得到合理解决。

被索赔方审查分析索赔报告，评价索赔要求的合理与合法性。当觉得理由及证据不足时，可以要求索赔方做出进一步的解释，或要求更改索赔要求。

合同条件规定在索赔方提交索赔报告后的一定时间内（99版FIDIC系列合同要求是42天内，《17版合同》中要求是28天）必须向索赔方做出答复。被索赔方可能反驳、否定或部分否定索赔要求。

对于复杂的索赔事件，各参与方需要就索赔的解决进行磋商，达成一致，这其中会有复杂的谈判过程。如果一方对另一方处理的结果不满意并产生争执，则需要按照合同规定的程序解决争执。

（二）各方权利对等

在索赔过程中，索赔双方的决策权、商议权应达到权利对等。索赔双方决策权和商议权的体现在于遵循以下几个原则：①一致性原则，程序应在不同对象和不同时间都能得到一致性应用；②无偏见原则，在商议的过程中，索赔任一方都不应受到偏见的境况；③代表性原则，程序应代表所有相关人员的利益，保证各群体的观点都能够影响到决策。

而且，程序中被索赔方的批准可在索赔方提供进一步的资料基础上再判定，而不是根据一次提供的索赔资料直接做决定。这样就有更多时间来准备和重新分析一些关键节点的问题，程序批准时就能做到可修正，以及在一方不同意对方的决策结果时可通过争议处理等其他方式来解决，这也体现了可修正性原则。

（三）索赔时限有效

索赔时限，体现时间有效性，也反映信息准确性。《13 版清单计价规范》的索赔程序和《17 版合同》通用条款的第 19 条，对合同主体索赔期限及程序做出如下表述：若合同一方当事人知道或应当知道索赔事件发生之日起 28 天内，未向合同相对方发出索赔意向通知书，则丧失要求追加（赔付）金额和（或）延长工期（缺陷责任期）的权利，即"索赔逾期失效制度"。而《99 版 FIDIC 新红皮书》中没有对索赔的时限做严格规定。这对实践中的索赔案例解决过程，也有举足轻重的作用，索赔双方会因时间问题而产生争论。

《17 版合同》通用条款第 19.5 款〔提出索赔的期限〕表明：①承包人在按第 14.2 款〔竣工结算审核〕约定接收竣工付款证书后，应被视为已无权再提出在工程接收证书颁发前所发生的任何索赔。②承包人按第 14.4 款〔最终结清〕提交的最终结清申请单中，只限于提出工程接收证书颁发后发生的索赔。提出索赔的期限自接受最终结清证书时终止。

发生的索赔事件，对接下来的事件有连续影响，这时被索赔方会要求索赔方按照"一揽子"索赔即综合索赔方式，最终一起解决。这时索赔方应该定期向被索赔方提交该时间段内的索赔资料，得到被索赔方正式书面认可的证明，这样在后期综合索赔时能够顺利达成索赔的要求。

（四）索赔同期记录真实

索赔双方重视同期记录资料，是因为在可控的时间内可以根据可靠的资料来保证决策所需信息的真实、公正和准确性。索赔方应有同期记录。这对其用于支持索赔理由是相当必要的。根据索赔程序中，被索赔方在收到索赔通知后，应对此类同期记录进行审查并可指示索赔方保持合理的同期记录，这种同期记录可用作已发出索赔通知的补充材料。索赔方应允许对方审查所有的保存的记录。

索赔过程中的同期记录主要有：①事件发生及过程中现场实际状况；②导致现场人员、设备的闲置清单；③对工期的延误；④对工程的损害程度；⑤导致费用增加的项目及所用的工作人员，机械、材料数量，有效票据等。

记录还需要经过现场监理人员或业主负责人的签字。索赔事件造成现场损失的记录应注意现场照片、声像资料的完整性，且粘贴打印说明后请监理工程师或业主负责人签字。

二、案例

案例 4-7：LD 工程索赔过程程序显失公平

（一）案例背景

LD 工程是水利枢纽工程，业主将此工程分成 M、N 两个标段进行招标施工。其中，A 承包商以公开竞争性投标方式获得水利枢纽工程 M 标段的建设工程，中标价为 1 850 万美元，工期为 32 个月。B 承包商获得水利枢纽工程的 N 标段，中标价为 2 000 万美元，工期为 30 个月。此工程中的踏勘资料以及设计工作都是由业主完成并提供给承包商的。业主要求工程工期按合同约定的时间完成。

（二）争议事件

4 月 11 日，导流洞扩挖施工时突然发生岩石 1 号塌方事件，给 A 承包商造成较大费用损失。A 承包商据此向业主发出塌方索赔通知，随后向业主提交了工期和费用索赔报告，但业主并没有对索赔要求做出回应，只是安抚并让 A 承包商先抓紧处理塌方事件继续施工。在 A 承包商安全处理完毕后，业主就按照自己的估算给予 A 承包商低于索赔报告的费用补偿，A 承包商表示费用补偿过少且没有工期延长。业主让 A 承包商提供同期记录论证这些损失，由于 A 承包商以为业主先前没有要求其记录和论证就表明同意索赔，可事后却以损失证据不足为由，只能酌情补偿，A 承包商觉得业主的处理很不公平。

紧接着在 5 月 12 日、5 月 16 日又发生了 2 号和 4 号塌方。A 承包商提出索赔要求，业主仍像上次塌方一样只催促抢工，A 承包商抢工一半后就直接停止隧道开挖达一个月，以进度拖后向业主施压，想达到延长工期、实现按照实际损失得到补偿的目的。

7 月 4 日，业主邀请 A 承包商会谈，希望促其恢复施工。7 月 13 日，A 承包商提出了导流洞赶工措施，接着又提出赶工费用补偿。除上述导流施工中的塌方赶工以外，A 承包商陆续提出多项索赔，如：①工程变更：洞群进水口和出水口的边坡岩石支持和钢结构支撑工程量变化；中导洞岩石支护、金属结构工程量增加，但未及时提供地质补充材料。②法律影响：在投标截止之后和工程开工后，我国政府发布承包商施工费用及税费的增加。A 承包商连续报送索赔报告，内容庞杂，资料很多。

业主分析 A 承包商提供的索赔报告后，得出不仅款额大，且工期索赔需延长 3 个月。

业主的监理工程师对 A 承包商的大量索赔报告进行了细致分析，并在顾问专家组及律师的协助下，逐项审核 A 承包商的计算依据和合同依据，做了大量工作。监理工程师对业主提出的处理建议是：对合乎合同条款和法律的索赔要求事项，在证据确凿、资料齐全下，可予以补偿；否则，严格掌控，决不轻率处理。最终费用补偿得以部分答应，但工期不愿延长。理由是施工延误是 A 承包商的不良表现导致，自己决定停工导致工期拖延 3 个月，是属于 A 承包商的原因导致的，应由其自己承担工期损失。

但是，A 承包商对监理工程师的决定有很大的异议，并表示会继续索赔。

（三）争议焦点

施工事件发生后，业主没有按照索赔程序妥善处理，致使承包商为了索赔成功而采用停工的施压方式。最终在索赔协商时双方均以对方显失公平行为为由而产生争议。事件的焦点在于：此索赔双方的行为是否显失公平，而且为了有助于索赔事件的解决，索赔程序过程如何体现公平。

（四）争议分析

A 承包商认为在最初索赔提出时，业主没有按照索赔程序要求，在规定时间内做出应有的索赔批准或回复，也没有要求对不可预见的自然条件导致的损失事件提供同期记录。业主却以情况紧急让 A 承包商立马解决塌方事件，最后只以自己的估价给予部分补偿。A 承包商在抢工抢险要求下完成任务，在业主不遵循索赔程序下承担了很大损失。这让 A 承包商觉得塌方事件处理的整个索赔程序显失公平。

A 承包商历经显失公平的索赔过程后，对后发事件的索赔则采取了完全不同的处理方式，提交索赔报告后，索赔回复无果就直接以停工方式来"施压"业主。最后业主给予费用补偿但完全不愿予以工期补偿。业主认为工期延误的原因完全是 A 承包商不良行为导致的，其责任应由 A 承包商自己来承担。但 A 承包商对业主方的索赔处理决定有异议，认为工期的推延是多种原因导致的，而业主在程序中不按照合同约定时间及时回复是首要原因，业主有错在先。

所以，从公平角度来说，工期延迟确实可认为是双方原因所致，不该只归责于 A 承包商。在索赔过程中双方均应摆好态度，摈弃侥幸心理，以实现工程目标为方向来解决问题。

（五）解决方案

找出工期延误的多重主因：A 承包商的不良表现、业主对索赔回复期限拖延、不可预见的自然条件。对于多重延误原因中除去 A 承包商的不良表现外的其他原因按照实际损失给予工期延长的补偿。为了弥补业主的工期损失，双方可在第三方的帮助下进行友好协商，达成协议一起努力赶回工期，在过程中的各项费用不采用总费用法计算而采取实际费用法，包括补偿施工直接费、管理费等。

在类似的赶工施工过程中，承包商要做好损失记录，以便索赔证据的呈现。当承包商提交各项索赔要求时，业主应该及时做出回复或批准，并公开告知承包商还需要继续进一步论证的索赔权和索赔值计算的要求，按照公平合理的索赔程序完成索赔工作。承包商对于业主不满意的索赔结果也应予以再次协商直至双方的差距逐渐缩小，不给彼此留下不公平的感受，提高工程实施效率。

所以索赔双方在索赔的过程中要互相尊重，达到双方过程中的权利相等，不能只是一味地追求对自己有利的处理方式而忽略对方的诉求。这样才能平衡好各方的心态，减少其他额外事件的发生。

案例 4-8：某国际工程承包商因索赔程序不公而要求额外补偿

（一）案例背景

某国际工程签订的合同参照的是《99 版 FIDIC 新红皮书》文本。工程师在《99 版 FIDIC 新红皮书》合同条件下通常可行使担任索赔验证者和第三方纠纷调解者的权力，而且，合同中没有使用本条件的第 20.6 条（仲裁条款）。合同第 3 条规定为：如果业主和承包商之间发生任何与合同有关或由合同引起的纠纷，包括任何关于施工项目的意见、指示、指导、认证或评估的决定或争议，不管是在进展期间，还是在项目建成后，都将转交给工程师来安排并解决问题。

工程在实施过程中，由于变更单的确定时间拖延导致工期延迟。在解决了工程的此项工程变更后，工程师并没有据此给承包商造成的工期延长而给予延长工期的补偿。

（二）争议事件

由于业主拖延变更单的确定时间导致工期延迟，承包商提出索赔。索赔主要程序如下：

1）索赔通知。按照合同第20.1款的规定，在承包商认为其根据本条件的任何条款或合同有关文件，他有权得到竣工时间的任何延长期和（或）任何的追加付款，承包商向业主发出通知，说明引起索赔的事件。此通知应在知道或本应知道该事件发生后的28天内发出。

变更单确定的时间延迟，超过变更条款中所规定的时间，承包商向工程师递交索赔通知。

2）索赔报告。按照合同第20.1款的规定，在递交索赔通知的28天或工程师认为合理的期限内，承包商应该将每一项索赔金额的详细计算过程和所依据的理由递交给工程师。承包商按此提交了索赔报告。

3）工程师的批复。工程师在规定时间内给出了承包商索赔事件的批复回应，批复结果总结为：没有预先约定的证据或方法来证实索赔的合理性。而且，在工程师和业主对索赔要求做出任何客观评估之前，都拒绝或不愿回复承包商的索赔要求。但在拒绝下并没有给出其他的原因说明。

4）承包商的进一步处理。在承包商经历了几次索赔提出后却得不到有效满意的答复时，于是对索赔解决的合同机制失去信心，声称要诉讼。业主认为法院没有管辖权来受理承包商的索赔，其理由是在将索赔提交诉讼之前，承包商没有得到业主就此索赔事件做出的任何决定。然而，承包商却认为解决索赔的合同机制已经破解，有关争议解决的条款变得不可操作，不可操作的原因是工程师没有管理好合同，特别是未能就有争议的索赔给出有用的决定，合同机制已经失去了公平。

5）后续的法院审理。索赔事件被诉之于法庭，证据进一步表明，工程师没有利用合同规定的权力要求承包商保留同期记录。

初审法官发现，工程师有足够的时间在诉讼之前评估和决定承包商索赔额。但工程师提出，对索赔的晚期评估是由于承包商提供的相关信息不足以证实索赔。然而，工程师未能证明承包商的索赔中缺少哪些信息。此外，法官发现工程师的聘用合同中有一些重要条款，限制了工程师的决定权。在此未被披露之前，承包商不知道这些条款限制。特别是其中一条规定，在承包商没有事先咨询设计组长并向业主报告之前，工程师没有权力批准任何延长时间或同意接受任何类型的财务索赔。

在审判期间，证据显示，即使工程师最初原则上同意承包商的索赔权利，工程师对承包商延长时间和额外费用索赔的申请仍然被动。承包商的索赔直到法院程序已经开始之后才得到核证（在项目大体完成后约5年）。最后，判定赔偿给承包商索赔额，但是承包商却表示不愿只接受先前计算的索赔额，应弥补这几年中索赔一直不得核证的损失，而业主方不愿给予额外的补偿。

（三）争议焦点

本案例争议的焦点在于：在整个项目的索赔过程中，承包商的索赔要求一直遭拒直到几年之后才得到核证，那么对于承包商要求的额外补偿是否应得到满足。

（四）争议分析

索赔事件中，工程师未能行使其权力要求承包商保留同期记录，整个过程中工程师没有亲自查询承包商的索赔状况。而承包商自己对索赔过程的各阶段应有的资料内容进行了大量的过程控制。由雇用合同知：工程师对过程阶段的过程控制程度低，因此对所保存的信息的类型和相关性没有控制权。但是在索赔程序中工程师应该要求承包商同步记录并做好检查。不能以没有同期资料的要求当时就拒绝承包商。这是工程师不重视索赔程序的表现。

本项索赔事件处理中，由于信息的不对等也导致双方的盲点所在，承包商一直不知道聘用合同中的规定：工程师始终没有权力批准任何延长时间或同意接受任何类型的财务索赔的情况。工程师无权的原因也导致工程师无法诊断和对索赔进行客观评估。合同中的内容已阻碍工程师对索赔程序的实施和控制。也就是说不公开的信息导致程序不公平，使得问题难以解决，承包商认为是业主导致的程序不公平使其遭受损失，故而不满足开始的索赔额，要求业主赔偿其额外损失，如款额的利息，也是合情合理的。

（五）解决方案

业主同意补偿承包商因变更单确认延迟导致的延期索赔，但同时要求承包商继续提供完整的损失证据。双方同意根据承包商提供的层层有理的证据链进行谈判，确定最终的额外补偿额。

由此看出：程序的实施过程中明确索赔程序中各个参与方的权利，使权利明确化、公开化的重要性。程序中工作人员、对应的处理权和索赔期限等重要程序信息均应该做到公开化。这才有助于在干扰事件发生时进入索赔环节过程中，各方对有效资料的解读，从而采取合理的索赔方法；有助于在索赔的解决过程中，各方信息的有效举证，使得索赔事件得到正确处理。这样才能防止在索赔的实施中由于信息不公开、程序不公而加强另一方对索赔结果的不满。在索赔过程中，程序公平的情形下，感到公平的索赔方可能就不太关注其索赔结果的所得。从而，过程公平促进了索赔事件的处理，双方共同促进项目目标的实现。

【资料来源：改编自 Ajibade Ayodeji Aibinu. The relationship between distribution of control, fairness and potential for dispute in the claims handling process ［J］. Construction Management & Economics，2006，24（1）：45-54.】

 ## 第五节　实际损失原则及案例分析

一、原则运用的关切点

（一）索赔内容及其组合

索赔方可以获得的索赔内容应从其可获得赔偿的方式中总结得出，以下为承包人和发包人在索赔事件中获得赔偿的方式：

1）承包人可获得赔偿的方式包括：①延长工程的约定工期；②要求发包人支付实际发生的额外费用；③要求发包人支付合理的预期利润；④要求发包人按合同的约定支付违约金。

2）发包人可获得赔偿的方式包括：①发包人要求延长质量缺陷修复期限；②要求承包人支付实际发生的额外费用；③要求承包人按合同的约定支付违约金。承包人应付给发包人的索赔金额可以从拟支付承包人的合同价款中扣除，或由承包人以及其他方式支付给发包人。

从以上索赔方式可以看出，承包人可索赔内容主要有三个基本单项内容，即费用（C）、工期（T）和利润（P）；发包人可索赔内容主要是质量缺陷修复期（DLP）和费用（C）。

费用索赔是索赔方要求被索赔方补偿其经济损失或额外开支；工期索赔是可以免除或降低索赔方工期延误和误期赔偿的责任；利润索赔是指索赔方可得到预测的且应得的利润；质量缺陷修复期索赔是发包人要求延长修复期限，缺陷责任期内由承包人按照合同约定承担缺陷修补义务，相应地发包人要求延长扣留质量保证金的期限。

根据索赔实践中的案例可知，索赔内容有单项索赔，也有在各个单项基础上的组合，一共有七种情况：费用索赔（C）、工期索赔（T）、利润索赔（P）、费用和质量缺陷责任期索赔（$C+DLP$）、费用和工期索赔（$C+T$）、费用和利润索赔（$C+P$）、工期和费用和利润索赔（$C+T+P$）。

以《标准施工招标文件》中约定的承包人可向发包人索赔内容为例，如表4-5所示。

表 4-5 《标准施工招标文件》合同条款规定的承包人可向发包人索赔的内容示例

索赔事件类型	索赔内容组合类别	主 要 内 容	可补偿内容		
			工期	费用	利润
发包人原因引起的索赔	工期、费用、利润都能补偿	发包人迟延提供图样	√	√	√
		发包人迟延提供施工场地	√	√	√
		发包人提供材料、工程设备不合格或迟延提供或变更交货地点	√	√	√
		承包人依据发包人提供的错误资料导致测量放线错误	√	√	√
		因发包人原因造成工期延误	√	√	√
		发包人暂停施工造成工期延误	√	√	√
		工程暂停后因发包人原因无法按时复工	√	√	√
		因发包人原因导致承包人工程返工	√	√	√
		监理人对已经覆盖的隐蔽工程要求重新检查且检查结果合格	√	√	√
		因发包人提供的材料、工程设备造成工程不合格	√	√	√
		承包人应监理人要求对材料、工程设备和工程重新检验且检验结果合格	√	√	√
		发包人在工程竣工前提前占用工程	√	√	√
		因发包人违约导致承包人暂停施工	√	√	√
	费用、利润补偿	发包人的原因导致试运行失败		√	√
		工程移交后因发包人原因出现新的缺陷或损坏的修复		√	√
	费用补偿	发包人要求承包人提前竣工		√	
		发包人要求向承包人提前交付材料和工程设备		√	
发包人应承担的风险（肯定没有利润补偿）	工期补偿	异常恶劣的气候条件导致工期延误	√		
		因不可抗力造成工期延误	√		
	费用补偿	提前向承包人提供材料、工程设备		√	
		因发包人原因造成承包人人员工伤事故		√	
		工程移交后因发包人原因出现的缺陷修复后的试验和试运行		√	
		因不可抗力停工期间应监理人要求照管、清理、修复工程		√	
	工期、费用补偿	施工中发现文物、古迹	√	√	
		监理人指令迟延或错误	√	√	
		施工中遇到不利物质条件	√	√	
		发包人更换其提供的不合格材料、工程设备	√	√	

（二）费用索赔的确定条件

索赔方提出费用索赔，凡是有权索赔的，成本增加导致的实际费用损失，都应作为索赔的费用构成。费用主要是指在场内外发生的或将发生的所有的合理开支，包括人工费、管理费等支出，具体情况需具体分析，此处不将利润包括在内。

（三）工期索赔的确定条件

承包人向发包人提出的工期索赔，主要是由发包人原因和不可预见的风险造成的工期延误。索赔时应考虑其对总工期的影响，不应仅依据该工作的时间延长进行索赔。

在网络计划中，总时差最小的工作为关键工作。特别是，当网络计划的计划工期等于计算工期时，总时差为零的工作就是关键工作。将这些关键工作首尾相连便构成从起点节点到终点节点的通路，位于该通路上各项工作的持续时间总和最大，这条通路就是关键线路。

1）处于非关键线路上的工作存在总时差，该工作的工作时间缩短不会影响总工期的变化，只会造成该工作总时差变得更大，因此该工作的工作时间的变化不应得到索赔。

2）处于关键线路上的工作，该工作的工作时间缩短会影响总工期的变化，但可能会造成关键线路的改变，因此，工期的索赔值与该工作的工作时间索赔值不同。

综上，被延误的工作应是处于施工进度计划关键线路上的施工内容。①延误的工作为关键工作，则总延误的时间为批准顺延的工期；②延误的工作为非关键工作，当该工作由于延误超过时差限制而成为关键工作时，批准延误时间为与时差的差值；③该工作延误后仍为非关键工作的，则不存在工期索赔问题。

（四）利润索赔的确定条件

1. 利润索赔干扰事件的分类

合同中对承包人的利润索赔有明示和隐含的规定，以99版FIDIC系列合同中的规定为例，分为如下四类事件⊖：

1）业主没有履行或没有正确履行合同责任。例如，提供错误的数据和放线资料，拖延提供设计图和施工场地（主要是在《99版FIDIC新红皮书》中），在颁发移交证书前使用工程，妨碍承包商工程竣工试验。

2）业主违约责任。例如，业主删除工程，同时发包给其他的承包商；由于业主不支付工程款，承包商暂停工程施工；由于业主严重违约行为，承包商终止合同，带来的预期利润损失。

3）业主指令等由业主原因造成的干扰事件。例如，工程量的增加、附加工程等；工程师要求修复非承包商责任的缺陷；为其他承包商提供工程条件和设施。

4）特殊干扰事件情形。例如，业主风险事件引起的工程损坏，承包商按照业主方指令进行维修。

由上可知，利润索赔主要是承包人向发包人的利润索赔，可分为利润单项索赔和基于费用的利润索赔。

2. 利润单项索赔的确定条件

利润单项索赔是指没有费用索赔，只索赔利润，主要发生在以下两种情况下：

（1）发包人违约致使合同解除

发包人违约及没有正确履行合同责任时影响承包人利益情况下，《13版清单计价规范》

⊖　成虎. 建设工程合同管理与索赔［M］. 南京：东南大学出版社，2015.

和《17 版合同》明确约定，发包人违约甚至致使合同解除后除了支付承包人合同解除前为完成工程所付出的价款外，还应补偿其未获得的预期收益。

但是以下两种情况下，承包人得不到利润补偿：①如果承包人未及时采取相应措施（承包人应尽快停止进一步的工作，并移交已获付款的文件、永久设备和材料，撤离现场所有其他货物，随后离开现场，如停止施工活动），以减轻相应损失程度，承包人无权就损失扩大的部分向发包人提出利润索赔；②如果承包人在合同解除后短时间内承接了新的工程，此时承包人也不得要求发包人补偿剩余工程的利润。

（2）发包人删减工作的干扰事件

发包人为了优化设计而删减工作的，应给予承包人补偿。这是为了防止某些发包人在签订合同后擅自取消合同中的工作，转由发包人或其他承包人实施而使本合同工程承包人蒙受损失。如发包人以变更名义将取消的工作转由自己或其他人实施，则构成违法。

《FIDIC 合同》条件规定，业主可以删除部分工程，但这种删除仅限于业主不再需要这些部分工程的情况。业主不能将在本合同中删除的部分工程再另行发包给其他承包商，否则承包商有权对该删除工程中所包含的现场管理费、总部管理费和利润提出索赔。

《13 版清单计价规范》规定："当发包人提出的工程变更因非承包人原因删减了合同中的某项原定工作或工程，致使承包人发生的费用或（和）得到的收益不能被包括在其他已支付或应支付的项目中，也未被包含在任何替代的工作或工程中时，承包人有权提出并应得到合理的费用及利润补偿。"

在发包人删减工作这一干扰事件下，承包人的利润索赔也需要满足一定的要求：①删减工作大致分为设计优化、施工条件改变和不可抗力三种类型。因设计变更和施工条件改变的原因引起的删减工作，风险责任主要由发包人承担，给予承包人风险补偿。但是，对于不可抗力引起的删减工作，风险责任则由发承包双方共同承担，不满足利润索赔条件，不给予承包人风险补偿。②因发包人原因导致删减工作，损失的利润被包含在其他已支付或应支付的项目，或有其他替代工作来补偿删减工作的利润的，承包人不能获得利润补偿。

3. 基于费用的利润索赔的确定条件

基于费用的利润索赔是指在费用索赔的同时也有利润索赔，利润是以费用为基础计算得到的。主要是由于业主指令等业主原因造成的干扰事件和没有履行或没有正确履行其合同责任造成的事件和一些特殊事件，典型的是发包人增加额外工作、发包人原因导致工期延误。

其需满足的条件如下：

1）增加额外工作是由发包人增加的合同以外的需要承包人完成的工作。这部分工作的工程成本费和利润都是没有包含在工作增加之前的报价中的。

2）发包人原因造成的工期延误导致承包人的预期利润减少。承包人的预期利润体现在：①当发包人导致工程延期时，承包人延迟得到工程的结算款，承包人会失去其资金时间价值；②承包人可能会失去其他工程的施工工作，使其预期利润减少。

（五）质量缺陷修复期索赔的确定条件

质量缺陷修复期索赔的确定，只有同时具备以下三个条件，发包人才能顺利地向承包人索赔，延长缺陷责任期限：①由于质量缺陷或损坏致使工程、单位工程或某项主要设备不能按原定目的使用；②质量缺陷或损坏是由承包人原因导致的；③发包人在原缺陷责任期届满前发出延长通知⊖。

（六）索赔值的计算

选用不同的计算方法对索赔结果的影响很大。索赔计算也是索赔成功的重要环节。以下介绍国内常用的计算方法。

1. 费用索赔的计算

根据工程实施过程中索赔方实际损失的影响条件来选用计算方法。当损失的责任明确为单方责任、总费用能准确核算、很难分清具体单项影响时，采用总费用法。当干扰事件有多个，且各个单项费用计算基础和方法明确时，采用分项法。

（1）总费用法

总费用法的基本思路就是以索赔方的额外成本为基点，加上管理费、利息等附加费作为索赔值，使用于难以分清事件的具体影响和损失额度，以及合同中规定的一些特殊事件。例如，特殊的附加工程、发包人要求加速施工、承包人向发包人提供合同外服务等。

（2）分项法

分项法计算需要参考投标报价时的费用组成，且不同项目的费用组成也不同。国内的可索赔费用项目归纳起来有人工费、材料和工程设备费、施工机具使用费、措施项目费、规费和企业管理费及其他额外费用的增加等索赔项目。国外的可索赔费用项目有人工费、材料费、机械费、土地管理费、总部管理费和其他待摊费等费用索赔项。以下介绍国内可索赔费用项：

1）人工费。人工费主要包括生产工人的工资、津贴、加班费、奖金等。人工费计算的特点决定了人工费索赔的特点，因此，可以得到三种方式下的统一的计算公式：

$$\Delta M_{人} = Q_{人1}P_{人1} - Q_{人0}P_{人0} \tag{4-1}$$

式中　$Q_{人1}$——变化后的人工消耗量；

$\quad\quad Q_{人0}$——投标书中的计划消耗量；

$\quad\quad P_{人1}$——变化后的人工日工资单价；

$\quad\quad P_{人0}$——单价分析表中的人工日工资单价。

对于不同因素下的人工费索赔，可以赋予上述参数不同的含义。

在以下几种情况下，承包人提出人工费的索赔计算：

① 超过法定时间的加班：

$$索赔值 = 加班用工量 \times 加班补偿率 \tag{4-2}$$

② 人员窝工、闲置：

$$索赔值 = 窝工人工量 \times 窝工率 \tag{4-3}$$

③ 工期延误期间的工资上涨：

$$索赔值 = 延误用工量 \times 人工工资上涨幅度 \tag{4-4}$$

④ 劳动率降低导致工效降低：

$$索赔值 = 实际用工量下的人工成本 - 正常劳动率下的人工成本 \tag{4-5}$$

⑤ 用工量增加：

⊖ 黄鹏，陈南山. 对2013版施工合同的解读六　关于质量保修期与缺陷责任期的辨析［J］. 招标与投标，2014（03）.

$$索赔值 = 增加的用工量 \times 人工单价 \tag{4-6}$$

2）材料和工程设备费。可索赔的材料和工程设备费主要包括：①由于索赔事项导致材料和工程设备用量超过计划用量而增加的材料和工程设备费；②由于客观原因导致材料和工程设备价格大幅度上涨；③由于非承包人责任工程延误导致的材料和工程设备价格上涨；④由于非承包人原因致使材料和工程设备的运杂费、采购与保管费用的上涨；⑤由于非承包人原因致使额外易耗品使用增加等。材料费索赔的基本公式如下：

$$\Delta M_{材} = Q_{材1} P_{材1} - Q_{材0} P_{材0} \tag{4-7}$$

式中　$Q_{材1}$——变化后的材料消耗量；

$\quad\quad Q_{材0}$——投标书中计划消耗量；

$\quad\quad P_{材1}$——变化后的材料单价；

$\quad\quad P_{材0}$——单价分析表中的材料单价。

① 材料和工程设备用量增加：

$$索赔值 = 材料用量增加值 \times 材料单价 \tag{4-8}$$

② 工期延误期间的材料和工程设备价格上涨：

$$索赔值 = 延误材料用量 \times 材料单价上涨幅度 \tag{4-9}$$

③ 材料和工程设备运费增加（未延期）：

$$索赔值 = 材料运量 \times 运费单价增量 \tag{4-10}$$

④ 材料和工程设备的保管费增加（未延期）：

$$索赔值 = 仓储时间增量 \times 仓储材料量 \times 单位存储成本 \tag{4-11}$$

3）施工机具使用费。可索赔的施工机具使用费主要包括由于完成额外工作增加的施工机具使用费。主要是以下几种：

① 劳动率降低导致工效降低：

$$索赔值 = 实际台班消耗成本 - 正常劳动率下的台班成本 \tag{4-12}$$

② 机械闲置（租赁设备）：

$$索赔值 = 机械闲置量 \times 租赁单价 \tag{4-13}$$

③ 机械台班用量增加：

$$索赔值 = 增加的机械台班量 \times 台班单价 \tag{4-14}$$

④ 工期延误期间的台班单价上涨：

$$索赔值 = 延误台班用量 \times 台班单价上涨幅度 \tag{4-15}$$

⑤ 机械窝工、闲置（承包商设备）：

$$索赔值 = 机械闲置量 \times 窝工单价 \tag{4-16}$$

4）措施项目费。措施项目费分为两类：①可以计算工程量的措施项目，采用综合单价计价，如果发生索赔事件，具体的人工费、材料费、机械使用费应参照直接工程费中人工费、材料费、机械使用费方式确定其费用；②以"项"为计量单位的，按项计价，其价格组成与综合单价相同，包括除规费以外的全部费用。

5）规费和企业管理费。间接费包括规费和企业管理费，间接费是在一个计算基数上取一定费率：间接费 = 取费基数 × 间接费率。其中，间接费率 = 规费费率 + 企业管理费费率。

规费的费率根据省级政府或省级有关权力部门的规定列项，作为不可竞争费用；企业管理费费率是承包人根据企业自身管理水平而确定，在投标报价中应写明。

2. 工期索赔的计算

工期索赔的计算是在划清实际施工进度拖延的责任基础上，确定承包人可以索赔工期后采用的一些常用有效的计算方法。工期索赔的计算方法主要有直接计算法、比例计算法和网络图分析法。

（1）直接计算法

某干扰事件直接发生在关键线路上，造成总工期延误，可以直接将该干扰事件的实际干扰时间（延误时间）作为工期索赔值。

（2）比例计算法

干扰事件仅影响某单项、单位或分部分项工程的工期，分析其对总工期的影响，此时采用比例计算法。计算比例以干扰事件变化引起的合同价格占原合同总价比值为准，分两种情况：

1）已知受干扰部分工程的延期时间：

$$工期索赔值 = 受干扰部分工期拖延时间 \times \frac{受干扰部分工程的合同价格}{原合同总价} \tag{4-17}$$

2）已知额外增加工程量的价格：

$$工期索赔值 = 原合同总工期 \times \frac{额外增加的工程量的价格}{原合同总价} \tag{4-18}$$

比例计算法虽较方便，但不适用于变更施工顺序、加速施工、删减工程量等事件的工期索赔值计算。

（3）网络图分析法

多项干扰事件影响施工进度，运用进度计划网络图分析法分析其关键线路。如果延误的工作为关键工作，则总延误的时间为批准顺延的工期，可得到总延误时间的索赔；如果延误的工作为非关键工作，当该工作由于延误超过时差限制而成为关键工作时，可以批准延误时间与时差的差值为可延长时间，即可得到工期的索赔值；若该工作延误后仍为非关键工作，则不存在工期索赔问题。

3. 利润索赔的计算

（1）利润单项索赔额的计算

利润单项索赔计算，没有确切的计算方法，往往在双方谈判之后确定计算方法，需考虑干扰事件的性质，以及承包人在招标投标阶段报价的合理性，这些因素会影响利润计算中相关比率的确定。

下面以发包人删减工作情形下承包人进行利润单项补偿为例，参考合同终止时可得利润进行计算，具体步骤如下：

1）分析承包人（项目部）近几年类似工程的报价利润率和投标报价，根据工程管理资料计算平均实际利润率 V_1 和平均实际成本 C_1。

2）根据原合同价款和删减工作前的已完工程量，计算承包人已完工程应得的价款 P_2，根据工程管理资料计算该项目已完部分的实际成本 C_2，进而计算承包人在该项目上已完工程的实际利润率 V_2：

$$V_2 = (P_2 - C_2) \div P_2 \tag{4-19}$$

3）按合同约定，计算被删减工作原合同价格 P_3。

4）赋予实际利润率不同权重，V_1 为 a，V_2 为 b，得出删减工作利润率 V_0：

$$V_0 = aV_1 + bV_2 \tag{4-20}$$

5）计算删减工作利润补偿额 V_3：

$$V_3 = P_3 V_0 \tag{4-21}$$

该方法只适用于正常的投标报价情况。如果承包人采取了不平衡报价策略，则发包人会以后期工程实际无利润的理由来否决承包人对于后期工程的利润索赔要求，承包人的索赔将难以实现⊖。

（2）基于费用的利润索赔计算

基于费用的利润索赔主要在额外工程和发包人原因造成工期延误这两种情形下，计算如表 4-6 所示。

表 4-6　基于费用的利润索赔计算

费用索赔的因素	计算方法	参数的确定	证明材料
额外工程	额外工程的价值 V 与预期利润率 Q 的乘积：$P = VQ$	预期利润率的确定：同类企业平均利润率、行业平均利润率、（已完工程合同价值 – 已完工程的成本）/已完工程合同价值	企业财务会计报表、项目开支明细、历次支付申请及支付证书
发包人原因造成工期延误	可索赔的费用 C 与预期利润率 Q 的乘积：$P = CQ$

二、案例

案例 4-9：交叉干扰及删减工作事件下的索赔内容确定

（一）案例背景

某科技公司（以下简称发包人）和某施工单位（以下简称承包人）签订了一份工程施工承包合同。该工程的承包范围主要包括生产车间、办公中心、科研中心、产品仓库和职工宿舍的土建、水电及消防工程。总建筑面积为 57 459m²，质量标准要求为合格，开工日期为 2013 年 11 月 20 日，总工期为 230 个日历天，合同总价款定为 4 300 万元。在发承包双方签订承包合同后，承包人按合同约定开工日期如期进驻施工现场。

（二）索赔事件及分析

1. 交叉干扰事件索赔

（1）争议事件

一个关键工作面上发生了几种原因造成的临时停工：5 月 20 日 ~5 月 26 日承包人的施工设备出现了从未出现过的故障；应于 5 月 24 日交给承包人的后续图样直到 6 月 10 日才交给承包人；6 月 7 日 ~6 月 12 日施工现场下了该季节罕见的特大暴雨，造成了 6 月 11 日 ~6 月 14 日的该地区的供电全面中断。故而承包人向发包人提出了多项索赔：设备故障费用索赔，发包人拖交图样工期及相关费用拖延索赔，特大暴雨的工期和损失的费用索赔，和供电中断的经济索赔。针对承包人的索赔，发包人只同意了其中拖交图样的工期和费用，其他的索赔不予补偿。

⊖ 严玲，阳涛. 建设工程变更中删减工作引起的利润补偿研究 [J]. 建筑经济，2016（02）：55-59.

（2）争议焦点

本事件的争议焦点在于：在索赔方具有索赔权时，尤其是在多种原因导致的共同延误的索赔事件上，可以确定承包人具有索赔权，但承包人的可索赔内容不明确。

（3）争议分析

对于多种干扰事件导致的工程共同延误，确定索赔内容时需要判定事件的首发者，在它结束之前，不考虑在此过程中发生的其他类型的干扰事件的影响，具体如图4-10所示。

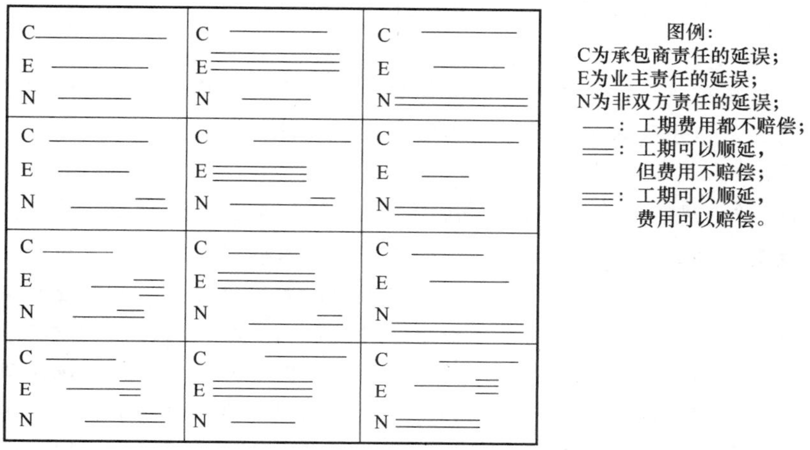

图 4-10 首发原则划分共同延误的责任划分

依据图4-10，分析本案例中的多种原因导致的共同延误的索赔事件如下：

1）根据第一行第一格的图示，5月20日～5月26日出现的设备故障是属于承包人应承担的风险，不予考虑承包人的费用索赔要求，在承包人的延误时间内，不考虑其他原因导致的延误，所以5月24日～5月26日拖交图样不予补偿。

2）根据第一行第二格的图示，5月27日～6月9日是发包人延交图样引起的，发包人应承担延误责任，应批准承包人相应的索赔要求，因5月有31日，故可以补偿工期14天，并给予相应经济补偿。在发包人拖交图样影响期间，不考虑6月7日～6月9日特大暴雨的影响。

3）根据第一行第三格的图示，6月10日～6月12日的特大暴雨是属于客观原因导致的，不考虑给承包人经济补偿，但给予相应工期延长3天。供电中断是属于一个有经验的承包人也无法预见的情况，属于发包人风险应给承包人相应补偿。但是6月11日～6月12日特大暴雨期间，不考虑停电造成的延误，所以6月13日～6月14日给承包人2天工期延长或相应费用补偿。

（4）解决方案

在承包人坚持索赔的情形下，最终经过发包人的研究，认可了承包人的成本补偿标准，即每天给予2万元，但不予考虑承包人的利润损失。所以最终批准承包人顺延工期19天，费用补偿32万元（16×2）。

根据以上分析，发承包双方应针对多种原因下的事件按照以上首发原则划分共同延误的责任分析步骤来协商并确定最终的索赔内容及数额。发包人应给予的补偿应及时给予承包人，不要让自己首发的干扰事件导致后续更多的事件发生，不然最终可能导致更多的干扰事件以及损失，所以应尽快解决从而减少其他方面的损失。

2. 删减工作下的利润索赔

(1) 争议事件

在工程开工后，发包人提出需要对办公中心和科研中心进行二次装饰，故将楼地面找平层、天棚粉刷和楼梯栏杆等工程删减掉。但是，发包人将二次装饰的工作分配给了承包人。针对发包人提出的删减工作，承包人就此提出索赔楼地面找平层、天棚粉刷和楼梯栏杆等工作所包含的利润，而发包人不予补偿，双方由此产生分歧。

(2) 争议焦点

本事件争议的焦点在于：发包人删减工作后，又将其他工作分配给了此承包人，承包人向发包人提出删减工作导致的利润补偿，承包人是否应得到索赔。

(3) 争议分析

1) 对删减工作的风险和责任进行分析。该事件中，楼地面找平层、天棚粉刷和楼梯栏杆等工作的删减是因办公中心和科研中心需要进行二次装修引起的。发生这种情况的原因是出于发包人在施工过程中提出了新的要求，修改了原定的项目计划；且发包人提出新的项目需求是发包人有能力控制的。因此，该事件中需要发包人承担删减工作的责任。

2) 对删减工作的利润补偿条件进行分析。该事件中，承包人完成楼地面找平层、天棚粉刷和楼梯栏杆等工作可以获得相应的利润，且没有发现承包人存在其他不当敛取利润的行为。由于发包人提供了二次装饰工作来代替被删减的工作，承包人的利润损失得到了补偿，所以承包人不满足删减工作的利润补偿条件，承包人的此项利润要求得不到补偿。

(4) 解决方案

发包人没有同意给予承包人利润补偿。在发包人组织的双方会议谈判中，发包人向承包人解释了其损失的利润在其他替代工作下已经得到了补偿。

本事件中发包人不向承包人补偿删减工作的利润是合理的。此处需明确：这与承包人提出设计优化，导致工作删减，其最终结果是发包人工程成本的节约和项目工期的缩短，承包人有权与发包人共享设计优化为项目增加的效益是不同的事件情况。

【资料来源：改编自尹贻林，严玲．工程计价学 [M]．3 版．北京：机械工业出版社，2015．】

案例 4-10：某水利工程施工方案和施工条件改变引起的索赔内容确定

(一) 案例背景

某建设单位要建一水电站工程，其中一部分是全长 303m 的施工支洞工程，地质条件比较复杂。经过招标投标工作后，此工程项目由某施工单位中标来完成施工。某建设单位（以下简称发包人）和某施工单位（以下简称承包人）签订了一份水电站工程施工合同。发包人和承包人按照《13 版合同》签订了单价可调价施工合同。

签订的合同（工期）专用条款中，有关的条款如下：

1) 合同第 7.4 款：工期发生延期时，承包人应在得知工期延误的 5 天内请求监理人批准工期的延长。

2) 合同第 7.5 款：如果承包人不能按合同附件 1 及第 6 条完成工作或工作的关键部分，将按合同规定的工程期限向发包人每天按合同额的 0.4% ~9% 支付误期损害赔偿费。

3) 合同第 19.1 款：合同任何一方必须在索赔事件出现 21 日内或索赔人意识到索赔事

件的出现 21 日内提出。在索赔得到最终处理前，承包人应当继续执行合同，而发包人应当继续按照合同约定支付工程款。

（二）索赔事件及分析

1. 施工方案变更导致工期变化

（1）争议事件

在主体工程的施工过程中，发包人在已施工的基础上综合考虑，要求更改施工方案，延误了工期。类似的发包人提出的变更还有很多。最终在工程完工时，实际完工工期与计划工期产生了差异，双方在竣工结算时对工期问题产生了大量争议。

在进行水电站的设备安装工程时，承包人提供的施工方案和施工进度计划已经得到了发包人的批准（其中，施工进度计划如图 4-11 所示），总工期为 22 天。实际施工时，发包人要求 C 和 H 工作采用新的工艺，并且重新编制了施工方案，导致 C、H 工作的持续时间均延长了 3 天。但承包人未按合同第 7.4 款的约定，在工期发生延期时，在得知工期延误的 5 天内请求监理人批准延长工期。据此，在此项设备安装工程结束后，发包人就工期延长 3 天向承包人提出误期赔偿，从工程变更累计增加金额 2 320 万元中扣除。

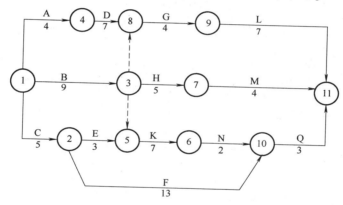

图 4-11　承包人提供的施工进度计划

承包人拒绝发包人的要求，并向发包人提出反索赔。承包人认为：发包人在工程施工过程中，发生大量的设计变更次数，图样也修改多次，大大增加了施工单位按合同约定提交工期延迟申请的工作量，这也是导致承包人无法及时提交书面说明的重要原因。并且，承包人还提供相关证据说明没有按照合同约定的 5 天工期延迟申请时限的责任不完全是由承包人造成的，且合同中并未规定承包人不在 5 个工作日内提出工期延长的要求就放弃了申请工期的权利。所以承包人向发包人提出了由于发包人变更导致的工期延长 3 天的工期索赔。发包人被承包人的索赔谈判分析说服，但对承包人的工期索赔的时间存疑。

（2）争议焦点

本事件争议的焦点在于：施工过程中，发包人提出的施工方案变更事项导致工程延期完工，于是发包人向承包人提出误期赔偿，承包人提供证据又向发包人提出工期反索赔且成立，那么在此情况下应如何确定索赔值。

（3）争议分析

合同双方经过多次商议以及承包人有效的证据证明和分析，最终可认定工程的拖期竣工是发包人的责任导致，承包人应得到工期的索赔。承包人的工期索赔时间是 3 天，认为 C 工作和 H 工作延长的 3 天最终导致工程拖期 3 天。但是对于由网络图表示的工程进度计划情形下的工期索赔时间的确定，应该首先确定关键线路上的关键工作，按照网络图分析法，来计算时间。

（4）解决方案

双方在达成对于发包人导致的对关键线路会产生影响的工序时间，发包人予以承包人工期索赔。双方共同完成索赔工期的网络图计算如图 4-12 所示。

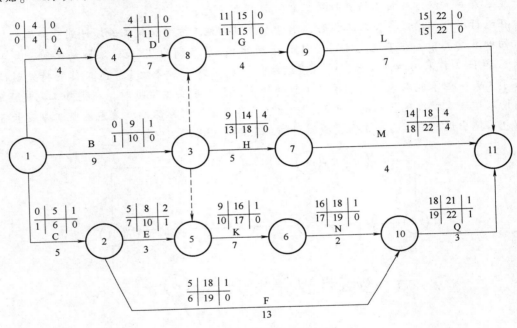

图 4-12　索赔工期的网络图计算

依据网络图计算，如图 4-12 所示，C 工作的总时差为 1 天，因此 C 工作延长 3 天，总工期会延长 2 天。因此，水电站的设备安装工程施工方案变化，承包人可索赔工期 2 天。H 工作的总时差为 4 天，可以满足 3 天的机动时间的安排，所以 H 工作的时间得不到延长。

综上所述，根据承包人的实际损失情况，由于发包人原因导致的 C 工作延长 2 天，发包人应给予承包人延长 2 天的工期时间。由此也可以知道，其中 1 天的时间的延误是由于承包人自身原因导致的，此 1 天的责任应由承包人来承担。

对于工期的计算，按照网络图分析时，首先，处于非关键线路上的工作存在总时差，该工作的工作时间缩短不会影响总工期的变化，只会造成该工作总时差变得更大，因此该工作的工作时间的变化不应得到索赔。其次，处于关键线路上的工作的工作时间缩短会影响总工期的变化，但可能会造成关键线路的改变。所以，工期的计算值与该工作的工作时间计算值不同。

2. 施工条件改变引起删减工作的利润索赔

（1）争议事件

发包人计划从某料场开挖石料，把开挖的石料运输到砂石骨料加工系统进行加工。关于开挖石料的运输问题，合同中约定从料场到砂石骨料加工系统之间开挖一个骨料运输洞，总长度为 4 325m。在骨料运输洞开挖的过程中，合同中约定工作面为三类围岩，需要进行喷混凝土、打系统锚杆和加钢筋网等工作，但是在施工后期发现其中一段工作面为一类围岩。鉴于一类围岩不需要进行支护，发包人提出将该部分围岩的喷混凝土、打系统锚杆和加钢筋网等工作删减，并增加了一些其他的适应三类围岩施工条件的工作，但是成本大大低于删减工作的原报价。承包人就以上工作改变，提出该新增部分工作的费用补偿和利润补偿，以及删除工作的利润补偿。发包人认为承包人未完成实质性工作，不予删减工作的利润补偿。

（2）争议焦点

该事件争议的焦点在于：发包人删减了工作又增加了工作，承包人能否得到费用和利润补偿。

（3）争议分析

施工条件改变引起的删减工作情形下存在人为因素，则导致施工条件改变的行为主体要承担相应责任，其行为主体为发包人，发包人需要补偿承包人删减工作的利润；行为主体为承包人，则承包人无法获得利润补偿；但如果发生工程环境和环境保护及城市规划的变动，则均属于客观原因，是项目各方不能控制的情形，此时，受损方不能索赔预期利润。

该案例中，喷混凝土、打系统锚杆和加钢筋网等工作的删减是由于发包人对围岩性质勘察不实所致，且其中一段工作面围岩性质的差异是有经验的承包人无法预见的。发包人未对围岩性质进行准确勘察，属于发包人可控的风险。因此，案例中删减工作的风险责任应由发包人承担。围岩性质发生变化使得承包人工作内容减少，包括喷混凝土、打系统锚杆和加钢筋网等，承包人应分摊在这些工作中的利润损失。而且，发包人删减工作后，虽然增加了部分工作，但是新增工作的成本远低于删减工作的成本，可知承包人损失的利润没有得到补偿。所以，发包人应该给予承包人未被替代的利润补偿。

（4）解决方案

承包人符合删减工作利润补偿条件，即承包人能够向发包人提出补偿工作被删减的利润损失。但是业主并没有同意给予承包人提出的全部补偿值，而是仅给予了小部分的利润补偿。

按理说，发包人只补偿了小部分的额度，这一做法是不完全正确的。因为合同双方根据《13 版合同》签订的是单价可调价合同，而且承包人的利润索赔是符合利润补偿条件的。最理想的补偿方式是双方按照合同中的约定分别计算好删减工作的损失利润报价以及新增工作的较少利润报价，取二者的差价。但双方在谈判的基础上确定了最后的利润补偿值。所以在工程索赔中，发包人有时会基于自身较为强势的地位，不给予承包人完全的索赔额。因此，对于承包人来说，就需要通过提升自身的管理水平和索赔能力来维护自己的利益。

案例 4-11：某公路工程业主索赔拖期赔偿费的计算内容确定

（一）案例背景

某公路工程（经营性项目），业主与施工单位（以下简称承包商）签订了施工承包合同，中标合同价为 9 696 万元，合同工期为 2010 年 9 月 12 日~2012 年 9 月 12 日，共计 24 个月。其中，该工程有 5 个煤矿采空区，合同价款为 5 800 万元（已包括在中标合同价里面），合同工期为 2010 年 9 月 12 日~2011 年 9 月 12 日，共计 12 个月。主材是钢筋和水泥，由甲方（业主）提供。该工程的融资渠道为政府拨款和银行贷款，其中银行贷款为 5 000 万元，贷款利率为 5.55%。考虑到不能因为工程的拖期而影响公路的通车，业主在招标时就合理确定了该公路工程的拖期损害赔偿费用的标准，以便在具体的施工中督促承包商加快施工，以免工期拖期给业主造成重大损失。

（二）争议事件

工程的实施过程中多方面的原因导致承包商没有做到按进度计划来实施工程，最终使得工程拖期，拖期时间区间为 2012 年 9 月 13 日～2013 年 1 月 10 日，拖期天数为120 天。虽然拖期，在此期间没有发生不可抗力事件，且工程经过竣工验收合格不存在质量上的问题。针对拖期，业主先通过对工程实施过程中所涉及的各个利益群体的关系进行分析，得到承包商拖期引起业主对其他利益群体违约的关系有四个，如图 4-13 所示。然后按照合同中约定的拖期补偿的计算方法得到索赔款额，于是业主向承包商提出了工程拖期索赔通知。

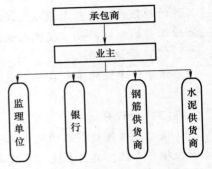

图 4-13　业主与其他利益群体关系图

业主对损失的计算如下（均为每日的标准）：

（1）直接损失

业主管理费（管理费率为 20%）= $[9\,696 \times 20\% \div (365 + 366)]$ 万元/天 = 2.652 8 万元/天

贷款利息 = $(5\,000 \times 5.55\% \div 365)$ 万元/天 = 0.760 3 万元/天

支付给钢材供货商的违约金（参照其他类似工程中业主与钢材供货商签订的供货合同）为 0.2 万元/天。

支付给水泥供货商的违约金（参照其他类似工程中业主与水泥供货商签订的供货合同）为 0.3 万元/天。

附加监理费（该工程监理费率为 4%）= $[9\,696 \times 4\% \div (365 + 366)]$ 万元/天 = 0.530 6 万元/天

（2）间接损失

业主按照假设工程正常完工，在承包商不拖期的情况下，业主可按预期时间实现工程正常通车，从而获得利润。按该公路预期的年平均利润率 12% 来进行计算：

预期利润 = $(9\,696 \times 12\% \div 365)$ 万元/天 = 3.187 7 万元/天

（3）总损失

每日的拖期损害赔偿金额 = $(2.652\,8 + 0.760\,3 + 0.2 + 0.3 + 0.530\,6 + 3.187\,7)$ 万元/天 = 7.631 4 万元/天。最高限额为中标合同款额的 10%，即为 $(9\,696 \times 10\%)$ 万元 = 969.6 万元。经计算，业主可以索赔的拖期赔偿费的额度为 $(7.631\,4 \times 120)$ 万元 = 915.768 万元。

但是承包商不同意业主的索赔值，认为其中占据很大部分赔款额的利润计算值不应包括在赔偿值中。双方因此而产生了不同的观点。

（三）争议焦点

该事件争议的焦点在于：承包商因拖期导致的经营性项目工程延迟竣工，承包商同意补偿业主大部分的损失，但不同意给予业主预期公路收费的利润赔偿，那么业主的利润补偿要求是否合理。

（四）争议分析

承包商认可拖期给业主带来的损失，并愿意给予补偿，但因为公路尚没有投入使用，不认可其利润的补偿要求。实际上，对于拖期赔偿的索赔在相关文件中有以下依据：

1）《标准施工招标文件》规定：承包人的工期延误，发包人可向承包人索赔误期赔偿。

2）《99版FIDIC新红皮书》规定：如果承包商未能遵守要求，承包商应当为其违约行为向业主支付误期损害赔偿费。因此，误期赔偿属于业主索赔的范畴，是指对业主实际损失费的计算，而不是罚款。

3）《合同法》第一百一十三条指出，当事人一方不履行合同义务或者履行合同义务不符合约定，给对方造成损失的，损失赔偿额应当相当于因违约所造成的损失，包括合同履行后可以获得的利益。

在费用索赔中需要考虑的实际因素有很多，包括直接损失和间接损失。索赔双方需要根据干扰事件导致的实际损失的状况来确定索赔值。在施工合同中关于误期赔偿费这一典型费用索赔的规定，通常都是由发包人在招标文件中确定的。

而且，案例中的拖期赔偿的费用索赔构成中包括原计划收入款额落空的合理利润部分。当业主按期投入使用肯定会有客观的收入，根据业主的实际损失来看，这部分的客观收入也是其损失的内容，应放入补偿计算。

（五）解决方案

业主在向承包商提出索赔要求后，又提供相关资料来佐证这部分因工程延期投入使用的损失额度——以类似工程的利润索赔为例，按类似工程的收入标准确定出业主的实际损失，计算利润值。承包商见此情形，也只好接受业主的利润索赔。业主就直接从应支付给承包商的工程款中扣除了这部分利润值。

工程实践中，发包人在确定这一拖期赔偿金时，一般要考虑以下因素：

1）由于本工程项目拖期竣工而不能使用，租用其他建筑物时的租赁费。

2）继续使用原建筑物或租用其他建筑物的维修费用。

3）由于工程拖期而引起的投资（或贷款）利息。

4）工程拖期带来的附加监理费。

5）原计划收入款额的落空部分，如过桥费、高速公路收费、发电站的电费所包含的合理利润部分。

案例4-12：某办公楼工程赶工费用内容确定及计算

（一）案例背景

某工程是一个办公楼的建设工程，首层为商店，开发商准备建成后出租，投标日期是1979年6月4日，授标日期为1979年6月18日，进场日期为6月25日，合同正式开工日期为6月26日，合同价为482 144英镑，管理费以直接费为计算基础，为直接费的12.5%，合同工期为18个月，至1980年12月24日竣工。工程实施中出现如下情况使得工程施工延期：

1）开挖地下室遇到了一些困难，主要是由于旧房遗留的基础引起的。

2）发现了一些古井，由于考古专家考证它们的价值产生拖延。

3）安装钢架过程中部分隔墙倒塌，同时为保护临近的建筑而造成延误。

4）锅炉运输和安装的指定分包商违约。

5）地下室钢结构施工的图样和指令拖延等。

在1980年2月份承包商提出了12周的工期拖延索赔，但是业主不同意，并指示工程师不给予工期延误的批准。因为业主与房屋租赁人签订了租赁合同，规定了房屋的交付日期，如果不能及时交付将会违约。而且，业主直接写信给承包商，要求承包商按原工期完成工程，否则将会提起诉讼。

（二）争议事件

1）工程师的建议和业主同意延长工期。承包商在收到业主的指令后，觉得这样的要求很不公平，于是与工程师进行了一番商榷。工程师向业主分析延期的责任，指出由于上述1）~5）项干扰事件的发生，按合同规定，承包商有权延长工期，责令承包商在原工期内完成工程是不合理的。如果要求承包商在原合同内完成工程，则必须和他商讨，协商价格的补偿，并签订加速施工协议。

业主认可了工程师的上述建议。从2月下旬到4月上旬，工程师与承包商及业主就工期拖延及赶工费赔偿问题进行商讨。承包商提出12周的工期延误索赔，经工程师的审核，按照工程师的实际损失原则扣去承包商自己的风险及失误2周（如上述案例背景中的第3）项），最终确定给予延长工期10周的权利。

2）承包商对延期的索赔额。对于10周的工期拖延，承包商提出的索赔如下：

① 古井，在考古人员调查期间工程受阻损失2 515英镑。

② 地下室钢结构，工程师指令的延误等索赔4 878英镑。

③ 与隔墙有关的工程，楼梯工程中延误及对周边建筑的保护：5 286英镑。

④ 由指定分包商引起的延误损失5 286英镑。

综上共计17 965英镑。工程师经过审核，认为在该索赔计算中有不合理的部分，如机械费中用机械台班费是不合理的，在停滞状态下应用折旧费计算，最终确认的索赔额为11 289英镑。

3）业主提出赶工要求。业主要求：全部工程按原合同工期竣工，即需要加速10周；底楼商场比原合同工期再提前4周交付，即要提前14周。在4月份开始采取加速施工，在后9个月工期中达到上述加速目标。

4）承包商重新制订了计划并提出赶工索赔。考虑到因加速所引起的加班时间，额外的机械投入，分包商的额外费用，采用技术措施（如烘干措施）等所增加的费用，提出：①商店提前14周需花费8 400英镑；②办公楼提前10周需增加花费12 000英镑；③考虑风险影响为600英镑。合计为21 000英镑。

5）工程师提出扣减管理费。工程师看到承包商已经考虑到风险因素，工程师又提出由于工程压缩10周，承包商可以节约管理费。按照合同管理费的分摊，10周共有管理费为：482 144英镑×[12.5%/（1+12.5%）]÷78周×10周=6 868英镑；这笔节约管理费应从索赔额中扣去。则承包商提出工期延误及赶工所需的补偿为25 421英镑（11 289-6 868+21 000）。

6）但是承包商不同意工程师扣减的算法，并且认为在赶工费的计算中应该考虑到风险费用以及利润。于是双方之间就风险因素影响的补偿费用和管理费的扣除问题产生了分歧。

（三）争议焦点

承包商认为赶工中的管理费和赶工的风险费应该要考虑进赶工索赔额中，但是工程师认为承包商在赶工中"节约"了管理费，要扣减管理费。所以双方争议的焦点就在于：赶工费包含的内容，以及在什么情况下赶工费属于得到了"节约"，计算时可以扣减。

（四）争议分析

按照计算各个单项的费用汇总后计算赶工费用，其各个单项的内容一般包括：

1）人工费，包括因发包人指令工程加速造成增加劳动力投入、不经济地使用劳动力使生产效率降低、节假日加班、夜班补贴。

2）材料费，包括增加材料的投入、不经济地使用材料、因材料需提前交货给材料供应商的补偿、改变运输方式、材料代用等。

3）施工机具使用费，包括增加机械使用时间、不经济地使用机械、增加新设备的投入。

4）管理费，包括增加管理人员的工资、增加人员的其他费用、增加临时设施费、现场日常管理费支出。

5）分包商费用。分包商费用一般包括人工费、材料费、施工机具使用费等。

6）相关的风险费用。在赶工期间的市场材料价格的增长以及现场赶工的其他风险。

在本案例中，承包商综合工程的合同价、商店赶工索赔费用和办公楼赶工索赔费用报价中都已经考虑到上述各单项费用。但是工程师认为由于工期压缩了，在承包商的索赔额中必须扣除在这期间承包商"节约"的管理费。但是实际上与合同工期相比，压缩后的实际工期和合同工期基本上是相等的，也就是底楼商场的工期提前了一点。所以和合同相比，承包商其实也没有"节约"。在赶工的过程中，对承包商的管理技术和能力的要求提高，所以，承包商的赶工费用中应该包含管理费，不应扣除。

这种扣除只有在两种情况下是正确的：

1）已有的工期拖延，承包商有工期索赔权，但没有费用索赔权，如恶劣的气候条件造成的拖延，如果不加速施工，承包商必须支付这期间的工地管理费，而现在采取加速措施，这笔管理费确实"节约"了。

2）已有的工期拖延为业主责任，承包商有费用索赔权，在费用索赔中已经包括了相关的管理费，即上述的承包商对延期的索赔额17 965英镑中已经包括了管理费的索赔值。否则这种扣除会使承包商受到损失。

（五）解决方案

承包商极力向工程师解释清楚其每一部分索赔额的来源、根据包括的内容，从而消除了工程师的一些错误看法，并为自身的损失争取一些有回旋余地的利益。考虑到在紧急和偶尔交流的情况下难以解决这个问题，故而承包商邀请工程师及业主方进行协商。在协商的过程中，承包商肯定并感谢了工程师在之前为其所做出的努力和帮助——从开始到最后一直向业主解释合同，分析承包商的一些索赔的合理性，对缓和矛盾，解决分歧，实现项目目标发挥了重要的作用。

在谈判中，为了约定赶工时间及费用等赶工问题，承包商和业主双方商讨并签署赶工附加协议，在协议中列明了对这些事情的处理和要求。内容包括：

1）业主对赶工时间和质量的一些要求。

2）对承包商的赶工，业主应支付的赶工费（确定是否包括4月1日以前承包商所提出的各种索赔）的时间和数量。

3）如果承包商不能按照业主的要求竣工，则应在赶工费用中扣除承包商拖期赔偿费，规定好每日的拖期费。但是在赶工期间由于非承包商责任引起的工期拖延的索赔权与原合同一致。

此案例对其他的类似情形的案例的处理具有一定的启发意义，在处理此类事件的时候，双方均应本着以实现工程目标为要旨。在这个过程中，工程师需要积极发挥协调和沟通的作用，帮助厘清各方的思路。还有就是在赶工情形下发承包双方也要商定好赶工协议，确定各个重要内容，为后续系列问题的处理做好铺垫。

【资料来源：改编自成虎. 建设工程合同管理与索赔［M］. 南京：东南大学出版社，2015.】

案例4-13：某国外工程工期延误引起的索赔计算及方法选择

（一）案例背景

中亚某国56km高速公路项目（双向四车道），业主为该国国家公路局，咨询单位为当地某公司。该项目为世界银行贷款项目，合同总金额（B_p）为1.34亿美元，合同工期（T_c）为36个月。

该项目采用FIDIC多边开发银行和谐版本作为通用合同条款，2009年11月6日合同签订后，承包商立即进行施工动员并进入现场，咨询方于2010年2月3日下达开工令，但是由于业主的征地问题，项目迟迟未能开工。直到2011年1月29日，咨询方才正式通知承包商0~34km征地问题已解决，要求马上开工；同年8月17日，再次通知承包商34~56km征地问题也已解决，可以全面开工。

根据FIDIC多边开发银行和谐版本的通用条款第2.1款〔现场进入（占用）权〕（Possession of the Site），对业主提供现场有如下规定：在开工令下达后21天内，业主应向分包商提供全部的施工现场；否则，承包商可根据第8.4款〔竣工时间延长〕（Extension of Time for Completion）及第20.1款〔承包商的索赔〕（Contractor's Claim）向业主进行工期和费用（含利润）的索赔。

（二）索赔事件及分析

1. 工期索赔分析与计算

该案例工程的工期索赔计算分为两个阶段：①从开工令下达之日至2011年1月29日（前34km可以施工之日）；②2011年1月29日~2011年8月17日（项目可以全面施工之日）。

第一阶段的延误工期（计为T_{D1}）计算较为简单，即从应提供现场的日期2010年2月24日（开工令的日期加上合同规定的应提供施工现场的期限21天）到2011年1月29日的时间，延误的持续时间为$T_{D1}=339$天。

对于第二阶段的延误工期（计为T_{D2}），可采用比例分析法，具体公式为工期延误值=该段实际延误的工期拖延量×（受影响路段长度/总路段长度），据此，延误工期T_{D2}为79天$[201×(22/56)]$。

综上，工期延误索赔$T_D=T_{D1}+T_{D2}=418$天$=13.93$个月。在与业主的协商、谈判中，业主认为在延误期内分包商已经开展了部分辅助性工作，如已经完成了路权移交、各类工程试验也已开始、断面测量基本完成、原地面清表工作基本完成、施工便道已基本完工等，因此最终批复的总的工期延误索赔（T_D）为 12 个月。

2. 费用索赔分析与计算

工期延误费用索赔的构成主要是与工期或时间相关的工程成本，与时间相关的工程成本和与产值相关的工程成本是两个相对的概念。当发生工程变更时，其费用通常是与产值相关的工程成本。但是当进行工期延误索赔时，一定要把握住事件的本质是与时间相关的工程成本这一原则。结合成本管理的分类原则，索赔费用一般分为六大类：机械费、直接人工费、现场管理费、总部管理费、利润、税金。

（1）机械费

按照国际工程的惯例，进行费用索赔的机械费可用以下公式来计算：

$$CE = CE_1 + CE_2 + CE_3 \tag{4-22}$$

式中　CE——总的机械费索赔额；

　　CE_1——承包商自有机械设备的折旧费；

　　CE_2——承包商租赁设备的租赁费；

　　CE_3——机械台班低效率损失的补偿费。

在本案例中，由于项目未开始施工，因此只包含自有设备的折旧费 CE_1，而 CE_2 和 CE_3 均为 0。此外还应注意的是，CE_1 是指已经动员到现场并将直接用于现场生产的各类施工机械/拌和站等；而不包括辅助性工器具（包含在现场管理费中）。机械设备折旧费 CE_1 按照实际费用法，按照该国通用的费率组成表（Composition Schedule of Rates，CSR）所提供的折旧费费率，根据每月向咨询方提交的工程进度报告等统计资料来确定设备的进场时间和机械数量来计算，本案例中延误工期内的总设备折旧费 CE = 2 516 286 美元。

（2）直接人工费

直接人工费（CL）是指在项目停工期间，承包商必须继续支付已经动员的直接从事现场施工的工人工资，包括中方现场人员工资和当地劳务工资，一般从向咨询方提交的月工程进度报告中提取相关统计数据，按延误期间的实际支付费用来计算，计算结果如表 4-7 所示。

表 4-7　直接人工费计算表

人员类别	人数	月工资/美元	累计总工作时间/月	费用/美元	备　注
现场经理	1	8 500	12	102 000	中方人员工资
高级工程师	3	6 500	27.3	177 450	
工程师	9	5 000	75.8	379 000	
助理工程师	13	3 500	102.4	358 400	
测量工	2	4 200	21.5	90 300	
试验员	2	4 200	18.7	78 540	
机械操作手	121	300	875.6	262 680	当地职员工资
测量助手	8	200	85.9	17 180	
试验帮工	8	250	74.5	18 625	
现场劳务	115	150	924.3	138 645	
直接人工费 CL 总计				1 622 820 美元	

（3）现场管理费

1）争议事件。承包商参考了许多国际工程索赔的案例和惯例，最终确定了现场管理费应包含的内容。业主看到索赔额较大，于是参考了国际上常用的两种计算方法。由于计算方法选取的不同得出的数额不同，双方对此部分的费用难以达成一致。业主让承包商提供支撑资料，但是承包商只能提供部分资料。

① 如表4-8所示，承包商按实际损失计算现场管理费。

表4-8 现场管理费及实际费用

序　　号	包含的费用项目	实际费用/美元
1	中方管理人员、后勤服务人员等工资	2 564 548
2	当地辅助性员工工资（办公室职员、画图员等）	195 376
3	交通车辆使用及维护费（含租赁的交通车辆）	657 142
4	保险费（含一切险、第三方责任险、人员险等）	646 379
5	保函费用	228 073
6	营地的租赁费、维护运营费等	662 771
7	环境保护、安全设施、医疗等费用	79 738
8	中方人员国内、现场往返费	205 093
9	辅助施工设施费（测量、试验仪器、发电机等）	113 620
10	其他费用（生活费、交通费、办公费等）	211 278
总计实际发生的现场管理费		5 564 018

② 以直接费索赔额为基础计算。很多国际工程的索赔中，现场管理费可以按照百分比乘以索赔的直接费用进行计算，即

$$C_{现场} = C_{直接} B_1$$

式中，$C_{现场}$——工程延误期间内的现场管理费；

　　　$C_{直接}$——承包商索赔的直接费（机械费和直接人工费）；

　　　B_1——现场管理费费率。

根据工程所在国市场的惯例以及业主（国家公路局）颁布的CSR，一般现场管理费的费率取25%。据此，本案例的现场管理费 $C_{现场}$ 为103 777美元[（2 516 286 + 1 622 820）×25%]。

③ 通过单位时间的现场管理费进行计算。现场管理费是为整个合同工期服务的，而不是仅仅针对某项工作，因此可以先依据合同报价（包括直接费、现场管理费、总部管理费和承包商的利润四部分）再按照下列公式：

$$C_P = \frac{B_P B_1}{(1 + B_1)(1 + B_2)(1 + B_3)} \tag{4-23}$$

$$C_{现场} = C_P \frac{工期延误索赔 T_D}{合同总工期 T_C} \tag{4-24}$$

式中　C_P——合同工期内现场总的管理费；

　　　B_1——现场管理费费率；

　　　B_2——总部管理费费率；

　　　B_3——利润率。

根据合同中承包商在投标时提交的现金流量表，总的管理费（Management Cost）占合

同总金额的比例为 26.5%；其中根据 2006 版 FIDIC 合同条件中通用合同条款第 1.2 款的规定，合同中所有关于"成本加利润（Cost Plus Profit）"的条款，其中 Profit（利润率 B_3）的取值为 5%。根据承包商的财务报表，总部管理费费率 B_2 为 6.5%；反算得知现场管理费费率 B_1 为 15%。由上述公式计算出该案例的现场管理费 $C_{现场}$ 为 5 209 953 美元。

2）争议焦点。双方选取的现场管理费计算方法的不同导致了费用额大小的不同，产生了分歧，所以双方的争议焦点在于计算现场管理费方法的选择问题。

3）争议分析。现场管理费是工程成本的重要组成部分，此外，现场管理费也是索赔过程中分歧最大、最难以确定的一部分。在索赔计算中，要考虑的因素有很多。表 4-8 中实际发生的管理费被承包商作为索赔谈判中的参考和底线。但是在计算现场管理费时，业主往往不会同意按照实际发生的费用计算，即使业主有让承包商提供相关的计算资料数据，但是承包商也只提供了部分的支撑资料。因为其数值太大，所以业主很难确定其数值计算过程的真实性是否合情合理。业主不同意按照承包商的索赔额进行补偿也可理解。对于计算方法的选择，双方还是得经过一定的论证过程来选择合适的方法。

4）解决方案。在双方的方法选择和论证过程中，分析后明确：根据上述两种方法计算出的结果与实际发生的现场管理费进行对比，发现通过单位时间的现场管理费进行计算得出的结果与实际费用较接近，也比较合理。而用直接费索赔额为基础计算的结果与实际费用差距较大，对承包商非常不利。于是本案例中承包商提出采用单位时间的现场管理费，在谈判时终得到业主和咨询方的认可。

在确定了有对损失进行索赔的权利之后，重要的就是计算索赔额，但是常常会因为各方利益问题导致索赔数值的确定成为难题。为了更好地解决这些问题，承包商在发生索赔事件时应该提前收集证据主动找业主方的人进行确定。

（4）总部管理费

1）争议事件。类似于现场管理费的计算方法的选择一样，在总部管理费的计算上，发承包双方之间也产生了不同的选择。承包商想要采取胡德森公式（Hudson Formula）来计算总部管理费。但是业主不同意。

① 按总部管理费费率计算，其公式为

$$C_{总部} = 总部管理费费率(B_2) \times (直接费索赔款额 + 现场管理费索赔款额) \qquad (4\text{-}25)$$

② 恩克勒公式（Eichleay Formula），其公式为

$$C_{总部} = 同期内公司总管理费 C_P \times \frac{该工程的合同额}{同期内公司总合同额} \times \frac{延误工期}{合同总工期} \qquad (4\text{-}26)$$

③ 胡德森公式，其公式为

$$C_{总部} = \frac{工程合同价}{合同总工期} \times (总部管理费费率 + 利润率 + 延误工期) \qquad (4\text{-}27)$$

2）争议焦点。双方选取的总部管理费计算方法的不同将会导致费用额大小的不同，这就影响了双方的利益，所以双方的焦点在于计算总部管理费方法的选择问题。

3）争议分析。索赔款中的总部管理费（$C_{总部}$）是工程项目部向其公司总部上缴的管理费，包括总部管理人员费用、企业经营活动费用、差旅交通费、办公费、固定资产折旧费、财务费、职工教育培训费和保险费等。到底应该采取哪种计算方法，需要综合考虑各方的利益，但更多的应是从实际损失来出发，尽量将承包商的损失弥补上，但是也不能由承包商自

已来选择有利于其利益分担的方法。也就是不能让各方从索赔的处理中获得额外的不当收益。

① 按总部管理费费率计算的方法，即按上述各项费用之和乘以总部管理费费率计算，这种方法简单易行，说服力较强，使用面较广。

② 按恩克勒公式计算的方法，此种方法是美国广泛采用的计算总部管理费的方法，其基本原理是日费率分摊法。该方法对于同期内公司的总合同额不好处理，业主、咨询方可能认为承包商提供的数据不准确，要求提供所有在建项目的合同协议等证明性材料，收集起来比较烦琐，即使收集齐全了，也可能怀疑承包商为了提高总部管理费的比率，而故意少报一些项目，争议较大，谈判也比较困难。

③ 按胡德森公式计算的方法，此公式适用于直接采用英国承包合同条件的一些国家。其特点是计算出的管理费数额较大，对承包商较有利，但往往不被业主所认可。

4）解决方案。综合各种方法的优劣，本项索赔事件的解决需要各方的协商讨论来决定。在实际案例中，双方通过协商，业主首先否定了按胡德森公式计算的方法。经过谈判，最终采用了按总部管理费费率来计算总部管理费。因为此方法的计算过程和结果也容易让对方理解和接受，其需要的支持性文件一般为承包商近三年经审计的财务报表，这也比恩克勒公式计算需要的资料可靠真实，满足对数据获取的要求。

经计算后得到总部管理费：

$$C_{总部} = (CE + CL + C_{现场})B_2 = (2\,516\,286 + 1\,622\,820 + 5\,209\,953)\text{美元} \times 6.5\% = 607\,689\text{美元}$$

针对此案例中的对于工期拖延导致的索赔额计算方法的选择引发的分歧，如果在一开始的合同中就已经确定好索赔处理时的计算方法，将会为后面的问题的解决节省时间，也有助于问题的顺利解决。所以在其他的项目合同签订中，发承包双方应在专用合同条款中确定好索赔值计算的方法。

（5）利润

根据 2006 版 FIDIC 合同条件第 1.2、2.1 款的规定，由于业主未能按合同规定的时间提供施工现场的索赔，其费用包含了 5% 利润（即 Cost Plus Profit）。同时根据第 11.4 款的规定，Cost（成本）应包含各项直接费和管理费，因此该案例中利润（P）为

$$P = (CE + CL + C_{现场} + C_{总部}) \times 5\% = 497\,837\text{美元}$$

（6）税金

根据项目所在国的相关法律规定，承包商每笔账单或支付款中，应上缴 6% 的所得税，因此该案例中所得税（CT）也应考虑在总的索赔款中，公式为

$$CT = (CE + CL + C_{现场} + C_{总部} + P) \times 6\% = 627\,275\text{美元}$$

（7）费用索赔合计

根据上述工期和费用的分析与计算，该案例总费用索赔额为 $CE + CL + C_{现场} + C_{总部} + P + CT = 11\,081\,860$ 美元。

【资料来源：改编自郭彬，王凯，张磊. 工期延误引起的索赔分析与计算 [J]. 建筑经济，2013（03）.】

第五章

现场签证引起的合同价款调整

 第一节　现场签证法理分析及合同价款调整原则

一、概述

（一）现场签证的概念

根据《工程造价术语标准》，现场签证是指发包人现场代表（或其授权的监理人、工程造价咨询人）与承包人现场代表就施工过程中涉及的责任事件所做的签认证明。

工程经验表明，现场签证已经成为一种增补的合同状态补偿机制，且被工程造价管理人员广泛使用，为解决发承包双方合同状态补偿问题提供快速解决机制。合同的不完备性以及建设工程项目一次性的特征属性，导致发承包双方无法在合同签订阶段对合同履行期间的情况进行预期估计。基于此，在合同履行阶段合同状态的改变需要通过补偿机制给予弥补。与其他状态补偿机制相比，现场签证是应对合同状态变化的简化机制，现场签证的简化性特征要求发包人与承包人在 48 小时内迅速达成现场签证金额确认的一致意向。伴随着对现场签证本质的深入解析，现场签证已成为发承包双方解决合同状态补偿问题的绿色通道，改善了传统合同补偿确认流程及确认资料填写的复杂性，降低了合同状态补偿过程中的交易成本。

（二）现场签证的类型

现场签证按照对象分类通常可以分为四类，分别为工程工期签证、工程技术签证、工程经济签证以及隐蔽工程签证。

1. 工程工期签证

工程工期签证是指在工程施工过程中，由于现实中的施工进程、主要原料、机械设备进退场时间还有由于发包人缘故产生的延期开工、暂停开工、工期耽误的签证。其主要表现是由于对工期的影响而造成现场签证，包括设计变更使得工期延长、供水和供电中断导致工期延长、非承包人因素造成的工期延误等。工期的延误往往导致工期索赔，此时现场签证便成为索赔的主要依据之一。

2. 工程技术签证

工程技术签证是指发承包双方对施工过程中运用的方法或者技术等要求进行联系确认的一种形式（包括技术联系单），是施工组织设计方案的精细化和有效添加，是对正在建设项目的施工工艺、方法以及设计的修改所产生的签证。由于有时它涉及大量的价款调整，所以是不能忽视的，对于一些重要的设计调整，应当征求设计人员意见，使其能够更加经济和适用。

3. 工程经济签证

工程经济签证是指工程施工过程中由于实际情况已经改变或由于客户的要求导致实际价格和合同价格有所区别产生的各类签证，主要包括发包人违约，工程变更造成的承包商和项目环境变化、设计变更或施工错误、缺陷等，也包括零星用工及零星工程、窝工、停水停电、图样的更改等造成的人工费和机械费的损失以及变更引起的工程量的增减或已完工程的报废。因其涉及范围大，项目五花八门，所以要准确把握定额、文件中有关签证的各项条款，严格控制范围和内容。

4. 隐蔽工程签证

隐蔽工程是指表面上无法看见的，在装修之后被隐蔽起来的施工项目，在装饰程序中，这些工程会被下一项工序"隐藏"起来，不能确认材料和施工是否符合标准。例如，供水管道、供热管道等被其他工程所覆盖的工程。这类签证必须具有及时性和真实性，因为一旦进行下一道工序前面的工序内容就会被覆盖，再次检查很麻烦，或是根本不能揭开，所以这类签证发生争议的可能性很大。

（三）现场签证的范围

根据《13 版清单计价规范》，现场签证的范围包括：①完成合同以外的零星项目；②非承包人责任事件；③合同工程内容因场地条件、地质水文、发包人要求与现场不一致的情况。

1. 完成合同以外的零星项目

零星项目是建设主体工程的附属工程、主体工程的准备工程、主体工程的补充工程等。通常具有工程量不大、工期紧、突发性、类型繁多、专业性强、无正规专业设计等特点。合同以外的零星项目，包括零星用工、修复工程、技改项目以及二次装饰工程等。

① 由于现场条件经常发生变化，施工过程中会出现诸如穿墙打洞、凿除砖墙或混凝土之类的零星工作，也会出现许多零星用工，如垃圾清理、改变料场后填筑施工便道、迎水坡滩地填筑整平之类的工程量等；②修复工程包括原来已经做好的部位不是完全合格，经过修复满足功能要求；③技改项目包括新老水、电、气等的衔接等；④二次装饰工程施工中，由于人们的审美观念不断变化，对细部要求和装饰效果也会随之变化，使得现场签证发生。

2. 非承包人责任事件

非承包人责任事件，包括停水、停电、停工超过规定时间范围的损失，窝工、机械租赁、材料租赁等的损失，业主资金不到位致使长时间停工的损失。①停水、停电、停工超过规定时间范围的损失包括停电造成现场的塔式起重机等机械不能正常运转，工人停工、机械停滞、周转材料停滞而增加租赁费、工期拖延等损失；②窝工、机械租赁、材料租赁等的损失包括施工过程中由于图样及有关技术资料交付时间延期，而现场劳动力无法调剂施工造成乙方窝工损失，应向甲方办理签证手续等；③业主资金不到位致使长时间停工的损失包括由于甲方资金不到位，中途长时间停工，造成大型机械长期闲置的损失可以办理签证。

3. 合同工程内容与现场不一致的情况

合同工程内容因场地条件、地质水文、发包人要求与现场不一致的情况：①场地条件与合同工程内容不一致包括开挖基础后，发现有地下管道、电缆、古墓等，这些属于不可预见因素，可根据实际发生的费用项目，经甲乙双方签字认可办理手续；②地质水文与合同工程内容不一致包括由于地质资料不详或甲方在开工前没有提供地质资料，或虽然提供了但和实际情况不相符，造成基础土方开挖时的措施费用增加，可就此办理签证；③发包人要求不一致的项目包括业主单位为方便管理、协调环境等在施工阶段提出的设计修改和各种变更而导致的施工现场签证等。

当对合同以外零星项目进行签证时，现场签证单与变更指令、索赔报告等文件一样，是合同价款调整和结算的计价依据。在施工过程中，承包人完成发包人提出的工程合同范围以外的零星项目或工作，通常采用计日工的方式进行计价。而当现场签证以"承包人与发包人核定一致"的事项出现时，签证则是对变更、索赔等合同调整事项的确认程序，是双方一致意思的表达，可以作为后续发承包双方继续对该事件进行工程变更或索赔处理的证据。

二、现场签证的法理分析

（一）现场签证的效力分析

1. 现场签证是一种法律行为

现场签证是发承包双方代表按发承包合同约定施工过程中涉及合同内容之外的责任事件发生后引起的发承包双方权利义务关系变化重新予以确认并达成一致意见的结果，是发承包双方的法律行为，是建设工程施工合同中出现的新的补充协议，是整个建设工程施工合同的组成部分。

2. 现场签证具有可执行性

在工程合同价款结算时，凡已获得双方确认的签证，均可直接在工程形象进度结算或工程竣工结算中作为工程量计量及合同价款调整的依据，具有可执行性。

3. 现场签证单本身就是证据

现场签证是发承包双方就工期、费用等意思表示一致而达成的补充协议，是施工合同履行结果和变化确认的事实证据，具有客观性、关联性和合法性。现场签证经发承包双方签字，手续齐全，一般都被认定，并作为合同价款支付的依据，不需要证据来证明。

（二）现场签证引起合同价款调整的依据

我国法律法规和部分省市颁布的文件中，对现场签证作为结算支付时的依据都有相关描述，具体规定如表5-1所示。

表5-1　合同纠纷时对签证的规定

名　称	颁布时间	条款号	对现场签证的规定
《最高院关于审理建设工程施工合同纠纷案件适用法律问题的解释》	2004年	第十一条（三）	工程价款结算应按合同约定办理，合同未做约定或约定不明的，发承包双方应依照建设项目的合同、补充协议、变更签证和现场签证，以及经发承包人认可的其他有效文件协商处理
《建设工程价款结算暂行办法》（369号文）	2004年	第十九条	当事人对工程量有争议的，按照施工过程中形成的签证等书面文件确认。承包人能够证明发包人同意其施工，但未能提供签证文件证明工程量发生的，可以按照当事人提供的其他证据确认实际发生的工程量
《江苏省高级人民法院关于审理涉及招标建设工程合同纠纷案件的有关问题的意见》	2008年	第十二条	建设工程价款进行鉴定的，承包人出具的工程签证单等工程施工资料有瑕疵，鉴定机构未予认定，承包人要求按照工程签证单等工程施工资料给付相应工程价款的，人民法院不予支持，但当事人有证据证明工程签证单等工程施工资料载明的工程内容确已完成的除外

（续）

名　称	颁布时间	条　款　号	对现场签证的规定
《深圳市中级人民法院关于建设工程合同若干问题的指导意见》	2010 年	第二十二条	施工过程中修改施工图或工程返工的，工程造价按双方约定或签证单确定
《四川省高级人民法院关于审理建设工程施工合同纠纷案件若干问题的意见》	2010 年	第六条	依照《中华人民共和国审计法》第二十二条规定必须接受审计监督的国家建设项目的工程，通过审计查验完成的工程量的，经审计确认的有关工程量的签证记录可以作为反映客观事实的证据，具有证明力，人民法院应当采信，作为双方工程价款结算的依据

从上述规定的内容可知，各地在处理工程施工的合同纠纷时都认定现场签证是合同价款结算的依据。

三、现场签证引起合同价款调整值的确定

根据《13 版清单计价规范》的规定，现场签证采用计日工方式进行计价，可分为有计日工单价现场签证以及无计日工单价现场签证两类，签证内容包括计日工数量与计日工单价两部分，对现场签证内容问题的分类同样可据此进行。

现场签证的工程量是由监理人现场签认完成该类项目所需的人工、材料、工程设备和施工机械台班的数量；现场签证的综合单价的确认则分为两种情况，即有计日工单价的现场签证费用的确定和没有计日工单价的现场签证费用的确定。

（一）现场签证价款的结算与支付程序

在发生现场签证项目时，若承包人申请以计日工方式计价，则承包人在该项工作实施结束后的 24 小时内，向发包人提交有计日工记录汇总的现场签证报告一式三份，由发包人复核。报告内容包括工作名称、内容和数量，投入该工作所有人员的名称、工种、级别和耗用工时，投入该工作的材料名称、类别和数量，投入该工作施工设备型号、台数和耗用台班等。

发包人在收到承包人提交现场签证报告后的 2 天内予以确认并将其中一份返还给承包人，作为计日工计价和支付的依据。发包人逾期未确认也未提出修改意见的，视为承包人提交的现场签证报告已被发包人认可。

项目实施结束后，承包人应按照确认的计日工现场签证报告核实该类项目的工程数量，并根据核实的工程数量和承包人已标价工程量清单中的计日工单价计算，提出应付价款；已标价工程量清单中没有该类计日工单价的，由发承包双方按变更估价的三原则的规定商定计日工单价计算。

每个支付期末，承包人应按照相关规定向发包人提交本期间所有计日工记录的签证汇总表，以说明本期间自己认为有权得到的计日工金额，调整合同价款，列入进度款支付。整个过程如图 5-1 所示。

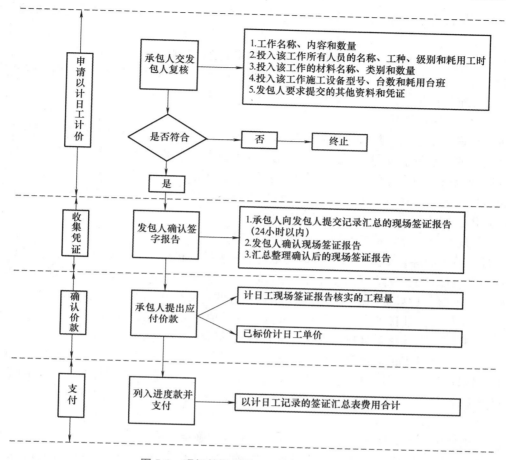

图 5-1　现场签证以计日工方式计价的程序

（二）现场签证中零星工作工程量的确定

1. 人工工日数量的确定

工人班组从事指定工作且能胜任工作时，才算实际工作时间，随同工作的班长的工作时间也应计算在内，但不包括领工和其他质检管理人员的工作时间，人工工时应以工人实际到达施工现场的时间开始，到离开现场时的定额工作时间为止（计日工时间按正常工作时间，不包含加班的时间），当工人因自身原因未在要求的时间内完成工作，而利用其他时间工作的工时不应计入计日工。根据《中华人民共和国劳动法》和《国务院关于职工工作时间的规定》的规定，中国目前实行劳动者每日工作 8 小时，每周工作 40 小时这一标准工时制。因此，人工工日数量的确定公式为

$$人工工日数量 = 工人工作时间 \div 8 \times 工作人数 \qquad (5-1)$$

2. 材料数量的确定

计日工材料数量是指在施工过程中必须消耗的建筑材料、半成品或配件的数量。材料消耗数量包括材料的净用量和必要的损耗量，其中损耗量包括材料的施工操作损耗、场内运输损耗、加工制作损耗和场内管理损耗，因此计日工材料数量的公式为

$$材料数量 = 材料净用量 + 材料损耗量 = 材料净耗量 \times (1 + 损耗率) \qquad (5-2)$$

其中，材料的损耗率是通过观测和统计得到的，通常由国家或者地方建设有关部门确定。

用于计日工的材料，一般由承包人供应，除非监理工程师指定由业主供应，承包人用于计日工的材料未经监理工程师同意不得任意改变，在确定材料数量时，应以现场实际使用量为准，避免重复计量。

3. 机械台班数量的确定

机械台班数量应按实际台班消耗量计算，因承包人原因造成的超出审查合格的设计文件范围及返工的工程量，发包人不予计量。无论是承包人自有机械设备还是租用机械设备，因天气原因导致机械设备无法正常使用的，这部分经济损失应由承包人和业主各承担 50%，因承包人原因导致机械设备无法使用的，承包人自行承担经济损失。用于计日工的机械，由承包人提供，因故障或闲置的施工机械不支付费用。

（三）现场签证中零星工作计日工单价的确定

计日工单价为综合单价，所以包括人工费、材料费、机械费、管理费、利润，其中管理费和利润是以计日工单价的人工、材料、机械费用为基数确定的，因此计算计日工综合单价需要确定人工费、材料费和机械费三项费用。相应的计算公式如下：

$$计日工人工综合单价 = 人工基础单价 + 管理费 + 利润 \tag{5-3}$$

$$计日工材料综合单价 = 材料基础单价 + 管理费 + 利润 \tag{5-4}$$

$$计日工机械台班综合单价 = 机械台班基础单价 + 管理费 + 利润 \tag{5-5}$$

对于以计日工方式计价的现场签证费用的计算，单价可直接套用计日工表中的综合单价。对于无计日工单价的，则需另行确定人工费、材料费、机械费的综合单价。

1. 计日工人工综合单价的确定

（1）无适用有类似计日工单价时相应人工单价的确定

《建标 44 号文》规定，工程造价管理机构确定日工资单价时应通过市场调查，根据工程项目的技术要求，参考实物工程量人工单价综合分析确定，最低日工资单价不得低于工程所在地人力资源和社会保障部门所发布的最低工资标准的：普工 1.3 倍、一般技工 2 倍、高级技工 3 倍。根据《13 版清单计价规范》中第 9.7.4 款的规定，当零星项目中常见的计日工人工工种在工程量清单中没有适用的相应子目，但有类似的情况发生时，可以按照相应的工种的级别对计日工人工进行计价，即可按照普工、一般技工、高级技工等工种等级来确定计日工人工单价。

（2）无适用无类似计日工单价时相应人工单价的确定

此时的人工单价可根据《建标 44 号文》的规定，日工资单价包括计时工资或计件工资、奖金、津贴补贴、加班加点工资、特殊情况下支付的工资；还可根据工程造价管理机构发布的工程造价信息确定，其信息发布主要有三种形式，即造价文件、造价信息刊物、造价管理网站，而造价部门提供的信息价格一般为经过市场调查综合取定的综合价格，在使用时应充分注意价格的特征。

（3）无适用无类似且缺价时相应人工单价的确定

施工单位在确定人工单价时，应充分参考地方定额中所编选的人工预算价格和当地预算造价管理部门按期发布的人工市场信息价格或通过有关网站和自我市场询价取得信息价格。承包工程可使用本企业的工人，也可从本地或工程所在地的劳务市场雇用工人，具体应经过比较而定。对于本企业的工人，在整个工程施工期间，人工工资有较具体的规定，而雇用的劳动力则必须通过询价，了解各种技术等级工人的日工资或月工资单价，如有可能还必须了解雇用工人的劳动生产率。

2. 计日工材料综合单价的确定

（1）无适用有类似计日工单价时材料综合单价的确定

无适用有类似时材料的综合单价是指对类似清单子目和现场签证项目子目之间的差异性进行分析并对相应材料替换后所得到的一个综合单价。对于仅改变材料的计日工项目，变更后的清单子目与原清单子目之间的差别仅是材料的改变，而施工工艺和方法并没有改变，因此仅需要更换其材料价格即可，对于施工工艺相同、施工材料名称相同但等级不同的材料，可在原工程量清单单价基础上依据定额调整材料等级差异造成的费用增减，最后得出实际所用材料的综合单价。

（2）无适用无类似计日工单价时材料综合单价的确定

《建标44号文》规定，材料综合单价的构成包括材料单价、管理费、利润。材料单价包含材料原价、材料运杂费、运输损耗费、采购及保管费，计算公式如下：

$$材料单价 = [（材料原价 + 运杂费）×（1 + 运输损耗率）] ×（1 + 采购及保管费率）\quad(5\text{-}6)$$

$$材料综合单价 = （材料单价 + 管理费 + 利润）×（1 - 让利率）\quad(5\text{-}7)$$

（3）无适用无类似且缺价时材料综合单价的确定

工程造价信息没有发布的那部分材料价格应参照市场价，市场价需要通过询价进行确定，询价的方式主要有联系经销商、互联网查询、通过咨询公司询价等，询价时要对工程所需各种材料、设备等的价格、质量、供应时间、供应数量等进行系统全面的调查，询价后需要对这些询价结果进行综合分析，并将该价格作为参考价由甲乙双方协商确定，最终计入结算价。

3. 计日工机械台班综合单价的确定

计日工机械台班费用的变化有两种可能：一种是采用原有机械，另一种是采用新的机械。

（1）无适用有类似计日工单价时机械台班单价的确定

根据《13版清单计价规范》中第9.7.4款的规定可知，已标价工程量清单中没有适用但有类似于计日工项目的，可在合理范围内参照类似项目的单价，工程量清单中类似项目的机械施工工序大体相同，因此，当没有适用的工程量清单子目时，可参照已标价工程量清单中类似子目的机械台班单价。

（2）无适用无类似计日工单价时机械台班单价的确定

机械台班单价是指施工机械在正常运转条件下一个工作班（一般按8小时计）所发生的全部费用。施工机械台班单价以"台班"为计量单位，《建标44号文》规定，机械台班单价除包括机械折旧费、修理费、保养费、机上人工费和动力燃料费、车船税、养路费等外，还应包括分摊的其他直接费、间接费、其他费用和税金等一切费用和利润，因此，其计算公式可归结如下：

$$机械台班单价 = 台班折旧费 + 台班大修费 + 台班经常修理费 + 台班安拆费及场外运费$$
$$+ 台班人工费 + 台班燃料动力费 + 台班车船税费 + 其他费用$$

$$(5\text{-}8)$$

（3）无适用无类似且缺价时机械台班单价的确定

工程造价信息没有发布的那部分机械台班的价格应参照市场价，市场价需要通过询价进行确定，并且其具体询价方式同计日工材料单价确定时的询价方式，经询价或市场调查后确定的机械台班价格应报发包人确认。

（四）现场签证引起工期变化的调整

现场签证除引起合同价款调整之外，同时也是工期变化的一种确认方式。此时，承包人应与发包人签订工期签证，则在责任事件发生后可以顺延工期，且由对方承担工期延误责任。

四、现场签证引起合同价款调整的一般原则

现场签证是在合同履行过程中的状态变化补偿，是对权利义务关系变化的重新约定，是双方达成一致的书面结果，现场签证使施工过程中的状态变化具有客观性、关联性、合法性。

对于现场签证存在的问题，大致可分为现场签证的效力问题与现场签证的内容问题两类，前者指该现场签证是否符合相关规定，包括现场签证的时间问题、现场签证的程序问题、现场签证的编号问题以及现场签证签章的效力问题等；后者则指该现场签证内容是否属实，包括重复签证、高估冒算、签证范围不明、计量错误等问题。

（一）程序优先原则

1. 现场签证的程序

《13 版清单计价规范》第 9.14.1 条规定：承包人应发包人要求完成合同以外的零星项目、非承包人责任事件等工作的，发包人应及时以书面形式向承包人发出指令，提供所需的相关资料；承包人在收到指令后，应及时向发包人提出现场签证要求。第 9.14.2 条规定：承包人应在收到发包人指令后的 7 天内，向发包人提交现场签证报告，发包人应在收到现场签证报告后的 48 小时内对报告内容进行核实，予以确认或提出修改意见。发包人在收到承包人现场签证报告后的 48 小时内未确认也未提出修改意见的，视为承包人提交的现场签证报告已被发包人认可，如图 5-2 所示。

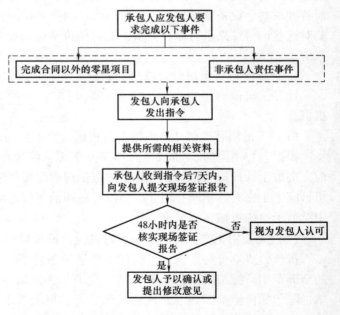

图 5-2 现场签证的程序示意图

2. 现场签证程序的效力分析

根据《最高院工程合同纠纷司法解释》第十九条的规定："当事人对工程量有争议的，按照施工过程中形成的签证等书面文件确认。承包人能够证明发包人同意其施工，但未能提供签证文件证明工程量发生的，可以按照当事人提供的其他证据确认实际发生的工程量。"说明

在现场签证效力诉讼争议过程中，效力的实现主要依赖于签证的程序，不需要证据来证明。

就现场签证本身的效力问题而言，在《中华人民共和国民事诉讼法》（以下简称《民事诉讼法》）中有对证据效力的有关阐述，《民事诉讼法》第六十九条规定："经过法定程序公证证明的法律事实和文书，人民法院应当作为认定事实的根据，但有相反证据足以推翻公证证明的除外。"从该条款中可知，经过法定程序形成的法律事实即是有效力的证据。因此当发生零星工程、非承包人责任事件等签证事项时，只要通过规范的签认程序形成的现场签证就是认定的法律事实，就具备作为工程量确认依据、价款结算依据的效力。

由此可知，使现场签证的结果形成法律事实的法定程序就是规定的签证程序，目前只有《13 版清单计价规范》对签证的程序做出了规范。

（二）规范性原则

在工程施工过程中，经过现场签证程序所认定的签证结果，可作为价款结算依据的法律事实。但是，在现场签证过程中，往往因为现场签证单的不规范性，使现场签证单失去了应有的效力，从而给发承包双方带来了巨大的损失。

1. 现场签证主体有效性

签证主体是指施工合同双方履行合同过程中在签证单上签字的行为人，签证单上的签字人是否有权代表发承包双方签证，直接关系到该签证是否有效，关系到承包商在履行合同过程中所做的签证是否最终影响工程结算价款。

在工程实践中，参与主体包括很多，广义上来说，有业主、施工单位和监理单位，然而，随着建设项目越来越复杂，所牵涉的利益相关方也越来越多，现场签证受到了更多的关注，明确现场签证主体显得尤为必要。相关规范对现场签证主体权限的规定，如表5-2 所示。

表5-2　法律法规中关于现场签证主体权限的规定

序号	文件名称	条款	内　容	现场签证主体
1	《工程造价咨询业务操作指导规程》（中价协〔2002〕第 016 号）	—	按承发包合同约定，一般由发承包双方代表就施工过程中涉及合同价款之外的责任事件所做的签认证明	发承包双方代表
2	《建设工程价款结算暂行办法》（财建〔2004〕369 号）	16（6）	发包人要求承包人完成合同以外零星项目的，承包人应在接受发包人要求的 7 天内就用工数量和单价、机械台班数量和单价、使用材料和金额等向发包人提出施工签证，发包人签证后施工	发包人与承包人
3	《建设项目全过程造价咨询规程》（CECA/GC 4—2009）	2.0.17	发包人现场代表和承包人现场代表就施工过程中涉及合同价款之外的责任事件所做的签证	发包人现场代表和承包人现场代表
4	《建设工程工程量清单计价规范》（GB 50500—2013）	2.0.24	发包人现场代表（或其授权的监理人、工程造价咨询人）与承包人现场代表就施工过程中涉及的事件所做的签证	发包人现场代表（或其授权的监理人、工程造价咨询人）与承包人现场代表

由表5-2 可知，各文件中较一致的现场签证主体是发承包双方，而发承包双方的现场代表或监理人、造价咨询人在授权的情况下也是现场签证的主体，具有签证权限。

2. 现场签证内容的有效性

表5-3 所示为现场签证表，此表不仅针对现场签证需要价款结算支付的情形，其他内容

如前文所述诸如材料采购等现场签证情形也可适用。

表 5-3　现场签证表

工程名称：　　　　　　标段：　　　　　　　　　　　　　　　编号：

施工部位		日　　期	

致：（发包人全称）

根据_____（指令人姓名）___年___月___日的口头指令或你方_____（或监理人）___年___月___日的书面通知，我方要求完成此项工作应支付价款金额为（大写）_____（小写）_____，请予核准。

附：1. 签证事由及原因：

　　2. 附图及计算式：

承包人（章）

造价人员_____　承包人代表_____　　　　　　　　　日　　期_____

复核意见：	复核意见：
你方提出的此项签证申请经复核：	□此项签证按承包人中标的计日工单价计算，金额为（大写）_____元，（小写）_____元
□不同意此项签证，具体意见见附件	□此项签证因无计日工单价，金额为（大写）_____元，
□同意此项签证，签证金额的计算，由造价工程师复核	（小写）_____元
监理工程师_____	造价工程师_____
日　　期_____	日　　期_____

审核意见：

□不同意此项签证。

□同意此项签证，价款与本期进度款同期支付。

发包人（章）

发包人代表_____

日　　期_____

根据上述现场签证表可知，除了一些基本信息以外，还需写明"签证事由及原因"和"附图及计算式"，而"附图及计算式"因工程不同而形式各异，所以此处只对"签证事由及原因"进行阐述。同时，现场签证的内容有效性可具体体现在现场签证单填写的规范性以及准确性上。

在办理签证之前，施工人员必须熟知合同对施工范围的界定，明确所签订的事项是否属于可以办理签证的范围，避免因分包工程与总包之间、分包工程与分包工程之间的接口与界限不清而导致的现场签证的发生。同时，发承包双方要在合同中约定零星项目现场签证的签发原则。现场签证单中要明确地表述此项签证是根据哪方的指令，完成了什么内容，花费了多少费用，应该由谁来承担等。

（三）实事求是原则

顾名思义，实事求是原则就是根据施工现场所发生的工程量和计日工单价来进行签证。

在工程施工过程中，经过现场签证程序所认定的签证结果，可作为价款结算依据的法律事实。但是，现场签证中所认定的结果因为一些原因往往不能与承包人实际所做的工作一致，从而给发承包双方对现场签证调整合同价款的认定带来障碍。

　　按照零星工作工程量问题、计日工单价问题的分类，现场签证零星工作工程量问题主要包括工程量的重复计算、数量计算不准确、计算数量与实际不符三类问题，现场签证零星工作计日工单价问题则主要包括重复取费、基价套用分歧、组价计算错误三类问题。具体如图 5-3 所示。

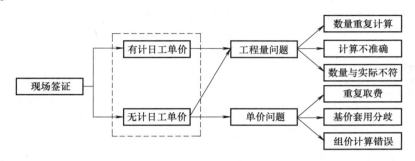

图 5-3　现场签证中存在的问题

1. 计日工工程量的竣工结算审核依据

　　现场签证时过境迁、不易查证的特点，导致问题一旦出现，便容易引发纠纷。因此，审核人员进行计日工数量问题审核的过程中，依据或者说证据是否充分直接决定审核结果能否得到发承包双方的认同，而作为审核依据，必须具备合法性、相关性、客观性的特点。首先，现场签证作为计价的概念，应符合《13 版清单计价规范》中第 9.7 款〔计日工〕及第 9.14 款〔现场签证〕对计日工数量的规定，即对人工、材料、机械数量的申报内容应包括：①人员姓名、工种、级别和耗时；②材料名称、类别和数量；③施工设备型号、台数和耗用台时。据此进行形式审查。

　　其次，对三类问题的依据进行具体分析。审核依据包括：①已标价工程量清单；②预算定额；③施工计划；④技术交底记录；⑤会议纪要；⑥监理工作日志；⑦现场照片或录像；⑧访问录音；⑨技术鉴定报告等。

　　重复计算问题可选择其中的①②作为审核依据，若签证内容之间及签证内容与清单内容重复，则不可进行签证，例如，电工所用绝缘胶带已被计入电工的人工单价，不可签证。计算不准确问题选择其中②⑤⑥⑦⑧作为依据，若签证内容或访问结果显示签证与相关定额计算规则不符，则可认定签证内容存在问题。与实际不符问题可选择其中③④⑥⑦⑨作为依据，若证明承包人实际投入人工、材料或机械用量与申报内容存在出入，则可认定签证内容存在问题。

　　对计日工工程量问题的审核要求审核人员在事前重点关注上述①～⑨项相关资料的收集，并且要求审核人员对定额及清单工作内容及项目实际情况十分熟悉，能够敏锐地发现现场签证内容中的问题并选择上述依据对问题进行论证。

2. 计日工单价的竣工结算审核依据

　　无计日工单价情况下，承包人提交的现场签证表中应包括相应计日工单价的组价情况及计算式，便于发包人审定，两类单价问题的审核均由此展开。因此现场签证单是计日工单价问题审核的主要依据之一。费用计价强调依据，因此审核人员对计日工费用构成及内容的审核应着重审查其计价是否符合相关规定。

　　《13 版清单计价规范》第 9.14.3 款规定，如现场签证的工作无相应计日工单价，则应在现场签证报告中列明完成该签证工作所需的人工、材料设备和施工机械台班的数量和单价。通常情况下，单价由发承包双方商议确定。

如《13 版清单计价规范》附表 G5 所示，计日工单价为综合单价，除基本的人工、材料或机械费用外，还应包括管理费及利润。根据《建标 44 号文》中对于人工费、材料费以及施工机具使用费的规定确定，各费用具体内容如表 5-4 所示。

表 5-4　人工、材料、机械费用构成

费用内容 费用类型	表现形式	费用构成	
		基　价	其　他
人工费	定额或市场人工工日单价	计时或计件工资	奖金、津贴补贴、加班加点工资、特殊情况下支付的工资
材料费	—	出厂价或商家供应价	运杂费、运输损耗费、采购及保管费
施工机具使用费	市场租金	折旧费、大修理费、人工费、经常修理费、燃料动力费、安拆费、税金	

（1）计日工人工单价的竣工结算审核依据

计日工人工单价的问题在于基价的选用。由于对基价的选择套用并无强制规定，因此基价的选择应以发承包双方就该签证内容达成的共识为依据，以防止承包人错填或擅自更改基价为核心。因此，审核人员对基价套用问题的审核依据应包括该问题讨论会议的会议纪要或录音等证明双方达成一致意见的证据。确定基价种类后，以此为计算基数计取管理费及利润。

（2）计日工材料单价的竣工结算审核依据

如表 5-4 所示材料费的构成要素，《建标 44 号文》规定材料费的计算应采用下列公式计算确定：

$$材料单价 = （材料原价 + 运杂费）×（1 + 运输损耗率）×（1 + 采购保管费率）\qquad (5\text{-}9)$$

其中，材料原价根据承包人进行材料采购时所得发票金额进行确定，发票同样是审核的重要依据之一。需注意的是，材料单价并不另行计取管理费及利润。

（3）计日工机械单价的竣工结算审核依据

同样作为发票金额，施工机具使用费的市场租金则与材料原价不同，前者已经包括相应机械的折旧、大修、人工等一系列费用，不应重复计算。之后，以市场租金价为基数计取管理费及利润。

综上可知，计日工单价问题的审核以依据而非证据为主，主要包括：①《13 版清单计价规范》；②《17 版合同》；③《建标 44 号文》；④工程造价管理机构发布的定额单价或造价信息网中发布的市场单价；⑤会议纪要或录音；⑥采购发票。

第二节　程序优先原则及案例分析

一、程序优先原则运用的关切点

根据《民事诉讼法》第六十九条规定，经过法定程序公证证明的法律事实和文书，人民法院应当作为认定事实的根据。因此，在判定现场签证效力的时候，应关注现场签证的办理程序。

（一）发包人指令

乙方提出签证要约，另一方给予承诺，是双方的法律行为，任何单一方的意思表示都无法构成现场签证。根据现场签证的程序流程，发生现场签证的前提有两种情形：一种是由发包人主动要求，发包人提供资料；另一种是承包人发现了现场的变化情况，承包人提供资料。现场签证的实施角度是单向的，只能由发包人向承包人发出指令，如变更指令、赶工指令或者停工指令等。

（二）现场签证相关资料

发包人主动要求现场签证，那么应该由发包人提供现场签证的相关资料。例如，若发包人发出变更指令，则需要提供变更后的相关图样以便承包人按图施工；若发包人提出赶工指令，那么承包人为实施该赶工指令需对项目进度计划进行调整，并对所增加的措施和资源提出估算，经发包人批准后，作为一项变更。

若是承包人发现了现场的变化情况，则承包人应提供现场签证的相关资料，例如，若承包人发现场地条件与合同工程内容不一致、地质水文与合同工程内容不一致等，其中场地条件与合同工程内容不一致包括开挖基础后，发现有地下管道、电缆、古墓等时，那么承包人应提供相应的数据或者影像资料，以便发包人确认。

（三）承包人现场签证报告与发包人指令内容一致

在施工过程中，由于合同的不完备性，发包人将可能发出多次指令，导致多次办理现场签证。因此，承包人提交的现场签证报告的内容应该与发包人指令与发包人提供的现场签证资料相一致。若承包人提交的现场签证报告内容与发包人指令不一致，则在结算过程中，可能会影响到现场签证单的效力。

（四）发承包双方及时处理现场签证报告

现场签证一般是在施工过程中或在结算过程中进行签订，在施工合同履行过程中，有相当一部分签证事项有严格的签证时效，稍有疏漏就会导致现场签证无效甚至得不到签证。

在实际的工程造价管理中，预算定额、设备及材料指导价、人机费用调整等皆有时间限制，而建设项目施工工期一般较长。当施工现场签证发生时，受施工管理不规范、人员责任心差以及施工合同对签证内容未明确或已明确但未细化操作规定，承发包双方对施工过程中签证的依据、范围理解存在分歧等主客观因素的影响，拖延办理签证手续或承包人有意推延工程量完成时间，在签证日期上做文章，以达到争取更多不合理利润的目的等，皆会造成签证时间与实际发生时间不符的现象。

《13版清单计价规范》第9.14.2款、第9.14.5款和《369号文》第十四条第（六）项中都规定了现场签证的时效，发承包双方应按期执行。承包人应在收到发包人指令后的7天内向发包人提交现场签证报告，发包人应在收到现场签证报告后的48小时内对报告内容进行核实，予以确认或提出修改意见。发包人在收到承包人现场签证报告后的48小时内未确认也未提出修改意见的，应视为承包人提交的现场签证报告已被发包人认可。现场签证工作完成后的7天内，承包人应按照现场签证内容计算价款，报送发包人确认后，作为增加合同价款，与进度款同期支付。

总之，现场签证要在合同约定的时间内及时办理，不应拖延或过后回忆补签。业主单位在现场签证中应当做到"一次一签，一事一签"，及时处理，及时审核，防止积压和事后追加，坚持"先签证、后施工"的原则。

二、案例

案例 5-1：某实验室工程现场签证事后补签内容不明确的合同价款调整

（一）案例背景

湖南省某市实验室工程，建筑占地面积为 2 212.1m²，建筑面积为 6 099.5m²，4 层框架结构，合同总价为 1 568.8 万元，由招标机构公开招标，于 2014 年 3 月 30 日开标，当年 4 月 1 日公示中标，当年 4 月 12 日发承包双方签订建设工程施工合同，计划开工日期为当年 4 月 26 日，计划竣工日期为第二年 4 月 20 日，合同工期总日历天数为 360 天，合同价款采用固定单价合同形式。在竣工结算时，发包人认为部分现场签证单存在问题，因此产生纠纷。

（二）争议事件

在施工过程中，承包人按照发包人的变更指令，在墙体内部安装 DN20 镀锌钢管，由于承包人自身原因，没有及时办理现场签证，并在事后进行补签手续。在竣工结算阶段，发包人发现该现场签证单中内容栏只注明了 DN20 镀锌钢管的工程量，没有写明该钢管的单价。而现场签证单中的日期栏既没有标明签署时间，也没有表明施工发生的时间。

按照当地造价信息公布的市场指导价，一、二月份 DN20 镀锌钢管单价与三、四月份的单价相差 150 元，合同约定竣工结算时此材料按公布的市场指导价执行。承包人要求按照三、四月份的镀锌钢管单价进行结算，而发包人想按照一、二月份镀锌钢管单价进行结算，双方由此产生争议。

（三）争议焦点

本案例中争议的焦点在于：补签的现场签证单上缺乏某签证材料的单价，如何确定该材料的单价。

（四）争议分析

现场签证一般是在施工过程中或在结算过程中签订，在施工合同履行过程中，有相当一部分签证事项有严格的签证时效，稍有疏漏就会导致现场签证无效甚至得不到签证。

《13 版清单计价规范》第 9.14.2、9.14.5 款与《369 号文》第 14 条第（六）项都规定了现场签证的时效，发承包双方应按期执行。发包人发出口头签证指令，承包人应在收到发包人指令后的 7 天内向发包人提交现场签证报告，发包人应在收到现场签证报告后的 48 小时内对报告内容进行核实，予以确认或提出修改意见。发包人在收到承包人现场签证报告后的 48 小时内未确认也未提出修改意见的，应视为承包人提交的现场签证报告已被发包人认可。现场签证工作完成后的 7 天内，承包人应按照现场签证内容计算价款，报送发包人确认后，作为增加合同价款，与进度款同期支付。

在本案例中，发包人发出指令要求在墙体内部安装 DN20 镀锌钢管，那么承包人本应在指令发出后的 7 天内找发包人办理现场签证。但是由于承包人自身原因，未在规定时间内办理签证，从而导致补签，并且在补签过程中不规范，未填写日期和单价。所以该补签的签证单所存在的争议应由承包人自身承担。

（五）解决方案

根据上述分析，由于承包人原因造成的现场签证补签并且内容不规范，所以该现场签证单不予结算，具体 DN20 镀锌钢管的单价应另行计算。

【资料来源：改编自付志平. 工程量签证失真案例分析及对策 [J]. 铜业工程，2011 (01)：87-89.】

案例 5-2：某体育馆项目施工中因抢修而未能及时签证

（一）案例背景

北京某大学体育馆，建筑面积为 25 800m²，主体建筑地上 3 层，看台 2 层，设备用房 4 层，地下 1 层；层高 5m；工期 581 日历天；约定于 2012 年 9 月 1 日开工，合同价款总额为 198 683 962.3 元。

（二）争议事件

工程施工过程中，项目顶层网架因暴雨导致变形，发包人指令承包人进行抢修并说明就该项费用进行签证，因考虑工期问题，承包人先行完成抢修工作，未能及时签证。后承包人要求进行补签，但发包人对此表示拒绝。在当期进度款结算中，承包人将该部分费用列入进度款支付申请表中，但被发包人驳回。

（三）争议焦点

承包人认为其所完成工程已得到发包人指令，发包人应当承认其合理性及工程量，而发包人认为该部分工程已过 7 天的签证有效时限，所以对该部分工作的合理性及工程量均不予确认。因此，在施工过程中，因抢修而未能及时签证的工作，在当期进度款结算中是否予以支付成为本案例争议的焦点。

（四）争议分析

《13 版清单计价规范》第 8.2.1 款规定，工程量必须以承包人完成合同工程应予计量的工程量确定。因此，该项工程的工程计量应依据合同预定的计量规则和方法对承包商实际完成的工程数量进行确认和计算。同时第 8.2.2 款规定，施工中进行工程计量，当发现招标工程量清单中出现缺项、工程量偏差，或因工程变更引起工程量增减时，应按承包人履行合同义务中完成的工程量计算。

然而，《13 版清单计价规范》第 9.14.2 款规定，承包人应在收到发包人指令后的 7 天内向发包人提交现场签证报告，发包人应在 48 小时内对报告内容进行核实，予以确认或提出修改意见。发包人在收到承包人现场签证报告后的 48 小时内未确认也未提出修改意见的，应视为承包人提交的现场签证报告已被发包人认可。并且，第 9.14.4 款规定，合同工程发生现场签证事项，未经发包人签证确认，承包人便擅自施工的，除非征得发包人书面同意，否则发生的费用应由承包人承担。

因此，尽管根据《13 版清单计价规范》第 8.2.1、8.2.2 款的规定，该现场签证内容为承包人履行合同义务完成的工程量，属于应予计量的范畴，若得到发包人认可即能得到该项签证费用，但是因其签证程序不符合规定要求，发包人有权对其不予认可。

（五）解决方案

在本案例中，虽然承包人完成的工作是在发包人指令下进行的，得到了签证的认可，但因程序不合规，由此造成的损失由承包人自行承担，在当期进度款支付中不予支付。这说明对没有按照规定的程序进行申请及办理手续的工程量，即使属于承包人履行合同义务的工程量也不予以计量。因此，在结算与支付中，发承包双方一定要重视程序合规。

【资料来源：改编自严玲．招投标与合同管理工作坊——案例教学教程 [M]．北京：机械工业出版社，2015.】

 ## 第三节　规范性原则及案例分析

一、规范性原则运用的关切点

（一）签证主体

确定发包人代表或代理人是被授权的，是提高现场签证效力的关键。在《13 版清单计价规范》中将现场签证主体定义为发包人现场代表（或其授权的监理人、工程造价咨询人）与承包人现场代表。但是，在实际工程施工中，现场签证的授权主体是否有权限进行现场签证以及如何对授权主体进行有效的授权依然是争议的重点。通常可从以下两方面进行有效授权：

1）合同约定，发承包双方应对单张签证涉及的费用大小的签认权利进行限制。根据签证费用的大小，建立不同层次的签字权限，对涉及金额较大的签证应以补充合同或协议的形式予以确定，而且现场签证应严格区分技术类、经济类及技术经济类的不同种类，建立专业分工的签证制度，即对技术类的签证，应授权主管技术的人员实施；对经济类的签证，应授权主管造价的人员实施；对技术经济类的签证则应由主管技术的人员与主管造价的人员共同实施；对超过规定限额的签证应按程序确认。

2）委托证明，发承包双方应根据具体签认的内容对办理现场签证的人员出具具有相应委托事项的"授权委托证明书"，以保证签订主体具有签订现场签证的资格，并确认发承包双方的意思表示真实。授权委托证明书应明确约定现场签证主体的姓名、性别、年龄、授权的范围、授权的时间等，同时需要有授权单位以及法定代表人的公章。

（二）签证内容

1）工程名称要准确。签证要使用正确的工程名称，有的房屋建设工程在不同的建设期，有不同的名称，要加以区分。工程合同名称一般是指工程批复的名称，或建设单位提供的名称。工程出现多个名称的原因，是工程立项报批时因工程选址原因确立了一个名称，建设时为调度方便等原因又起了个名称，另外有关各方有时在行文时不严谨，可能又起了一个名称等。一般要求以工程合同名称或合同中注明的工程名称为准，工程名称可以简写，但要表达正确。

2）呈报单位要准确。要明确该现场签证单是呈报给谁的，如有些问题是甲方提出的变更，则应要求甲方委托或予以确认，或要求甲方请设计方出通知。对方的单位名称和部门名称也要写正确。

3）内容简明扼要且含义准确。工程签证是重要的技术经济文件，主要是为了在价款调整过程中，出示给相关人员，因此，现场签证单必须明确签证的内容。具体签证的事项、产生原因、拟处理的意见等方面，内容既要全面也要简明扼要，并且含义一定要准确。

4）工程量统计要准确、费用计算要准确。工程量要附相应的计算稿和图样，要有依据，有合计量。如电缆签证，要附类似电缆清册的电缆明细表和汇总表，钢材签证，要有钢材的型号、规格、数量和合计重量等。

5）签证时编号统一。一个工程可能有几个人写业务联系单，但编号应注意统一，表达方式要一致。编号的形式可以记流水账号，如1、2、3、4……逐一往下编，也可以按日期时间编号，也可以按呈报对象逐一编号。形式一旦确定下来，整个工程应保持一致。

二、案例

案例5-3：某水库工程现场签证缺乏发包人公章的合同价款调整

（一）案例背景

2014年3月，水利公司承包商A，承包某水库工程后，将其防渗工程三轴搅拌桩的工程分包给B公司施工。双方所签订的工程施工协议书约定：施工现场签证的工程业务联系单必须由总承包人委派的现场负责人顾某签认，并加盖工程项目部印章方为有效，其余一概无效。同时业务联系单必须经业主认定并送总承包人经营部测定分包价格、加盖核定章后才能作为工程价款调整的依据。

（二）争议事件

B公司按约进行施工，并如约完工。在施工中，B公司以地质过硬、道路、水泥超浆等原因先后发出工程联系单、工程量签证单，工地现场负责人顾某均签署"情况属实"及"价格按照市场价结算""补贴金额结算时另行商议，水泥超量与贵公司无关"等内容。

在结算过程中，B公司要求水利公司承包商A支付剩余工程款，双方对顾某出具的签证单效力产生争议。

水利公司承包商A认为，由于双方所签订的工程施工协议书明确约定，"施工现场签证的工程业务联系单必须由总承包人委派的现场负责人顾某签认，并加盖工程项目部印章方为有效，其余一概无效，一律不予结算。"而B公司提供的签证单并没有加盖工程项目部的公章，根据合同约定，该现场签证无效，不予结算。

B公司认为，虽然该签证没有加盖工程项目部的公章，但是有现场负责人顾某的签名，而且签证情况属实，因此应当予以结算。

（三）争议焦点

本案例争议的焦点在于：由于没有按照合同约定加盖工程项目部印章，现场签证是否具有效力。

（四）争议分析

根据表5-2可知，各文件中较一致的现场签证主体是业主和承包商，而发承包双方的现场代表或监理人、造价咨询人在授权的情况下也是现场签证的主体，具有签证权限。

在本案例中，根据水利公司承包商A与B公司签订的合同，签证单必须由总承包人委派的现场负责人顾某签认，并加盖工程项目部印章方为有效。因此，该签证单无效。

根据图5-2可知，承包人收到指令后的7天内，向发包人提交现场签证报告。B公司仅找了总承包人委派的现场负责人顾某签认，而未找工程项目部加盖工程项目部的印章是B公司自身的责任。因此B公司自身造成的问题，应由其自身承担，不予以结算。

（五）解决方案

尽管该签证单载明了 B 公司在施工中所增加的工程量，且情况属实，但签证单没有加盖工程项目部的公章，只有水利公司承包商 A 现场负责人顾某的签名，故水利公司承包商 A 可以依据合同约定否定该签证单的效力，不予结算该签证单。

【资料来源：改编自林一．建设工程施工合同纠纷案件［M］．北京：法律出版社，2015.】

案例 5-4：某住宅楼现场签证内容与发包人指令不一致的合同价款调整

（一）案例背景

2014 年 3 月，发包人 A 与承包人 B 就某政府投资项目签订了施工合同，合同工期为 450 天。合同中约定审计结果将作为双方工程结算的依据。同年 4 月 3 日承包人 B 进场施工，2015 年 8 月竣工退场，承包人 B 将已完工程、临时设施等移交发包人 A。2015 年 10 月，承包人 B 向发包人 A 提交已完工工程竣工结算资料，审计单位认为竣工结算资料中的部分现场签证存在问题，导致尚未支付工程欠款。

（二）争议事件

在对地基基础的施工过程中，由于发包人 A 图样拖延、安排不当等原因，导致承包人 B 工期拖延 47 天。承包人 B 提出损失索赔，发包人 A 现场代表提出，如果以损失索赔的形式公司程序上难以通过，所以改用施工过程中出现的其他现场签证来弥补承包人损失，承包人 B 同意。其采用的具体签证内容为在开挖地基时发现地下有钢筋混凝土基础及硬杂土，须对基础进行拆除和清理。因为现场实际上地下有部分硬杂土，但工程量没有签证中那么多，这部分的差价就作为损失补偿。

但在工程结算时，审计单位认为现场签证的内容与实际工程情况不符，指出在地基开挖时并未发现地下有钢筋混凝土，并提供现场地质勘察资料。

承包人 B 无法证明此部分签证是由于发包人 A 的原因导致工期拖延，以签证的形式补偿承包人 B 损失的手段。而发包人 A 愿意将这笔签证款支付给承包人 B，但由于是政府投资项目，且合同中明确规定以审计结果作为双方结算的依据，因此，发包人 A 也无法为承包人 B 辩护。

（三）争议焦点

施工过程中，由于发包人 A 原因导致工期延误，发包人 A 以其他现场签证的形式来作为承包人 B 的补偿。在结算工程中，审计单位认为该签证为虚假签证，虚增工程量，不予结算。

（四）争议分析

该案例中，发包人提出以现场签证的形式弥补承包人损失本身就是不合理的要求。由发包人原因造成的工期延误，承包人应通过索赔形式获得工期和费用甚至是利润的补偿。但如若承包人同意发包人的提议以现场签证的形式补偿，那么承包人就应预见其相应的风险。这些签证，因时间和内容与真实情况有差异，又缺少现场原始资料，承包人就只能自认吃亏，自己承担此部分的工程损失。而作为变相补偿性质的签证，承包人应特别注意，一定要有证据证明签证与所实际补偿的损失的关联性，如前文签证，如果承包人有其他备忘录能载明，土方全部外运与实际外运量之间的差价所谓对工期损失的补偿，且将原本就不存在的钢筋混凝土如实填写为硬杂土，则该签证仍然可以作为工程量认定依据。

现场签证是合同的有力补充，具有合同的性质。合同按照其效力可分为有效合同、无效合同、效力待定合同及可变更或撤销的合同，因此，即使是通过规范的程序形成的现场签证，也可能因为存在某些法定事由，允许当事人申请变更或撤销全部签证或部分条款。

发包人A提出以现场签证的形式弥补承包人损失，尽管该签证是通过规范的程序形成的现场签证，具备合同效力，应当作为结算的依据。但是，审计单位能够提供相关证据，例如，地质勘察资料，证明该现场签证内容与实际情况不符，因此该现场签证不能作为工程结算的依据。

（五）解决方案

根据上述分析，审计单位认为该签证为虚假签证，虚增工程量，根据合同规定不予结算。同时，根据发承包双方平等自愿的原则，发包人A确实因自身原因导致了承包人B的损失，且有意愿补偿承包人。双方可就此进行协商，通过其他方式补偿承包人的损失。

案例5-5：某商品房项目现场签证主体无授权委托书的合同价款调整

（一）案例背景

2014年5月，某市建筑施工企业B承包了房地产开发公司A的某小区商品房工程项目，发承包双方就该工程项目签订了施工合同，合同工程总工期为330个日历天。专用合同条款第7.2条中约定，如果施工企业提前竣工，则每提前一天，奖励人民币5 000元，若施工企业逾期，则每逾期一天，施工单位承担工期违约金人民币5 000元，发包方确保整个工程建设期间的用电、用水不断。2015年4月，建筑施工企业B于原定竣工日期后两天向房地产开发公司A提交已完工工程竣工结算资料，但房地产开发公司A认为部分现场签证存在问题，尚未支付工程欠款，双方由此产生争议。

（二）争议事件

2014年10月，在工程建设到第153日历天时，由于房地产开发公司A与当地电力部门没有协调好关系，导致施工现场断电近7天。整个施工项目因断电导致施工停滞，施工企业因此遭受了设备、材料、人工等损失。此时，建筑施工企业B及时向房地产开发公司A办理现场签证事宜，对导致施工企业停工的原因及具体损失情况进行了约定并签证。在办理现场签证的过程中，本应由房地产开发公司A的现场法定代表人赵某签署该现场签证单，可发包人安排了一个项目管理人员王某与该建筑施工企业B进行现场签证的办理。现场签证中明确了由于房地产开发公司A的原因导致工程工期延误7天，以及由此导致承包人损失12万元。

在结算过程中，房地产开发公司A认为：2014年10月因发包人原因导致的工期延误和窝工损失的现场签证单只有项目管理人员王某的签字，而没有房地产开发公司A的现场法定代表人赵某签证，并且王某在工程尚未竣工时就已辞职，该现场签证单的真实性无法予以考证。因此，该现场签证单不予以结算。

建筑施工企业B认为：专用合同条款第7.2条明确规定，发包人能够确保整个工程建设期间的用电、用水不断，因此施工现场断电应是房地产开发公司A的责任。而现场签证中，虽然发包人签字一栏不是房地产开发公司 A 的现场法定代表人赵某签证，但是也有房地产开发公司 A 的其他管理人员王某签证。因此，应该予以相应的价款和工期调整。

（三）争议焦点

本案例争议的焦点在于：现场签证单上的发包人签字并非为发包人的现场法定代表人，该现场签证单是否可以作为结算的依据。

（四）争议分析

从表面形式上来看，该项目管理人员王某是受房地产开发公司 A 委托对工程进行管理的人员，其在现场签证上签字似乎是具备签证构成要件的。然而，在双方签订的施工合同中并没有约定王某具有现场签字的权限，并且房地产开发公司 A 也从未向该管理人员出具过任何授权委托书，建筑施工企业 B 当时也未向房地产开发公司 A 要求出具委托手续。

而且管理人员王某在工程尚未竣工结算前就不知去向，对于该管理人员的身份和授权事项，作为施工企业无法举证证明，也没有其他相关证据予以证明当时的停工情况。因此，该份工期顺延的现场签证不具备完整的签证构成要件。

（五）解决方案

根据上述争议分析，承包人工期不予调整，损失不予赔偿。

案例 5-6：某拆坝建桥沟通水系工程现场签证主体效力的合同价款调整

（一）案例背景

2014 年 1 月 8 日发包人×市政建设发展有限公司 A（简称建设公司 A）与承包人×水利市政工程有限公司（简称市政公司 B）签订《工程承包合同》，工期为 2014 年 1 月 10 日~2014 年 4 月 15 日。而在 2014 年 1 月 5 日建设公司 A 与分包商 C 签订《备忘录》，约定建设公司 A 将 "2013 年度×区拆坝建桥沟通水系工程" 中的×镇北村 1-6 号桥工程交由分包商 C 施工，工程款造价暂定为人民币 180 万元，结算按实计取，建设公司 A 按投标标价的 25% 收取税金和管理费。

（二）争议事件

2014 年 1 月 6 日分包商 C 进场施工，2014 年 6 月 3 日工程通过竣工验收合格，6 月 10 日完成工程移交，7 月 13 日分包商 C 向建设公司 A 提交了结算报告文件，结算价款为 2 941 270 元，但建设公司 A 未予答复。建设公司 A 仅支付了工程款 2 348 490 元，现场签证价款 592 780 元尚未支付，双方就此产生工程纠纷。

由于分包商 C 无建筑施工资质条件，建设公司 A 认为，无建筑施工资质条件下签订的建设工程施工合同为无效合同，故工程所签订的《备忘录》应属于无效，在此情况下，签证无效，所以签证部分的价款不应予以支付。

分包商 C 认为，该现场签证手续齐全，内容真实，是双方意思的真实表示。所以该签证部分的价款应予以支付。

（三）争议焦点

本案例争议的焦点在于：工程施工合同被认定无效，现场签证部分的合同价款如何进行结算。

（四）争议分析

根据《最高院工程合同纠纷司法解释》第二条："建设工程施工合同无效，但建设工程经竣工验收合格，承包人请求参照合同约定支付工程价款的，应予以支持。" 合同无效，只要工程质量合格就可参照合同约定结算工程价款。

工程施工合同无效，建设工程验收合格的，发包人应当返还承包人在建设工程上的造价成本，造价成本与合同价款的差价为损失，按照过错责任原则承担责任。无效合同的不得履行性导致的直接结果是承包人不应依据无效合同取得利益，因此，发包人只能按照建设工程施工合同的造价成本对承包人予以折价补偿。

造价成本可以按照以下几种方法计算：

1）造价成本按照当年适用的工程定额标准由鉴定机构计算。国家没有对建筑工程的造价成本规定计算标准的情况下，国务院建设行政主管部门及各地建设行政主管部门颁发的建筑工程定额标准属于行业标准，应当参照执行。

2）造价成本按照建设行政主管部门发布的市场价格信息计算。建设行政主管部门就计算工程造价成本制定的定额标准往往跟不上市场价格的变化，而建设行政主管部门发布的市场价格信息，更贴近市场价格，更接近建筑工程的实际造价成本。

实践中，建设工程施工过程完全按照施工合同和施工图进行建设、完全不发生工程变更的情形几乎没有。因工程变更产生新增工程，而合同及变更签证单、联系单、磋商记录等未对新增工程的计价标准和计价方法做出约定，当事人双方又无法达成一致性意见的，应据实结算。

（五）解决方案

在本案例中，现场签证款应当予以结算，但是结算额并非 592 780 元，应当将该现场签证拆分为工程造价成本和利润，仅对成本部分进行结算。

【资料来源：改编自范坤坤，陈梦龙，尹贻林. 现行法规框架下的项目现场签证效力研究——基于判例研究 [J]. 建筑经济，2016（04）：34-38.】

第四节　实事求是原则及案例分析

一、实事求是原则运用的关切点

计日工数量问题直接影响计日工费用的多寡。现场签证的计日工数量包括人工工时、材料消耗、机械台班，数量相对较小且不易准确测量计算。在竣工结算审核时，应重点关注三类问题，即重复计量问题、计量不准确问题以及与实际不符问题。

《13 版清单计价规范》第 9.14.3 条规定，现场签证采用计日工单价进行计价，无计日工单价时则由承包人报价，而计日工单价由发承包双方在招标投标阶段确认并写入合同，因此计日工单价问题主要为无计日工单价情况下承包人所报的计日工单价问题。工程实践过程中，无计日工单价时的计日工单价问题主要是对"计日工单价为综合单价"的理解出现偏差。

（一）现场签证工程量的重复计量

现场签证的重复计量问题表现为签证内容之间的重复及签证内容与已有分项项目内容重复两类。前者的问题实质在于现场签证申报的人、材、机数量所对应的定额工作内容存在包含或重叠关系；后者的问题实质则在于签证项目是否已被对应分项项目包含。因此，重复计量问题的审核要点主要包括现场签证项目与相应分项工程项目特征描述的对比以及现场签证内容之间的定额工作内容的对比两点。

（二）零星工作工程量计量不准确

零星工作工程量计量不准确问题的根源在于零星工作工程量的计量没有规定的工程量计量规则。因此，其审核要点即为对现场签证中零星工作工程量的计算式或计算过程的审核，若现场签证表中没有对工程数量的详细描述或计算，则应根据监理现场记录或向承包人问询。

（三）零星工作工程量与实际不符

计日工数量与实际不符问题的关键在于工作实际投入与现场签证表申报内容不符，以人工、机械数量为主。因此，与实际不符问题的审核要点即为对照现场监理记录，查看实际工作数量是否与现场签证单内容相吻合。此外，还应考虑是否存在承包人对同一现场签证项目在不同时间多次签证的现象，可将其内容进行提取分析，即可发现问题。而如果现场签证表中出现复印资料、笔迹或着色差异，则也可能存在与实际不符问题，审核人员可深入现场，对照签证说明、图样位置、建筑对象，对内容进行逐项审核，去伪存真。

（四）计日工单价是综合单价

《13 版清单计价规范》中对计日工的定义如下："在施工过程中，承包人完成发包人提出的工程合同范围以外的零星项目或工作，按合同中约定的单价计价的一种方式"。这里的单价指的是综合单价，即"完成一个规定清单项目所需的人工费、材料和工程设备费、施工机具使用费和企业管理费、利润以及一定范围内的风险费用"，因此，①计日工单价不是定额单价；②计日工单价中包含了企业管理费、利润，不应重复计取。

二、案例

案例 5-7：某装修工程现场签证重复计量的合同价款调整

（一）案例背景

某装修改造工程，改造总面积约 2 250m²，合同约定施工内容为室内装修、电气、给水排水等项目。该工程于 2010 年 6 月招标，合同工期 200 天，工程质量合格。合同价款采用固定价格合同的方式，合同价款在风险范围内不再调整。承包人根据发包人提供的招标文件、图样、有关资料，结合工程现场实际情况、工程性质、工程特点等要求，采取包工、包料、包工期、包质量、包安全、包文明施工。按工程量清单、招标施工图及现场实际情况，以综合单价和综合合价及措施费包干的形式进行施工图投标总价包干。本工程结算严格执行中标价，严禁扩标。在整个合同执行期内综合单价和综合合价的项目均不做任何调整，因设计变更累计增加的工程造价严格控制在暂列金额内，工程结算造价不得超过中标价。若设计变更导致累计增加的工程造价超出暂列金额部分，则承包人有权不予施工或超出预留金部分由承包人承担。

（二）争议事件

在结算审核时，发现部分现场签证不合理，其中一份现场签证内容是招标清单中没有开项的送配电系统调试。

发包人认为，合同约定施工内容包含了装修、电气、给水排水项目，虽然工程量清单中没有写出，但是配电系统调试是属于电气下的一个子目。依据工程招标文件中的工程量清单总说明，"投标人应对招标人提供的工程量清单的完整性和准确性进行复核，如发现工程量清单与招标图样的工程内容存在不符，须按招标程序向招标人提出，招标人将做答疑。如投标人对工程量清单没有异议，即视为投标人认可招标人提供的工程量清单和招标图样已具备完整性和准确性，实际施工中若发现少算、漏算的情况，结算时一律不做调整。"由于在招标投标阶段投标人并未对工程量清单的完整性和准确性提出异议，可以认为投标人在投标时已熟悉相关图样的内容、弄清招标文件的要求、工程质量标准，对于该项签证费用已在投标报价中综合考虑。因此，该签证属于重复签证，在结算时不应予以合同价款调整。

承包人认为，根据《13 版清单计价规范》第 4.1.2 条的规定，"招标工程量清单必须作为招标文件的组成部分，其准确性和完整性应由招标人负责。"然而，在招标工程量清单中并没有开项的送配电系统调试，因此送配电系统调试属于合同外的工程，并且该现场签证资料完备、手续齐全，应当予以合同价款调整。

（三）争议焦点

本案例争议的焦点在于：一份现场签证内容是招标清单中没有开项的送配电系统调试，而合同中又约定了施工内容包含室内装修、电气、给水排水等项目。

（四）争议分析

根据《13 版清单计价规范》第 4.1.2 款的规定，"招标工程量清单必须作为招标文件的组成部分，其准确性和完整性应由招标人负责。"因此，发包人提出的"招标文件中的工程量清单总说明"的理由是不成立的。

最终合同价款是否可调，应根据合同约定内容判断该送配电系统调试项目是否属于合同内工程。如果是合同内工程，则该签证属于重复签证，不应予以调整；反之，则应予以调整。

（五）解决方案

由于本工程签订的是固定价格合同，合同中包含了电气工程，且招标人提供了相应的图样。因此，该送配电系统调试项目属于合同内工程。所以，该签证虽已经过建设单位、监理单位签字盖章认可系统调试的事实，但签证内容属于合同约定范围，合同价款不应予以调整。

案例 5-8：某办公楼项目现场签证计日工单价组价不实的合同价款调整

（一）案例背景

某单位办公楼工程全部由政府投资兴建。该工程由某市建筑设计院设计，为地上七层、地下一层（车库）的全框架结构，总建筑面积 12 500m²。该工程按照《招标投标法》的有关规定，实行公开招标，A 建筑公司为中标单位。承包人 A 为中标单位，承包人 A 在收到建设方发出的中标通知书后的第 7 天，即与建设方签订施工合同。在合同协议书部分，写到以下条款：设计变更及增减工程量应按现行的建筑安装定额计取直接费，人工、材料价差及相应税金。合同施工工期为 2014 年 7 月 30 日～2015 年 12 月 30 日。2016 年 1 月，承包人 A 向建设方提交已完工工程竣工结算资料，但建设单位认为部分现场签证存在问题，未支付工程欠款，双方由此产生争议。

（二）争议事件

在该工程装修阶段，建设方与承包人 A 就本工程原设计图上有但不在招标范围内的项目内容签订了一份施工现场签证：铺地砖按 50 元/m²（不包括主材）计算。

发包人认为，现场签证单中铺地砖价格与办理签证单时的定额单价26元/m²明显不符。

（三）争议焦点

本案例争议的焦点在于：现场签证单上的计日工单价与办理签证单时的定额单价差别较大，应以哪个价格作为结算依据。

（四）争议分析

按原合同协议书的约定："设计变更及增减工程量应按现行的建筑安装定额计取直接费、人工、材料价差及相应税金"。这里价差调整为定额基价的概念，包括人工费、材料费、机械使用费三部分。而计日工单价指的是综合单价，包括了人工费、材料费、机械使用费、管理费、利润。本案例中，承包人A完成本工程原设计图上有，但不在招标范围内的内容属于零星工作，应采用计日工计价。承包人A的现场签证中的50元/m²即为综合单价，发包人主张的26元/m²即为定额单价。

（五）解决方案

因此，在本案例中，铺地砖的现场签证价应该以50元/m²作为结算依据。

案例5-9：某会议中心项目现场签证基价套用不准的合同价款调整

（一）案例背景

发包人A与承包人B就某会议中心签订相关建设工程合同，合同约定2008年11月7日开工，2010年9月15日竣工交付使用，建筑面积41 077.3m²（其中首层建筑面积12 369m²），地下局部一层地上三层，层高6m，现浇框架结构。结算组价原则：执行《全国统一建筑工程基础定额 河北省消耗量定额》（HEBGYD—A—2008）、《全国统一建筑装饰装修工程消耗量定额 河北省消耗量定额》（HEBGYD—B—2008）、《河北省建筑、安装、市政、装饰装修工程费用标准》（HEBGFB—1—2008）、《河北省建设工程施工机械台班单价》（2008）等。2010年10月，承包人B向发包人A提交已完工工程竣工结算资料，但发包人A认为部分现场签证存在问题，未支付工程欠款，双方由此产生争议。

（二）争议事件

发包人在结算时发现，防火隔墙应套用空腹钢柱制作A6-4、钢柱安装9-161，防火岩棉隔离层套用2-277、C型轻钢龙骨埃特板隔墙套用B2-447（龙骨）及B2-354（面层）子目，本案例中防火隔墙报价单位套用钢骨架铝塑板幕墙定额B2-456。

打井降水是为地下水位以下的实体项目土方开挖而采取的技术措施，实体项目与为完成实体项目而采取的技术措施项目取费标准相同，打井降水执行土石方取费标准，本案例中结算计价软件默认打井降水项目取费标准按一般建筑工程费用标准计取是不合理的。

（三）争议焦点

本案例的主要争议焦点有两个：①定额套用不合理；②取费标准不合理。

（四）争议分析

1. 定额套用不合理

本案例中防火墙定额的套用是错误的，即套用钢骨架铝塑板幕墙定额B2-456是错误的。

首先描述防火隔墙的做法：两根10#槽钢两侧用钢板焊成矩形钢柱，柱间距1m，柱间双向C型轻钢龙骨，龙骨两侧钉埃特板，埃特板间铺设防火岩棉。然后从受力角度分析：柱子是直立的，起支撑作用主要承受压力，有时也同时承受弯矩的竖向构件，而幕墙由结构框架与镶嵌板材组成，不承担主体结构荷载与作用的建筑围护结构。

再从定额子目消耗量分析：钢骨架铝塑板幕墙子目 2-456 含有抽芯铝铆钉、铝角码、镀锌铁皮、泡沫条等与本项目无关的材料，只减掉这些材料而安装这些材料的人工费不扣减是不合理的；而定额子目 A6-4 柱子制作、B2-447C 型轻钢龙骨间壁墙及 B2-448 石膏板墙面中的消耗量都是防火隔墙做法所必须用的材料。从以上对问题的分析容易看出，防火隔墙实际就是 C 型轻钢龙骨隔墙，应具备防火功能，因此增加防火岩棉，由于层高 6m 较高，中间增加了起支撑作用并承受弯矩的钢柱，而不是钢骨架铝塑板幕墙。

2. 取费标准不合理

本案例中的取费标准不合理，即承包人所用计价软件默认打井降水项目取费标准是不合理的。

《河北省建筑、安装、市政、装饰装修工程费用标准》（HEBGFB—1—2008）明确规定了建筑工程费用标准的适用范围，其第 2 条规定："建筑工程土石方、建筑物超高费、垂直运输、特大型机械场外运输及一次性安拆费用标准：适用于工业与民用建筑工程的土石方（含厂区道路土方）、建筑物超高、垂直运输、特大型机械场外运输及一次性安拆等工程项目。"

《全国统一建筑工程基础定额　河北省消耗量定额》中土、石方章节第 3 条说明："挖沟槽、地坑、土方及挖流沙淤泥项目中未包括地下水位以下施工的排水费，发生时另行计算。"这说明打井降水是为地下水位以下的实体项目土方开挖而采取的技术措施，实体项目与为完成实体项目而采取的技术措施项目取费标准相同，打井降水应执行土石方取费标准。

（五）解决方案

该案例中的幕墙项目应该另行套用定额，打井降水项目应该重新进行取费。

案例 5-10：某水电站土建工程项目现场签证工作量与实际不符的合同价款调整

（一）案例背景

2013 年 10 月，发包人某江水电有限公司 A 与承包人某水电建设有限公司 B 签订某江水电站厂房土建与金属结构设备安装工程协议书。同年 10 月 29 日承包人某水电建设有限公司 B 进场施工，2015 年主体工程完工，施工到 2016 年 4 月，双方协议退场，承包人某水电建设有限公司 B 将已完工工程、临时设施等移交发包人某江水电有限公司 A。2016 年 10 月，承包人某水电建设有限公司 B 提交已完工工程竣工结算资料，但发包人某江水电有限公司 A 至今既未审核又未支付工程欠款，双方由此产生争议。

（二）争议事件

在施工过程中，钢材的签证量为 538.9t，水泥的签证量为 337.4t。然而发包人某江水电有限公司 A 用钢材使用量和水泥使用量倒推整个工程量，最终发现倒推的工程量与实际工程量并不符合，因此，发包人某江水电有限公司 A 认为，整个工程中的钢材签证量和实际用量明显不符，签证中含有大量虚假的签证。因此，不予结算。

承包人某水电建设有限公司 B 认为：该签证项目是发包人要求完成的，能够提供发包人某江水电有限公司 A 的现场施工指令，并且，现场签证单内容明确，日期清楚，用钢材使用量和水泥使用量倒推工程量没有科学依据。因此，应当予以结算。

经过该县公安局的不懈努力，对发包人某江水电有限公司 A 的现场负责人李某与承包人某水电建设有限公司 B 的现场负责人孙某进行调查审讯，讯问笔录中，双方都承认在

2015 年 1 月的工程进度支付中，李某和孙某恶意串通，虚增钢材量 217.4t，共计虚增 1 000 040 元钢材工程款。

发包人某江水电有限公司 A 认为，孙某在得到上述虚增工程款后，向李某进行了行贿，以得到更多的利益，所以该工程中存在多处虚假签证，不应作为计算工程造价的依据。

承包人某水电建设有限公司 B 认为，尽管有证据证明钢材签证为虚假签证，可以不作为结算的依据，但是这并不影响其他签证的效力。其他签证应当作为工程造价的结算依据。

（三）争议焦点

本案例争议的焦点在于：有证据证明，发承包双方现场负责人恶意串通，签订虚假签证，虚增钢材工程量。发包人对水泥签证量也存在异议，但无证据证明，那么水泥签证量是否应该作为工程结算的依据。

（四）争议分析

现场签证是合同的有力补充，具有合同的性质。合同按照其效力可分为有效合同、无效合同、效力待定合同及可变更或撤销的合同，因此，即使是通过规范的程序形成的现场签证，也可能因为存在某些法定事由，允许当事人申请变更或撤销全部签证或部分条款。

有效的现场签证应符合签证的生效要件，依据《合同法》可知，当事人订立、履行合同，应当遵守法律、行政法规。因此，以《合同法》为主的国内相关法律法规对现场签证生效的要件描述，具体如表 5-5 所示。

表 5-5　现场签证生效的要件

法规名称	条款号	相关规定	现场签证生效要件
《中华人民共和国民法通则》	第五十五条	民事法律行为应当具备下列条件：①行为人具有相应的民事行为能力；②意思表示真实；③不违反法律或者社会公共利益	当事人具有民事行为能力真实的意思表示
《合同法》	第九条	当事人订立合同，应当具有相应的民事权利能力和民事行为能力	
	第十三条	当事人订立合同，采取要约、承诺方式	现场签证是双方的意思表示，现场签证的内容要具体明确
	第十四条	要约是希望和他人订立合同的意思表示，该意思表示应当符合下列规定：①内容具体明确；②表明经受要约人承诺，要约人即受该意思表示约束	
	第二十五条	承诺生效时合同成立	承包人提出签证要求，发包人确认后签证成立
	第七条	当事人订立、履行合同，应当遵守法律、行政法规，尊重社会公德，不得扰乱社会经济秩序，损害社会公共利益	签证有效的前提是合法
	第五十二条	合同无效的情形：①一方以欺诈、胁迫的手段订立合同，损害国家利益；②恶意串通，损害国家、集体或者第三人利益；③以合法形式掩盖非法目的；④损害社会公共利益；⑤违反法律、行政法规的强制性规定	
	第五十四条	下列合同，当事人一方有权请求人民法院或者仲裁机构变更或者撤销：①因重大误解订立的；②在订立合同时显失公平的	现场签证必须是双方有权签字的人员进行签证

（续）

法规名称	条款号	相关规定	现场签证生效要件
《最高院合同法司法解释（二）》	第五条	当事人采用合同书形式订立合同的，应当签字或者盖章	现场中应有发包人现场代表或其委托的监理人及承包人现场代表的签证并加盖公章
《招标投标法》	四十六条	招标人和中标人不得再行订立背离合同实质性内容的其他协议	现场签证作为合同的补充，不应背离原合同中已有的条款

由表5-5中的《合同法》第五十二条可知，"合同双方恶意串通，损害国家、集体或者第三人利益"的合同属于无效合同。在本案例中，发包人某江水电有限公司A的现场负责人李某与承包人某水电建设有限公司B的现场负责人孙某进行恶意串通，虚增钢材签证量，损害发包人某江水电有限公司A的利益。因此，尽管该钢材的现场签证是通过规范的程序形成的现场签证，但仍属于无效签证，不应作为结算的依据，具体钢材使用量应另行确定。

至于水泥签证量，也是通过规范的程序形成的现场签证，并且没有证据证明其为虚假签证，根据程序优先原则，其应该成为工程价款的结算依据。

发包人常因虚假签证、内容不全等原因而不予支付，但实际上，承包人的现场签证却难以被推翻。这是因为，从法律角度来说，现场签证作为原合同的补充协议，经承包人要约与监理工程师承诺两个程序后，双方意思表示真实一致，合同成立。除非发包人有证据表明"现场签证"存在可变更、可撤销或是无效的情形，否则现场签证难以推翻。从工程造价角度来说，现场签证经监理工程师签字后已经由客观事实变为法律事实，成为工程结算的证据之一，同样难以驳回。

（五）解决方案

发包人某江水电有限公司A提出工程相关人员行贿受贿及虚假签证的问题，经公安机关证实受贿相关的虚假签证，因此需要对其签证量、签证款进行核实并扣减。至于发包人提出其他签证亦有可能虚假，但没有充分的证据予以证明，因此，其他签证应当作为工程价款结算的依据。

【资料来源：改编自范坤坤，陈梦龙，尹贻林．现行法规框架下的项目现场签证效力研究——基于判例研究［J］．建筑经济，2016（04）：34-38.】

案例5-11：某道路排水工程现场签证重复取费的合同价款调整

（一）案例背景

2014年3月，发包人A与承包人B就河北省某道路排水工程签订了某排水工程施工合同，施工时间为2014年4月16日～2014年8月6日。全长588.83m，道路规划红线40m，设计采用一幅路型式，行车道宽16m，慢车道宽6m，人行道宽3m，外侧为3m沥青路，快、慢车道用隔离护栏分隔。排水位于道路两侧，采用雨、污分流制。2014年9月，承包人B向发包人A提交已完工工程竣工结算资料，发包人A认为竣工结算资料中的部分现场签证存在问题，未支付工程欠款，双方由此产生争议。

（二）争议事件

发包人A认为，冬雨季施工增加费已经在措施项目中计取过，有两项工程签证费用属于冬雨季施工增加费，不应再单独计取费用。签证具体内容如下：

第2011-01签账单，签证原因：路基灰土形成后，由于现为冬季，为保护路基灰土不被破坏，保证道路施工质量，在桩号1+130-1+640、1+170-1+813段29m宽行车道路基上加盖40cm厚覆土保护路基。对路基进行覆盖（40cm厚），工程量计算：[（270+103）×29×0.4]m³=4 326.8m³。报送结算中套《全国统一市政工程预算定额河北省消耗量定额》（HEBGYD—D01—2008）1—361机械填土碾压，合计费用3762.5元。

第2011-03签证单，签证原因：灰土施工前，先清理路基覆盖土，然后进行灰土基层施工。由于灰土基层需20cm厚，所以清理覆盖土20cm厚即可。清理桩号：1+370-1+640、1+710-1+813段29m宽行车道路基上20cm厚覆盖土。工程量计算：[（270+103）×29×0.2]m³=2 163.4m³。报送结算中套《全国统一市政工程预算定额河北省消耗量定额》（HEBGYD—D01—2008）1—91推土机推土，合计费用14 266.8元。

承包人B认为，两项签证均符合现场签证程序要求和规范，且在施工过程中经过发承包双方现场代表签字确认，应当作为结算依据。

（三）争议焦点

本案例的争议焦点在于，冬雨季施工的现场签证是否为重复取费。

（四）争议分析

1. 关于现场签证的合规性分析

签证是按承包合同约定，一般由承发包双方代表就施工过程中涉及合同价款之外的责任事件所做的签认证明。工程签证以书面形式记录了施工现场发生的特殊费用，直接关系到业主与施工单位的切身利益，是工程结算的重要依据。现场签证是记录现场发生情况的第一手资料。通过对现场签证的分析、审核，可为索赔事件的处理提供依据，并据以正确地计算索赔费用。《13版清单计价规范》关于索赔与现场签证的条文规定，合同一方向另一方提出索赔时，应有正当的索赔理由和有效证据，并应符合合同的相关约定。

通常认为，工程签证的本质是合同的组成部分，所以判断合同是否有效的原则与标准就是判断工程签证的原则和标准。如果现场签证的内容已在其他项目中计取过，则增加的费用不属于应当签证的范围。

2. 关于冬雨季施工增加费的规定

《全国统一市政工程预算定额 河北省消耗量定额》（HEBGYD—D01—2008）总说明中关于措施项目的说明如下：冬雨季施工增加费是指在冬雨季施工的工程，为了保证工程质量所采取的保温、防寒、防雨、防滑、排雨水、冬季施工需要提高混凝土和砂浆强度所增加的费用以及因气候影响的人工、机械降低工效所增加的费用（搭设暖棚、雨季防洪、外加剂费用不包括在内）。由此可见，在正常情况下，冬雨季施工的工程为保证施工质量而采取措施增加的费用已包含在措施费用中。只有在异常情况下，如雨季时间过长或者由于业主原因导致工期滞后，造成冬雨季施工，则冬雨季施工增加费可通过现场签证确认。

从本工程两个现场签证洽商原因可以看出，其目的是冬季为保护已完的路基灰土不被破坏，保证道路施工质量而采取的措施，属于冬雨季施工增加费。此费用已经在措施项目中计取过，在此再计入就是重复计取。

（五）解决方案

综上所述，这两项现场签证不应予以结算。

第六章

合同价款的结算与支付

第一节　合同分析及合同价款的结算支付原则

一、合同价款结算与支付的方式及内容

合同价款结算也被称为工程结算，是指发承包双方根据国家有关法律、法规规定和合同约定，对合同工程实施中、终止时、已完工后的建设项目进行合同价款的计算、调整和确认。工程结算内容包括期中结算、终止结算和竣工结算。合同价款的支付则对应于发包人按照工程结算内容所确认的合同金额向承包人进行的各类付款，包括工程预付款、工程进度款、竣工结算款以及最终结清款等。

（一）合同价款结算的方式

1. 期中结算

（1）按月结算

开展工程按月进度结算，即以每月实际完成的工程量测量结算，竣工后清算的办法。该结算程序复杂，但相对准确公正，付款额度与完成的工程量对应，这样做业主既可控制进度，又可控制成本；可以准确反映工程建设成本，加快工程成本入账进度；有利于建设单位对建设资金实行动态控制；促进施工企业成本补偿和资金周转。合同工期在两个年度以上的工程，在年终进行工程盘点，办理年度结算。

（2）里程碑结算

里程碑结算的方式，通常是业主在招标文件中给出相应的里程碑节点和支付合同额的百分比。里程碑的节点既可以设定为某项工作的开始也可以是该项工作的完成，这要根据工作性质来确定。因为有的工作项可能完成其99%的工作量时间较短，但后面1%的工作量需要拖很长时间才能完成，所以若采用"完成"作为里程碑支付节点，则会因迟迟不能完成最后的1%的工作量而达不到里程碑，承包商也就无法及时得到该里程碑付款，对承包商的现金流影响极大。针对此类工作，将"开始"作为一个结算支付里程碑也许更合理些。

2. 竣工结算

竣工结算是指工程项目完工并经竣工验收合格后，发承包双方按照施工合同的约定对所完成的工程项目进行工程价款的计算、调整和确认。工程竣工结算分为单位工程竣工结算、单项工程竣工结算和建设项目竣工总结算。工程竣工结算文件经发承包双方签字确认的，应当作为工程结算的依据，未经对方同意，另一方不得就已生效的竣工结算文件委托工程造价咨询企业重复审核。发承包双方应当按照竣工结算文件及时支付竣工结算款。

3. 其他结算方式

除了上述两种结算方式以外，还存在合同非正常终止的情况，如合同解除。合同非正常终止时，对已完工程量的结算不能按照月进度或里程碑结算，需要发承包双方在合同中约定其他的结算方式。

（二）合同价款支付的内容

合同价款的支付贯穿于工程实施的整个过程。按照《13 版清单计价规范》的相关规定，工程量清单计价模式下的合同价款支付分为工程预付、期中支付、竣工结算、最终结清与合同解除的价款支付，对应形成了承包人获得的工程价款，包括工程预付款、工程进度款、竣工结算款以及最终结清款等。

这样，根据支付的时间与流程，合同价款结算与支付的内容如图 6-1 所示。

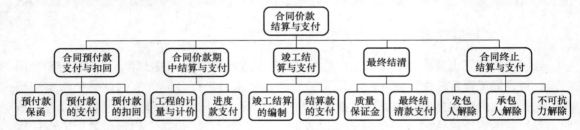

图 6-1　合同价款结算与支付的内容

1. 工程预付款

（1）定义

《工程造价术语标准》中规定，工程预付款又称材料备料款或材料预付款，是建设工程施工合同订立后由发包人按照合同约定，在正式开工前预先支付给承包人的用于购买工程所需的材料和设备以及组织施工机械和人员进场所需的款项。

（2）用途

工程是否实行预付款，取决于工程性质、承包工程量的大小以及发包人在招标文件中的规定。在不同交付模式下，预付款的用途也不同。在设计施工分离模式下，预付款作为工程的备料款；而在设计施工一体化模式下，预付款则作为动员和设计的无息贷款。

（3）预付款担保

预付款担保是指承包人与发包人签订合同后领取预付款前，承包人正确、合理使用发包人支付的预付款而提供的担保。预付款担保有银行保函、担保公司担保、抵押等形式，担保金额与预付款等值。在支付工程预付款前是否提交担保由发承包双方在合同中约定，若有约定，则预付款担保的形式、金额和提交时间均应在合同中约定。承包人应确保此保函一直有效并可执行，预付款担保额度应随着预付款逐期扣回而递减，但剩余预付款担保额度应不得低于剩余预付款金额。

2. 工程进度款

（1）定义

《工程造价术语标准》中规定，工程进度款又称工程计量支付，是发包人依据合同约定和工程进度支付给承包人的款项，包括已经完成的图样工程量、工程变更和工程索赔款项、计日工费用等，一般在支付时要扣除预付款金额和保修金费用。

（2）工程计量

《工程造价术语标准》中规定，工程计量是发承包双方根据合同约定，对承包人完成合同工程的数量进行的计算和确认，并附相应的证明文件。工程量必须按照现行国家计量规范规定的工程量计算规则计算。

（3）支付

进度款的支付周期与工程计量周期一致。在工程量经复核认可后，承包人应在每个付款周期末，向发包人递交进度款支付申请。合同范围内的单价子目进度款的支付应该按照施工图进行工程量的计算乘以工程量清单中的综合单价汇总得来。合同范围内的总价项目应该按照形象进度或支付分解表所确定的金额向承包人支付进度款。

3. 竣工结算款

（1）竣工结算的概念

《工程造价术语标准》中规定，竣工结算是指工程竣工验收合格，发承包双方应依据合同约定办理的工程结算，是期中结算的汇总。竣工结算包括建设项目竣工结算、单项工程竣工结算和单位工程竣工结算。

（2）竣工结算的编制

合同工程完工后，承包人应在经发承包双方确认的合同工程期中价款结算的基础上汇总编制完成竣工结算文件，并在提交竣工验收申请的同时向发包人提交竣工结算文件。竣工结算的编制和审查如下：①单位工程竣工结算由承包人编制；②实行总承包的工程，单项工程竣工结算或建设工程项目竣工结算由总包人编制。

（3）竣工结算的确认和支付

发包人收到承包人递交的竣工结算报告及完整的结算资料后，应按照规定的时限进行核实，给予确认或者提出修改意见。发包人收到竣工结算报告及完整的结算资料后，按规定或合同约定期限内，对结算报告及资料没有提出意见，则视为认可。承包人如未在规定的时间内提供完整的工程竣工结算资料，经发包人催促后仍未提供或没有明确答复，则发包人有权根据已有资料进行审查，责任由承包人自负。承包人根据确认的竣工结算报告向发包人申请支付工程竣工的结算价款。

4. 质量保证金

（1）定义

根据《建设工程质量保证金管理办法》（建质〔2017〕138号）的规定，建设工程质量保证金（以下简称保证金）是指发包人与承包人在建设工程承包合同中规定，从应付的工程款中预留，用以保证承包人在缺陷责任期内对建设工程出现的缺陷进行维修的资金。缺陷是指建设工程质量不符合工程建设强制性标准、设计文件，以及承包合同的约定。《17版合同》第15.3条规定：在工程项目竣工前，承包人已经提供履约担保的发包人不得同时预留工程质量保证金。

（2）用途

保证金是用以保证施工企业在缺陷责任期内对已通过竣（交）工验收的项目工程出现的缺陷进行维修的资金。《17版合同》第15.2.1条规定：缺陷责任期从工程通过竣工验收之日起计算，合同当事人应在专用合同条款约定缺陷责任期的具体期限，但该期限最长不超过24个月。

（3）管理

《17版合同》第15.2规定：缺陷责任期内，由承包人原因造成的缺陷，承包人应负责维修，并承担鉴定及维修费用。如承包人不维修也不承担费用，则发包人可按合同约定从保证金或银行保函中扣除，费用超出保证金额的，发包人可按合同约定向承包人进行索赔。承包人维修并承担相应费用后，不免除对工程的损失赔偿责任。发包人有权要求承包人延长缺陷责任期，并应在原缺陷责任期届满前发出延长通知。但缺陷责任期（含延长部分）最长不能超过24个月。由他人原因造成的缺陷，发包人负责组织维修，承包人不承担费用，且发包人不得从保证金中扣除费用。

5. 最终结清款

（1）定义

最终结清是指合同约定的缺陷责任期终止后，承包人已按照合同规定完成全部剩余工作且质量合格，发包人与承包人结清全部剩余款项的活动。最终结清具有最终付款的作用，最终结清付款后，承包人在合同内享有的索赔权利也自行终止。

（2）付款

发包人应在签发最终结清支付证书后规定的时间内，按照最终结清支付证书列明的金额向承包人支付最终结清款。最终结清时，如果承包人被扣留的保证金不足以抵减发包人工程缺陷修复费用，则承包人应承担不足部分的补偿责任。

二、合同价款结算与支付的合同分析

（一）基于施工合同的合同分析

1. 工程施工合同价款的形成过程分析

（1）《99版FIDIC新红皮书》中合同价款的形成过程

《99版FIDIC新红皮书》适合于传统的"设计—招标—施工"（Design-Bid-Building）建设履行方式。在《99版FIDIC新红皮书》中，合同价款的形成过程如图6-2所示。

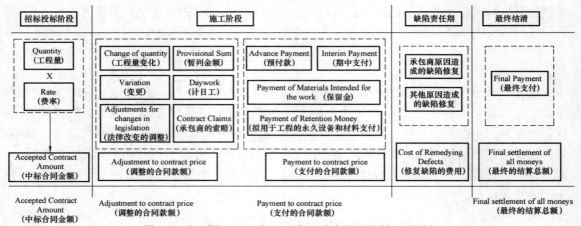

图6-2　《99版FIDIC新红皮书》中合同价款的形成过程

（2）《17版合同》中合同价款的形成过程

《17版合同》适合于工程量清单计价模式，合同价格完全是由市场供求关系竞争形成。在《17版合同》中，合同价款的形成过程如图6-3所示。

2. 工程施工合同价款结算与支付的特点分析

（1）具有重新计量特征

清单计价模式强调由市场竞争形成价格，采用工程量清单计价的单价合同，工程量清单中所有项目的工程量是以实体工程量为准，并以完成后的净值计算。投标人投标报价时，在单价中考虑施工中的各种损耗和需要增加的工程量。由结算工程量形成的原理可知，合同中的估算工程量并不是结算确认的工程量，此工程量不能作为支付承包商的基础。结算工程量是承包人就正确履行合同义务的工程量，并按合同约定的计量方法进行计量的工程量，进度款结算与竣工结算要以承包人完成合同工程实际的工程量确定，它具有重新计量的属性。

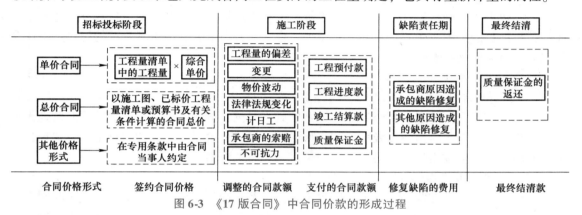

图 6-3 《17 版合同》中合同价款的形成过程

（2）工程量据实结算、综合单价由量裁定

《13 版清单计价规范》第 8.2.1 款规定，工程量必须以承包人完成合同工程应予计量的工程量确定。第 8.2.2 款规定，施工中工程计量时，若发现招标工程量清单中出现缺项、工程量偏差，或因工程变更引起工程量的增减，应按承包人在正确履行合同义务中完成的工程量计算。

重新计量导致招标工程量清单中的工程量和承包人实际完成的工程量产生的差异，发承包双方需要根据工程量及重新计量的结果确定部分工程的适宜单价。发承包双方可以通过协商的方式约定工程量偏差的幅度，当工程量偏差超过本幅度时，即对合同价款进行调整。因为当工程量偏差发生较大幅度变化时，会影响施工成本的分摊，如果工程量偏差增加过多，仍按清单中原综合单价进行计价，则对发包人相对而言不公平；如果减少过多，仍按清单中原综合单价进行计价，则对承包人是不公平的。因此，为了维护发承包双方的权益，应约定工程量偏差幅度，超过偏差幅度后及时对合同价款做出相应调整，对于分部分项工程而言，即对综合单价做出相应调整。

3. 工程施工合同价款结算与支付的风险责任分析

（1）量价分离情况下发包人承担量、承包人承担价的风险

工程量清单计价方式中，作为招标文件重要组成部分的工程量清单由发包人提供，其准确性和完整性由招标人负责。承包人依据发包人按统一项目（计价项目）设置，统一计量规则和计量单位按规定格式提供的项目实物工程量清单，结合工程实际、市场实际和企业实际，充分考虑各种风险后，提出包括成本、利润和税金在内的综合单价，由此形成合同价格。由于发包人给出的工程量表中的工程量是参考数字，而实际工程款结算按实际完成的工程量和承包人所报的单价计算。因此，这种量价分离的模式下，工程量变化的风险由发包人承担，报价（主要为单价和费率）的风险由承包人承担。由于风险分配比较合理，能调动承包人和发包人双方管理的积极性，所以能够适应大多数工程。

（2）工程量偏差超过约定幅度后的风险责任

对于任一招标工程量清单项目，合同履行期间若应予计量的实际工程量与招标工程量清单中的工程量出现偏差，就都会影响承包商的施工成本。若不对综合单价进行调整，则容易产生承包商超额盈利或超额亏损。因此，合同对工程量偏差的处理原则常常做出下述规定：发承包双方应在合同签订过程中协商约定一个工程量偏差幅度，如工程量偏差在约定幅度内，则执行原有的综合单价；若工程量偏差超过合同约定幅度，则由承包人提出新的综合单价，经发包人予以确认后作为新的综合单价。这些规定均是为了降低发承包双方可能发生的风险，最终目的是形成帕累托效率，使至少有合同一方当事人利益得到改善的同时而不使合同双方当事人的利益恶化。

4. 工程施工合同价款结算与支付的权利义务分析

（1）承包人向监理人或工程师按时提交付款申请

承包人应在合同约定的每个计量周期到期后，对已完成的工程进行计量，并向监理人或工程师提交进度款支付申请以及所达到工程形象目标或分阶段需完成的工程量和有关计量资料，同时附具进度款申请单、已完成工程量报表和有关资料。

（2）监理人或工程师及时进行审查

监理人或工程师在收到承包人进度款申请单以及相应的支持性证明文件后规定时间内完成审查并报送发包人，确定承包人实际完成的工程量和工程形象目标，提出发包人到期应支付给承包人的金额以及相应的支持性材料。监理人对承包人的进度款申请单有异议的，有权要求承包人修正和提供补充资料，承包人应提交修正后的进度款申请单。监理人应在收到承包人修正后的进度款申请单及相关资料后规定时间内完成审查并报送发包人。承包人完成工程所有的子目后，监理人或工程师应要求承包人派员共同对每个子目的历次计量报表进行汇总，以核实最终结算工程量。

（3）发包人或工程师签发支付证书，发包人支付

经发包人审查同意后，由监理人或工程师向承包人出具经发包人签认的进度款支付证书。对其有异议的，可要求承包人进行共同复核和抽样复测。发包人逾期未完成审批且未提出异议的，视为已签发进度款支付证书。

（二）基于工程总承包合同的合同分析

1. 工程总承包合同价款的形成过程分析

《99 版 FIDIC 新银皮书》适合于"设计—采购—施工"（Engineering-Procurement-Construction）建设履行方式。在《99 版 FIDIC 新银皮书》中，合同价款的形成过程如图 6-4 所示。

2. 工程总承包合同价款结算与支付的特点分析

（1）合同价格固定，风险提前补偿

与传统的工程量清单模式下的施工合同相比，设计施工总承包合同条件下的合同价格具有一次包死、一揽子包干工程的性质。合同价格不随环境和工程量变化而变化。承包商在投标报价（或议标报价）时，以详细的设计图和说明、技术规程和其他招标文件，进行标价计算，在此基础上，考虑费用上涨和不可预见的风险，增加一笔费用。同时在签约时，双方必须约定：图样和工程要求不变，工期不变，则总价不变。如果相反，则相应总价改变。在

合同总价中，承包商要考虑到可能发生的工程变更、施工现场条件变化和工程量增加等诸多合同风险。因此承包商为降低风险可以采取有效措施，其一是在报价时增设不可预见费；其二是利用合同条款，尽量在合同谈判中争得调整合同价格的有利条款。

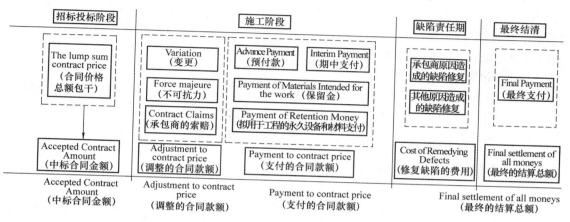

图 6-4　《99 版 FIDIC 新银皮书》中合同价款的形成过程

（2）根据形象进度进行结算支付

设计施工总承包合同条件下的价款结算通常根据形象进度即里程碑式的付款方式。里程碑是业主在合同总工期内，按合同规定的工作范围和承包商的责任分解确定的项目活动。承包商只有完成了所有与规定的单项里程碑活动相关的内容，并按要求准备齐全所有相关的支持文件后，才能视为完成了某项活动的里程碑，也才可以通过项目合同规定的付款程序获得此项里程碑所分解的合同款项。里程碑随项目进度的推进不断完成，在项目执行期间，项目活动连续进行，综合测算项目的完成程度也连续进行，但它只反映项目计划的提前或滞后，与里程碑结算无关，两者互相独立。

3. 工程总承包合同价款结算与支付的风险责任分析

（1）"业主要求"改变的责任由发包人承担

"业主要求"作为设计施工总承包模式下总价合同文件的重要组成部分，规定了工程项目的目标、合同工作范围（竣工工程的功能、范围和质量要求）、设计和其他技术标准、进度计划的说明等，是承包商报价和工程实施最重要的依据。所以，通常只有在"业主要求"变更，或符合合同规定的调价条件，如法律变化，才允许调整合同价格，否则不允许调整合同价格。因此，在设计施工总承包模式下总价合同中，"业主要求"改变的责任由发包人承担。

（2）"业主要求"范围内的风险责任由承包人承担

在设计施工总承包模式下，总承包商负责一个完整工程的设计、采购、施工等工作，合同工作范围大，工程项目的实施和管理工作都由总承包商负责。总承包商完成的每一项工作均以"业主要求"为目标，只有达到"业主要求"中的功能目标，才予以支付合同价格。"业主要求"内的责任由总承包商承担。因此，在开始设计之前，承包人应完全理解"业主要求"，并将"业主要求"中出现的任何错误、失误、缺陷通知业主代表。

4. 工程总承包合同价款结算与支付的权利义务分析

（1）承包人向发包人按时提交付款申请

在合同规定的支付期限末，承包人应以合同协议书约定的合同价格为基础，按每月实际完成的工程量（含设计、采购、施工、竣工试验和竣工后试验等）的合同金额，直接向发包人提交付款申请。详细说明承包人自己认为有权得到的款额，同时提交按进度报告中规定编制的相关进度报告在内的证明文件。

（2）发包人完成审查并支付

由于总价合同是发包人和发包人代表直接管理合同，没有监理或工程师的角色，付款时不需要签发付款证书，因此发包人应在收到承包人提交的每期付款申请报告之日起的规定时间内审查并支付。如果不同意承包人报告中的某些内容，则应在收到报告后通知承包人，并给出理由。

三、合同价款结算与支付的原则

（一）工程量清单计价下工程量据实计量原则

《13 版清单计价规范》第 8.2.1 款规定，工程量必须以承包人完成合同工程应予计量的工程量确定。第 8.2.2 款规定，施工中进行工程计量，当发现招标工程量清单中出现缺项、工程量偏差，或因工程变更引起工程量增减时，应按承包人在履行合同义务中完成的工程量计算。

由以上内容可知，施工中工程计量时应依据合同约定的计量规则和方法对承包人实际完成的工程量进行确认和计算，若发现招标工程量清单中出现缺项、工程量偏差，或因工程变更引起工程量增减，均按承包人正确履行合同义务中完成的工程量计算。

（二）工程量偏差的因量裁价原则

《13 版清单计价规范》第 9.6.2 款规定，对于任一招标工程量清单项目，当因本节规定的工程量偏差和第 9.3 款〔工程变更〕等原因导致工程量偏差超过 15% 时，可进行调整。当工程量增加 15% 以上时，增加部分的工程量的综合单价应予调低；当工程量减少 15% 以上时，减少后剩余部分的工程量的综合单价应予调高。

当实际完成工程量与预计完成工程量之间的任何变化都让承包人固定成本部分的实际投入与回收之间产生差异时，如不对综合单价进行调整，则会引起承包人的超额亏损或超额获利。所以当工程量的变化超过规定范围时应对单价进行调整，使承包人的固定成本部分在回收与实际投入之间总体达到平衡，以公平维护双方的利益。

（三）历次计量结果直接进入结算的原则

《13 版清单计价规范》第 8.2.6 款规定，承包人完成已标价工程量清单中每个项目的工程量后，发包人应要求承包人派人共同对每个项目的历次计量报表进行汇总，以核实最终结算工程量。发承包双方应在汇总表上签字确认。第 11.2.6 款规定，发承包双方在合同工程实施过程中已经确认的工程计量结果和合同价款，在竣工结算办理中应直接进入结算。第 11.3.1 款规定，合同工程完工后，承包人应在经发承包双方确认的合同工程期中价款结算的基础上汇总编制完成竣工结算文件，应在提交竣工验收申请的同时向发包人提交竣工结算文件。

这些规定表明，工程量清单计价方式下结算时，不需要重复计算工程量，只需将历次计量结果直接计入结算资料。历次计量结果直接进入竣工结算是工程量清单计价的本质要求，可以规范中间计量工作、完善中间计量资料、提高中间计量的准确性。

（四）节点计量、里程碑结算原则

《99 版 FIDIC 新银皮书》第 14.4 款〔付款计划表〕规定："如果合同包括对合同价格的支付规定了分期支付的付款计划表，除非该表中另有规定，否则：（a）该付款计划表所列分期付款额，应是为了应对第 14.3 款〔期中付款〕中的（a）项，并依照第 14.5 款拟用于工程的生产设备和材料的规定估算的合同价值；（b）如果分期付款额不是参照工程实施达到的实际进度确定，且发现实际进度比付款计划表依据的进度落后时，业主可按照第 3.5 款〔确定的要求〕进行商定或确定，修改分期付款额。如果合同未包括付款计划表，则承包商应在每个季度，提交他预计应付的无约束性估算付款额。"

对于 EPC 项目来说，付款计划表是必需的合同文件。因为 EPC 项目一般是按照形象进度即完成里程碑的情况付款，所以必须事先确定付款的里程碑，也就是事先编制付款计划表。对每项里程碑工作可以采用节点计量方式，工作周期短的施工工作项，可以划分为两个节点，即开工和完工。对于工作周期较长的工作项，可以划分为多个节点，并确定完成每个节点应计的工程量百分比。

采用节点计量，节点的设置因项目而异，可以以时间为节点，如按月度、季度，也可以以施工进度为节点，根据测量的实际进度进行支付。值得注意的是，施工进度测量还应考虑所计量工作的质量检验结果，如不合格，就不能将其计算在完成的进度内。对不合格工作的认定通常按业主方下达的"质量违规报告"（NCR）通知中的内容为准。

（五）合同总价的充分性原则

《99 版 FIDIC 新银皮书》第 4.11 款规定："承包商应被认为已确信合同价格的正确性和充分性。除非合同另有规定，合同价格包括承包商根据合同所承担的全部义务（包括根据暂列金额所承担的义务，如果有），以及为正确设计、实施和完成工程，并修补任何缺陷所需的全部有关事项的费用。"第 14.1 款规定："除非在专用条件中另有规定：（a）工程款的支付应以总额合同价格为基础，按照合同规定进行调整；（b）承包商应支付根据合同要求应由其支付的各项税费。除按第 13.7 款因法律改变的调整说明的情况外，合同价格不应因任何这些费用进行调整。"第 13.3 款〔变更程序〕规定："为指示或批准一项变更，业主应按照第 3.5 款确定的要求，商定或确定对合同价格和付款计划表的调整"。第 13.7 款〔因法律改变的调整〕规定："对于基准日期工程所在国的法律有改变（包括施行新的法律，废除或修改现有法律），或对此类法律的司法或政府解释有改变，影响承包商履行合同规定的义务的，合同价格应考虑由上述改变导致的任何费用增减进行调整。"第 13.8 款〔因成本改变的调整〕规定："当合同价格要根据劳动力、货物，以及工程的其他投入的成本的升降进行调整时，应按照专用条件的规定进行计算。"

合同价格的履行必须建立在对方充分履行合同义务的基础上。采用 EPC 总承包形式，合同定价为总价包干合同，除合同明确规定由业主承担的风险外，其他风险一般都由承包商承担，这就使得承包商的风险大大增加。FIDIC 认为承包商的报价应该被认定为是充分的，即除合同明文规定的情况之外，承包商按照合同约定完成合同规定的工程范围与内容所需全部工作的各项费用已包含（或分摊）在合同价格内，合同价格不因变化的情况而进行调整。

在总价包干合同中，合同一旦签订，约定的价格就是最终的结算价格。如果合同没有特别约定，则不管市场涨跌因素或其他有关因素如何影响，合同总价都不做调整。若"业主要求"发生变化，即发生了合同约定范围外的项目，则承包商可以要求对此工程变更另行支付费用。

第二节　工程量清单计价下工程量据实计量原则及案例分析

一、原则运用的关切点

单价合同条件下，合同价款的支付依赖于准确的工程计量，工程计量是依据合同条款的相关规定对承包人已完工程量的确定过程，是合同价款支付的前提。在工程量结算方法的选择上，发承包双方从自身利益出发持不同态度：发包人希望物有所值，倾向于按工程量清单中的工程量加工程变更的方式进行结算，即使发生工程变更也仍希望在风险包干范围内的工程量变动不做调整；承包人则倾向于付出与收益匹配，认为所有已完成工作都应该得到承认，都应该进行结算。通常发承包双方因应予计量的工程量范围而产生纠纷，解决此类纠纷的关键是理解何为"承包人履行合同义务中完成的工程量"。《13 版清单计价规范》第8.2.1 款规定：工程量必须以承包人完成合同工程应予计量的工程量确定。

（一）承包商的合同义务是工程量正确计量的基础

根据《合同法》的相关规定，签订合同双方的义务包括合同中明确约定的义务和补充协议中的义务。

《17 版合同》通用条款第 3.1 款将"承包人的一般义务"定义为"按法律规定和合同约定完成工程，并在保修期内承担保修义务"。以此为线索，节选《17 版合同》中承包人完成合同约定的义务以及补充协议中的义务，如表 6-1 所示。

表 6-1　《17 版合同》中承包人的施工义务

条　款　号	承包人形成工程量的施工义务
4.3	按照监理人的书面指示或口头指示实施工程
5.3	在发包人现场监督检查合格的情况下，实施隐蔽工程
7.1	按照合同约定或协商修改后的施工组织设计实施工程
7.2	按照合同约定或协商修改后的施工进度计划实施工程
7.4	根据发包人提供的测量基准点、基准线水准点及其书面资料实施测量放线工作
7.6	不利物质条件下，通知发包人和监理人并采取合理措施实施工程
7.7	异常恶劣气候条件下，通知发包人和监理人并采取合理措施实施工程
7.8	暂停施工条件下工程照管及复工情况下实施工程
9.1	按照合同约定或监理人指示对材料、工程设备和工程进行试验或检验
10.2	按照发包人和监理人指示进行变更施工
13.3	竣工验收不合格工程的整改实施
15.2	缺陷责任期内完成工程缺陷或损坏修复、试验及试运行
15.4	工程保修期内根据有关法律规定以及合同约定承担保修责任
17.3	不可抗力下永久工程的修复

由此，承包人的合同义务可总结为：

1）合同约定的义务：承包人应严格按施工图、施工指令和施工规范以及合同的约定进行施工，按期、保质、保量的交付合格工程；建筑工程经过发包人验收后，在保修时间内发现重大问题的，承包人要对工程进行修复，履行保修的义务。

2）补充协议的合同义务：承包人应完成经批准的工程变更所修订的工程量、工程量清单缺漏项增减的工程量、现场签证、索赔等合同事后的补充、修改、调整而增减的工程量。

因此，承包人在施工合同中应当履行的义务就包括合同约定的义务和发承包双方就一些问题进行协商后签订补充协议的义务。补充协议的合同义务主要包括经批准的工程变更所修订的工程量、工程量清单缺漏项增减的工程量、现场签证、索赔等合同事后的补充、修改、调整而增减的工程量及费用。

（二）经批准的图样范围是工程量正确计量的边界

根据《17版合同》第1.1.1.7款的规定，图样是指构成合同的图样，包括由发包人按照合同约定提供或经发包人批准的设计文件、施工图、鸟瞰图及模型等，以及在合同履行过程中形成的图样文件。

不论是施工单位编制施工组织设计、施工方案还是监理工程师现场检查，最直接的依据就是施工图和我国现行的法律、法规及规范，因此施工中必须严格执行"按图施工"这一原则。按照工程建设管理程序，图样应该按经批准的初步设计图设计。图样包括合同中约定的经双方确认的设计图、施工图以及合同履行过程中形成的图样的集合。实行建设监理制后，根据图样质量控制程序，所有图样必须交给监理工程师审核（核查）、签字、盖章。只有经过监理工程师审核、签字、盖章的图样（称为工程师图样）才能用于施工。当图样需要修改、补充或出现错误时，在施工前的约定时间内，承包人应及时通知监理人，并在取得发包人同意后按修改后的图样进行施工。

实际工程中常会出现由于图样不够完善使设计与施工脱节、设计深度不够而导致设计漏项，引起结算工程量争议，因此设计单位应尽量设计完整而详细的施工图，以减少结算的争议。建设各方在图样缺陷方面应按以下条件承担责任：①按照"谁设计，谁负责"的原则追究有关各方的责任；②建设单位应当承担没有提供准确、充分图样的责任；③施工单位应当承担没有履行"应警告"义务的责任；④监理单位应承担失职或不尽职的责任。

《369号文》第十三条第（二）项规定，对承包人超出设计图（含设计变更）范围和因承包商原因造成返工的工程量，发包人不予计量。

《13版清单计价规范》第8.1.3款规定："因承包人原因造成的超出合同工程范围施工或返工的工程量，发包人不予计量。"

如果对承包人完成的全部工程量都进行支付，则容易造成承包人的机会主义行为。如承包人原因造成的超出图样范围施工、承包人完成工作不符合质量标准、承包人擅自变更，最终发包人可能会以一个较高的价格获得最终的产品，这样的风险分担实质是把所有的风险都交给发包人承担，会降低合同效率。因此，合同义务的工程量范围是承包人正确履行合同义务实际完成的工程量，除去承包人超出设计图（含设计变更）范围和因承包人原因造成返工的工程量。

（三）工程量的计算规则是工程量正确计量的核心

《13版清单计价规范》第2.0.43款对工程计量的定义为："发承包双方根据合同约定，对承包人完成合同工程的数量进行的计算和确认。"第8.1.1款规定，工程量必须按照相关工程现行国家计量规范规定的工程量计算规则计算。第8.1.2款规定，工程计量可选择按月或者按工程形象进度分段计算，具体计量周期应在合同中约定。

工程量主要通过工程量计算规则计算得到。在工程量清单计价方式下，工程量计算规则是指对清单项目工程量的计算规定。除另有说明外，所有清单项目的工程量应以实体工程量为准，并以完成后的净值计算；投标人投标报价时，应在单价中考虑施工中的各种损耗和需要增加的工程量。

特别要注意的是，第8.3.1采用工程量清单方式招标形成的总价合同，其工程量应按照本规范第8.2节（单价合同的计量）的规定计算。即工程量清单计价下的总价合同工程量也遵循据实结算原则。

二、案例

案例6-1：某地基处理工程为保证工程质量而扩大施工范围能否计算工程量

（一）案例背景

某施工单位与某建设单位签订了某项工业建筑的地基处理与基础工程施工合同。由于工程量无法准确确定，根据施工合同专用条款的规定，按施工图预算方式计价，施工单位必须严格按照施工图及施工合同规定的内容及技术要求施工。工程开工前，乙方提交了施工组织设计并得到批准。施工单位首先向监理工程师申请分项工程质量验收，取得质量验收合格文件后，向造价工程师提出计量申请和支付工程款。

（二）争议事件

在工程施工过程中，在进行到施工图所规定的处理范围边缘时，乙方在取得在场的监理工程师认可的情况下，为了使夯击质量得到保证，将夯击范围适当扩大。施工完成后，乙方将扩大范围内的施工工程向造价工程师提出计量付款的要求，但遭到拒绝。

（三）争议焦点

本案例中，承包人认为其所完成工作为工程所必需的工作，而且施工前已征得监理工程师同意，发包人应当承认其合理性，应对该工程量予以计量；而发包人认为该部分工程属于承包人为保证工程质量而采取的技术措施，属于承包人事先在施工组织设计中应该考虑到的。因此为保证工程质量而扩大施工范围的工程量是否予以计量是本案例争议的焦点。

（四）争议分析

施工组织设计是在国家和行业的法律、法规、标准的指导下，从施工的全局出发，根据各种具体条件，拟定工程施工方案、施工程序、施工顺序、施工方法等现场设施的布置和建设做出的规划，以便对施工中的各种需要及其变化，做好事前准备。而技术措施是施工组织设计中一项重点内容，是为完成工程项目施工，发生于该工程施工准备和施工过程中的技术、安全等方面的项目，需根据施工现场情况、地勘水文资料和工程特点编制。

因此在施工过程中，承包人应事先对施工场地进行详细踏勘了解，制定符合工程施工现场情况的施工组织设计方案，包括使施工质量得以保证的技术措施，因此案例中承包人为使夯击质量得到保证而采取的措施属于技术措施，即使得到监理工程师的认可，工程量也仍属于承包人的合同义务。

由前面关切点中图样是施工组织设计编制的依据，以及因承包人原因超出设计图范围的工程量不予计量，可知工程量超出了图样的要求，一般来讲，也就超出了工程合同约定的工程范围。在发包人没有批准追加相应费用的情况下，使工程质量得以保证的技术措施费用应由承包人自己承担。

（五）解决方案

本案例中，承包人应使夯击质量得到保证，将夯击范围适当扩大而增加的费用是承包人保证施工质量的技术措施，由此增加的费用发包人不予支付。

对于合同中未规定的承包人义务，而实施过程中超出施工图范围采取的施工措施方案，承包人应先及时与发包人协商，确认该部分工程内容是否由承包人完成，如果需要由承包人完成，则应与发包人签订补充合同条款，就该部分工程内容明确双方各自的权利和义务，并对工程计划做出相应的调整。如果由其他承包人完成，承包人也要与发包人就该部分工程内容的协作配合条件及相应的费用等问题达成一致意见，以保证工程的顺利进行。

【资料来源：改编自沈中友．工程招投标与合同管理［M］．武汉：武汉理工大学出版社，2011.】

案例 6-2：某写字楼项目受现场施工条件的限制更改施工方案

（一）案例背景

某写字楼项目，于 2011 年 10 月开工，共建设 1 栋写字楼，地上为 22 层，地下为 2 层，建筑面积达 25 396.59m²。该项目采用钢筋混凝土灌注桩基础，剪力墙结构，水暖电消防齐全，简单装修，交付达到使用要求。

（二）争议事件

本工程上部荷载非常大，对沉降度要求苛刻，基础环墙高为 3m，原设计拟采用强夯地基处理。但是在施工过程中，承包人对地质条件进行了深入研究后，发现该地质条件不适于做强夯处理。由于上部荷载过大，一旦出现不均匀沉降，将会造成较为严重的后果。因此，在施工过程中直接改用碎石灌注桩。在结算时，因使用碎石灌注桩使得实际合同价格超过了原设计的合同价格，发承包双方产生了纠纷。

（三）争议焦点

本案例中，承包人认为受现场施工条件的限制，而更改了施工方案，对此部分超出图样范围的工程量应予以计量，增加的合同价格应予以支付。但是发包人认为，此项变更是承包人擅自更改方案，没有请示发包人，由此造成的超出图样范围的工程量不予计量，增加的费用应由承包人自己承担。因此，受现场施工条件的限制，承包人更改施工方案，造成的超出图样范围的工程量是否予以计量是本案例争议的焦点。

（四）争议分析

承包人作为项目的实施者，按合同约定需要按照设计图及规范施工，但也不排除承包人在施工过程中由于自身实力的限制而出现擅自变更的情况。例如，承包人为了施工上的方便，或缩短工期，或减少投入等主观原因；或者受现场施工条件或设备的限制，或遇到不可预见的地质条件、地下障碍，设计施工工艺与实际情况矛盾，受施工条件、市场材料品牌、型号的限制等客观原因，提出对自己有利，且更加经济、合理、优化的工程变更。

施工方案改变增加的工程量是否予以计量依赖于责任主体。就承包人而言，合同约定内的以及非承包人原因引起的项目是予以计量的范围，但承包人原因引起的项目，不论工程量如何变化，按照关切点中的"因承包人原因造成的超出合同工程范围施工或返工的工程量，发包人不予计量"，承包人不可以将变化部分进行计量来获取价款。

在合同履行过程中，因为受现场施工条件的限制，不能采用原设计方案时，承包人应按合同约定的工程变更程序运作。若征得发包人同意，则变更后工程量变化导致价款的增减，发包人应进行计量支付。若没有征得变更同意，则承包人更改设计方案进行施工，会被认定为擅自变更。而擅自变更的结果则由承包人自己承担，即因承包人擅自变更致使工程量发生变化的，该部分变化不予计量支付。本案例中，因受现场施工条件的限制，承包人没有向发包人提出变更，是擅自更改方案施工，导致超出合同工程范围的工程量及价款的增加，发包人不应计量支付。

（五）解决方案

受施工现场条件的限制，承包人若没有提出变更，就擅自更改施工方案致使工程量发生变化和价款增加的，发包人不予计量支付。

在投标文件中，承包人已在施工组织设计中提出比较完备的施工方案，尽管不作为合同文件的一部分，但仍具有约束力。发包人向承包人授标就表示对承包人施工方案的认可，与此同时，承包人应对所有现场作业和施工方案的完备、安全、稳定负全部责任。若承包人在工程施工期间，施工现场遇到一个有经验的承包人通常不能合理预见的不利施工条件或外界障碍，如地质条件与发包人提供的资料不符，出现不可预见的地下水、地质断层、溶洞、地下障碍物等，承包人可以就因此遭受的损失向发包人提出变更或索赔，若承包人更改施工方案，则必须经过发包人或发包人代表的批准或同意；否则属于擅自变更，得不到补偿。

案例6-3：某建设项目承包人按图施工后遭遇返工

（一）案例背景

某建设项目，建筑面积为 2 580m²，主体建筑地上为 3 层，看台为 2 层，设备用房为 4 层，地下为 1 层；层高为 5m；工期为 581 个日历天；约定于 2012 年 9 月 1 日开工，合同价款总额为 193 万元。承包人与发包人签订了工程施工承包合同。签订合同后，工程部给承包人提供了一份方案设计图，图样上有工程师的批准及签字。

（二）争议事件

工程实施到一半后，工程师发现这份图样的部分内容违反本工程的专用规范（即工程说明），因此，工程师要求承包商返工并按规范施工。承包商就返工问题向工程师提出返工工程量计量支付的要求，但被工程师否定。

（三）争议焦点

本案例中，承包人认为按照图样施工，在工程师提出返工后，返工工程量属于图样范围外的工程量即合同义务外的工程量，应予以计量支付；而发包人认为，有经验的承包人对图样出现的问题，有责任将问题反映给工程师，在承包人收到图样后没有向工程师反映图样的问题，视为认可图样为施工的依据，造成的返工工程量损失，应由承包人自行承担。因此，承包人按图施工，因图样违反工程专用规范而返工，返工的工程量是否应予计量是本案例争议的焦点。

（四）争议分析

ISO 9000《质量管理体系认证》第 3.6.7 款将返工定义为："为使不合格产品符合要求而对其所采取的措施。"在工程建设过程中，返工现象的发生不利于合同的履行，一旦返工就需要重新投入人力、物力以及时间，这不仅影响项目的成本，也影响项目的进度。

在工程中通常专用规范是优先于图样的，作为一个有经验的承包人应该熟知此条惯例，承包人有责任遵守专用规范。因此，当承包人收到发包人提供的施工图后，首先需要用专业规范进行核对。若发现与规范不同的或有明显错误的图样，则有责任在施工前将问题呈交给工程师。如果工程师书面肯定图样的不足或缺陷，同意更改图样，则形成有约束力的图样变更。

本案例中，承包人在收到工程师提供的图样后，没有用专业规范进行核对，对图样中的错误和缺陷没有及时发现。由前面关切点中施工图缺陷方面建设各方承担责任的分析来看，虽然图样是由发包人设计，图样的缺陷应由发包人承担，但是承包人应履行"应警告"的义务。这意味着，在收到图样后，如果承包人将图样的缺陷"警告"发包人，若发生返工，则返工工程量应予计量。如果承包商没有将图样的缺陷"警告"发包人，则返工的工程量不予以计量。

（五）解决方案

案例中，承包人没有将图样的缺陷告知发包人，因此按图施工因图样违反专用规范而返工的工程量不能得到发包人的认可支付。

承包人收到施工图后，不要忙于施工，应首先认真核实图样，及时发现图样中的错误或缺陷，有责任在施工前将问题呈交给工程师。若没有进行此项工作，则出现图样因违反工程专用规范而引起的返工工程量是不予计量支付的。

【资料来源：改编自成虎. 建设工程合同管理与索赔［M］. 南京：东南大学出版社，2008.】

案例6-4：河北省冀州医院因设计变更及工程洽商导致工程量增减的结算

（一）案例背景

2013年1月5日，河北省××市某医院（以下简称"发包人"）以工程量清单计价方式，与河北某建设集团有限公司（以下简称"承包人"）签订了《××市某医院综合住院部大楼工程施工合同》。合同文件组成及解释顺序为：合同协议书、中标通知书、招标文件及补充文件、投标文件及其附件、合同专用条款、合同通用条款、标准及规范、有关技术文件图样、工程量清单。双方签订的施工合同就工程变更做以下约定（部分条款）：12.11.2 实际完成的工程量与招标人提供的工程量清单中给定的工程量的差值在±3%以内（含±3%）时，投标报价不予调整。实际完成的工程量超过±3%时，按投标综合单价调整合同价款。

（二）争议事件

施工过程中，发包人多次下达变更通知，同时还有大量工程洽商（施工设计图的补充，与施工图有同等重要作用）。承包人按照变更指示执行变更。但是，发承包双方对因设计变更及工程洽商增加工程量的有效结算部分产生争议。

（三）争议焦点

发包人主张：设计变更及工程洽商引起的工程量增减，执行合同12.11.3的规定，当实际完成的工程量与招标人提供的工程量清单中给定的工程量的差值在±3%以内（含±3%）时，投标报价不予调整；超过±3%时，按投标综合单价调整合同价款。

承包人主张：设计变更及工程洽商引起的工程量增减，不包括在招标工程量清单的工作范围之内，不受招标文件12.11.3的规定。设计变更及工程洽商均应单独计量，且价款调整方式应参照招标文件12.11.4的规定。

发承包双方结算工程量纠纷产生的原因在于单价合同状态变化动态补偿途径的模糊及缺失。其模糊性在于："招标文件第12.11.3的调整范围是否包括设计变更及工程洽商存在争议"。其补偿途径的缺失在于："招标文件并未提及工程变更导致工程量的变化应如何确定有效结算工程量。"

因此，因设计变更及工程洽商导致的工程量增减时，工程量如何结算是本案例争议的焦点。

（四）争议分析

根据《最高人民法院关于审理建设工程施工合同纠纷案件适用法律问题的解释》（法释 [2004] 14 号）第十九条"当事人对工程量有争议的，按照施工过程中形成的签证等书面文件确认。承包人能够证明发包人同意其施工，但未能提供签证文件证明工程量发生的，可以按照当事人提供的其他证据确认实际发生的工程量。"及《13 版清单计价规范》第 8.2.2 条"施工中进行工程计量，当发现招标工程量清单中出现缺项、工程量偏差或因工程变更引起的工程量增减时，应按照承包人在履行合同义务中完成的工程量计算。"等相关条款可以证实上述思想，即承包人按指令（图样及发包人指令）施工所增加的工程量必须予以计量。发包人下达的指令，承包人必须执行，在这种指导思想下，承包人属于法律应救济的群体。当今的法律实践已越来越认识到平衡发承包双方的法律责任和风险的重要性，合理的风险分担才能够保证建筑市场的稳定，因此，由于发包人原因所导致的设计变更等风险应由发包人承担，承包人履行合同义务的工程量应予计量。

系争工程仅在合同第 12.11.2 条中规定了设计变更的定价方式，并未在其他条款中约定设计变更应如何计量。因此，对于招标文件第 12.11.2 条的调整范围是否包括设计变更及工程洽商存在争议。施工合同约定承包人对施工经济责任在有限的范围内进行风险包干，是建筑市场固有的行业惯例，建设工程施工合同的签订是基于一定的承包范围、一定的设计标准、一定的施工条件等静态前提下进行的，并以此来规定双方的权利和义务。另外，由于建设工程项目具有不确定性，特别是由于设计变更这类由发包人的主动行为引起的承包范围的改变，并不属于承包人应该承担的风险包干内容。

（五）解决方案

在履行合同过程中，因发包人下达的设计变更通知与工程洽商属于发包人责任事件，不属于风险因素，其导致的工程量增减不适用招标文件 12.11.2 规定的 ±3% 的工程量风险包干系数。因此，设计变更及工程洽商导致的工程量增减不在原招标文件风险包干的范围内，应按实际发生的工程量据实结算。此案例应该支持承包人的意见。

【资料来源：改编自严玲. 工程招投标与合同管理工作坊——案例教学教程 [M]. 机械工业出版社，2015】

第三节　工程量偏差的因量裁价原则及案例分析

一、原则运用的关切点

《13 版清单计价规范》第 2.0.17 款中，工程量偏差的定义为，承包人按照合同工程的图样（含经发包人批准由承包人提供的图样）实施，按照现行国家计量规范规定的工程量计算规则计算得到的完成合同工程项目应予计量的工程量与相应的招标工程量清单项目列出的工程量之间出现的量差。

由工程量偏差的定义可知，依据工程量计算规则得到的应予计量的工程量与招标工程量清单项目中列出的工程量间的差异均属于工程量偏差的范围。由此可知，工程量偏差不仅仅包括分部分项工程的工程量偏差，也包括可以计算工程量的措施项目的工程量偏差。

（一）诱发工程量偏差的原因

工程量清单计价模式下，招标工程量清单是由发包人将拟建的招标工程全部内容按照统一的工程量计算规则以及招标文件中的技术规范（统一工程项目划分、统一计量单位、统一工程量计算规则），根据设计图计算出招标工程量并予以统计、汇总，从而得出工程量清单。其目的在于使承包人有一个共同的报价基础，避免由于工程量的不一致导致总报价的参差不齐。投标人以此为投标报价的依据并根据现行计价定额，结合自身施工企业特点，考虑竞争所承担的风险，最终确定综合单价和总价，并进行投标，大大简化了投标工作。

采用工程量清单方式进行招标的工程项目，一般要求该工程的施工图已完成，且工程全部内容已经确定。但实际上，出于工期考虑，很多工程往往在设计之初就开始了招标工作，这样就导致了工程招标时图样的设计深度不够，详细尺寸尚未完全确定，会造成实际工程量与招标工程量清单中的工程量出现差异。有时会出现某一分项分部工程尚未确定就开始施工的情况，以致工程项目实施过程中需要根据具体情况增减某些项目，这就产生了工程量的增减，造成工程量偏差。

工程量偏差产生的原因是多样的，其表现形式也是不同的，研究表明工程量偏差的原因可以归纳为以下四类：[⊖]

第一类为工程量清单编制错误引起的工程量偏差，如工程量清单缺项、工程量计算错误、项目特征描述错误、清单编制人员未按计量规则计算工程量，前三种错误属于建设工程内容相关信息与设计图等不符并出现歧义，是建设工程内容信息错误，第四种错误属于编制人员未按合同约定使用统一的工程量计量规则中的相关规定来计量工程量，是规则性错误。

第二类为施工条件变化引起的工程量偏差，与现场踏勘有关，如地形地貌条件变化、遇到不利的地下障碍物、水文条件发生变化，这些变化都可能使得施工条件发生改变，所以将其归为施工条件变化引起的工程量偏差。

第三类是工程变更引起的工程量偏差，由发包人自身提出，如改变原合同的工作内容、改变原有的工程质量和性质、改变原有的工程实施顺序和施工时间、工程的增减等。

第四类是设计图设计深度不足引起的工程量偏差，如设计各专业不协调、设计前后矛盾、细部方案不合理。

综上所述，诱发工程量偏差的原因如图6-5所示。

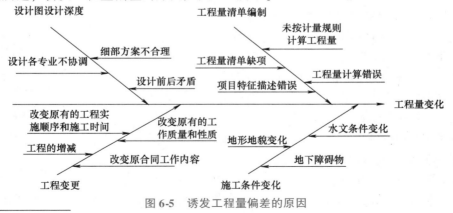

图6-5　诱发工程量偏差的原因

⊖　陈静. 基于状态补偿的工程量偏差对合同价款的影响及调整研究［D］. 天津：天津理工大学，2014.

（二）约定工程量变化的幅度

《99 版 FIDIC 新红皮书》《17 版合同》与《13 版清单计价规范》中关于工程量变化幅度的规定如表 6-2 所示。

表 6-2　不同合同范本、规范中有关工程量变化幅度的规定

序号	文件名称	条款规定	工程量变化幅度规定	对整个合同价格影响的描述
1	《99 版 FIDIC 新红皮书》	该项工作测出的数量变化超过工程量表或其他资料表中所列数量的 10% 以上；此数量变化与该项工作上述规定的费率的乘积，超过中标合同金额的 0.01%	超过 10%	超过 0.01%
2	《17 版合同》	变更导致实际完成的变更工程量与已标价工程量清单或预算书中列明的该项目工程量的变化幅度超过 15% 的，或已标价工程量清单或预算书中无相同项目及类似项目单价的，按照合理的成本与利润构成的原则，由合同当事人按照第 4.4 款〔商定或确定〕确定变更工作的单价	超过 15%	—
3	《13 版清单计价规范》	对于任一招标工程量清单项目，当因本节规定的工程量偏差和第 9.3 款规定的工程变更等原因导致工程量偏差超过 15% 时，可进行调整	超过 15%	—

通过表 6-2 关于工程量变化幅度的规定可以得出，并不是所有工程量变化都会引起单价的调整，只有当工程量变化超过合同规定幅度后，单价才会予以调整。当工程量变化幅度较小，在合同约定的范围（如 FIDIC 合同条件中约定的 10%）内时，单价可以不调整，这是双方约定应承担的风险。《99 版 FIDIC 新红皮书》中关于因工程量变化需采取新的费率或价格规定，变化幅度超过 10%，或超过中标合同金额的 0.01% 费率或价格才予以调整。

（三）工程量偏差对综合单价的影响

从综合单价的本质来讲，综合单价主要由施工成本和利润构成。在实际的工程项目中，如果工程量增加，单位施工成本就会呈递减趋势。随着单位施工成本逐渐递减，综合单价与单位施工成本之差就会逐渐增加，也就是说利润会增加。如果这个时候还不调整综合单价，承包人的利润就没有维持在原来的水平上，就会产生超额利润，对发包人不公平，可能会随之产生工程纠纷。当工程量减少时，虽然直接成本部分并没有更多的投入，但包含在被减少和删减工程量中的固定成本摊销部分却不会得到合理回收。

施工成本与工程量的关系如图 6-6 所示。

因而，实际完成工程量与预计完成工程量之间的任何变化都让承包人固定成本部分的实际投入与回收之间产生差异。为了维护合同发承包双方的权益，在合同中应约定工程量偏差幅度，以及综合单价调整方法。在进行结算时，当工程量的变化超过规定范围时应对单价进行及时调整，使承包人的固定成本部分在回收与实际投入之间总体达到平衡。

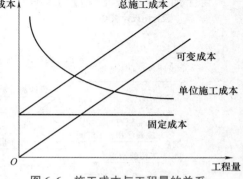

图 6-6　施工成本与工程量的关系

（四）综合单价调整方法

施工合同履行期间，若应予计算的实际工程量与招标工程量清单列出的工程量出现偏差，或者因工程变更等非承包人原因导致工程量偏差，该偏差对工程量清单项目的综合单价

将产生影响，是否调整综合单价以及如何调整，发承包双方应当在施工合同中约定。如果合同中没有约定或约定不明，则可以按以下原则办理：

（1）综合单价的调整原则

《13 版清单计价规范》第 9.6.2 款规定："对于任一招标工程量清单项目，当因本节规定的工程量偏差和第 9.3 款〔工程变更〕等原因导致工程量偏差超过 15% 时，可进行调整。当工程量增加 15% 以上时，增加部分的工程量的综合单价应予调低；当工程量减少 15% 以上时，减少后剩余部分的工程量的综合单价应予调高。至于具体的调整方法，可参见式（6-1）和式（6-2）。

1）当 $Q_1 > 1.15 Q_0$ 时：

$$S = 1.15 Q_0 P_0 + (Q_1 - 1.15 Q_0) P_1 \qquad (6-1)$$

2）当 $Q_1 < 0.85 Q_0$ 时：

$$S = Q_1 P_1 \qquad (6-2)$$

式中　S——调整后的某一分部分项工程费结算价；

　　　Q_1——最终完成的工程量；

　　　Q_0——招标工程量清单中列出的工程量；

　　　P_1——按照最终完成工程量重新调整后的综合单价；

　　　P_0——承包人在工程量清单中填报的综合单价。

（2）新综合单价 P_1 的确定方法

新综合单价 P_1 的确定，一是发承包双方协商确定，二是与招标控制价相联系。当工程量偏差项目出现承包人在工程量清单中填报的综合单价与发包人招标控制价相应清单项目的综合单价偏差超过 15% 时，工程量偏差项目综合单价的调整可参见式（6-3）和式（6-4）。

1）当 $P_0 < P_2 (1 - L)(1 - 15\%)$ 时，该类项目的综合单价如下：

$$P_1 \text{ 按照 } P_2 (1 - L)(1 - 15\%) \text{ 调整} \qquad (6-3)$$

2）当 $P_0 > P_2 (1 + 15\%)$ 时，该类项目的综合单价如下：

$$P_1 \text{ 按照 } P_2 (1 + 15\%) \text{ 调整} \qquad (6-4)$$

3）当 $P_0 > P_2 (1 - L)(1 - 15\%)$ 且 $P_0 < P_2 (1 + 15\%)$ 时，可不调整。

式中　P_0——承包人在工程量清单中填报的综合单价；

　　　P_2——发包人招标控制价相应项目的综合单价；

　　　L——承包人报价浮动率。

二、案例

案例 6-5：某综合服务广场工程量偏差超过了合同约定幅度

（一）案例背景

某综合服务广场，采用工程量清单计价方式，合同以《13 版合同》和《13 版清单计价规范》为依据。合同中约定，工程量偏差的幅度为 15%，超出幅度外，综合单价应予调整。工程量清单中挖土方的清单工程量为 8 300m³，综合单价为 104.18 元/m³。招标工程量清单中挖土方的综合单价组成如表 6-3 所示。

表6-3   工程量变化前挖土方的综合单价组成

项　目	综合单价/元	工程量/m³	单位成本/元		单位工程量利润/元
			单位固定成本	单位可变成本	
挖土方	104.18	8 300	34.38	46.88	22.92
占综合单价的百分比			33%	45%	22%

（二）争议事件

在施工结束后，实际土方工程量陡增为25 909m³，实际挖土方工程量远远超过预期的工程量。对于《13版清单计价规范》中"当工程量增加15%以上时，增加部分的工程量的综合单价应予调低"这一概括性原则，发承包双方在结算时对挖土方的综合单价如何调整没有达成一致，产生纠纷。

（三）争议焦点

结算时挖土方工程量偏差超过合同约定的幅度后，相应的综合单价应予调低，但如何调低是本案例争议的焦点。

（四）争议分析

招标工程量清单中挖土方工程量为8 300m³，实际挖土方工程量为25 909m³，实际工程量与原工程量偏差幅度为212.16%[（25 909 − 8 300)/8 300]。工程量偏差幅度远远超过15%，因此，挖土方的综合单价应予以调整。当工程量出现大幅变动时，如不对综合单价进行调整，则会引起承包人的超额利润。如若挖土方工程量增加为25 909m³而不调整综合单价，则承包人利润率如表6-4所示。

表6-4   工程量变化后挖土方的综合单价组成

项　目	综合单价/元	工程量/m³	单位成本/元		单位工程量利润/元
			单位固定成本	单位可变成本	
挖土方	104.18	25 909	11.01	46.88	46.29
占综合单价的百分比			10.57%	45%	44.43%

挖土方工程量发生大幅变动后，综合单价不予调整将会造成承包人的单位工程量利润即利润率的大幅增长，由22%增长到44.43%，对发包人不公平，综合单价应予以调整。

《13版清单计价规范》第9.6.2款规定："对于任一招标工程量清单项目，当因本节规定的工程量偏差和第9.3款〔工程变更〕等原因导致工程量偏差超过15%时，可进行调整。当工程量增加15%以上时，增加部分的工程量的综合单价应予以调低；当工程量减少15%以上时，减少后剩余部分的工程量的综合单价应予以调高。"

工程量偏差超过15%的部分，综合单价如何调低是解决本案例中的争议的核心所在。

（五）解决方案

在承包商按市场价格情况正常报价，即不采取过度不平衡的报价策略情况下，由于工程量的增加，单位可变成本不发生改变，而分摊到每一单位工程量的单位固定成本减少，由单位固定成本与单位可变成本之和组成的总的单位施工成本也随着工程量的增加而与单位固定成本呈现同样的下降趋势。此时若不改变原先的综合单价，单位工程量所获得的利润在综合单价中所占的比率将逐渐增大，最终超过承包人的合理利润范围，形成超额利润，损害发包人的利益。

按照前面关切点中新综合单价 P_1 的确定，一是发承包双方协商确定，二是与招标控制价相联系。当工程量偏差项目出现承包人在工程量清单中填报的综合单价与发包人招标控制价相应清单项目的综合单价偏差超过15%时，工程量偏差项目综合单价的调整可参考下述两个公式。

1）当 $P_0 < P_2 \times (1 - L) \times (1 - 15\%)$ 时，该类项目的综合单价：P_1 按照 $P_2 \times (1 - L) \times (1 - 15\%)$ 调整

2）当 $P_0 > P_2 \times (1 + 15\%)$ 时，该类项目的综合单价：P_1 按照 $P_2 \times (1 + 15\%)$ 调整

当 $P_0 > P_2 \times (1 - L) \times (1 - 15\%)$ 且 $P_0 < P_2 \times (1 + 15\%)$ 时，可不调整。

式中　P_0——承包人在工程量清单中填报的综合单价；

P_2——发包人招标控制价相应项目的综合单价；

L——承包人报价浮动率。

本案例中：承包人投标报价中的综合单价与发包人招标控制价中的综合单价之间的偏差为：$1 - 104.18/110.60 = 5.80\% < 15\%$

承包人的报价浮动率 $L = (1 - 中标价/招标控制价) \times 100\% = (1 - 104.18/110.60) \times 100\% = 5.80\%$

承包人在工程量清单中填报的综合单价 $P_0 = 104.18$ 元/m^3，发包人招标控制价相应项目的综合单价 $P_2 = 110.60$ 元/m^3

$P_2 \times (1 - L) \times (1 - 15\%) = 110.60 \times (1 - 5.80\%) \times (1 - 15\%)$ 元/$m^3 = 88.56$ 元/m^3；

$P_2 \times (1 + 15\%) = 110.60 \times (1 + 15\%)$ 元/$m^3 = 127.19$ 元/m^3

由此，本案例承包人在工程量清单中填报的综合单价 $P_0 = 104.18$ 元/m^3，满足 $P_0 > P_2 \times (1 - L) \times (1 - 15\%)$ 且 $P_0 < P_2 \times (1 + 15\%)$，因此本案例中的综合单价可不予调整。

本案例中，挖土方中未超出15%范围的土方工程量按照原综合单价104.18 元/m^3 计算。

案例6-6：某新建写字楼项目工程变更产生了工程量偏差

（一）案例背景

某新建写字楼采用公开招标方式进行招标，招标控制价为8 200 万元，某承包人以8 150 万元中标。发承包双方以《13版合同》和《13版清单计价规范》为依据签订了合同，合同约定的工程量偏差的幅度为15%。工程中采用C35混凝土矩形柱，截面为500mm×500mm，原清单工程量为1 500m^3，综合单价为538 元/m^3，承包人已标价工程量清单中综合单价为530 元/m^3。

（二）争议事件

工程施工过程中，由于发包人发出变更指令，将框架柱截面变更为550mm×550mm，承包人按指令进行了施工，结算时测算出C35混凝土框架柱实体工程量为1 800m^3，柱模板及支架工程量增加了10%。结算时，因工程变更引起实际工程量与已标价工程量清单中的工程量不同，相应综合单价应如何调整，发承包双方产生了纠纷。

（三）争议焦点

承包人认为工程变更是由发包人提出的，结算时，工程量应该按照承包人实际完成的工程量计算，综合单价按照已标价工程量清单中承包人报的综合单价进行结算；而发包人认

为，工程变更虽是因非承包人原因提出的，结算时，工程量可以按照承包人实际完成的工程量计算，但是综合单价应予调低。因此，此类工程变更引起工程量偏差后综合单价应怎样调整成为本案例争议的焦点。

（四）争议分析

工程量偏差产生的原因属于因变更产生的工程量偏差，发包人将截面为 500mm×500mm 的 C35 框架柱改为截面 550mm×550mm 的 C35 框架柱，这里改变了混凝土柱的截面积，属于施工图尺寸的改变，但工作项目的性质、施工工艺环境没有改变，只是人工、材料、机械的消耗量按比例增加，属于施工图变更。如果工程量增加，单位施工成本就会呈递减趋势。发包人提出综合单价应予调低是有一定道理的。

《13 版清单计价规范》第 9.3 款〔工程变更〕中规定："已标价工程量清单中有适用于变更工程项目的，应采用该项目的单价；但当工程变更导致该清单项目的工程数量发生变化，且工程量偏差超过 15% 时，该项目综合单价应按本规范第 9.6.2 款的规定调整。"

本案例中工程变更引起工程量增加后，首先需要计算工程量变化是否超出了规定的幅度（15%），如果超出该幅度，则综合单价应予以调低。

本案例中工程量变化的幅度为 20%〔（1 800 – 1 500)/1 500〕，已经超出合同约定的幅度 15%，因此综合单价应予以调低。

（五）解决方案

本案例中，承包人投标报价中的综合单价与发包人招标控制价中的综合单价之间的偏差为 $1 - 530/538 = 1.49\% < 15\%$

承包人的报价浮动率 $L = (1 - 中标价/招标控制价) \times 100\% = (1 - 8\ 150\ 万元/8\ 200\ 万元) \times 100\% = 0.61\%$

承包人在工程量清单中填报的综合单价 $P_0 = 530\ 元/m^3$，发包人招标控制价相应项目的综合单价 $P_2 = 538\ 元/m^3$

$P_2(1 - L)(1 - 15\%) = 538\ 元/m^3 \times (1 - 0.61\%) \times (1 - 15\%) = 454.51\ 元/m^3$

$P_2(1 + 15\%) = 538\ 元/m^3 \times (1 + 15\%) = 618.7\ 元/m^3$

由此，本案例承包人在工程量清单中填报的综合单价 $P_0 = 530\ 元/m^3$，满足 $P_0 > P_2(1 - L)(1 - 15\%)$ 且 $P_0 < P_2(1 + 15\%)$，因此本案例中的综合单价可不予调整。

案例 6-7：某道路工程实际工程量远超预期工程量引起的结算问题

（一）案例背景

某道路工程为公开招标投标工程，实施时间为 2008 年，承包方式为包工、包料、包工期、包质量、包安全、包竣工验收。该项目已按合同要求完成约定的工作内容，工程质量及施工工期均符合合同要求。

（二）争议事件

结算时发现道路工程的"双向土工格栅"清单工程量为 2 386.2m²，综合单价为 560.03 元/m²，结算工程量为 13 248.80m²，因为 (13 248.80 – 2 386.2)m²/2 386.2m² = 455.23% 远远超过预期工程量，若按常规的工程量偏差 15% 以上综合单价调低，还是远远超过预期费用，发包人怀疑承包人投标时采取了不平衡报价，因此双方陷入纠纷。

（三）争议焦点

承包人认为实际工程量是严格按照图样施工形成的，而且工程量清单计价方式下，工程量清单中的量是估算量，是发包人应承担的风险，结算时，应按承包人的综合单价乘以实际的工程量进行结算；而发包人认为承包人在投标报价时利用了不平衡报价，而且综合单价严重偏离了正常市场价，若按承包人的要求结算会有巨大亏损。因此道路工程"双向土工格栅"的投标综合单价是否属于不平衡报价，若是不平衡报价，工程量偏差应怎样进行结算成为该案例争议的焦点。

（四）争议分析

工程量清单计价的核心思想就是量价分离，风险共担。招标人负责工程量的风险，投标人负责综合单价的风险。采用综合单价计价是不平衡报价的一个首要前提，不平衡报价的形式有多种，有时间不平衡型、数量不平衡型、风险不平衡型等。较常见的是数量不平衡型，即考虑工程量变化的不平衡报价。基于投标人对未来工程量的变化的判断，适当调整单价的分布，最终目标是获得更多的结算款。具体原则是：某一分部分项工程如果预期未来工程量将大大增加，那么就考虑报高价格；预期工程量将减少甚至取消，则考虑报低价格。

本案例中的招标文件有关不平衡报价的规定为："不平衡报价是指以合同约定的合同外新增项目计价规定核算的综合单（合）价（以下简称基准价）为基础，高于或低于基准价100%的报价。如分部分项清单项目的工程量增（减）在10%以内，则招标人对投标人的投标报价不做调整。如分部分项清单项目的增（减）超过10%，则招标人对超过10%以外部分（如超过11%，则只对1%的部分进行调整）的不合理报价按基准价进行调整。""开标后签订合同前或整个合同执行期间，在保持中标总价不变的情况下，招标人将对经济标投标报价文件进行算术校核和修正，对不合理报价进行复核和调整。"

因此，"双向土工格栅"工程的原投标综合单价存在严重不平衡报价，依据上述招标文件，对于该项目超过合同分部分项清单项目工程量10%以外部分的综合单价，结算时应按合同约定的合同外新增项目计价规定核算的综合单价进行调整。

（五）解决方案

根据上述分析，对实际完成工程量13 248.80m^{2}的结算方式如下：

其中2 624.82m^2[2 386.2 × (1 + 10%)]的部分投标报价不做调整。结算价为146.997 8万元（2 624.82 × 560.03）。其余10 623.98m^2（13 248.80 − 2 624.82）按合同约定的合同外新增项目计价规定核算的综合单价进行调整。

虽然正确利用不平衡报价可以给承包人带来更多的收益，但是需要注意的是，不平衡报价的使用一定是在业主承担风险的基础上，否则会劳而无功甚至适得其反；承包人使用不平衡报价策略要适度，如被业主识别出来会破坏双方关系，并且业主会进行反击，从而损害承包商利益。

第四节　历次计量结果直接进入结算的原则及案例分析

一、原则运用的关切点

在建筑市场新的法律法规环境下，《13 版清单计价规范》以《99 版 FIDIC 新红皮书》

为范本，推广并实施全新的结算规则，《13 版清单计价规范》第 8. 2. 6、11. 2. 6、11. 3. 1 款的规定表明，在办理竣工结算时，历次工程计量支付结果和合同价款直接进入竣工结算。这种结算规则，要求发包人加强过程管理，加重了发包人的管理责任，更加注重历次计量支付结果的有效性，体现了结算审核的重点应放在对合同执行过程实施监控的思想，从而简化竣工结算流程，提高结算效率。总之，这一结算方式的确立为进一步规范建筑市场，减少发承包双方的纠纷提供了坚实保障。

（一）历次合同价款结算支付的程序

合同价款结算与支付表现为在施工过程中发包人对承包人预付及扣回、期中支付、工程完工后的竣工结算价款的支付以及合同解除的价款支付。然而，无论是期中支付、竣工结算与支付还是最终结清与支付，发包人支付给承包人的合同价款都需要经过承包人提交支付申请书，发包人审核并签发支付证书以及按照规定的具体时限支付合同价款三个环节，如图 6-7 所示。

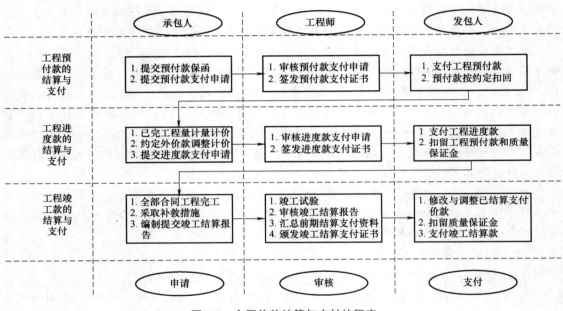

图 6-7　合同价款结算与支付的程序

（二）视为认可的工程量

视为认可是将沉默推定为意思表示，当事人先行约定"一方在完成一定工作并提交另一方后，如果另一方未在约定的期限内答复，视为认可提交的工作成果"，以督促当事人及时对提交的工作进行核对。

《17 版合同》关于承包人已完工程量的审核中约定："监理人未在收到承包人提交的工程量报告后的 7 天内完成审核的，承包人报送的工程量报告中的工程量视为承包人实际完成的工程量，据此计算工程价款。"关于竣工结算的审核中也同样约定："发包人在收到承包人提交竣工结算申请单后 28 天内未完成审批且未提出异议的，视为发包人认可承包人提交的竣工结算申请单，并自发包人收到承包人提交的竣工结算申请单后第 29 天起视为已签发竣工付款证书。"

《99 版 FIDIC 新红皮书》在第 12 条〔测量和估价〕中约定，当工程师要求测量工程任何部分时，应向承包商代表发出合理通知，承包商代表应：①及时亲自或另派合格代表，协助工程师进行测量；②提供工程师要求的任何具体资料。如果承包商未能到场或派代表，工程师（或其代表）所作测量应作为准确予以认可。

（三）工程量结算程序中"单""证""款"的管理

工程量经过一系列法定的计量支付程序才能得到双方确认，形成可供法官审理、判断的法律依据，而工程计量支付中的双方确认的过程性文件成为法律事实成立的要件。在计量支付方面，合同约定主要围绕工程款支付基本三要素"单""证""款"进行约定。"单"是指付款申请单、工程量清单；"证"是指进度确认签证、验收签证、审核签证、付款签证；"款"是指各种款项的付款记录。通过对"单""证""款"的审查可以实现对资金流、信息流和进度流的控制。

在 FIDIC 合同里，对验工计价也叫中期付款，合同里英文有三种表达方式：Interim Statement，Interim Certificate 和 Interim Payment。其中 Statement 是承包人的申请行为，Certificate 是工程师的批核行为，Payment 是业主向承包商的拨款行为。

各结算阶段支付三要素的管理如表 6-5 所示。

表 6-5　各结算阶段支付三要素的管理

节　点	凭　证	名　　称	管理主体	职　责　内　容
工程预付款的结算与支付	"单"	材料、设备购置发票 预付款支付申请 预付款保函	承包人	（1）施工队伍进场，将预付款用于工程起动与准备 （2）开工时提交预付款申请单及预付款保函 （3）在预付款扣回时递减预付款保函金额
	"证"	预付款支付证书	发包人	（1）审核申请预付款金额及预付款保函担保金额是否与协议约定相同 （2）颁发预付款支付证书
	"款"	工程预付款	发包人	（1）审查预付条件是否满足，付款证书中预付金额是否与协议约定相同 （2）审查预付款起扣点计算，扣回后预付款剩余担保金额是否与未扣清预付款数额相同 （3）审查预付款支付与扣回流程
工程进度款的结算与支付	"单"	已完工程量计算书 价款调整报告 进度款支付申请	承包人	（1）按合同约定完成施工任务，计算当期进度已完工程量 （2）对价款调整事项编制价款调整报告，附价款调整证明材料 （3）编制并提交进度款支付申请
	"证"	进度款支付证书	发包人	（1）审核当期已完工程量，形成已完工程量确认材料 （2）审核价款调整报告及证明材料 （3）审核进度款支付申请 （4）颁发进度款支付证书
	"款"	工程进度款	发包人	（1）审查进度款支付条件，审查结算支付价款是否与已完工程量匹配 （2）审查进度款支付金额是否与经确认的进度款支付申请金额一致

（续）

节 点	凭 证	名 称	管理主体	职 责 内 容
工程竣工款的结算与支付	"单"	竣工验收报告 竣工结算报告 竣工结算申请	承包人	（1）按合同约定完成施工任务，申请竣工试验，对不合格的工程采取补救措施 （2）编制竣工结算报告，附竣工结算资料 （3）编制并提交竣工结算申请
	"证"	竣工结算支付证书	发包人	（1）审核竣工结算报告 （2）审核竣工结算支付申请 （3）颁发竣工结算支付证书
	"款"	竣工结算款	发包人	（1）审查竣工结算支付条件 （2）审查竣工结算价款支付金额是否与经确认的竣工结算报告金额一致

（四）竣工结算文件复核仅限两次

为了体现公平思想，允许承包人在审核出现争议时，对申请材料进行修正和补充，进行第二次审核。若在第二次审核再出现争议，则不再允许承包人对申请材料进行修正和补充，需要走争议解决途径。

发包人（或发包人委托工程造价咨询机构）应在收到承包人提交的竣工结算文件后的28天内核对。发包人（或发包人委托工程造价咨询机构）经核实，认为承包人还应进一步补充资料和修改结算文件的，应在28天内向承包人提出核实意见，承包人在收到核实意见后的28天内按照发包人（或发包人委托工程造价咨询机构）提出的合理要求补充资料，修改竣工结算文件，并再次提交给发包人复核后批准。

发包人（或发包人委托工程造价咨询机构）应在收到承包人再次提交的竣工结算文件后的28天内予以复核，并将复核结果通知承包人。如果发包人和承包人对复核结果无异议，则应在7天内在竣工结算文件上签字确认，竣工结算办理完毕；如果发包人或承包人对复核结果认为有误，则无异议部分办理不完全竣工结算；有异议部分由发承包双方协商解决，协商不成的，按照合同约定的争议解决方式处理。

根据《17版合同》，竣工结算款的核对程序如图6-8所示。

《99版FIDIC新红皮书》第14.11款〔最终付款的申请〕中对承包商完成合同所有工作的申请中约定："如果工程师不同意或无法核实最终报表草案中的任何部分，承包商应按工程师可能提出的合理要求提交补充资料，并按双方可能商定的意见，对该草案进行修改。然后，承包商应按商定的意见编制并向工程师提交最终报表。如果在工程师和承包商协商并就协商一致的意见对最终报表草案进行修改过程中，明显存在争端，工程师应向业主报送最终报表草案中已同意部分的期中付款证书。此后，如果争端根据第20.4款〔取得争端裁决委员会的决定〕或第20.5款〔友好解决〕的规定，最终得到解决，则承包商随后应编制并向业主提交最终报表。"

（五）已签发支付证书的有效管理

1. 进度款支付证书不表明认可质量

《17版合同》第12.4.4款规定："发包人签发进度款支付证书或临时进度款支付证书，不表明发包人已同意、批准或接受了承包人完成相应部分的工作。"

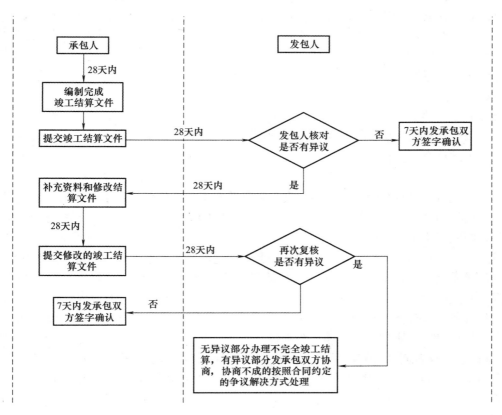

图 6-8　竣工结算款的核对程序

《99 版 FIDIC 新红皮书》第 14.6 款规定："付款证书不应被视为表明工程师的接受、批准、同意或满意。"

工程师签发的支付证书只表明，工程师同意支付临时款项的数额，并不表示他完全认可了承包商完成的工作质量。这样规定的目的是为了避免承包商的投机行为。

如果说工程师的支付证书不表示工程师对工程质量的认可，那么什么才能证明工程师认可了工程的质量？

《99 版 FIDIC 新红皮书》第 11.9 款规定："直到工程师向承包商颁发履约证书，注明承包商完成合同规定的各项义务的日期后，才应认为承包商的义务已经完成。履约证书应由工程师在最后一个缺陷通知期限期满日期后 28 天内颁发，或在承包商提供所有承包商文件，完成所有工程的施工和试验，包括修正任何缺陷后尽快颁发。只有履约证书才被视为构成对工程的认可。"

因此，履约证书才标志着承包商彻底履行了合同中的全部义务。

2. 进度款支付证书具有可修正性

进度款结算与支付是一个不断修正和累积的过程。为确保合同履行阶段计量结果的准确性，根据工程控制原理，允许对历次计量支付证书进行修正即反馈机制。《13 版清单计价规范》《17 版合同》《标准施工招标文件》均规定，对以往历次已签发的进度付款证书进行汇总和复核中发现错、漏或重复的，监理人有权予以修正，承包人也有权提出修正申请。经双方复核同意的修正，应在本次进度付款中支付或扣除。而且《99 版 FIDIC 新红皮书》第 14.6 款规定："如果在以前的期中支付证书中出现错误，工程师可在后面任何期中支付证书中加以修正，签发一份支付证书并不表明工程师对相关工作的接受、批准或同意等。"第 12.3 款规定："在最终确定一个新单价或价格之前，为了支付进度款，工程师可临时确定一个单价或价格。"

通过进度款的历次支付，并就其不准确的部分修改或修正，使合同价值逐渐形成。在结算中，发承包双方的主要工作是对合同价款进行调整及对争议事件的处理确定其款额，并最终形成竣工结算合同总价款。

（六）达到合同规定质量标准

承包人交付质量符合合同要求的建设工程是获取工程款的前提，承包人为保证工程质量必须依照设计和规范要求进行施工。对于承包人已完的工程，并不是所有的都进行计量，只有达到合同规定质量标准的已完工程，才予以计量。所以工程计量必须与质量、监督紧密配合，经过专业工程师的检验，工程质量达到合同规定的质量标准后，再由专业工程师签署报验申请表或质量合格证书。而要保证工程质量合格，就必须按照设计规范、施工图进行施工，保证完成的"产品"不论是标高、位置还是尺寸都合格，同时更要保证施工所用的材料、工程设备也都合格，否则生产出来的"产品"就是次品，不合格。若工程质量存在缺陷，则应先认定工程质量责任主体，明确各自的责任范围。

《最高院工程合同纠纷司法解释》第十一条规定："因承包人的过错造成建设工程质量不符合约定，承包人拒绝修理、返工或者改建，发包人请求减少支付工程价款的，应予支持。"

《合同法》第一百零七条规定："当事人一方不履行合同义务或者履行合同义务不符合约定的，应当承担继续履行、采取补救措施或者赔偿损失等违约责任"。

承包商正确履行合同义务的工程量就是严格按照施工图、指令和施工规范进行按时、保质、保量全面完成合同义务工作内容，要做到数量履行、质量履行、附随义务履行：①数量履行，即履行数量完全（不多不少）；②质量履行，即合同标的物的品质、规格、型号等符合约定，按图施工、按指令施工，标的物不含有隐藏缺陷；③附随义务履行，即不损害合同的履行利益，不损害除履行利益外的其他利益，如固有财产、人身权益，不具有侵权行为性质等。

发承包双方可以按照已验收合格部分的工程量结算工程款，承包人可以此结算向发包人主张工程款。但是对工程质量有异议引起的竣工结算价款纠纷的处理，可以根据下述依据处理：

1）依据《13 版清单计价规范》，发包人以对工程质量有异议，拒绝办理工程竣工结算的，已竣工验收或已竣工未验收但实际投入使用的工程，其质量争议按该工程保修合同执行，竣工结算按合同约定办理；已竣工未验收且未实际投入使用的工程以及停工、停建工程的质量争议，双方应就有争议的部分委托有资质的检测鉴定机构进行检测，根据检测结果确定解决方案，或按工程质量监督机构的处理决定执行后办理竣工结算，无争议部分的竣工结算按合同约定办理。

2）依据《369 号文》，发包人对工程质量有异议，已竣工验收或已竣工未验收但实际投入使用的工程，其质量争议按该工程保修合同执行；已竣工未验收且未实际投入使用的工程以及停工、停建工程的质量争议，应当就有争议部分的竣工结算暂缓办理，双方可就有争议的工程委托有资质的检测鉴定机构进行检测，根据检测结果确定解决方案，或按工程质量监督机构的处理决定执行，其余部分的竣工结算依照约定办理。

当事人因工程质量而引起工程造价合同纠纷时，可通过下列办法解决：

① 双方协商确定。

② 按合同条款约定的办法提请调解。

③ 向有关仲裁机构申请仲裁或向人民法院起诉。

二、案例

案例 6-8：某建设项目因设备故障引起工期拖延的进度款支付

（一）案例背景

某项目承包人与一开发公司签订了一项施工承包合同，合同工期为 220 天，工期每提前或拖延 1 天，奖励（或罚款）600 元。按发包人要求，承包人在开工前递交了一份施工方案和施工进度计划并获批准。

（二）争议事件

在施工过程中，因承包人提供的施工设备出现了从未出现过的故障，从而引起了工期进度拖延，发包人要求在支付给承包人的工程进度款中扣除竣工拖期违约损失赔偿金，但是承包人不同意，因此双方产生纠纷。

（三）争议焦点

承包人认为工程进度拖延不等于竣工工期的延误，如果后期能够通过施工方案的调整将延误的工期补回，则不会造成竣工拖期；而发包人认为进度款应根据当期实际完成的工程量进行计量支付，竣工拖期也是由于历次工程进度拖延造成的，为了得到有效的过程控制，所以要求在进度款中扣除竣工拖期违约损失赔偿金。因此，在工程进度款支付中是否扣除承包人造成的工程进度拖延的竣工拖期违约损失赔偿金是本案例争议的焦点。

（四）争议分析

承包人在正常施工条件下必须根据合同规定按要求工期完成工程任务，然而大部分工程项目不可预见的干扰因素较多，施工条件趋于复杂，从而实施过程中实际工程进度常常会出现拖延的情况。

进度拖延不等同于竣工延期，工程进度拖延会使整个工程为能交付使用，而造成时间和资金的浪费。在进度拖延后，及时对进度拖延的原因进行分析并采取相应的措施，才可能保证工程按时竣工。若因承包人进度拖延最终造成竣工也延期，则由此所造成的一切损失均应由承包人自行承担，同时，发包人还有权依据施工合同对承包人执行违约误期罚款。

案例中，工期进度拖延是因承包人的施工设备出现了从未出现过的故障造成的，属于承包人原因。承包人有责任及时采取赶工措施，以弥补已经产生的损失，尽可能地使工程按原计划竣工。

历次期中结算时，进度款应支付的内容以《13 版合同》和《99 版 FIDIC 新红皮书》为例，表 6-6 为两版合同条件中进度款应支付的内容的规定。

表6-6　两版合同条件中进度款应支付的内容的规定

合同条件	《13版合同》	《99版FIDIC新红皮书》
进度款支付的内容	第12.4.2款：除专用合同条款另有约定外，进度付款申请单应包括下列内容： （1）截至本次付款周期已完成工作对应的金额 （2）应增加和扣减的变更金额 （3）约定应支付的预付款和扣减的返还预付款 （4）约定应扣减的质量保证金 （5）应增加和扣减的索赔金额 （6）对已签发的进度款支付证书中出现错误的修正，应在本次进度付款中支付或扣除的金额 （7）根据合同约定应增加和扣减的其他金额	第14.3款：申请报表应包括下列项目，并按下列顺序排列： （1）截至月末已实施的工程和已提出的承包商文件的估算合同价值（包括各项变更，但不包括以下（2）～（7）项所列项目） （2）由于法律改变和成本改变，应增减的任何款额 （3）至业主提取的保留金达到投标书附录中规定的保留金限额（如果有）前，用投标书附录中规定的保留金百分比乘以上述款项总额计算的应扣减的任何保留金额 （4）因预付款的支付和付还，应增加和扣减的任何款额 （5）为生产设备和材料应增加和扣减的任何款额 （6）应付的任何其他增加或扣减额 （7）所有以前付款证书中确认的扣减额

从上述规定来看，进度款支付的内容中没有列进度拖延的拖期赔偿金这一项，因此，本案例中，在进度款支付时，发包人不应扣除竣工拖期赔偿金。而承包人在后期为保证按期竣工而采取的赶工措施费应由承包人自行承担，若最终竣工日期仍拖延，则发包人有权依据施工合同对承包人执行违约误期罚款。

（五）解决方案

综上，在发包人支付给承包人的工程进度款中不应该扣除因设备故障引起工程进度拖延的竣工拖期违约损失赔偿金。

案例6-9：某综合楼项目计量不准确导致了超支工程款

（一）案例背景

某综合楼工程，框架结构，地下1层，地上9层，檐高48.65m，建筑面积为14 500m²。经向主管部门申请立项审批后，委托某设计院进行设计，委托某招标代理公司编制工程量清单及招标控制价。通过公开招标，某建筑工程公司中标，中标金额为11 036万元。发包人根据中标通知书与该建筑工程公司签订了施工合同。双方在合同中约定了预付款、工程进度款支付的时间和比例。但在施工过程中，因发包人资金不到位，发包人单方要求解除合同，双方经过协商，同意解除合同。在办理结算合同价款时，第三方工程造价咨询公司对该工程建设项目进行了审核。

（二）争议事件

工程造价咨询公司在审核中发现，室外墙面干挂石材的施工面积为7 200m²。墙面干挂石材综合单价为880元/m²。承包人申报当月工程进度款时，完成的工程量按7 000m²计量。发包人据此支付了工程进度款，而工程造价咨询公司审核时发现当期实际完成的室外墙面干挂石材的工程量为4 000m²，则发包人多支付工程进度款224.4万元［按完成工程进度款的85%计算，即（7 000－4 000）m²×880元/m²×85%＝2 244 000元］。实际支付工程进度款大于应支付的工程实际完成的产值。发包人要求退还这部分款额，承包人不同意，双方各执一词，产生纠纷。

（三）争议焦点

发包人认为，国内清单计价规范和合同范本都认为支付证书的错、漏或重复的数额应当予以修正。超付属于不当得利，承包人应当将取得的不当得利返还发包人；而承包人则认为《13 版清单计价规范》明确规定，施工过程中确认的工程计量支付结果和合同价款直接进入结算。因此，计量不准确造成的费用超支，而超支之后，发包人是否可以追回已拨付的工程进度款是本案例争议的焦点。

（四）争议分析

《13 版清单计价规范》规定："工程计量是发承包双方根据合同约定，对承包人完成合同工程的数量进行的计算和确认。"

《13 版清单计价规范》对工程计量进行了明确的定义，工程计量是依据合同约定的计量规则和方法对承包人实际完成工程数量进行的确认和计算。工程实施阶段的工程计量是对承包人已经实施的工作，按照合同约定程序由发承包双方或者其代表实地测量所得的工程数量。经过测量程序后，如果双方对测量结果没有异议，就认为测量所得的工程量为准确的并被接受的工程量。

《369 号文》第十三条规定，工程量计量应当符合以下程序：

1）承包人应当按照合同约定的方法和时间，向发包人提交已完工程量的报告。发包人接到报告后 14 天内核实已完工程量，并在核实前 1 天通知承包人，承包人应提供条件并派人参加核实的，承包人收到通知后不参加核实的，以发包人核实的工程量作为工程价款支付的依据。发包人不按约定时间通知承包人，致使承包人未能参加核实的，核实结果无效。

2）发包人收到承包人报告后 14 天内未核实完工程量的，从第 15 天起，承包人报告的工程量即视为被确认，作为工程价款支付的依据，双方合同另有约定的，按合同执行。

由上述规定可知，单价合同计算工程价款的依据为经核实确认后的工程量。《369 号文》中已完工程量的核实工作先于工程进度款申请完成。已完工程量核实期限为 14 天，发包人核实后的工程量作为工程价款支付的依据。

要进行工程进度款的支付首先要审核承包人提交的已完工程量报告，发包人审核后颁发工程进度款支付证书，而后进行支付。发包人不按时审核已完工程量报告、不按时颁发进度款支付证书以及颁发进度款支付证书后不按时支付工程进度款这三种情况都属于发包人违约行为。

在结算与支付时，承包人进行进度款申请后，发包人应派工程师进行审核。在进度款审核时，结算支付价款应与已完工程量匹配。案例中发包人并没有按约定的时间去现场核实承包人实际完成的工程量，因此承包人报告的工程量视为被确认。虽然进度款支付可以进行修改或修正，但前提是发承包双方按约定的程序进行，发包人未核实承包人实际完成的工程量是发包人的责任，由此疏忽大意被承包人钻了空子，造成的损失应由发包人承担。

（五）解决方案

因此，案例中因发包人未核实承包人实际完成的工程量就支付而造成的费用超支，属于发包人责任不到位，造成的损失由发包人承担，承包人不予退还。

【资料来源：改编自杨明亮. 建设工程项目全过程审计案例 [M]. 北京：中国时代经济出版社，2010.】

案例 6-10：某建筑安装工程项目已结算的工程出现了质量问题

（一）案例背景

某业主与承包商签订了某建筑安装工程项目施工合同，并约定于 2012 年 9 月 1 日开工。合同中关于工程进度款的约定为："工程进度款按月支付，第一份月度报告应在开工日期所在月历的 25 日提交，所包括的期间应从开工日期起至所在月历的 20 日止，此后的每份月报均应当在当月 25 日之前提交，所包括的期间为上月 20 日起至当月 20 日止，直至工程完工并移交为止；进度款的支付比例为当期应付工程进度款的 90%，支付时限为业主收到进度款支付申请单并确认后的 14 天内。"

（二）争议事件

承包商施工至主体封顶时，业主发现之前某进度款支付周期内的已完工程的质量问题，要求承包商进行返工，承包商以业主已签发该周期进度款支付证书为由，认为质量问题应由业主负责，并要求业主对返工支付相应费用及利润，遭到业主拒绝，因此发承包双方产生纠纷。

（三）争议焦点

业主认为：承包商提交进度款支付申请表仅涉及量与价，与质量无关，保证工程质量是承包商的责任和义务，返工的费用应由承包商自行承担。而承包商则认为：业主已在申请表中签字确认，而且质量合格是支付的前提，业主对承包商完成支付后即代表其已认可该期工程的质量。因此，已签发的进度款支付证书是否能够被认为业主已认可其施工质量，以及在支付证书签发后出现工程质量问题的返工，费用应由谁来承担是本案例争议的焦点。

（四）争议分析

进度款是在合同工程施工过程中，业主按照合同约定对付款周期内承包商完成的价款给予支付的款项，即合同价款期中结算支付。在历次期中结算支付中，从对进度款支付管理控制来看，进度款的审核及支付仅涉及工程量的核定及应付价款的计算，并未涉及质量验收，因此其支付证书仅代表业主认可承包商在该周期完成的工程量及工程价款数额，而非工程质量。工程质量是否合格由最终竣工验收阶段的验收或过程中的质量验收结果决定。

对于已签发的支付证书，签发的支付证书只表明，发包人同意支付临时款项的数额，并不表示他完全认可承包人完成的工作质量，履约证书才是发包人对工程质量合格的认可。同样，对已签发的支付证书可以就其不准确的部分进行修改或修正。

《合同法》第一百零七条规定："当事人一方不履行合同义务或者履行合同义务不符合约定的，应当承担继续履行、采取补救措施或者赔偿损失等违约责任。"承包人交付质量符合合同要求的建设工程是获取工程款的前提，已完工程出现质量问题，属于承包商违约，承包商有责任进行返工修复，由此造成的费用也应由承包商自行承担。

（五）解决方案

因此，本案例中，业主已签发进度款支付证书不能够认为业主已认可其施工质量，对于进度款支付周期内的已完工程的质量问题，承包商有义务进行返工，返工费用由承包商自行承担。

案例 6-11：审计结论是否可以作为工程竣工结算依据

（一）案例背景

某道路工程全长 3 732.17m，宽度为 41.86m，为跨省级高速公路，其施工环节主要包括道路、高架桥、排水、土方、绿化等 5 个部分，工程预算额度为 1.798 6 亿元人民币，所需施工基金为政府财政拨款，承包的施工单位共 3 家，分别为 1 家绿化公司和 2 家建筑公司。

（二）争议事件

在办理竣工结算时，工程竣工结算造价为 0.976 5 亿元人民币，经结算审计后核定为 0.802 2 亿元人民币，核算减少率达到了 17% 以上。因此，发包人以审计结论为由拒付 0.174 3 亿元人民币工程款，双方产生价款结算纠纷。

（三）争议焦点

审计结论是否可以作为工程竣工结算的依据是本案例争议的焦点。[⊖]

（四）争议分析

结算与审计属于两种不同的法律关系。建设项目审计是一种行政法律行为，受到作为行政法的《中华人民共和国审计法》调整，是一种事后行政监督行为，目的是揭示基本建设项目中的违法违规行为，并提高财政资金的使用效益，审计结论只对被审计单位有约束力，而不能约束承包人。工程结算是一种民事法律行为，是平等民事主体之间对工程造价进行的审查、核对和协商，用以确定最终结算价款的行为，结算结果对建设方和承包人均具有法律约束力，是支付工程结算款的依据，结算过程也体现了双方当事人意思自治的原则。由此，二者在工程价款的审计方法上，也存在很大差异。审计注重合规合法，结算重视符合合同及约定。将审计结论作为工程结算依据，实质是价款发包人说了算，破坏了民事法律关系的平等地位以及合同在结算中的作用，打破了利益的平衡。

（五）解决方案

综上所述，本案例中审计结果不能作为建设工程竣工结算的依据。

第五节　工程总承包模式下总价合同节点计量、里程碑结算原则及案例分析

一、原则运用中的关切点

《13 版清单计价规范》：

8.3.2 采用经审定批准的施工图及其预算方式发包形成的总价合同，除按照工程变更规定引起的工程量增减外，总价合同各项目的工程量应为承包人用于结算的最终工程量。

8.3.3 总价合同约定的项目计量应以合同工程经审定批准的施工图纸为依据，发承包双方应在合同中约定工程计量的形象目标或时间节点进行计量。

《标准施工招标资格预审文件》和《标准施工招标文件》试行规定 2007 年第 56 号令：

17.1.5 总价子目的计量

除专用合同条款另有约定外，总价子目的分解和计量按照下述约定进行。

⊖　2015 年 5 月，中国建筑业协会向全国人大常委会法工委寄送了一份《关于申请对规定"以审计结果作为建设工程竣工结算依据"的地方性法规进行立法审查的函》。全国人大常委会法工委在反馈函中称：经研究认为，地方性法规中直接以审计结果作为竣工结算依据和应当在招标文件中载明或者在合同中约定以审计结果作为竣工结算依据的规定，超越了地方立法权限，应当予以纠正。

（1）总价子目的计量和支付应以总价为基础，不因第 16.1 款（物价波动引起的价格调整）中的因素而进行调整。承包人实际完成的工程量，是进行工程目标管理和控制进度支付的依据。

（2）承包人在合同约定的每个计量周期内，对已完成的工程进行计量，并向监理人提交进度付款申请单、专用合同条款约定的合同总价支付分解表所表示的阶段性或分项计量的支持性资料，以及所达到工程形象目标或分阶段需完成的工程量和有关计量资料。

（3）监理人对承包人提交的上述资料进行复核，以确定分阶段实际完成的工程量和工程形象目标。对其有异议的，可要求承包人按第 8.2 款（施工测量）约定进行共同复核和抽样复测。

（4）除按照第 15 条（变更）约定的变更外，总价子目的工程量是承包人用于结算的最终工程量。

（一）依据付款计划表进行支付

对于 EPC 项目，常常采用里程碑付款形式，合同中包含一份里程碑支付计划表，规定每达到一个里程碑业主须支付的合同款百分数。

《99 版 FIDIC 新银皮书》第 14.4 款〔付款计划表〕规定："如果合同包括对合同价格的支付规定了分期支付的付款计划表，除非该表中另有规定，否则：（a）该付款计划表所列分期付款额，应是为了应对第 14.3 款〔期中付款的申请〕中（a）项，并依照第 14.5 款〔拟用于工程的生产设备和材料〕的规定估算的合同价值；（b）如果分期付款额不是参照工程实施达到的实际进度确定，且发现实际进度比付款计划表依据的进度落后时，业主可按照第 3.5 款〔确定〕的要求进行商定或确定，修改该分期付款额。这种修改应考虑实际进度落后于该分期付款额原依据的进度的程度。"

如果合同未包括付款计划表，承包商应在每个季度，提交预计应付的无约束性估算付款额。第一次估算应在开工日期后 42 天内提交。直到颁发工程接收证书前，应按季度提交修正的估算。

付款计划表作为工程进度款与最终结算款的计算依据，有助于规划其项目款的准备。如果合同中没有此类支付计划表，承包商需要提交每个季度的用款计划，实际也就是承包商的季度现金流量计划，供业主方准备项目款参考，没有约束力。对于此类合同，在招标文件中，应对每次进度款的计算方法予以说明，支付表也应该说明如何计算此类款项，如果支付表的规定不是十分详细，达不到可操作的程度，则有时合同规定，承包商在合同签订后的多长时间内，依据支付表和其他相关规定，编制一个测量程序，详细说明计算方式，并报业主工程师批准。

（二）里程碑的节点权重分解值

在 EPC 项目中，招标文件通常要求投标者按招标文件提供格式对所报的设计、采购和施工价格占总报价的份额，按业主规定的里程碑活动逐项进行细分，细分额度占设计、采购和施工各项总价比例即为每项里程碑的权重。权重分解是里程碑付款方式下尽早回款的关键环节，在中标后的合同洽谈阶段，业主将召集专题会议与承包商就权重问题进行洽谈、调整和确定。业主方面的出发点是在某项里程碑活动中涵盖尽可能多的工作内容，而分配尽可能少的权重，这样可以拖延项目进度款的支付，督促承包商加快工作。而承包商则总想尽可能细分，并把权重尽可能多地分配在前期活动中，尽早收回合同款。

尽管业主对里程碑活动有规定，权重分配洽谈也困难，但在可能的情况下承包商还是要坚持划分宜细不宜粗、前大后小的基本原则。某些很难在短期内完成的里程碑活动，甚至有的会贯通整个项目，其分配的合同款就很难在短期内收回。对这样的里程碑，尽管科目也排在项目前期，但权重分配却要相对少一些。

（三）不同节点计量的特点评价

对于不同类型的项目而言，如何选择合适的付款方式应看哪种付款方式的特点适合该项目。付款方式的评价应该从以下几个方面进行：

1）是否有助于承包商进行资金预算，保持项目现金流稳定（付款是否及时、支付时间是否清晰）。

2）是否有助于提高承包商的工作效率，激励承包商积极组织关键线路上的里程碑活动以保障整体工期。

3）是否简便易行、适用范围。

按月计量付款、里程碑付款和按月计量结合里程碑付款三种付款方式特点评价如表6-7所示。

表 6-7　付款方式特点评价

评 价 层 面	按月计量付款	里程碑付款	按月计量结合里程碑付款
付款是否及时	付款及时，承包商资金压力小	不能按实际进度按比例逐步收回款项	付款及时，承包商资金压力较小
支付时间是否清晰	支付时间固定	支付时间不固定	支付时间固定
是否有助于工期控制	作用小	作用很大	作用较大
是否简便易行	付款程序复杂，付款支持材料收集难度小	付款程序相对简单，付款支持材料收集难度大	付款程序复杂，付款支持材料收集难度较大
适用范围	多数项目适用	节点明确的项目适用	多数项目适用

可见，按月计量付款能保障承包商现金流平稳，但对激励承包商积极保障关键线路工期影响不大；里程碑付款能极大地提高承包商的积极性，但容易导致承包商对里程碑项目垫资过多，不利于现金流平稳；按月计量结合里程碑付款的方式则综合了按月计量付款和里程碑付款在保障项目顺利执行方面的优点，但付款程序更加复杂。

（四）里程碑节点按绩效进行付款

里程碑付款是目前国际工程项目中一种常用的基于总价合同的付款方式。里程碑是业主在合同总工期内，按合同规定的工作范围和承包商的责任分解确定的项目活动。承包商只有完成了所有与规定的单项里程碑活动相关的内容，并按要求准备齐全所有相关的支持文件，才能视为完成了某项活动的里程碑，也才可以通过项目合同规定的付款程序获得此项里程碑所分解的合同款项。

与国际通用的合同进度款付款方式相比，里程碑付款方式不能按现场活动的实际完成进度按比例逐步收回款项，且在大多数情况下，里程碑的活动内容和完成时间的灵活性会导致一些活动内容多、持续时间长的里程碑活动很难在短时间内得到业主确认，合同款无法及时回收，从而导致项目合同款支付与项目实际综合进度之间存在很大差异，这就要求承包商根据里程碑权重分配表和项目整体计划提前做好资金使用计划，才能确保项目的正常运转。

通过实施按绩效支付实现改善服务质量、提高服务效率和节约成本的目的。传统工程支付方式仍然是拒绝/接受程序，对工程质量的评价只是合格或者不合格。这种方式不仅不能根据工程的实际质量水平给出相应的支付，而且也不能充分调动承包商改进施工质量的积极性。这种情况下，承包商会在尽量降低成本的前提下使工程质量检验合格，以谋取更多的利益。这样就无法提高甚至很难保证工程的施工质量。为此，里程碑付款借鉴国外的成功经验，按绩效进行付款，即根据工程的实际施工质量水平，给出相应的支付价款。质量差的就在原来合同价格的基础上扣除一部分，作为将来过多的养护维修费用的补偿；质量好的就在合同价格的基础上多支付一部分，以鼓励承包商尽力提高施工质量。

（五）付款条件对现金流的影响

合同付款条件是合同条件的重要内容，直接影响着承包商的财务状况。合同付款条件涉及付款时间、付款方式、货币与汇率、预付款等。在合同谈判阶段，尽管承包商能够定性判断合同付款条件是否有利，但并不能仅通过定性判断而获知合同付款条件对资金压力和对盈利水平的影响，难以做出正确决策。定量分析合同付款条件对项目现金流的影响程度，可以帮助承包商判断合同付款条件对财务的影响。

进度款支付按月进度支付对承包商而言极为重要，能够及时回收工程支出，承包商承担的融资成本低，财务压力小。若不能争取到按月支付进度款，则承包商应尽量争取更高的预付款比例，并力争签订好里程碑付款合同的细分要求。因此承包商在组织投标和合同谈判过程中，应安排各专业人员对专业里程碑活动认真审核，对业主提出的不合理的里程碑活动顺序进行调整，删除不合理的里程碑事件，尽可能优化里程碑付款的权重。

二、案例

案例6-12：某跨海交通基建项目计量支付制度

（一）案例背景

某大型跨海交通基建项目涉及合同金额大，单体合同额超过130亿元，项目采用设计施工总承包模式。本项目采用初步设计招标，总价包干合同，合价清单模式，清单细化只是作为计量支付参考，对合同价格的调整不构成实质性影响。

我国公路交通基建项目一般按月度周期进行计量，考虑到本项目工程量大，涉及工程内容多，审批流程长，按月度计量较烦琐，且参与此项目投标的承包人本身都具有较强的自有资金实力，本着减少计量支付工作量的原则，设定为按季度进行计量支付，以减少计量次数。除合同条款另有约定外，每季度只对已达到合同约定支付条件的工作（包括勘察设计、施工、专题研究及施工工艺等）予以计量。

在合同中的"陆域形成"这一项目的计量支付办法规定为：本工程单元分两个阶段进行计量与支付，承包人完成本工程单元50%的填筑数量后，首期计量支付至该单元合价的50%，本工程单元工作内容全部完成后，按照合同约定，计量支付本工程单元合价余额。

（二）争议事件

施工过程中因计量支付制度设计对实际情况预计不足，计量周期内，经常出现已完工工程中满足计量支付条件的单元较少，金额较大。因无法及时申报计量，造成承包人资金回笼慢，资金缺口较大。其中"陆域形成"这一项目受岛上临建工程建设影响，短时间内无法正式通过验收，实际工作量已完成95%，但按照原计量支付办法，因未完成剩余5%的工作量长期得不到余下的50%资金支付。因此，承包人要求适当调整计量支付周期来缓解资金压力。

（三）争议焦点

本案例争议的焦点在于：承包人应如何调整计量支付周期来缓解资金压力。

（四）争议分析

实践证明本项目按季度计量支付并不十分适宜，容易造成承包人的资金周转压力，给项目的实施带来一定的困难。采用月度计量方式有利于项目资金的正常投入，发包人在设定合同条款时，仍应将此作为首选，审慎做出改变或调整。

在"合价清单"模式基础上，设计施工总承包项目主要有两种计量支付方式：一种是按合同总价分阶段支付，即以合同总价为支付项，根据项目总体实施进度分阶段计量支付合同总费用，在国外（或境外）较常采用；另一种是按单元合价分节点支付。两种支付方式及优缺点对比如表6-8所示。

表6-8 两种支付方式及优缺点对比

支付方式	按合同总价分阶段支付	按单元合价分节点支付
支付节点	（1）审查阶段：支付合同总价的5% （2）勘察设计阶段：支付合同总价的45% （3）招标阶段：支付合同总价的5% （4）施工阶段：支付合同总价的45%	（1）部分单元完成后一次性支付该单元合价费用 （2）部分单元按进度节点分比例支付该单元合价费用
优缺点	（1）优点：计量支付简单，次数少 （2）缺点：前期支付比率高，合同风险大，无法通过资金支付对承包商的施工进行有效管理	（1）优点：按单元进度支付费用，可有效控制支付比率，合同风险小，较易通过资金支付对承包商的施工过程进行有效管理 （2）缺点：计量支付相对复杂，次数多

通过比较按合同总价分阶段支付和按单元合价分节点支付，结合本项目的实际情况和管理规划，在我国现行的项目管理体制下，发包人对造价控制的主体责任较大，承包人合同契约精神和风险意识仍有待提高。加之单元合价支付方式与清单单价支付方式类似，有较成熟的经验参考或借鉴，本项目采用单元合价分节点支付的计量支付方式更为适合。按单元进度支付费用，通过资金支付对承包人的施工过程进行有效管理，可有效控制支付比率，合同风险小，虽然计量支付次数较多，但只要能实现流程简化，并不影响支付效率。

（五）解决方案

建议在原计量支付办法基础上，根据实际工作任务阶段进展和施工工序增加支付节点，调整支付比例。在原计量支付办法基础上，按工程量比例增加支付节点，如表6-9所示。

表6-9 建议计量支付办法

项目名称	单位	原合同计量支付办法	建议计量支付办法
陆域形成	项	本工程单元分两个阶段进行计量与支付，即承包人完成本工程单元50%的填筑数量后，首期计量支付到该单元合价的50%，本工程单元工作内容全部完成后，按照合同约定，计量支付本工程单元合价余额	本工程单元分三个阶段进行计量与支付，即承包人完成本工程单元50%的填筑数量后，首期计量支付至该单元合价的50%，完成本工程单元90%的填筑数量后，计量支付至该单元合价的90%，本工程单元工作内容全部完成后，按合同约定，计量支付本工程单元合价余额

【资料来源：改编自朱翼翔. 某大型跨海交通基建项目设计施工总承包计量支付与变更管理应用研究［D］. 广州：华南理工大学，2015.】

案例 6-13：按月计量与按里程碑计量对工程价款的影响

（一）案例背景

某土建工程总价为 9 600 万元（没有暂列金额），承包人包工包料，建筑面积为 4 万 m²，12 层（工程类别为I类，利润率为 7.4%），工期为 12 个月，1 年期贷款利率为 6%（参考银行同期基准贷款利率），按月计算利息，计算合同价格实际支付后在开工时点的现值。

计量支付方式一：每月均衡发生，工程按月计量，进度款按月支付，预付款在前 6 个月与进度款支付时平均扣回，最后 1 个月的进度款与结算款不合并支付。

计量支付方式二：按照里程碑支付，基础工程 3 000 万元，工期为 5 个月；主体结构前一半 3 200 万元，工期为 3 个月；主体结构后一半 3 400 万元，工期为 4 个月；预付款在前两个节点均匀扣回；最后一个阶段的进度款不与结算款合并计算。

计算模型如下：

模型 1：预付款支付比例 10%，进度款支付比例 60%，缺陷责任期为 24 个月。

模型 2：预付款支付比例 30%，进度款支付比例 90%，缺陷责任期为 6 个月。

（二）争议事件

不同计量支付方式的实际合同价格现值计算表如表 6-10 所示。

表 6-10　不同计量支付方式的实际合同价格现值计算表　　　　　　单位：万元

	计量方式一	计量方式二
模型 1	$P_1 = 960 + 320(P/A, 0.5\%, 6)(P/F, 0.5\%, 1) + 480(P/A, 0.5\%, 6)(P/F, 0.5\%, 7) + 3\ 360(P/F, 0.5\%, 15) + 480(P/F, 6\%, 3) = 9\ 045.32$	$P_1' = 960 + 1\ 320(P/F, 0.5\%, 6) + 1\ 440(P/F, 0.5, 9) + 2\ 040(P/F, 0.5\%, 13) + 3\ 360(P/F, 0.5\%, 15) + 480(P/F, 6\%, 3) = 9\ 050.68$
模型 2	$P_2 = 2\ 880 + 240(P/A, 0.5\%, 6)(P/F, 0.5\%, 1) + 720(P/A, 0.5\%, 6)(P/F, 0.5\%, 7) + 480(P/F, 0.5\%, 15) + 480(P/F, 0.5\%, 18) = 9\ 237.34$	$P_2' = 2\ 880 + 1\ 260(P/F, 0.5\%, 6) + 1\ 440(P/F, 0.5, 9) + 3\ 060(P/F, 0.5\%, 13) + 480(P/F, 0.5\%, 15) + 480(P/F, 0.5\%, 18) = 9\ 231.61$

对比上述两种计量支付方式模型 1、2 的计算结果可以发现：进度款的支付比例越高，缺陷责任期越短，越有利于承包人，两种不同支付比例下的现值相差 192.02 万元，达到定额水平下利润 661.5 万元的 29%，足以引起发承包双方的高度重视。

（三）争议焦点

本案例争议的焦点在于：应采用何种计量支付方式。

（四）争议分析

分别对比模型 1、2 在两种支付周期下的计算结果综合分析可以发现：虽然一般情况下支付周期越短越有利于承包人，但还受预付款的支付比例及扣回方式的影响。

（五）解决方案

垫资施工时如果将贷款利率和融资成本按照每年 12% 计算，其余条件不变，则上述两种情况下的 $P_1 = 8\ 598.24$ 万元，$P_2 = 8\ 897.54$ 万元，$P_1' = 8\ 608.92$ 万元，$P_2' = 8\ 887.38$ 万元。对比利率 6% 的计算结果，可以发现利率越大，资金的时间价值对工程价款的影响越大。按照资金时间价值计算的原理，还可以发现建设周期越长，实际支付时间越晚，时间价值对造价的影响越大。因此，本案例中选择计量支付方式二中的模型 2 最有利于承包人。

工程价款是发承包双方权利义务在价格上的表达，涉及招标控制价、投标价、预付款、进度款、合同价款调整等内容，贯穿于工程从投标至竣工的各个环节。目前造价管理中资金时间价值对工程价款的影响没有科学体现，进度对造价的影响没有合理考虑，严重影响了承包人的合法利益，导致发承包双方的造价纠纷。受政府投资项目管理体制和发包人项目管理水平不足的影响，很多项目中不同程度地存在超进度支付问题、发包人提前进度超供材等现象，也损害了发包人的利益。

进度的科学管理是造价精细化管理的基础，招标控制价、投标价的编制应考虑拟定的招标文件中有关进度款的支付比例、支付时间，竣工结算款的支付时间，质量保证金的比例，缺陷责任期的长短等影响现金流量，综合产生资金时间价值的各种因素对价格的影响，而不仅仅是依据定额等反映社会平均水平的计价依据来形成价格。

【资料来源：改编自孙凌志，杭晓亚．基于进度的工程价款管理研究［J］．建筑经济，2015（03）：65-69．】

案例6-14：辛克雷水电站的里程碑式的WBS结算

（一）案例背景

2009年10月5日，中国中水集团（以下简称中水）与科卡科多-辛克雷公司（以下简称厄方业主）正式签署厄瓜多尔辛克雷水电站的EPC总价承包合同，总工期为66个月。

考虑到辛克雷水电站施工工期长，为有利于承包商按月及时办理工程结算、收回资金并投入项目，从而促进项目的顺利实施，又包括设计、采购、施工和试运行等各阶段的工作，因此，辛克雷水电站采用里程碑结合月进度完成百分比的结算方式进行工程款支付，简称WBS结算支付。

辛克雷水电站项目WBS结算是以里程碑结合进度计量按月结算的基础上，对占项目总成本比重大、持续时间长的里程碑项目进一步分解量化，能够以月为结算周期。根据按月进度计量结算对里程碑进行分解，形成辛克雷水电站WBS项目表格。按照业主批准的进度计量系统统计各里程碑截至上月月底的完成百分比，然后汇总全部结算支付百分比例从而形成整个项目的结算百分比。根据对里程碑进行的分解，辛克雷水电站金属结构与机电安装工程WBS表格分为6级，每一级相加的比例都为0~100%，下一级别都是上一级别项目的详细划分。

辛克雷水电站厂房机电安装部分的WBS项目分解如表6-11所示。

表6-11　辛克雷水电站厂房机电安装部分的WBS项目分解

WBS代码	WBS	WBS百分比			完成项目整体的百分比	WBS百分比			完成项目整体的百分比
		1	2	3		4	5	6	
CI	建筑、安装和调试、里程碑及工作	69.00%							
CI06	厂房系统工程		14.70%		10.705 9%				10.7059%
CI06.2	主厂房（CCM）			51.86%	5.260 1%				5.260 1%
CI06.2.3	桥式起重机					2%			0.105 2%
CI06.2.3.3	2×200t桥式起重机轨道安装						5%		0.005 3%

（续）

WBS 代码	WBS	WBS 百分比			完成项目整体的百分比	WBS 百分比			完成项目整体的百分比
		1	2	3		4	5	6	
CI6234	1 号桥式起重机安装						15%		0.015 8%
CI62341	机械部分安装							80%	0.012 6%
CI62342	电气部分安装							20%	0.003 2%
CI6235	2 号桥式起重机安装						15%		0.015 8%
CI62351	机械部分安装							80%	0.012 6%
CI62352	电气部分安装							20%	0.003 2%
CI6236	1 号、2 号桥式起重机测试						5%		0.005 3%

金属结构与机电设备安装 WBS 结算总体流程如图 6-9 所示。

（二）争议事件

因金属结构与机电设备安装在水电站中属于专业性较强的工程项目，且各专业分类多，安装程序及验收资料复杂性高，而安装程序与验收资料往往都会作为 WBS 支付结算的过程资料。在实际过程中，根据金属结构与机电安装工程划分的 WBS 表格，规划报批的安装程序与验收资料非常有必要。前期统筹一定程度上可以避免施工过程中，因 WBS 表格中的结算项目与实际进度资料不符造成按月计量支付结算滞后等问题。

（三）争议焦点

本案例的争议焦点在于：如何避免因 WBS 表格中的结算项目与实际进度资料不符造成按月计量支付结算滞后等问题。

（四）争议分析

1. WBS 结算过程中的资料及签证

辛克雷水电站在签订 EPC 合同之后，中水与厄方业主及业主咨询单位对整个水电站项目的里程碑进行分解，形成报批文件的 WBS 分解表格。因此，在辛克雷水电站金属结构与机电设备施工过程中，结合 WBS 分解表格，统筹考虑上报设备安装程序及验收项目非常有必要。但在实际计量过程中，WBS 分解表格的项目是一个设备的整体，整体部分都是由部件的设备构成且存在设备的缺陷及试验调试，因此，现场咨询人员又将 WBS 分解表格中的 6 级项目进一步分解。辛克雷水电站发电机定子组装的分解如表 6-12 所示。

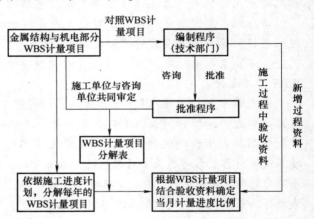

图 6-9　金属结构与机电设备安装 WBS 结算总体流程

表 6-12　辛克雷水电站发电机定子组装的分解

WBS 项目编码	项 目 名 称	分解比例	当月完成项目比例	当月累计完成比例
CT06. 2. 5. 4. 3	定子组装	100%	100%	100%
一	固定部件安装	10%	100%	10%
	定子支架基础就位及水平度	10%	100%	10%
	焊接支撑环安装	10%	100%	10%
	定子外壳：运输及安装（圆盘、铁贴和部件）	10%	100%	10%
	定子外壳：定子 4 部分连接	4%	100%	4%
	定子外壳：连接处焊接	30%	100%	30%
	定子外壳：验证尺寸及水平	3%	100%	3%
	定子外壳：下线前上部覆盖	3%	100%	3%
	定子铁芯测温元件安装	10%	100%	10%
	测温元件 RTD 调试确认	10%	100%	10%

依据批准的 WBS 分解表格，结合项目进度计划，分解每一年的计量支付项目及比例。在每月进行 WBS 进度计量结算时，安装程序的批准、安装设备验收资料的完备，都是当月签署 WBS 分解项目支付比例的重要基础资料。在施工过程中新增的验收资料也作为 WBS 分解表格计量支付比例的基础资料之一。

2. 安装程序的验收资料

在辛克雷水电站中，对于当月计量支付比例的资料，业主及咨询单位都要求严格，WBS 分解项目需与现场的验收资料相对应，因此，验收资料作为 WBS 结算的基础资料，直接影响到当月的结算支付比例。而且在施工过程中，往往还会因为安装程序项目与 WBS 分解项目不一致，造成没有对应的验收资料，进而对 WBS 分解的某些项目无法计算进度比例。因此，在金属结构与机电设备安装工程进度计量前期，需要结合 WBS 分解项目对金属结构与机电设备安装程序进行对照，统筹上报安装程序、验收资料及确定当月进度计量比例的格式是 WBS 计算过程中的重要环节之一。

3. WBS 分解表中项目的分解

为了避免后期按月计量支付比例的反复，在按月进行计量支付之前，需要与现场咨询人员就怎么计算当月进度比例进行探讨及确定，并形成批复文件。因为辛克雷水电站 WBS 分解表中金属结构与机电项目非常多，需要根据现场咨询人员的要求对 WBS 分解表中的项目进行分解，因此，在分解 WBS 表中第 6 级项目时，需要与报批程序的验收资料进行对应，尽量减少第 6 级项目的分解项目，以便于加快当月计量进度比例审批时间及减少过程资料。

（五）解决方案

工程结算是国际工程项目管理的重要环节，涉及承包商的切身利益。项目的经济效益如何，最终会通过工程结算体现。为了使提交的项目结算获得业主及咨询单位的及时审批，应严格遵守合同规定的结算程序，施工期间，及时收集整理进度支付验收资料相当重要。进度支付方式、条件和程序都是与咨询单位、业主在按进度计量之前的协商结果，因此，做好项目计量之前的统筹管理工作，是计量单位争取 WBS 项目较好结算条件和程序的关键。

考虑到金属结构与机电项目 WBS 分解项目多，各专业的区分较多。在进行里程碑式按月进度计量比例支付结算之前，必须与技术部门就报批程序及验收资料相结合进行讨论，尽量简化按月进度计量比例的过程资料。总之，要提前与咨询单位沟通，缩短结算过程中的审批时间，避免结算过程中因施工存在的问题对结算资料反复，影响结算。

【资料来源：改编自南亚康．CCS电站的金结与机电设备安装里程碑式的WBS结算探讨[J].水电站机电技术，2016（09）：91-92.】

第六节　工程总承包模式下合同总价的边界性原则及案例分析

一、原则运用的关切点

随着工程规模的不断扩大，若采用传统承包模式，业主对项目的成本和工期难以控制，业主为降低项目的风险，通过总价合同的工程总承包模式将风险转移给对风险控制能力较强的总承包方。但是由于在招标时招标方往往只能提供项目的预期目标、功能要求以及设计标准，并无法提供详细的设计图。这就要求承包商需要在工程范围内分析业主对项目的功能要求，项目的功能要求是业主的目的所在。尤其有的时候业主方对项目的要求模棱两可，不同的措施方案对总承包商的成本会产生很大的影响。因此，总承包商在进行投标的过程中对业主的工程范围进行界定分析，明确项目总承包需要完成的项目内容是其必须要考虑的问题。

（一）合同总价的充分性

1. 合同总价包括的工作范围

《99版FIDIC新银皮书》中：第4.11款［合同价格的充分性］规定：承包商应被认为已确信合同价格的正确性和充分性。

"除非合同另有规定，合同价格包括承包商根据合同所承担的全部义务，以及为正确设计、实施和完成工程、并修补任何缺陷所需的全部有关事项。"

《99版FIDIC新银皮书》中合同价格包括承包商根据合同所承担的全部义务，这里的全部合同义务包含了业主要求中的所有内容。业主要求的定义来自于《99版FIDIC新银皮书》第1.1.1.3款，业主要求的英文为Employer's Requirements，有两层含义：首先是业主的需求，其次是业主的要求。从字面非常容易简单理解为只是业主的要求，而忽略了该定义的最核心意思是业主需求。⊖

业主要求包括招标项目的目的、范围、设计与其他技术标准和要求，以及合同双方当事人约定对其所做的修改或补充。是EPC交钥匙招标文件中的一个核心组成部分，是EPC承包商投标的基本数据。它主要提出了业主对项目总体目标的要求，包括主要工作范围、质量要求以及技术标准要求等，所以有时这部分内容也被分别称为"工作范围"和"技术规程"。

上述合同范本中明确约定了合同总价应涵盖承包商根据合同所承担的全部义务，在此基础上，除合同规定外，合同总价不予调整。

⊖ 邱闯. 中华人民共和国国家标准设计施工总承包招标文件合同条件使用指南［M］. 北京：中国建筑工业出版社，2012.

《99 版 FIDIC 新银皮书》第 14.1 款合同价格约定："除非在专用条件中另有约定：（a）工程款的支付应以总额合同价格为基础，按照合同规定进行调整"。（b）承包商应支付根据合同要求应由其支付的各项税费。除第 13.7 款［因法律改变的调整］说明的情况外，合同价格不应因任何这些费用进行调整。"

《99 版 FIDIC 新银皮书》中，除根据合同做出的某些调整外，支付应该按照在协议书中规定的包干合同价格；合同价格中已经包括了税收，承包商应自己支付有关税收，业主对此费用一概不再补偿。

《99 版 FIDIC 新银皮书》第 13.8 款规定：当合同价格要根据劳动力、货物、以及工程的其他投入的成本的升降进行调整时，应按照专用条件的规定进行计算。

在新红皮书和新黄皮书下，直接规定了如何因劳务费用和物价波动进行调整，并给出了调价公式。从新红皮书和黄皮书合同的措辞看出，FIDIC 更倾向于在新红皮书和新黄皮书下进行物价调整，而银皮书中一般不予以调整。这也说明了物价波动的风险常常是由承包商承担的。

2. 合同总价的附加风险

EPC 工程总承包模式下，业主希望通过合同条款确保价格、工期和功能具有更大的确定性，因此，通常采用总价合同的形式以期将风险转嫁给有管理经验、控制风险能力的总承包商。在工程总承包项目招标时，在不确定建设规模与建设标准时，合同总价的确定一般在合同中设定"风险包干"费用或"风险系数"作为合同总价中对不确定因素的一种事先补偿。风险包干的范围一般在合同中均有约定，但与传统 DBB 模式相比，EPC 工程总承包模式下总承包商需承担更大的包干风险，例如传统模式下，业主应对勘察设计资料以及设计资料的正确性负责，而在 EPC 总承包项目中，承包商要对业主资料正确性负责，以及对一些可预计或无法预计的诸如业主提供资料的正确性、材料价格变动（政策性或非政策性）、所选定材料供货条件变化、人工工资水平调整、贷款利率调整、一般性气候变化等因素造成的合同价格风险，均应由总承包商承担。

在设计施工总承包合同中，通常由业主提供初步设计图和对项目的要求，承包商出具施工图。按照建设管理程序，施工图应该按经批准的初步设计图设计。施工图如果按照初步设计图设计但仍与业主要求不符，可以推定是初步设计图与业主要求不符。

由《12 版设计施工总承包招标文件》通用合同条款第 5.1 款规定，承包人的设计应"符合发包人要求"；第 5.7 款规定，除非是因为发包人要求具有难以核实的错误，"承包人文件存在错误、遗漏、含混、矛盾、不充分之处或其他缺陷，无论承包人是否根据本款获得了批准，承包人均应自费对前述问题带来的缺陷和工程问题进行改正"。以及《99 版 FIDIC 新银皮书》中 5.8 款设计错误规定"如果在承包商文件中发现有错误、遗漏、含糊、不一致、不适当或其他缺陷，尽管根据本条做出了任何同意或批准，承包商仍应自费对这些缺陷和其带来的工程问题进行改正。"

因此，在设计施工总承包合同中，发包人批准总承包人设计图并不免除承包人设计缺陷应承担的责任，即使工程师（业主代表）批准了承包商的各类文件，其后果还是由承包商承担，业主方的批准或许只是一种监督。承包人设计与业主要求不符时，属于设计缺陷，合同价格不予调整。承包商必须充分了解自己承担的附加风险，如对为正确设计、实施和完成工程、并修补任何缺陷所需的全部有关事项承担风险；除特殊情况外，承包商对包括在合同内的业主要求中的任何错误、不准确或遗漏负责等类似风险。因此，在投标报价时应考虑此类额外风险带来的损失，应适当增加投标价格。

（二）合同总价可调整范围的界定

1. 法律法规变化引起的价格调整

住房和城乡建设部发布第 1535 号公告，批准《建设项目工程总承包管理规范》为国家标准，编号为 GB/T 50358—2017，自 2018 年 1 月 1 日起实施。其中第二十条规定：建设单位和工程总承包企业应当在招标文件以及工程总承包合同中约定总承包风险的合理分担。建设单位承担的风险包括：

（1）建设单位提出的工期或建设标准调整、设计变更、主要工艺标准或者工程规模的调整。

（2）因国家政策、法律法规变化引起的工程费变化。

（3）主要工程材料价格和招标时基价相比，波动幅度超过总承包合同约定幅度的部分。

（4）难以预见的地质自然灾害、不可预知的地下溶洞、采空区或障碍物、有毒气体等重大地质变化，其损失与处置费由建设单位承担；因总承包单位施工组织、措施不当等造成的上述问题，其损失和处置费由工程总承包企业承担。

（5）其他不可抗力所造成的工程费的增加。除上述建设单位承担的风险外，其他风险可以在工程总承包合同中约定由工程总承包企业承担。

《99 版 FIDIC 银皮书》第 13.7 款规定：对于基准日期工程所在国的法律有改变（包括施用新的法律，废除或修改现有法律），或对此类法律的司法或政府解释有改变，影响承包商履行合同规定的义务的，合同价格应考虑由上述改变导致的任何费用增减进行调整。

从上述规定中可以看出，国内新推出的国家标准规定了因业主要求、法律法规、物价波动、不可预见的重大地质变化以及不可抗力等引起的合同价格变化，应予以调整。在 FIDIC 合同范本中，承包商编制投标报价的依据之一就是工程所在国的各项法律，如税法、劳动法、保险法、海关法、环境保护法等，如果这些法律发生变动，其工程费用当然会受到影响，因为这些常常是承包商无法预见的，因此应该根据影响的程度对合同价格以及工期做出相应的调整。

2. 变更引起的价格调整

招标人在项目招标文件中必须附有完整的"业主要求"章节，尽可能提出详尽的明确要求，并对这些要求的完整性、正确性负责。尽量避免在签订合同以后因为业主要求模糊、不完整而引发合同价格调整的风险。投标人投标报价完全是基于业主初步设计文件和业主要求进行估算，初步设计文件和业主要求的准确性、合理性及完整性决定了投标总报价。

为了能够使设计施工总承包投标人全面深入了解项目情况，合理编制投标文件，保证投标报价的准确性，建议初步设计达到技术设计的深度。在投标报价之前，允许并要求投标人对初步设计文件和业主要求的所有相关资料和数据进行核实，并做好必要的调查研究工作。

《12 版设计施工总承包招标文件》中：通用合同条款第 1.1.6.3 款规定，工程变更是指根据约定程序"经指示或批准对发包人要求或工程所做的改变"。

《99 版 FIDIC 新银皮书》中：第 1.1.6.8 款规定："'变更'系指按照第 13 条变更和调整的规定，经指示或批准为变更的，对雇主要求或工程所做的任何更改。"

由以上规定得出，在设计施工总承包合同中，工程变更的对象是业主要求或合同工程。

业主要求的定义在关切点中已定义，而合同工程则是业主要求、承包商建议书及其他合同文件所共同定义的总承包商应该实施的工程。因此，在设计施工总承包合同中，业主要求或合同工程发生改变，合同总价才予以调整。

（三）实现最终产品预期功能是支付的前提

1. 总价合同采用功能招标

总价合同在招标投标阶段一般采用功能招标。所谓功能招标，是指业主只提出项目的功能要求、质量标准和设计原则，有可能还完成了工程的概念设计，在并没有完成工程设计，甚至可能还没有工程图样的情况下就进行招标，被选择的总承包商负责工程设计、采购、施工和开车服务。承包商在总价合同下的义务就是按时、按质、按量地完成合同规定的工程项目。所竣工的工程必须符合"业主要求"中所定义的预期目的。承包商在合同下的责任是向业主提交一个符合合同要求的"最终产品"。

亚洲开发银行对编制此部分招标文件给出下列建议："在业主的要求中，应准确地规定其完成工程的具体要求，包括范围与质量。若竣工后的工程性能可用定量条件界定，如一个制造厂的产出或者一座电站的最大发电能力，则在业主的要求中不但明确规定业主要求的确定值，而且还应给出业主可接受的偏差的上下限。同时有必要明确规定竣工检验，以确认竣工工程符合规定的要求。在业主要求中，还应规定承包商提供的相关服务和提供的货物，如培训业主的人员以及提供消耗品或备件。尽管对业主的要求规定应十分精确，但应注意避免过分细地规定某些细节，以便能够发挥交钥匙方式所能带来的好处与灵活性。"[一]

2. 预期功能实现予以支付

在设计施工总承包项目中，业主采用功能招标，因此承包商完成的全部合同工作内容以达到预期功能为目标。只有经工程师和业主验收合格、达到合同约定的预期功能，才算总承包商完成合同义务，业主才能按合同约定的方式和价格分阶段进行费用支付。所以，设计施工总承包项目一般采用里程碑事件进行计量支付，在历次计量支付时，均应考虑计量工作的质量检验结果和预期功能，如不满足要求，则不能将其计算在完成的进度内。对不合格工作的认定通常按业主方下达的"质量违规报告"（NCR）通知中的内容为准。

（四）价格清单中的内容仅限作为参考资料

1. 价格清单的定义

"价格清单"术语的定义来自于《12版设计施工总承包招标文件》第1.1.1.8款，对应工程量清单计价方式下的已标价的工程量清单，在开始起草的时候，借鉴了《99版FIDIC新黄皮书》中的资料表术语，将价格清单列在资料表中。后来取消了资料表的定义，将资料表中的价格清单单独列出来构成合同文件。有专家曾建议既然是总价合同，可以有支付分解表，不应该有价格清单。但考虑到不同项目会有不同深度的业主要求，如有的项目是方案阶段招标，有的是初步设计完成后招标，有可能会有价格清单。

2. 价格清单载明的费用性质

"价格清单"应载明价格构成、费用性质、计划发生时间和相应工作量因素。《12版设计施工总承包招标文件》通用合同条款第17.1款中规定："价格清单列出的任何数量仅为

㊀　张水波. 国际工程总承包——EPC交钥匙合同与管理［M］. 北京：中国电力出版社，2012.

估算的工作量，不得将其视为要求承包人实施的工程的实际或准确的工作量。在价格清单中列出的任何工作量和价格数据应仅限用于变更和支付的参考资料，而不能用于其他目的。"一般来说，设计施工总承包合同不包括工程量清单，如果包括了，应该清楚地说明包括工程量清单的用途。如果当事人约定包括工程量清单的意图是按照实际完成的工程量进行计量支付，则应在专用条款中约定详细的计量和估价规则。

合同文件中的价格表（Schedule of Prices）给出某单项工程的数量，意味着两种含义：①关于该工程量以及相关价格数据只能用于该价格表中所述之目的；②若没有说明其具体目的，则所述数量为估算工程量，供承包商投标与拟定实施计划参考，不能认为是完成工程所实施的正确的工程量。总价合同可以减少界面的数量与复杂性，使合同考核与执行相对简单，避免了事后频繁的谈判和协商，是相对最完备的合同[⊖]。

二、案例

案例 6-15：某 EPC 项目因工作范围不明确引起的索赔争端

（一）案例背景

"苏丹某石油开发项目"是由多家国际投资公司在苏丹联合投资组建的，业主为一家石油营运公司，咨询公司为一家第三国技术咨询公司。该项目由两个标段组成。中国石油天然气管道局作为一标的总承包商，承担了该项目的整个输油管线系统的建设；二标为"监控、报警和数据采集"系统（SCADA）和泵站，承包商是一家来自阿根廷的公司。两个标段分别为独立的 EPC 合同。业主采用的是国际上近年来流行的"设计—采购—施工"总承包模式。

（二）争议事件

在该项目中，业主为了方便整个管道工程系统的交通与应急检修，在合同工作范围中规定，"若在工程的配套设施——Ebid 炼厂和 Khart 炼厂各自的 50km 以内没有简易机场，则承包商应在这两个炼厂的 50km 以内的区域各自修建一个简易机场"。在工程开工后的现场详细勘察中，中方承包商的设计部发现，在距两个炼厂的 50km 范围内，实际上已经分别存在简易机场了。于是，中方承包商的设计部就致函业主，按照合同不再修建简易机场。业主最初回信，同意不再修建简易机场，并据此发出工作范围删减的工程变更令，同时要求中方承包商将 EPC 合同价格进行分解，以便从中将修建两个简易机场的费用扣除。但后来业主发现，其中一个炼厂附近的简易机场是军用的，不允许商业使用，因此又重新来函要求中方承包商必须修建一个简易机场，并将另一个不需要修建的简易机场的费用从合同价格中扣除。

（三）争议焦点

中方承包商回函，不认可此项变更，既不同意修建一个机场，也不同意扣除另一个简易机场的费用，理由是：从合同的措辞来看，只要是两个炼厂 50km 以内有简易机场，就可以不再修建，而且承包商在其投标报价中根本没有包括简易机场的建设费用。若业主坚持要再修建简易机场，则业主必须下达追加工作的变更命令，而不是删减工作变更命令，并对承包

⊖ 骆亚卓，胡海华，肖淳琳. 影响建设项目合同不完备性的因素分析 [J]. 企业经济，2012（02）：49-51.

商进行费用和工期补偿。

业主不同意承包商的说法，因为业主发现，作为 EPC 合同一部分的承包商技术建议书的内容中包括了简易机场，在承包商的商务建议书中的报价中，必然包含有此费用，所以承包商必须自费修建一简易机场，并从合同价格中扣除另一个不修建的简易机场的费用。中方承包商致函业主，在承包商的技术建议书中出现了简易机场的设计，是一个"笔误"（cleri-cal error），因为承包商在投标前期原计划修建简易机场，但在投标勘查阶段发现存在简易机场，就将简易机场的工作内容从技术建议书中删除了，只是在承包商的技术建议书的一个目录中忽略了删除"简易机场的设计"这几个字。在详细的设计、施工计划中，并没有具体描述简易机场设计和施工的内容。同时对 EPC 合同价格进行了分解，以证明其中没有包含简易机场的费用。

关于线路的附属工程——简易机场（airstrip）是否属于 EPC 工作范围的争议成为本案例的争议焦点。

（四）争议分析

EPC 合同模式最大的优点是能使整个项目的设计—采购—施工一体化，能提高整个 EPC 项目的工作效率，但其缺点是，由于前期的部门设计工作是由业主方实施的，这容易导致合同范围有时界定得不十分清楚，引起双方争执。

对中方承包商而言，在开工后再以信函的形式向业主提出不修建机场的做法不妥，导致业主认为承包商原来是计划修建简易机场的，况且承包商的技术建议书中还包括简易机场的设计等措辞，所以业主将该项工作的删减作为工程变更，并扣除相关费用，看起来也是合理的。承包商成功抗辩的地方有两处：一是建议书中出现"简易机场的设计"的措辞是笔误，并用事实进行合理的论证；另一个是对 EPC 合同价格进行分解，以证明没有将简易机场修建费用包括进去。双方最终相互让步，友好解决了争端。

本案例对 EPC 承包商一个最大的教训是，在 EPC 项目投标阶段，承包商在编制投标文件时一定要仔细认真，技术建议书的编制应恰当地反映原招标文件的要求以及现场勘查实际情况，并与商务建议书中的报价一一对应。若出现漏项，就会在项目实施过程中造成损失。另外，承包商在此争端中的最终让步也是合理的，因为，严格地讲，在一个炼厂 50km 以内存在的"军用机场"，实质上不属于合同规定的那类"简易机场"。若就此提交仲裁，承包商是无法取得有利的仲裁裁决的。这一合理的让步避免了进一步的损失，也有利于保持与业主的良好关系，这是合同管理的核心所在。

（五）解决方案

双方经过多次谈判，最终达成协议：中方承包商自费修建一个简易机场，另一个简易机场不再修建，业主也不再从合同价格扣除其费用。

【资料来源：改编自张水波，汪辉辉，何伯森. EPC 总承包工程项目的争端与索赔 [J]. 国际经济合作，2006（02）：36-38.】

案例 6-16：对"合同总价范围"理解不充分导致的结算问题

（一）案例背景

我国某公司在国外承担了一项大型输油管道工程，管线长度约 1800km，该工程采用工程总承包模式，合同价格形式为总价合同。其中，业主在招标文件中对现场地质的描述是

"管线大部分是平坦干燥的沙地。土质为沙子与黏土的混合体，这种混合体压实性很好，短期内垂直切割面状态很好……在红海山区有大约10km管线位于岩石区，这一段可能需要岩石爆破。"

（二）争议事件

承包商在管沟开挖过程中，遇到大约600多公里的石方段的实际地质情况与合同描述的地质情况严重不符，因此，承包商要求补偿。但业主方以合同中约定的"合同中提供的一切资料和数据仅供承包商参考，业主对承包商根据这些资料和数据所得出的结论不承担任何责任"为由，认为此风险应该包含在合同价格范围内，拒绝承包商要求的补偿，为此双方产生纠纷。

（三）争议焦点

业主方认为，由于承包商对现场勘查不到位，仅根据招标文件中的地质条件进行报价，由此引发的风险业主不予以补偿。再者，该合同签订的是总价合同，该风险应包含在合同价格之内，承包商应自行承担此费用。而承包商认为，合同价格是根据业主招标文件中提供的地质情况进行报价的，由于业主的招标文件对地质的不正确描述，误导了承包商的投标报价。因此，该案例的争议点在于双方对"合同价格范围"的理解不一致。

（四）争议分析

该案例中，承包商在投标前对现场进行了充分的了解，但"充分的了解"只是为了满足承包商编制投标书的需要，在客观情况允许的条件下去进行切实合理的了解，并不是对现场的任何情况都完全了解。根据《99版FIDIC新银皮书》第5.1款以及《12版标准设计施工总承包招标文件》第1.13.3的规定可以看出，对于承包商无法核实的数据和资料，业主应对雇主要求部分的数据和资料的正确性负责。

《招标投标法》第二十四条规定，"招标人应当确定投标人编制投标文件所需的合理时间"，该项目的初步设计是由业主进行的，业主在长期的项目可行性研究和设计勘察中都不可能获得完整准确的地质情况，反而要求承包商在不到一个月的现场勘察中准确无误地预测到现场的地质情况，显然是不合理的。承包商在投标时只能进行一般的、符合国际工程承包惯例的合理调查。如果承包商了解的现场地质情况不准确，也只能归咎于业主的招标文件的严重失实。因为招标文件不正确的描述很大程度上起到了误导的作用，使得承包商不能正确地预计实际地质情况。根据《99版FIDIC新黄皮书》第1.9款中规定，"如因雇主要求中的错误而使承包商遭受延误和（或）招致增加费用，且此错误是一个有经验的承包商在根据5.1款［设计义务一般要求］的规定，对雇主要求进行认真详查也难以发现的，承包商应有权要求：任何此类费用和合理的利润，应计入合同价格，给予支付"。因此，该风险发生后，所产生的费用不应该包含在总价合同范围之类，业主应予以补偿。

另外，"充分了解"只是一个相对概念，在不同阶段，它的内涵是不相同的。就投标阶段而言，显然不能要求承包商了解现场的程度与在施工阶段了解的一样。因此，业主以承包商没有预见到在实际施工中出现的大量石方为由，认为承包商在投标阶段没有对现场进行充分的了解的论点是不能成立的，同时，承包商有权要求由于该地质风险引起的费用计入合同价格范围内，给予支付。

（五）解决方案

业主了解到如果就该问题递交仲裁机构，也没有胜利的把握，因此，业主同意给予承包商该部分价格补偿。虽然承包商成功抗辩，但为了和业主保持良好关系，承包商在补偿金额上做出一定的让步。最终圆满解决争端。

案例6-17：总价包干合同解除后未完工程施工实际完成部分的工程结算

（一）案例背景

某工程是一个必须进行招投标的涉及政府财政投资项目工程，建设方在招标文件中明确项目实行中标价总价包干，投标报价可以参照某定额执行，投标人可提供一个价格优惠下浮率。本案例施工方根据招标要求响应投标并中标，与建设方根据招投标文件签订了《建设工程施工合同》，并经建设管理部门备案，其中合同第六条"工程价款与支付"约定"本合同采用按招投标文件方式确定，采用固定价格合同"。

（二）争议事件

在合同履行过程中，因发包人未按约定支付工程价款且经催告后在合理期限内仍未支付工程价款的问题，双方未能达成一致，施工方中途停工并提出解约，双方签订《解约协议书》约定："已完成的工程结算，按合同约定，按某定额计算，执行招投标文件中的优惠率。"对该约定的理解，双方发生了争议。

（三）争议焦点

建设方主张按合同约定的固定总价扣除未完工的工程价款，得到已完工程价款。而施工方主张按已经完工的工程量据实按照定额结算工程价款。因此，总价包干合同解除的责任认定及未完工程中施工方实际完成的部分如何结算是本案例争议的焦点。

（四）争议分析

1. 合同解除的责任认定

合同解除指的是合同当事人一方在合同规定的期限内未履行、未完全履行或者不能履行合同时，另一方当事人或者发生不能履行情况的当事人可以根据法律规定的或者合同约定的条件，通知对方解除双方合同关系的法律行为。根据引起原因的不同，合同解除可以分为承包人违约解除合同、发包人违约解除合同及因不可抗力原因解除合同三种情形。

其中，发包人违约致使合同解除的情形可以归纳为以下几个方面：①未按约定支付工程价款且经催告后在合理期限内仍未支付；②不履行合同约定的协助义务且经催告后合理期限内仍不履行的；③提供的主要建筑材料、建筑构配件和设备不符合强制性标准且经催告后合理期限内仍未纠正的；④发包人其他导致合同目的不能实现的违约行为。

因承包人违约致使合同解除的情形可以归纳为以下几个方面：①明确表示或者以行为表明不履行合同主要义务的；②合同约定的期限内没有完工，且在发包人催告的合理期限内仍未完工的；③已经完成的工程质量不合格，并拒绝修复的；④将承包的工程转包、违法分包的；⑤承包人其他致使合同目的不能实现的违约情形。

案例中，发包人未按约定支付工程价款且经催告后在合理期限内仍未支付，属于发包人违约解除合同的情形。由此，发包人违约，总价合同解除后已完工程的价款结算是本案例的重点。

2. 未完工程的结算方式

对于固定总价合同解除后已完工程的价款结算问题，目前在工程实践中主要存在三种结算方式，见表 6-13。

表 6-13 关于合同解除后价款结算方式部分省市的相关规定

序号	地区	文件名称	文件解读
1	北京	《关于审理建设工程施工合同纠纷案件若干疑难问题的解答》（京高法发〔2012〕245号）	对于固定总价合同而言，合同解除后已完工程的价款结算可以采用"按比例折算"的方式，即由鉴定机构在相应同一取费标准下计算出已完工程部分的价款和整个合同约定工程的总价款的比值系数，再以合同约定的固定价乘以该系数确定发包人应付的工程款
2	广东	《关于审理建设工程施工合同纠纷案件若干问题的指导意见》（粤高法发〔2011〕37号）	对于以固定价进行结算的施工合同而言，当合同解除后，已完工程应以合同约定的固定价为基础，根据已完工程占合同约定施工范围的比例计算工程款
3	山东	《关于印发全省民事审判工作会议纪要的通知》（鲁高法〔2011〕297号）	对于固定总价合同而言，当合同未履行完毕而解除时，已完部分工程价款应按照已完部分的工程量占全部施工完毕的工程量的比例乘以合同约定的包死价进行
4	四川	《关于审理建设工程施工合同纠纷案件若干疑难问题的解答》（川高法民一〔2015〕3号）	对于固定总价合同而言，当未全部完成施工即终止履行时，应对已完工程量占合同工程量比例计算系数，再用合同约定的固定价乘以该系数确定发包人应付的工程价款
5	重庆	《关于当前民事审判若干法律问题的指导意见》（渝高法〔2007〕）	对于固定价合同而言，承包人按照合同约定范围完工后，应当严格按照合同约定的固定价结算工程款。如果承包人中途退出，工程未完工，承包人主张按定额计算工程款，而发包人要求按定额计算工程款后比照包干价下浮一定比例的，应予支持

由表 6-13 可知，北京市采取了"按比例折算"的结算方式。这种方式要求由鉴定机构在相应同一取费标准下计算出已完工程部分的价款和整个合同约定工程的总价款的比值系数，再以合同约定的固定价乘以该系数确定发包人应付的工程款。

广东省、山东省和四川省则是以固定总价为基数乘以已经完成的工程量占全部工程量的百分比进行结算的，即：

已完工程结算价款 = 合同约定的固定总价 × （已经完成的工程量/合同约定的全部工程量）

这种结算方式虽然从操作层面上来讲比较简单，但是工程量与其所涉及的人工、材料、机械台班的消耗量的价款是不完全对等的，因为单位工程量所对应的工程价款不一定是一致的。因此，采用这种结算方式并不能真实反映已完工程量的全部价款。

第三种结算方式则是依据定额标准对合同解除后的已完工程进行结算。然而，这种结算方式最终所计算得到的全部工程结算款有可能会超过原合同约定的固定总价，这显然背离了原来的合同约定。因而，重庆市在此基础上对这种结算方式进行了修正，支持了发包人按定额计算工程款后比照包干价下浮一定比例进行结算的要求。

（五）解决方案

综合考虑这三种结算方式，第一种方式是由权威鉴定机构出具同一取费标准，分别计算已完工程部分的价款和整个合同约定的总价款，再根据二者比值求出相应系数，以合同约定的固定总价乘以该系数最终已完工程的工程结算款。具体的计算公式可以表述为：总价合同下合同解除后已完工程结算价款 = （已经完成的工程款/合同全部工程的总价款）×合同约定的固定总价。

第七章
合同价款纠纷的解决机制

 第一节　合同价款纠纷的合同分析及其处理原则

一、概述

（一）合同价款纠纷的概念

发承包双方在项目实施过程中的矛盾与冲突在合同等相关文件中通常用"争端"（Dispute）来描述。在工程实践中，发承包双方的矛盾通常用"纠纷"来描述，当纠纷不能调和时甚至对簿公堂。鉴于本书偏重于对合同价款管理的实务性分析，因此对发承包双方的矛盾与冲突的讨论以"纠纷"一词来描述。

建设工程中对于合同价款纠纷的概念，法律、法规及文件中尚无明确的定义。有学者将合同价款纠纷定义为发承包双方在建设工程合同价款的确定、调整以及结算等过程中所发生的争议[⊖]。而这些争议的产生与发承包双方最初编制的合同文件有密切关系。若发承包双方在权力、责任、利益重新分配的过程中，就诸多变化的事项的调整无法达成一致，最终就会引发合同价款结算时的纠纷。

（二）合同价款纠纷的类型

合同价款纠纷的类型复杂多样，按照不同的划分标准可以分为多种类型。例如，按照合同的效力划分，可以分为有效合同的价款纠纷、效力待定合同的价款纠纷、可撤销合同的价款纠纷、无效合同的价款纠纷；按照建设工程是否竣工划分，可以分为已竣工建设合同价款纠纷、未竣工建设合同价款纠纷；按照完成建设工程质量是否合格划分，可以分为质量合格的建设合同价款纠纷、质量不合格的建设合同价款纠纷；按照合同类型划分，可以分为单价合同纠纷、总价合同纠纷；按照合同纠纷发生的阶段划分，合同价款确定阶段的纠纷主要有清单漏项、工程量计算错误、项目特征描述不符的纠纷等；合同价款调整阶段的纠纷主要有法律法规变化、工程变更、物价变化、索赔、现场签证等纠纷；合同价款结算阶段的纠纷主要有结算依据纠纷、工期延误、已完工程计量、工程欠款利息等纠纷。

鉴于合同价款纠纷的表现复杂多样，本书对于合同价款纠纷的讨论是对各种纠纷现象追根溯源，从合同缔约层面剖析价款纠纷的根本原因，进而寻求解决合同价款纠纷的方案。

（三）合同价款纠纷的解决途径

建设工程在合同履行过程中的纠纷不可避免，发承包双方应在合同拟定时约定合同纠纷

⊖　柯洪. 建设工程工程量清单与施工合同 ［M］. 北京：中国建材工业出版社，2014.

的解决方式。根据《13 版清单计价规范》的规定，合同价款纠纷有六种处理途径，即监理工程师或造价工程师暂定、管理机构书面解释或认定、协商和解、调解、仲裁或诉讼、鉴定，处理途径的比较如表 7-1 所示。

表 7-1 《13 版清单计价规范》中纠纷处理途径的比较

序号	纠纷处理途径	主导纠纷处理的主体	法 律 效 力	辅 助 手 段
1	监理工程师或造价工程师暂定	监理或造价工程师	须约定生效办法（如规定：发承包双方签字或收到暂定通知书后 14 天无异议）	专家意见
2	管理机构书面解释或认定	管理机构（工商或住建部门、协会）	双方同意才生效	鉴定或专家意见
3	协商和解	发承包双方	双方签字生效	自行和解与妥协
4	调解	共同约定的第三方	须约定生效办法（如规定：发承包双方签字或收到调解书后 28 天无异议）	专家意见
5	仲裁或诉讼			
(1)	仲裁	约定的仲裁委员会	调解或仲裁生效	鉴定
(2)	诉讼	有管辖权的人民法院	调解或判决生效	鉴定
6	鉴定	委托人	证据	勘验

《17 版合同》规定的合同价款纠纷有四种处理途径，即和解、调解、争议评审、仲裁或诉讼，具体分析如表 7-2 所示。

表 7-2 《17 版合同》中纠纷处理途径的比较

序号	纠纷处理途径	主导纠纷处理的主体	法 律 效 力	辅 助 手 段
1	和解	发承包双方	双方签字生效	自行和解或妥协
2	调解	住建部门、协会或其他第三方	双方同意才生效	鉴定或专家意见
3	争议评审	共同约定的第三方	双方约定生效方式	专家意见
4	仲裁或诉讼			
(1)	仲裁	约定的仲裁委员会	调解或仲裁生效	鉴定
(2)	诉讼	有管辖权的人民法院	调解或判决生效	鉴定

二、基于合同理论的合同价款纠纷原因分析

（一）合同不完备性是价款纠纷产生的根源

合同具有天然不完备性，初始合同的签订只是为项目的顺利实施提供一个简单的框架，为后续合同状态的变化提供一个参照点。合同在签订时只能针对部分风险事件进行约定，不能识别所有潜在的风险事件。因此，合同签订后，无论是合同中约定的风险事件还是合同中未约定的风险事件，最终都可能会导致合同状态发生变化，一系列调整与补偿问题就成为引起双方价款纠纷的导火索。受外界环境复杂性、信息不对称性及人的有限理性影响，本书将合同的不完备性主要概括为三个层次：①合同条款对双方权利与责任的规定不明确；②合同

条款的缺失和漏洞；③无法对未来发生的所有事件做出明确规定⊖。

1. 合同条款对双方权利与责任的规定不明确

合同条款的规定用语含糊、不准确，责任界面划分不清，导致难以明确发承包双方的权利与责任。当合同中关于权利与责任的划分有歧义时，当事人都倾向于按照有利于自己的方式解读合同条款，选择对己方有利的条款作为价款结算的依据。

2. 合同条款的缺失和漏洞

合同对于实际可能发生的情况未做出预料和规定，致使合同中缺少某些必不可少的条款，且合同当事人在合同履行过程中也无法就此达成新的意思表示。例如，在合同中没有规定总价包干合同的风险范围，当出现了工程量超出工程量清单的情况时，是否调整合同价款就成为发承包双方争议的焦点。发包人往往认为总价包干就是包死价，不因工程量变化而调整合同总价；而承包人认为包干价是针对工程量清单的包干价，如果工程量增加就应当调整合同总价。此外，合同条款设计的漏洞还体现在双方的约定对一方当事人过于苛刻、约束不平衡，致使发承包双方权责利不平等，造成合同在履行中可操作性差。

3. 无法对未来发生的所有事件做出明确规定

合同无法对未来发生的所有事件进行约定，致使合同履行时缺乏调整或结算依据。由于工期较长，施工的技术和环境要求较为复杂，建设项目在施工期间往往面临许多风险事件。在合同履行中合同状态发生变化，当承包人的成本得不到补偿时，承包人认为不可接受。而发包人出于自身投资控制的考虑，会拖延时间、寻找理由拒绝价款调整或支付。发承包双方因不同的利益诉求致使双方就其利益分配问题产生争议，进而影响建设项目的顺利进行。

除了合同的天然不完备性外，合同本身的效力存在问题、实践中存在多份合同等现象也会引发价款结算纠纷。因此，以合同为视角分析价款纠纷的产生原因，可以为纠纷的解决提供深层面的指导。

（二）合同不完备性引发合同价款纠纷的表现

1. 合同文件约定不一致为发承包双方价款纠纷埋下隐患

合同文件包括合同协议书、中标通知书、合同专用条款及合同通用条款等，由于这些组成文件共同指向同一个标的，因此当出现含糊不清或对同一事项的表述不一致等情况时，需要事先约定一个解释顺序。然而，合同文件的组成部分之间出现不一致时的结算依据如何确定，特别是招标文件是否应作为合同文件的组成部分以及合同文件是否一定后发优先等问题，常常引发实践中的纠纷。

2. 合同未约定（或约定不明）使发承包双方价款结算无据可依

合同对某些事项未约定或约定不明，导致双方价款结算依据不明。例如，工程竣工结算时，发承包双方常因采用的计价依据不一致而产生纠纷。又如，业主采用风险包干将大部分风险转嫁给承包人，并在合同中约定一定比例的风险包干费作为对承包人履约风险的提前补偿。然而我国法律对"风险范围""风险费用的数额"没有明确规定，发承包双方往往仅根据经验等约定风险范围，这就导致了固定价格合同中风险包干范围约定不明的情况。再如，在合同中仅规定了价格调整的因素，没有明确各种因素发生后的具体调整方法和调整幅度，从而引发纠纷。

⊖　霍双双. 单价合同条件下施工合同状态补偿研究［D］. 天津：天津理工大学，2015.

3. 合同条款苛刻使发承包双方价款纠纷愈演愈烈

出于投资控制的目的，发包人在合同拟定时往往倾向于将大部分风险交由承包人承担，并为己方配置超限权利，以便进行项目控制；而承包人为顺利承揽工程项目，往往接受发包人拟定的任何条款。这种现象一旦过度，就会形成大量的不公平条款，如权责利不对等条款、单方面约束条款、苛刻的免责条款、无限权利条款以及不合理的风险归属等⊖。苛刻的合同条款主要体现在工程量的不合理风险分担与物价波动调整的不合理风险分担。例如，发包人在合同中约定"经投标人核对后的工程量不予调整"等类似条款，把工程量偏差的风险转嫁给承包人，从而规避工程量增加的风险。此外，物价上涨和通货膨胀现象在项目进行中十分常见，然而发包人会在合同条款中约定"物价波动原因引起的价款调整一律由承包人承担"。这些苛刻条款会导致实际施工过程中承包人蒙受巨大损失，纠纷因此而生。

4. 合同无效使发承包双方价款纠纷各执一词

由于我国目前经济社会发展的现状和立法、执法体系不完善，工程从立项审批、招标和投标环节到签订工程合同的备案环节、竣工验收等环节，违法行为频频出现，如串标、无资质的施工主体违法承包、转包、违法分包、借用资质等。这些现象都会导致合同无效。建设工程常见的无效合同形式众多，目前的司法解释规定不能满足实务需要，并且一些认定合同无效的理论也存在分歧，在建设工程合同的效力问题上产生了很多争议。工程实践中，发包人是否应参照合同约定支付承包人合同价款成为当事人争议的焦点，发包人和承包人对无效合同能否适用和对条款的理解有所不同致使在价款结算中各执一词。

5. 阴阳合同多份依据使发承包双方价款结算无所适从

实践中，当事人为规避法律规定及其行政监督，会签订诸多表现各异、形式多样的阴阳合同。有的在中标前后各订立一份合同，订立一份表面上符合招标投标规定的合同给主管部门备案，私下订立的一份合同才是真正履行的合同。有的甚至在招标投标的投标前、中标时、中标后订立三份阴阳合同，其目的仍是规避法律规定和行政监管。纵使阴阳合同千差万别，其主要区别还是在于合同价款结算的约定不同，当事人在合同价款结算时，因合同有关价款的约定不一致，常常各持对自己有利的结算依据，主张按照对自身有力的合同条款进行结算。

三、建设工程合同价款纠纷处理的基本原则

基于合同理论对建设工程合同价款纠纷根源进行剖析，归纳出了建设工程合同五个方面的价款纠纷根源。据此，本书凝练出建设工程合同价款纠纷处理的基本原则和具体原则，并对每种原则运用时的关切点加以诠释，为工程实践中价款纠纷的解决提供指导。

《合同法》第一百五十九条规定，买受人应按照约定的数额支付价款。第一百六十一条规定，买受人应按照约定的时间支付价款。《最高人民法院关于审理建设工程施工合同纠纷案件适用法律问题的解释》第十六条规定，当事人对建设工程的计价标准或计价方法有约定的，按照约定结算合同价款。第二十二条规定，当事人约定按照固定价结算合同价款，一方当事人请求对建设工程造价进行鉴定的，不予支持。此外，《建设合同价款结算暂行办法》第十一条进行了规定，合同价款结算应按合同约定办理，合同未做约定或约定不明的，发承包双方依照相关规定与文件协商处理。由此可见，法律、法规等文件都强调了"合同

⊖ 李启明. 土木工程合同管理 [M]. 南京：东南大学出版社，2008.

约定"的重要作用，合同有约定时依据约定结算合同价款。

在此基础上，《建筑法》第十八条规定，建筑工程造价应当按照国家有关规定，由发包单位与承包单位在合同中约定。公开招标发包的，其造价的约定，须遵守招标投标法律的规定。这在强调了约定重要性的基础上，强调约定应遵循相关规定。

由相关法律、法规及文件规定可以看出，合同对于某一事项有约定时要遵从约定，约定要遵守法律、法规。然而，实践中有合同确实对某一事项没有约定的情况。根据实际经验，法院委托鉴定机构提供鉴定等方式作为参考，最终由法院根据其提供的证据的合理、公平性最终对纠纷做出裁决。据此，总结建设工程合同价款纠纷的基本原则是"有约定从约定，约定遵从规定，无约定从法定"。

四、建设工程合同价款纠纷处理的具体原则

（一）效力优先原则

建设工程合同中，协议书规定了双方最主要的权利义务、工期、合同价款、工程质量和安全要求等，并规定了合同文件的组成及解释顺序。通常，排名在前的解释顺序优先于排名在后的。但是，若处于前面的条款背离了合同的实质性内容则需要另行讨论。《招标投标法》第四十六条规定，招标人和中标人应当自中标通知书发出之日起 30 日内，按照招标文件和中标人的投标文件订立书面合同。招标人和中标人不得再行订立背离合同实质性内容的其他协议。因此，即使顺序排名在前，若其条款背离招标文件和投标文件中约定的合同实质性内容，也应认定为无效，以招标文件和投标文件中约定的合同实质性内容为准。专用条款在通用条款之前，专用条款可对通用条款补充、细化，但不得违反法律、行政法规的强制性规定和平等、自愿、公平与诚实信用原则。

综上所述，当合同文件各组成部分中关于同一事项的约定不一致时，优先解释顺序不代表优先效力顺序，此时应对合同文件各组成部分的效力进行分析，以效力的优先性确定结算的依据。

（二）遵从惯例原则

遵从惯例原则是从行业、双方当事人常用的交易习惯出发，寻求对合同不完备性进行补救的措施或方案。根据《合同法》第六十一条的规定，合同生效后，当事人就质量、价款或报酬、履行地点等内容没有约定或约定不明的，可以补充协议；不能达成补充协议的，按照合同有关条款或交易习惯确定。《合同法》第六十二条规定，当事人就有关合同内容约定不明确，依照《合同法》第六十一条仍然不能确定的，按照订立合同时履行地的市场价格履行；依法应当执行政府定价或政府指导价的，按照规定履行。可见，《合同法》以立法的形式肯定了交易习惯的法律地位，确立了交易习惯是认定交易各方当事人权利义务的重要依据。

（三）合理风险分担原则

《13 版清单计价规范》规定了发包人必须在招标文件、合同中明确风险内容及其范围，不得采用无限风险、所有风险等类似语句规定风险内容及其范围，这种规定使得发承包双方权责合理分配的理念得到了很大强化。合同从签订到履行都要深化合理风险分担的思想，一方面在合同签订时应注重条款设置的合理性，使发承包双方的权利、责任和义务尽量平衡。例如，明确人工、材料、机械价格变动的整体幅度中哪部分需要调价，即风险分担幅度。另

一方面，当合同执行过程中因合同条款苛刻而导致纠纷时，应本着合理风险分担的原则化解。

（四）备案原则

所谓"阴阳合同"，即为发承包双方对同一工程订立实质内容相差很大的多份施工合同。"阴阳合同"发生时，以"阳合同"为结算依据一般有利于承包人，而双方约定履行的则是"阴合同"。根据《最高院工程合同纠纷司法解释》第二十一条的规定，当事人就同一建设工程另行订立的建设工程合同与经备案的中标合同实质性内容不一致的，应当以备案的中标合同作为结算合同价款的依据。

（五）无效认定，有效处理原则

围绕《最高院工程合同纠纷司法解释》及《合同法》就我国建设工程合同的无效后合同价款结算问题进行分析。《最高院工程合同纠纷司法解释》第二条规定，建设工程施工合同无效，但建设工程经竣工验收合格，承包人请求参照合同约定支付合同价款的，应予支持。第三条规定，建设工程施工合同无效，且建设工程经竣工验收不合格的，按照以下情形处理：

1）修复后的建设工程经竣工验收合格，发包人请求承包人承担修复费用的，应予支持。

2）修复后的建设工程经竣工验收不合格，承包人请求支付合同价款的，不予支持。

因建设工程不合格造成的损失，发包人有过错的，也应承担相应的民事责任。该规定在实践中的效果较好，既顾及了发包人、承包人与实际工人之间的利益关系，也符合建设工程合同的特点和规律。

《合同法》第五十八条规定："合同无效或者被撤销后，因该合同取得的财产，应当予以返还；不能返还或没有必要返还的，应当折价补偿。有过错的一方当事人应当赔偿对方当事人因此所受到的损失；双方都有过错的，应当各自承担相应的责任。"这是合同被确认无效后的一般处理原则，即相互返还、折价补偿、赔偿损失。《合同法》第五十六条规定，无效的合同或者被撤销的合同自始没有法律约束力。合同部分无效，不影响其他部分效力的，其他部分仍然有效。

由此可见，《最高院工程合同纠纷司法解释》明确了无效建设工程合同价款的处理原则，即按工程验收是否合格采取不同的处理方式。《合同法》强调合同部分无效，不影响有效部分的执行，并指出合同无效后的有效处理，即相互返还、折价补偿、赔偿损失。

 第二节 有约定从约定原则及案例分析

一、有约定从约定原则运用的关切点

根据《最高院工程合同纠纷司法解释》第十六～二十三条的规定，剖析条文的基本精神并结合工程实践，总结处理合同价款结算纠纷应遵循"有约定从约定，无约定从规定、约定遵从规定"这一基本原则。合同价款结算遵循当事人约定原则，可以提高合同价款结算的效率，节约诉讼成本，在无约定的情况下，以鉴定结论为参考依据，以法院判决作为最终定论。

（一）合同价款的约定

合同价款是建设工程合同文件的核心要素，建设工程项目无论是招标发包还是直接发包，合同价款的具体数额均应在"合同协议书"中载明。实行招标的工程，合同价款应由发承包双方依据招标文件和中标人的投标文件在书面合同中约定。不实行招标的工程，合同价款应在发承包双方均认可的合同价款的基础上，由发承包双方在合同中约定。《13 版清单计价规范》《369 号文》等多个文件对于价款约定都做出了相关规定。

1.《13 版清单计价规范》对合同价款的约定

《13 版清单计价规范》规定，对于合同价款问题发承包双方应在合同条款中对如下事项进行约定：

1）预付工程款的数额、支付时间及抵扣方式。

2）安全文明施工措施的支付计划、使用要求等。

3）工程计量与支付工程进度款的方式、数额及时间。

4）合同价款的调整因素、方法、程序、支付及时间。

5）施工索赔与现场签证的程序、金额确认与支付时间。

6）承担计价风险的内容、范围以及超出约定内容、范围的调整办法。

7）工程竣工价款结算编制与核对、支付及时间。

8）工程质量保证金的数额、扣留方式及时间。

9）违约责任以及发生合同价款争议的解决方法及时间。

10）与履行合同、支付价款有关的其他事项等。

2.《369 号文》对合同价款的约定

《369 号文》第六条规定，招标工程的合同价款应当在规定时间内，依据招标文件、中标人的投标文件，由发包人与承包人订立书面合同约定。非招标工程的合同价款依据审定的工程预（概）算书由发包人、承包人在合同中约定。合同价款在合同中约定后，任何一方不得擅自改变。《369 号文》第七条规定，发包人、承包人应当在合同条款中对涉及合同价款结算的如下事项进行约定：

1）预付工程款的数额、支付时限及抵扣方式。

2）工程进度款的支付方式、数额及时限。

3）工程施工中发生变更时，合同价款的调整方法、索赔方式、时限要求及金额支付方式。

4）发生合同价款纠纷的解决方法。

5）约定承担风险的范围及幅度以及超出约定范围和幅度的调整办法。

6）工程竣工价款的结算与支付方式、数额及时限。

7）工程质量保证（保修）金的数额、预扣方式及时限。

8）安全措施和意外伤害保险费用。

9）工期及工期提前或延后的奖惩办法。

10）与履行合同、支付价款相关的担保事项。

3.《建筑工程施工发包与承包计价管理办法》对合同价款的约定

《建筑工程施工发包与承包计价管理办法》规定，合同价款的有关事项由发承包双方约定，一般包括合同价款约定方式、预付工程款、工程进度款、工程竣工价款的支付与结算方式以及合同价款的调整情形等。第十三条规定，发承包双方在确定合同价款时，应当考虑市场环境和生产要素价格变化对合同价款的影响。实行工程量清单计价的建筑工程，鼓励发承包双方采用单价方式确定合同价款。建设规模较小、技术难度较低、工期较短的建筑工程，发承包双方可以采用总价确定合同价款；紧急抢险、救灾以及施工技术特别复杂的建筑工程，发承包双方可以采用成本加酬金方式确定合同价款。第十四条规定，发承包双方应在合同中约定发生下列情形时合同价款的调整方法：

1）法律、法规、规章或国家有关政策变化影响合同价款的。

2）工程造价管理机构发布价格调整信息的。

3）经批准变更设计的。

4）发包人更改经审定批准的施工组织设计造成费用增加的。

5）双方约定的其他因素。

（二）遵从合同约定的前提是"约定遵从规定"

尊重当事人约定是指当事人如果对合同价款结算涉及的相关问题做出约定的则遵从约定。尊重当事人约定的目的是提高合同价款结算的效率，节约诉讼成本，促使当事人在订立合同时尽可能做出详细约定，以使建设工程合同顺利履行。然而，《建筑法》第十八条规定，建筑工程造价应当按照国家有关规定，由发包单位与承包单位在合同中约定。公开招标发包的，其造价的约定，须遵守招标投标法律的规定。因此，此处所说的约定应以有效为前提，如果约定无效或被撤销，则应按照《最高院工程合同纠纷司法解释》第十六条第二款的规定处理，即可以参照签订原合同时当地建设行政主管部门发布的计价标准或计价方法结算合同价款。

（三）无约定时以鉴定结论为证据，法院结论为参考

当事人对合同价款存在争议，既未达成结算协议，也无法采取其他方法确定工程价款的，法院可以根据当事人申请，委托有司法鉴定资质的工程造价鉴定结构进行鉴定；当事人双方均不申请鉴定的，法院应当予以释明，经释明后对鉴定事项负有举证责任的一方仍不申请鉴定的，应承担举证不能的后果。

当合同价款结算发生争议需要鉴定时，一般由法院的技术部门或者法院委托的鉴定机构对系争工程进行鉴定，由鉴定机构做出鉴定结论。经过质证的鉴定结论应作为法院审理案件时的重要证据，因此，法官在审理案件时应当明确法院的最终确定原则，即由法院最终确定是否采纳鉴定机构做出的鉴定结论，对鉴定结论不合理的部分进行适当的调整，实现程序公正，充分保障当事人的诉权。

需要注意的是，具有下列情形之一的，不委托工程造价鉴定⊖：

1）双方就工程款数额已达成结算协议，且该协议不存在无效和可撤销的情形。

2）法庭根据双方提交的结算材料审查后可以直接确定工程款数额的。

3）合同约定为固定总价，且无法确定或约定变更事由的。

4）当事人诉前已经共同选定具有相应资质的鉴定机构对建设工程造价做出相应鉴定意见，且无充分证据推翻的。

5）发包人未对承包人提交的结算资料提出异议，符合《最高院工程合同纠纷司法解

⊖　陈旻. 建设工程案件审判实务与案例精析［M］. 北京：中国法制出版社，2014.

释》第二十条规定的。

6）当事人双方均不申请鉴定，且不属于法院依职权委托鉴定情形的。

二、案例

案例 7-1：合同有明确约定时鉴定结论不能作为结算依据

（一）案例背景

1995 年 10 月 15 日，甲工程局与乙县公路建设指挥部就 X 公路新建工程 Y 路段签订合同协议书及施工合同协议条款，承包方式为以批准下达的建安工程费总价承包。开工日期为 1995 年 10 月 15 日，完工日期为 1996 年 9 月 15 日。对于由承包人责任引起的变更设计费用增加，由承包人自负；变更设计责任属发包人的，费用增减由发包人负责。该合同还对交工验收、漏洞责任、竣工验收等进行了约定。合同签订后，甲工程局组织施工，于 1996 年 10 月 31 日竣工并投入使用，经乙县政府验收为优良工程。

（二）争议事件

2004 年 4 月 8 日，甲工程局起诉至第一审法院称：甲工程局承建 X 公路的 Y 路段，并签订了施工合同。1996 年 10 月 31 日，该工程竣工并验收优良，验收后即投入使用。之后，甲工程局多次要求与乙县政府进行工程结算，但乙县政府以工程总价批准书未下达为由，不予结算。甲工程局故请求法院判令：乙县政府支付甲工程局工程款 24 982 363.46 元及相应的逾期付款违约金。

乙县政府答辩称：甲工程局诉求不实。乙县政府与甲工程局针对 X 公路 Y 路段的合同价款约定为以批准下达的建安工程费为准。合同双方对于国家批准拨款及风险状况都是明知的。国家批准总长 69km 的 X 公路总造价 6 348 万元，Y 路段公路国家批准的造价应是 3 200 万元，而乙县政府已支付甲工程局 37 946 522.21 元，已超过约定价款，且工程存在质量问题，故法院应驳回甲工程局的诉讼请求。

甲工程局在第一审举证期限内申请对其实际已施工完毕的 Y 路段公路的工程造价进行鉴定，第一审法院根据其申请于 2005 年 1 月 12 日委托某咨询公司对甲工程局已完工 Y 路段公路的工程造价进行鉴定，咨询公司于 2005 年 8 月 12 日做出鉴定报告，鉴定结论为：甲工程局已完工程造价为 58 748 817 元。据此，甲工程局在 2005 年 9 月 5 日对该鉴定结论进行质证的庭审过程中，将原诉请的工程款 24 982 363.46 元依据鉴定结论变更为 20 802 294.79 元。

第一审法院认为，乙县政府在甲工程局依约履行施工义务后，未能及时支付剩余工程款，构成违约。《合同法》第一百零七条规定，当事人一方不履行合同义务或履行合同义务不符合约定的，应承担继续履行、采取补救措施或赔偿损失等违约责任。乙县政府应支付甲工程局剩余工程款，并承担相应延期付款的违约责任。

乙县政府不服第一审判决提起上诉，请求撤销第一审判决，依法改判驳回甲工程局的诉讼请求，理由如下：乙县政府与甲工程局签订的施工合同约定以批准下达的建安工程费总价承包，合同价款一次包死。于 1995 年 10 月 15 日签订的 Y 路段公路施工合同及该合同所附的施工合同协议条款均约定，由甲工程局对该工程建筑安装费进行总价承包，以此作为本工程施工、完工和修补漏洞的全部费用。

（三）争议焦点

本案例争议的焦点在于：乙县政府认为工程款应按照双方合同约定的按批准下达的建安工程费结算，甲工程局认为乙县政府应按照咨询公司出具的鉴定报告支付剩余工程款。即乙县政府支付甲工程局工程款是按照双方合同约定的按批准下达的建安工程费结算，还是按照咨询公司出具的鉴定报告结算。

（四）争议分析

第二审认为，乙县政府与甲工程局1995年10月15日签订的合同协议书、施工合同协议条款，系双方真实意思表示，内容不违反法律、法规的禁止性规定，应确认有效。合同明确约定：以批准下达的建安工程费总价承包。此外，双方履行合同过程中，未对该约定理解产生异议。由此表明，合同约定"以批准下达的建安工程费总价承包"为固定价格结算方式。固定价格是合同总价或单价在合同约定的风险范围内不可调整的价格。对此，甲工程局有权决定是否承建该工程，并清楚签订合同的法律后果。1995年10月15日签订的施工合同协议条款中约定："变更设计的责任属发包人，费用增减由发包人负责。"在合同履行过程中甲工程局与乙县政府并没有就总价承包问题协商予以变更，甲工程局也没有提交乙县政府同意或要求变更设计而增加建设费用的相关证据。参照《最高院工程合同纠纷司法解释》第二十二条的规定，当事人约定按照固定价结算合同价款，一方当事人请求对建设工程造价进行鉴定的，不予支持。因此，第一审法院在认定合同有效的前提下又委托鉴定，缺乏事实和法律依据。所以，在双方签订的合同"总价承包"没有变更，乙县政府已支付37 946 522.21元工程款的情况下，第一审法院依照甲工程局的申请委托鉴定，不予支持。

（五）解决方案

乙县政府已支付甲工程局的工程款超出了合同约定的建安工程费承包总价，甲工程局起诉要求乙县政府支付工程款20 802 294.79元及利息，依据不足，法院不予支持。但鉴于本案合同履行过程中的具体情况，且工程已交付使用多年，出于公平考虑，判决乙县政府给付甲工程局662万元补偿款。

发承包双方签订的合同协议书以及施工合同协议条款均为双方当事人真实的意思表示，合法有效。第一审法院在判决中委托第三方对工程造价进行鉴定，违反了《最高院工程合同纠纷司法解释》第二十二条的规定，如果合同约定按照固定价款结算工程款，在履行建设工程施工合同过程中，没有发生合同修改或设计变更的情况，就应依照合同约定的包干总价结算工程款。一方当事人抛开合同约定提出对工程造价进行鉴定，鉴定结果不能作为法院认定工程造价费用的依据。

【资料来源：改编自《中国指导案例与审判依据》编写组．建设工程指导案例与审判依据［M］．北京：法律出版社，2009.】

案例7-2：合同无约定时以合理的鉴定结论作为结算依据

（一）案例背景

2007年8月22日，甲酒店与乙建设公司就甲酒店建设工程签订建设工程施工合同，合同规定开工日期为2007年8月31日，竣工日期为2008年7月28日，合同总价款为38 155 239.28元。2007年10月18日，当地管理委员会建设环境处对该工程颁发建设工程施工许可证。2007年10月22日，乙建设公司提交开工报告，甲酒店及监理公司签字确认。

（二）争议事件

在施工过程中，由于天气、图样变更等原因造成工期延误。2008年3月30日，乙建设公司向监理公司及甲酒店发出工作联系单，要求顺延工期116天。监理公司对此签署：设计变更造成工期延误属实，具体延误天数共同协商后，请发包人确定。甲酒店签署意见认为，因设计变更造成工期延误事实存在，但具体天数根据相关资料核查。2008年6月19日，乙建设公司向甲酒店发出《甲酒店因施工图设计变更而引起的工程延期索赔和工程变更索赔》报告2份，提出合同工期顺延194天，每天费用损失合计12 659.00元。此后，甲酒店与乙建设公司发生了争议。为使工程顺利进行，双方于2008年7月24日在某公证处公证下签订补充协议，对工期、增加工程量、项目管理人员、工程进度款等事项做出约定。2008年9月9日，甲酒店与乙建设公司签订和解协议约定：双方继续履行建设工程施工合同、补充协议，并执行补充协议第4条关于工期的约定。2008年9月18日，乙建设公司向甲酒店发出工程联系单，要求顺延工期9天，甲酒店同意延期9天。2008年11月10日，甲酒店对乙建设公司未完成10月份工程控制点予以催告，要求乙建设公司报送书面赶工计划。2008年12月9日，监理工程师通知单第五条明确，乙建设公司工期超出了总进度计划，要求其采取措施缩短工期。2009年2月10日，甲酒店发出通知，要求合同解除，乙建设公司停止现场施工，维护施工现场现状，3日内组织人员协商解决已建工程量清算和工程款结算事宜。

2009年8月6日，甲酒店与乙建设公司在第一审法院主持下签订了阶段性和解协议，双方在搁置已完工程总价款数额确定及违约索赔等问题的基础上，甲酒店支付了乙建设公司工程款及相关款项共计704.5万元，乙建设公司于2009年8月7日办理施工现场交接手续，撤出施工现场。2009年9月29日，根据乙建设公司的申请，第一审法院对甲酒店项目已完工程的合同价款委托鉴定。2010年8月2日，某司法鉴定所出具鉴定书，认定乙建设公司已完工程款总额为27 172 853.58元，甲酒店与乙建设公司均确认，甲酒店尚欠乙建设公司已完工程的工程款为148万元。

第一审判决如下：甲酒店在判决生效之日起10日内支付乙建设公司剩余工程款148万元，并自2009年8月8日起按照中国人民银行同期同类贷款利率支付该项工程款利息。

对于第一审判决，甲酒店指出：148万元工程款欠款是根据鉴定报告得出的，在被告递交阶段性决算书后第29天即2009年5月30日仍处于不确定状态，乙建设公司要求从此时计算利息没有依据，应从建设工程实际交付的次日起计算工程款利息。

乙建设公司反驳：2009年4月30日向甲酒店递交了阶段性决算书，甲酒店在5月6日即已出具决算报告，依据建设工程施工合同通用条款第33.3款的规定，甲酒店应在收到决算资料后28天内支付结算价款，否则从第29天起按乙建设公司同期向银行贷款利率支付拖欠工程款的利息，并承担违约责任。因此，甲酒店应从2009年5月30日起按照日万分之2.1支付剩余工程款利息。

（三）争议焦点

本案例争议的焦点在于：甲酒店认为对于未付工程款148万元利息的起算时间应从建设工程实际交付的次日起计算工程款利息，乙建设公司认为甲酒店应在收到决算资料后第29天起按同期银行贷款利率支付拖欠工程款的利息，即当事人对工程款利息计付标准没有约定，甲酒店未付的工程款148万元利息的起算时间及计算标准问题。

（四）争议分析

本案合同中途解除，工程量有增减，不能依据合同条款判断工程款的支付节点，双方也未就工程款利息的计算标准进行约定。乙建设公司上诉主张应依据建设工程施工合同通用条款第33.3款的规定，从甲酒店收到其结算资料后的第29天起计算利息。甲酒店出具的阶段性结算编制对乙建设公司编制的结算并不认可，双方当时并未对未付工程款数额达成一致，不应适用建设工程施工合同通用条款第33.3款的规定。乙建设公司主张按照日万分之2.1支付剩余工程款利息，但对该计算标准并未提供证据予以证明。因此，对乙建设公司关于应从2009年5月30日起按照日万分之2.1支付剩余工程款利息的请求不予采纳。第一审法院依照《最高院工程合同纠纷司法解释》的规定，判决从双方办理施工现场交接手续的次日，即2009年8月8日起按中国人民银行同期同类贷款利率支付未付工程款的利息并无不当。

（五）解决方案

维持第一审判决，按照鉴定结论，甲酒店在判决生效之日起10日内支付乙建设公司剩余工程款148万元，并自2009年8月8日起按照中国人民银行同期同类贷款利率支付该项工程款的利息。

双方未就中途解除工程的工程款数额及利息进行约定。因此，法院可以根据当事人申请委托有司法鉴定资质的工程造价鉴定结构进行鉴定，并确定是否采纳鉴定机构的鉴定结论，对合理的鉴定结论予以采纳，实现程序公正，保障当事人权益的实现。

【资料来源：改编自朱树英．法院审理建设工程案件观点集成 [M]．北京：中国法制出版社，2015.】

第三节　效力优先原则及案例分析

一、效力优先原则运用的关切点

合同文件的组成和解释顺序并非是一成不变的，可以根据项目的具体情况对合同文件的结构组成进行增减，也可以自主确定组成文件的解释顺序。解释顺序重点考虑的是合同目的的实现而非刻板的条框，合同双方可以按照谈判结果约定符合具体工程要求的合同文件组成内容和解释顺序。为厘清合同文件各部分的效力，本书对合同文件各组成部分的效力进行分析。

（一）通常情况下遵循合同文件解释顺序

合同文件中排名在前的解释顺序通常优先于排名靠后的。但前面的条款本身若背离合同的实质性内容，就应另当别论。例如，即使顺序最靠前的"合同协议书"，若条款背离招标文件和投标文件中约定的实质性内容，也应认定无效，以招标文件和投标文件中约定的合同实质性内容为准。另外，合同文件的效力并非"后发优先"。"后发优先"是指合同文件的效力按其所发生的时间节点越靠后效力越高，通过比较相关合同文本发现并非一定遵循此规律。例如，有关标准合同文本中"图样"和"工程量清单"的顺序，如果从时间顺序上看"工程量清单"特别是"已标价工程量清单"是在"图样"之后完成的，而解释顺序上"图样"则优先于"工程量清单"。"已标价工程量清单"滞后于"专用合同条款"和"通用合同条款"，但解释顺序则是"专用合同条款"和"通用合同条款"优先。又如，《99 版 FIDIC 新银皮书》中将"投标书"的解释顺序排在最后，这说明合同文件的解释顺序与文件出现的时间顺序没有必然联系，实践中可以根据项目需要由发承包双方自行约定。

（二）招标文件不宜纳入合同文件组成部分

1. 单价合同规定的解释顺序

通过对比《17 版合同》《标准施工招标文件》及《99 版 FIDIC 新红皮书》相关条款，均规定合同文件应能相互解释，互为说明。单价合同各相关文件均未将招标文件列入合同文件解释顺序之中，相关规定的对比如表 7-3 所示。

表 7-3　单价合同对解释顺序的规定

对比事项	文件名称		
	《17 版合同》	《标准施工招标文件》	《99 版 FIDIC 新红皮书》
合同文件解释顺序	（1）本合同协议书 （2）中标通知书（如果有） （3）投标函及其附件（如果有） （4）专用合同条款及其附件 （5）通用合同条款 （6）技术标准和要求 （7）图样 （8）已标价工程量清单或预算书 （9）其他合同文件	（1）合同协议书 （2）中标通知书 （3）投标函及投标函附录 （4）专用合同条款 （5）通用合同条款 （6）技术标准和要求 （7）图样 （8）已标价工程量《13 版清单计价规范》 （9）其他合同文件	（1）合同协议书（如果有） （2）中标函 （3）投标函 （4）专用条件 （5）通用条件 （6）规范要求 （7）图样以及资料表和构成合同组成部分的任何其他文件

2. 工程总承包合同规定的解释顺序

《99 版 FIDIC 新银皮书》与《99 版 FIDIC 新黄皮书》规定合同文件应互为解释说明，《99 版 FIDIC 新黄皮书》还规定若文件中发现有歧义或不一致，工程师应发出任何必要的澄清或指示。《12 版设计施工总承包招标文件》规定组成合同的各项文件应互为解释，互相说明。工程总承包相关文件对于合同文件的优先解释顺序对比如表 7-4 所示。

表 7-4　工程总承包合同对解释顺序的规定

对比事项	文件名称		
	《99 版 FIDIC 新银皮书》	《99 版 FIDIC 新黄皮书》	《12 版设计施工总承包招标文件》
合同文件解释顺序	（1）合同协议书 （2）专用条件 （3）通用条件 （4）业主要求 （5）投标书和构成合同组成部分的其他文件	（1）合同协议书（如果有） （2）中标函 （3）投标函 （4）专用条件 （5）通用条件 （6）业主要求 （7）资料表 （8）承包人建议书和构成合同部分的任何其他文件	（1）合同协议书 （2）中标通知书 （3）投标函及投标函附录 （4）专用合同条款 （5）通用合同条款 （6）发包人要求 （7）承包人建议书 （8）价格《13 版清单计价规范》 （9）其他合同文件

分析可知，单价合同中招标文件一般不作为合同文件的组成部分。工程总承包合同中，招标文件一般不整体作为合同文件的组成部分，只有其中的"合同通用条件""合同专用条件""技术要求"或"业主要求"等被纳入合同文件，其余部分一般不纳入。其中，需要注

意的是"发包人要求"是发包人对工程项目目标、合同工作范围、进度计划的说明，一般作为合同文件组成部分，是承包人报价和工程实施的依据。

(三) 背离招标文件实质性要求的合同条款无效

投标文件必须响应招标文件的各项要求，报价也应在招标文件限定的范围之内，否则该投标文件即被否决。依据《招标投标法》，合同协议书应按照中标承诺签订，其内容不能背离招标文件的实质性内容，若背离，则责令改正并处罚款。因此，当招标文件与签订的施工合同实质性条款内容不一致时，应该以招标文件的规定为准。

(四) 投标文件的效力优先于招标文件

理论上，不建议将招标文件纳入合同文件中。然而，实践中也不乏发承包双方约定将招标文件纳入合同文件中的情形。那么，当招标文件和投标文件同时作为合同文件的组成部分时，其解释顺序应该遵循怎样的规定呢？

《13 版清单计价规范》规定招标文件与中标人投标文件不一致的地方，以投标文件为准。因此，对于单价合同，主张投标文件优先。理由是按照《合同法》的法理，招标文件属于要约邀请，投标文件才是要约，中标通知书是对要约的承诺，因此要约优先于要约邀请。

对于工程总承包合同，则主张招标文件优先。工程总承包合同涉及的工作范围大，工程项目的实施和管理工作都由总承包人负责。在工程总承包合同中强调"业主要求"作为合同文件组成部分，是承包人报价和工程实施最重要的依据，FIDIC 有关合同文本中相关解释顺序的规定也印证了这种思想。

(五) 非格式条款的效力优先于格式条款

《合同法》第四十一条规定，对格式条款的理解发生争议的，应当按照通常理解予以解释。对格式条款有两种以上解释的，应当做出不利于提供格式条款一方的解释。格式条款和非格式条款不一致的，应当采用非格式条款。此外，在 FIDIC 合同条件中，通用条件是指可广泛用于各类土木工程的为业内人员熟悉或认可的"惯例"，而专用条件则是针对具体的项目对通用条件进行修改、细化或补充。《99 版 FIDIC 新红皮书》的专用条件编写指南中明确指出：专用条件包括对通用条件的修改和补充。由此可见，可以通过专用条件修改通用条件，这也说明了非格式条款的效力优先于格式条款。

(六) 规范的会议纪要可作为合同文件

《17 版合同》规定合同订立及履行过程中形成的与合同有关的文件均构成合同文件组成部分。工程实践中，会议纪要可否视为合同文件，是否有合同效力，首先要看合同的约定；当合同没有特别约定时，有各方盖章的会议纪要，属于规范的操作方式。会议纪要由各方盖章，既是直接盖章单位的意思表示，也是各方协商一致的结果，可以视作合同的变更和补充。只要纪要内容不违反法律法规的强制性规定或不与合同约定实质性内容相冲突，就会对签字盖章各方产生直接的合同约束力。

二、案例

案例 7-3：遵循合同解释顺序规定的合同文件效力

(一) 案例背景

某房屋建筑项目由世界银行贷款，合同在技术规范中明确说明承包人必须使用进口钢材并承担全部费用，但在合同专用条款第73条〔税收〕中又规定由业主负责办理所有进口材料的免税手续并承担有关费用。项目中就洗手间的装饰装修工程，工程数量单中规定应使用白水泥进行马赛克勾缝，但技术规范中规定这项工作使用普通硅酸盐水泥施工。

（二）争议事件

1）承包人在进口施工钢材时，根据合同特殊条款要求业主支付当地海关税，但业主认为进口钢材的工作属于承包人按照技术规范履约，应该承担相关费用。

2）施工过程中，业主与承包人在使用何种水泥进行勾缝的问题上发生争执。业主认为白水泥勾缝满足美观要求，因此要求承包人使用白水泥勾缝，按合同工程数量单中的单价做这项工作；承包人认为应按照技术规范的要求施工，使用普通硅酸盐水泥。

（三）争议焦点

本案例争议的焦点可归纳如下：

1）业主认为承包人应执行技术规范履约，承包人认为应执行合同特殊条款要求。

2）业主认为承包人应执行合同工程数量单规定，承包人认为应执行合同技术规范中的规定。

（四）争议分析

1）根据合同第5.2款〔合同文件的优先次序〕，特殊条款制约着技术规范，而合同特殊条款规定得很明确，承包人所承担的全部费用应理解为只是运抵工地的购置费+保险费+运费。因此，业主需要缴纳当地海关税。

2）根据合同第5.2款〔合同文件的优先次序〕，技术规范制约着工程数量单中的描述，因此应按照技术规范的要求施工，使用普通硅酸盐水泥属于正常履约。

（五）解决方案

咨询工程师最后裁决由业主支付当地的海关税，因为项目是世界银行融资，而世界银行在贷款指南中明确规定不能使用其贷款支付当地的税金，这是最大的制约原则，合同一切条件必须服从这个大前提。

此外，承包人可使用普通硅酸盐水泥实施马赛克的勾缝，如果业主执意使用白水泥勾缝，则咨询工程师必须发出合同第51.2款〔变更的指示〕规定的变更令，给承包人追加费用。

发承包双方可以根据项目的具体情况自主确定组成文件的解释顺序。通常，若条款本身合理合法、未出现背离合同的实质性内容，则排名在前的解释顺序优先于排名靠后的，当出现矛盾条款时，遵循合同约定的解释顺序确定价款结算的依据。

案例7-4：结合实际情况确定招标文件是否作为结算依据

（一）案例背景

某新建厂房工程，A公司中标。双方于2007年7月9日签订合同，合同工期为2007年7月15日~2008年11月30日。开工前，发包人口头通知停工等待设计变更。发包人下发的施工图建筑面积由38 102m²（招标文件）增加到46 505m²（竣工验收报告）。2007年9月26日，合同双方在原施工合同的基础上，签订了补充协议。考虑到原施工合同及补充协议并没有详细确定合同价格，同时结算口径也并未十分明确，投标文件中总价下浮15%，补充协议中规定下浮10%。2007年12月12日，双方协商后将原来的施工合同和补充协议合并，重新签订了第3版施工合同，合同工期为2007年9月28日~2008年3月23日，合同暂定造价金额为5 240万元，即原施工合同造价4 500万元，再加上新增工程暂估造价740万元，未扣除原报价中甲供材料部分的造价。新的施工合同中规定总价下浮13.8%。

由于原施工合同和补充协议已废止，两部分内容合并为第3版施工合同，施工中又出现大量设计变更和新增工程，施工合同的部分内容和招标文件出现矛盾。第3版施工合同专用条款中约定合同文件及解释顺序为：①合同协议书；②中标通知书；③招标文件及答疑；④投标文件及补充报价资料；⑤合同专用条款；⑥合同通用条款；⑦国家标准、规范及有关技术文件；⑧施工图及说明。

（二）争议事件

由于招标文件与第3版施工合同约定有诸多不符，致使发承包双方在项目工程结算时产生了价款纠纷。招标文件与合同条款部分约定的对比如表7-5所示。

表7-5　招标文件与合同条款部分约定的对比

比较项	区　　别
关于结算口径	依据招标文件，三大主材价格调整属于市场价格波动风险，该风险由承包人承担，三大主材价格不应调整。并且招标文件也约定了施工范围内的工程量单价在中标后不做调整。而合同专用条款规定钢材、水泥、商品混凝土三项主要材料价格，按主体结构实际施工期间该市工程造价管理总站发布的指导价的算术平均数作为结算价，不取费不下浮，因桩基总价包干，桩基工程内的水泥等材料按投标价，价格不调整
关于市场价	招标文件约定为施工图招标，工程量清单漏项的风险属于承包人，而合同专用条款约定为工程量清单漏项的内容单列计算
关于调价	招标文件约定了未经招标人擅自采购暂定价材料的，价格由招标人审计确定，投标人无条件接受。即在这种情况下，招标人可以单方定价。而合同专用条款规定，招标文件或答疑中要求按暂定价报价的材料，在施工时必须由招标人与投标人按市场价经招标人确认的质量和价格以签证单的方式进行结算，多退少补，但辅材、人工不做调整
关于暂估价	招标文件约定发包人提出的设计变更而引起材料品种、规格、质量等级改变，只调主材价格，综合单价其他组成部分不变。而合同专用条款约定按照施工期间的市场价格双方协商解决

发包人认为：合同的解释顺序为：①合同协议书；②中标通知书；③招标文件及答疑；④投标文件及补充报价资料；⑤合同专用条款；⑥合同通用条款；⑦国家标准、规范及有关技术文件；⑧施工图及说明。因此，招标文件的解释顺序优先于施工合同。

承包人认为：招标文件的生效基础已经发生了改变，招标文件中约定的工程范围与实际施工的工程范围相比发生了巨大变化。招标文件上约定的"招标面积为38 102m²，具体面积以招标施工图为准"；实际施工时的建筑面积为46 505m²，净增加量为8 403m²，占招标施工图的22.1%；而工程竣工时，与招标施工图一致的内容仅有22 755 267.79元，结算的总金额为88 076 832.58元，与招标施工图一致的内容仅占实际施工内容的25.8%，用对25.8%的内容的约定来解释整个工程显然是不合理的，因此招标文件的约定不再适用于实际施工期间的工程。

（三）争议焦点

因招标文件和第3版施工合同有许多冲突，双方结算时产生争议，发包人以招标文件解释顺序在合同条款之前为由主张采用招标文件中的规定，承包人则主张依照合同条款约定结算价款。

（四）争议分析

招标文件属于要约邀请，并非要约，承包人的投标文件才是要约，发包人的中标通知书是对承包人要约的承诺，双方签订合同应该基于此。招标文件的效力应该在投标文件与中标通知书之后，只起到对合同条款的一个补充作用。招标文件的解释顺序放在前面，通常是为了确定承包人投标报价时质量合格，而不是让招标人免除自己的责任。在国际惯例中，合同很少把招标文件约定为合同文件的内容，若放进合同文件也只是起到补充作用，只有在合同中约定不明时才具有解释力。

通过寻找实际施工中发生的事件与招标文件明显不同的地方，也能证明招标文件没有效力。实际施工过程中的变更，改变了招标文件的招标基础、招标范围，因此招标文件不能作为合同的组成部分，工程变更证据单如图7-1所示。

工程施工图与投标图样整体上变化很大，布局也做了调整，由10个单体增加到12个单体，建筑面积由 38 102m² 增加到46 505m²；具体单体之间的变化如下：

（1）生产车间1投标图样2层，外形尺寸34 000mm×150 000mm，首层5m、二层5m，施工图只有1层，外形尺寸 34 000mm×120 000mm，层高7.5m。

（2）生产车间2投标图样1层，层高8.4m，施工图2层，首层7.5m、二层5m。

（3）生产车间3投标图样1层，层高8.4m，施工图2层，首层7.5m、二层5m。

（4）生产车间4新增加的，投标图样无此单体。

（5）成品仓库投标图样是2个完全相同的单体，外形尺寸36 000mm×132 000mm，层高8.4m，施工图成品仓库分为成品仓库1、2，层高7.5m，成品仓库1外形尺寸48 000mm×74 000mm，成品仓库2外形尺寸28 000mm×150 000mm。

（6）办公楼投标图样外形尺寸19 000mm×38 500mm，施工图外形尺寸19 000mm×37 500mm；层高没变。

（7）倒班楼投标图样是4层，外形尺寸19 000mm×38 500mm，首层5.1m，其余均为3.3m，施工图有5层，外形尺寸19 000mm×52 000mm（首层5.1m，其余均为3.3m）。

（8）垃圾房改为废料回收间，投标图样一层，外形尺寸9 000mm×22 000mm，平屋顶，层高6m，施工图2层，外形尺寸6 000mm×22 000mm，层高均为4m，局部有斜屋顶。

（9）连廊投标图样只有3个单体，施工图增加了4个单体，共7个单体。

（10）由于单体的增加和整体布局的调整，道路和相关的基础设施也有较大变化。

图7-1 招标施工图和施工图的变更单

（五）解决方案

本案例中，发承包双方应按照合同约定结算价款。

发包人将招标文件作为合同文件的一部分，且约定其解释顺序优先于施工合同。然而，因招标文件与施工合同有诸多约定不一致，造成价款结算时双方均主张按照有利于自己的依据进行结算。招标文件可以作为合同文件的一部分放进合同里，但是，结算依据的选择不应机械地按照约定的解释顺序确定，应结合招标文件的效力、实际施工情况等因素确定。

案例7-5：双方协商同意且生效的会议纪要具有合同约束力

（一）案例背景

甲公司新建厂房工程，乙公司中标，双方于2009年8月9日签订合同。约定合同工期为2009年8月15日～2010年12月30日。施工过程中由于以下原因引起工期延误：

1）未提供开工条件造成工期延误。合同约定开工日期为2009年8月15日，然而业主迟迟不提供施工许可证，造成承包人无法正常施工。承包人几次催促之下，业主才于2010年2月23日取得施工许可证。

2）设计变更造成工期延误。施工过程中出现大量的设计变更和新增工程，致使工期延误，而现场签证单只签订了部分工作的变更价款，对工期的顺延并未明确。

3）设备安装影响施工，造成工期延误。

4）工程款延期支付造成工期延误。业主不按合同约定及时将变更工程款和相关调整价款与进度款同期支付，造成承包人的施工进度迟缓。

5）图样延期下发造成工期延误。承包人进场准备施工后，业主通知对招标图样进行修改调整，承包人等待施工图下发，造成窝工损失。

6）不利的气候条件造成工期延误。2010年年初当地遭遇雪灾，造成施工无法进行，连续暴雨和台风影响道路施工无法进行。

7）甲供材未及时提供造成的工期延误。

（二）争议事件

以上诸多原因造成工期延误共152天，业主与承包人请求本地建设局出面，对工期等纠纷问题进行协调，2011年2月1日，签署《筹建工作会议纪要》，约定该项目应在2011年6月1日完成，将之前的工期延误给发承包双方造成的损失抵消。承包人在2011年6月11日提交了竣工验收申请，竣工验收报告显示验收合格，根据《筹建工作会议纪要》，竣工日期应为2011年6月1日。承包人应承担的工期延误责任为2011年6月1日～6月10日，共10天；根据《筹建工作会议纪要》的约定，扣除承包人工期延误违约金10万元，工期延误情况如图7-2所示。

图7-2 工期延误情况

在政府协调会议上，甲公司认为政府部门有意偏袒申请人，以至于部分会议纪要的内容不合理，被申请人当时迫于政府压力才会签字。因此，结算时拒绝将会议纪要作为依据。结算时，甲公司认为《筹建工作会议纪要》上约定的结算价格过高，要求按照市场价格结算。

（三）争议焦点

本案例争议的焦点在于：在工程结算中，承包人认为会议纪要达成一致的部分，应该以《筹建工作会议纪要》为依据进行结算，而业主认为会议纪要的内容不合理，要求按照市场价格进行结算。

（四）争议分析

建设局将调解的内容撰写成书面文件《筹建工作会议纪要》，《筹建工作会议纪要》上有各参与方的签字盖章，并且经甲、乙公司签字审核后，严格按纪要落实，与双方签订的合同具有同样的法律效力。在政府协调会议上，共有8个单位（包括申请人和被申请人）参加，并非只有政府与双方当事人参加，无偏袒情况，说明了《筹建工作会议纪要》的合理性。双方在《筹建工作会议纪要》中已经达成了一致意见，明确了双方的工期延误责任，因此，乙公司只承担 10 万元的工期违约补偿。

（五）解决方案

执行《筹建工作会议纪要》的规定，该项目工程应在 2011 年 6 月 1 日完成，鉴于实际工期延迟 10 天，承包人承担违约金 10 万元。

项目实施过程中，应避免轻视谈判、会议纪要等现象。无论是发包人还是承包人，一定要树立法制观念，在法律上做到严密准确、无懈可击，不给对方钻空子的机会。在仲裁争端时，证据的作用高于一切，仲裁判定的原则是"谁主张，谁举证"，就是指提出要求的一方应负责提供有效的合法证据。因此重要信函、会议文件等都要认真签署，通常要在文本末尾写明授权签字的单位及姓名，并签字盖章。有单位盖章的重要信函、会议纪要等，可以在出现分歧时，为维护当事人权利提供证据。

第四节　遵从惯例原则及案例分析

一、遵从惯例原则运用的关切点

（一）对"惯例"概念的研究

Becker 等将惯例的定义归为 3 类，即循环交互的行为模式、组织的规则以及标准化的作业程序、表达一定行为和思想的行动部署[一]。行业惯例是行业中的一切规则和可以预测到的行业行为，并决定着这个行业的发展方向[二]。袁晓杰认为行业惯例是指行业公认的习惯，它具有一定的普遍适用性。它是行业内交易主体在长期进行某种交易过程中所形成的经营规范集合，是规范同业者交易行为的无形规矩，是实现行业自治的重要依据[三]。综上所述，行业惯例是行业内部自发形成的，相对于成文的规则而言为业内从业者所实施和遵循的隐形规则。

（二）对"惯例"的定性分析

建设项目领域存在着各种行业制度，大体来自三个方面：①在参与主体层面，首先项目参与方之间要遵循以合同为核心的规制，因为合同规定了参与方的权责利，它关系到各方在未来的利益得失，它是进行建设项目各项活动的必要准则；②在国家政府层面，各方进行各项活动时还要遵守国家颁布的各项法令和制度，如《合同法》《招标投标法实施条例》等；③从行业环境层面，参与方还要遵守社会价值观引导下的社会交换规范，这是一种非正式的制度规则。行业惯例就属于非正式的制度规则，具体而言，行业惯例是对规制和市场的一种行为反映。

［一］　Becker M C, Zirpoli F. Applying organizational routines in analyzing the behavior of organizations ［J］. Journal of Economic Behavior & Organization, 2008, 66（1）: 128-148.

［二］　王永伟，马洁. 基于组织惯例、行业惯例视角的企业技术创新选择研究 ［J］. 南开管理评论，2011（14）: 85-90.

［三］　袁晓杰. 古董交易中行业惯例的适用问题研究 ［J］. 襄樊学院学报，2012（1）: 57-60.

（三）对"惯例"范围的界定

遵从惯例原则可以为合同约定不明引起的纠纷提供指导作用。然而，什么可以作为惯例使用呢？惯例有明示与默示，明示的惯例往往是最常用的交易习惯，一般会作为正式条款写进合同示范文本之中，而非强制性条款、默示的惯例往往没有成文，但在交易中是被行业认可、约定俗成的。根据有关法律、文件对"惯例"的概念进行界定，《最高院合同法司法解释（二）》第七条规定，下列情形，不违反法律、行政法规强制性规定的，人民法院可以认定为《合同法》所称的"交易习惯"：

1）在交易行为当地或者某一领域、某一行业通常采用并为交易对方订立合同时所知道或者应当知道的做法。

2）当事人双方经常使用的习惯做法。

二、案例

案例 7-6：参照地区定额或行业标准解决工程量计算规则约定不明导致的价款纠纷

（一）案例背景

X省某大剧院总建筑面积约 70 000m²，最大长度约 120m，最大高度 43m。整个大剧院包括大剧场面积 36 400m²、多功能剧场面积 7 400m²、其他配套设施所占建筑面积 26 100m²，总占地面积约 42 000m²。

（二）争议事件

结算时发现因非施工单位原因造成的部分外帷幕及室内天棚脚手架工程二次搭拆的签证，且该项脚手架二次搭拆的签证工作是施工单位交由另一单位完成的，其双方签订的工作协议是按照搭拆脚手架的体积进行计算的，而发包人则主张按照面积进行计算，如表 7-6 所示。此外，对于 3.6m 高度以内的脚手架的计算是否按满堂脚手架计算，发承包双方也产生了分歧。

表 7-6　脚手架工程量计算表

项 目 名 称	长/m A	宽/m B	高/m C	工程数量 A×B×C	计量单位	综合单价	合　　价
签证 X				外幕墙脚手架搭拆			
大剧院 5m 平台东面	34	5	20	3 400.00	m³	18.82	63 988.00
	18	8	2	288.00	m³	18.82	5 420.16
	26	7	23	4 186.00	m³	18.82	78 780.52
	20	14	3	840.00	m³	18.82	15 808.80
大剧院 5m 平台南面	38	8	20	6 080.00	m³	18.82	114 425.60
	12	6	2	144.00	m³	18.82	2 710.08
大剧院 5m 平台西南面	11	4	20	880.00	m³	18.82	16 561.60
	32	8	5	1 280.00	m³	18.82	24 089.60
小剧院 5m 平台南面	10	3	20	600.00	m³	18.82	11 292.00
	14	10	5	700.00	m³	18.82	13 174.00
小剧院 5m 平台西面	18	5	20	1 800.00	m³	18.82	33 876.00
	9	6	2	108.00	m³	18.82	2 032.56
小计				20 306.00	m³		382 158.92

（续）

项目名称	长/m A	宽/m B	高/m C	工程数量 A×B×C	计量单位	综合单价	合　价
签证 Y				内幕墙脚手架搭拆			
大剧场前厅	27	5	28	3 780.00	m³	18.82	71 139.60
小剧场前厅	8	6	16	768.00	m³	18.82	14 453.76
	16	14	3	672.00	m³	18.82	12 647.04
	14	14.5	16	3 248.00	m³	18.82	61 127.36
	10	14	11	1 540.00	m³	18.82	28 982.80
	5	5	1	25.00	m³	18.82	470.50
	13	12	3	468.00	m³	18.82	8 807.76
	14	6	1	84.00	m³	18.82	1 580.88
小计				10 585.00	m³		199 209.70
合计				30 891.00	m³		581 368.620

（三）争议焦点

1. 脚手架的计算单位

发承包双方对于脚手架的计算方式是按照体积计算还是按照面积计算的问题产生分歧，承包人另行雇用其他分包人进行脚手架工程施工，其工程量是按照体积计算的，因此向发包人也主张按照体积计算，而发包人则认为应按照面积进行计算。

2. 3.6m 高以内脚手架的工程量计算

发承包双方对于3.6m高度以内的脚手架的计算是否按满堂脚手架计算的问题产生分歧，承包人认为高度3.6m以内脚手架也应按满堂脚手架计算，发包人则不同意。

（四）争议分析

1. 脚手架的计算单位

依照当时实行的《X省装饰装修工程综合定额》的规定，脚手架工程工程量计算规则明确指出，脚手架工程均应以面积计算。

2. 3.6m 高以内脚手架的工程量计算

大剧院的外形不规则、搭设的满堂脚手架也与通常所见的有所不同。通常在室内搭设并非从楼地面开始，而是从外壁钢构架上搭设，特别是在转角的位置，搭设的高度即使只有1～2m，实际距离楼地面也或许会达到二十几米的高度。因此，该部分的脚手架应计量满堂脚手架，如表7-7所示。

表7-7　脚手架工程量计算表

项目名称	长/m A	宽/m B	高/m C	工程数量 A×B	计量单位	综合单价	合价	备注
签证 X				外幕墙脚手架搭拆				统一计算满堂脚手架
大剧院 5m 平台东面	34	5	20	170.00	m²	25.28	4 297.60	
	18	8	2	144.00	m²	30.22	4 351.68	搭设净高度2m，距离楼地面高度23m
	26	7	23	182.00	m²	30.22	5 500.04	
	20	14	3	280.00	m²	33.51	9 382.80	搭设净高度3m，距离楼地面高度25m

（续）

项目名称	长/m	宽/m	高/m	工程数量	计量单位	金额/元		备注
	A	B	C	A × B		综合单价	合价	
大剧院5m平台南面	38	8	20	304.00	m²	25.28	7 685.12	
	12	6	2	72.00	m²	30.22	2 175.84	搭设净高度2m，距离楼地面高度23m
大剧院5m平台西南面	11	4	20	44.00	m²	25.28	1 112.32	
	32	8	5	256.00	m²	33.51	8 578.56	搭设净高度5m，距离楼地面高度26m
小剧院5m平台南面	10	3	20	30.00	m²	25.28	758.40	
	14	10	5	140.00	m²	33.51	4 691.40	搭设净高度5m，距离楼地面高度26m
小剧院5m平台西面	18	5	20	90.00	m²	25.28	2 275.20	
	9	6	2	54.00	m²	30.22	1 631.88	搭设净高度2m，距离楼地面高度23m
小计				1 766.00	m²		52 440.84	
签证Y			内幕墙脚手架搭拆					统一计算满堂脚手架
大剧场前厅	27	5	28	135.00	m²	36.79	4 966.65	
	8	6	16	48.00	m²	20.33	975.84	
	16	14	3	224.00	m²	25.28	5 662.72	搭设净高度3m，距离楼地面高度20m
	14	14.5	16	203.00	m²	20.33	4 126.99	
小剧场前厅	10	14	11	140.00	m²	13.74	1 923.60	
	5	5	1	25.00	m²	20.33	508.25	搭设净高度1m，距离楼地面高度16m
	13	12	3	156.00	m²	25.28	3 943.68	搭设净高度3m，距离楼地面高度20m
	14	6	1	84.00	m²	20.33	1 707.72	搭设净高度1m，距离楼地面高度16m
小计				1 015.00	m²		23 815.45	
合计				2 781.00	m²		76 256.29	

（五）解决方案

脚手架计算单位按面积计算，3.6m高度以内脚手架按满堂脚手架计算工程量。对于未能预料到的或合同外工程没有约定工程量计算规则的，可参照行业惯例的惯常计算方法计算工程量。

案例7-7：依照行业惯例解决风险包干范围及调整方法约定不明引起的价款纠纷

（一）案例背景

某单位办公楼二次装修项目，采用邀请招标的方式确定施工单位，由各投标单位在发包人拟定装修方案的基础上进行深化设计，绘制施工图并报价（采用清单计价模式），云南省某建筑装饰公司X以180万元中标。双方按中标价签订了固定总价合同。合同专用条款中对合同价格包括的风险范围、风险范围以外合同价款调整方法、合同价款的其他调整因素等问题均无约定。项目实施过程中，根据发包人的口头通知，施工图中部分工程发生了变化，且新增加了原设计图中未包含的室外装修及附属工程装修项目。对新增项目，在发包人发出口头通知后，承包人在规定时限内及时提出了变更合同价款的报告，发包人迟迟未签字。

（二）争议事件

工程结算时，承包人提出由于投标时少算、漏算工程量，且施工过程中材料涨价等原因，要求工程按286万元进行结算，发包人不同意，双方就以下问题产生了争议：

1）承包人发现投标时部分工程量少算、漏算，涉及工程造价近25万元，因此要求发包人按实际工程量结算。而发包人认为，该项目招标时是由投标单位根据各自绘制的设计图进行报价，投标时故意或由于过失少算、漏算的工程量造成的损失应由承包人自行承担。

2）施工过程中，应发包人的口头要求，新增加了原施工图中未含的室外装修及附属工程装修项目（涉及合同价款约45万元）。承包人认为增加项目应按实际发生工程量进行结算，而发包人认为，承包人提出的所谓增加项目，实际已经隐含在发包人招标时拟定的装修方案中，是承包人没有正确理解发包人的装修意图，投标报价中未含此部分项目，实质属于漏项。

3）在施工期间，工程所涉及的多种建筑材料均发生了不同幅度的上涨（涉及价款约36万元），最大涨幅达15%，承包人要求按实补偿，而发包人认为固定总价合同材料涨价是承包人应承担的风险，不同意进行价差调整。

（三）争议焦点

本案例中纠纷的焦点在于固定总价合同中没有关于风险范围、风险范围以外合同价款调整方法等问题的约定。工程价款结算时，发包人认为工程量漏算、口头增加工作、材料价格上涨的风险应由承包人承担，而承包人认为这些风险应由发包人承担。

（四）争议分析

1. 投标时少报、漏报工程量处理

依照行业惯例，投标时工程量漏报的处理一般需考虑如下几点：①招标使用的施工图设计深度是否达到准确计算工程量的需要；②招标人是否给予了投标人足够的编制投标文件的时间（《招标投标法》规定最短不得少于20天）；③若投标时少报、漏报工程量涉及的合同价款过大，则双方应协商解决。

2. 变更增加项目的处理

依照行业惯例，工程变更增加项目确认的基本原则有：①以实际发生为前提，首先要确认变更的真实性；②以变更通知为依据，看变更程序和手续是否符合相关规定；③以合同为准绳，判断是否属于合同承包范围以外的"新增项目"；④以责任承担为归属，确认产生工程变更的原因，判断应由谁承担变更费用。对变更增加项目，若缺乏变更通知等书面材料，只要能证明：①承包人承建的工程量不属于施工承包合同中的承包范围；②额外工程量是发包人指令或同意施工的；③承包人确实按照要求实施了施工行为，承包人就可以主张该部分增加的工程款。

3. 材料价格上涨的处理

当承包人在投标时未考虑材料价格波动的影响，且发承包双方在合同中也未对材料价格风险包干幅度和超出幅度的调整办法进行约定时，按照行业惯例，对材料价格的调整可遵循以下原则：①在包干范围内的主要材料单价发生上涨或下降的情况，其幅度在 ±10% 以内（含 10%）的，其价差由承包人承担或收益；②幅度在 ±10% 以外的，其超过部分的价差由发包人承担或收益。对主要建筑材料价格的取定，应以工程所在地造价管理部门发布的材料指导价格为基准（缺指导价的材料以双方确认的市场信息价为准），差价为施工期同类材料加权平均指导价与合同工程基准期当期的材料指导价的差额。施工期材料加权平均指导价可按如下公式计算：

施工期材料加权平均指导价 = ∑（每月实际使用量 × 当期材料指导价)/同类材料总用量

（五）解决方案

该工程为二次装修工程，设计达到一定深度，且投标人被给予了充足时间报价，故因工程量漏报产生的费用由承包人承担；对于变更增加项目，因承包人承建的工程量不属于合同中的承包范围，且该额外工程量是发包人指令或同意施工的，承包人确实按照要求实施了施工行为，故承包人可以主张该部分增加的工程款；对于材料价格上涨问题，在包干范围以内的主要材料单价发生上涨或下降的情况，其幅度在 ±10% 以内（含 10%）的，价差由承包人承担；幅度在 ±10% 以外的，其超过部分的价差由发包人承担或收益。

总价合同不仅要规定在合同约定的风险范围内合同价格不做调整，而且合同的风险范围包含哪些内容、哪些风险由发包人承担、哪些风险由承包人承担也应有相关条款进行规定，否则就会因风险分担范围问题而造成发承包双方扯皮、推卸责任的现象。地方性文件对解决风险包干范围不明问题引起的价款纠纷有相关规定的，可以作为惯例参考。例如，《浙江省高级人民法院民事审判第一庭关于审理建设工程施工合同纠纷案件若干疑难问题的解答》第十二条规定：建设施工合同采用固定总价包干方式，当事人以实际工程量存在增减为由要求调整的，总价包干范围明确的，可相应地调整合同价款；总价包干范围约定不明确的，主张调整的当事人应承担举证责任。即若承包人主张增加的工程量应计入合同价款，则其应举证证明该部分工程量未包括在总价包干范围内。

【资料来源：改编自宋高丽. 透过案例看固定总价合同纠纷 [J]. 建筑经济，2008（S2）：365-367.】

第五节　合理风险分担原则及案例分析

一、合理风险分担原则运用中的关切点

《13 版清单计价规范》第 3.4.1 款规定，建设工程发承包方，必须在招标文件、合同中明确计价中的风险内容及其范围，不得采用无限风险、所有风险或类似语句规定计价中的风险内容及其范围。然而，合同的主要条款是发包人在招标文件中已经明示，投标人必须完全响应方能参加投标，因此，合同的大部分条款都是有利于发包人的，强调承包人的义务，弱化对发包人的制约，尽量降低发包人风险。发包人利用招标人的主动地位及买方市场的优势，在合同中采用苛刻条款，将合同风险尽量多地转移给承包人，造成双方的不合理风险分担局面。

承包人在履行合同义务过程中，若风险发生致使承包人费用超支甚至损失严重，就会激起承包人的不公平感，进而引发价款纠纷。此时，法律、法规等相关文件所倡导的合理风险

分担思想，成为解决此类纠纷的重要途径。那么，法律、法规等相关文件对风险分担又做出了怎样的规定呢？

（一）"量"的风险

《13版清单计价规范》第4.1.2款规定，招标工程量清单必须作为招标文件的组成部分，其准确性和完整性由招标人负责。承包人仅按合同规定承担报价风险，即对报价（主要为单价和费率）的正确性承担责任；而工程量变化的风险由发包人承担。基于《13版清单计价规范》及相关文件规定，工程量风险由发包人承担，强化了清单计价模式下的量价分离思想，风险分配比较合理。《99版FIDIC新红皮书》规定工程量增加的风险由发包人承担，《标准施工招标文件》第15.2款规定，履行合同过程中，经发包人同意，监理人可按第15.3款约定的变更程序向承包人做出变更指示，承包人应遵照执行。没有监理人的变更指示，承包人不得擅自变更。发包人拥有变更的决策权，因此由于工程变更引起工程量增加导致合同价款调整风险是发包人决策时应考虑的因素，也是发包人应承担的风险。

由现行文件对工程量风险分担的描述可以看出，由发包人提出变更等自身原因导致的工程量偏差由发包人承担，承包人不承担由此带来的损失，这体现了发承包双方对工程量风险合理分担的原则。

（二）"价"的风险

建筑材料大幅涨价的情形出现后，承包人应及时告知发包人有关涨价的材料种类、涨价幅度、在本合同中所占比例、对工程进度的影响、可能导致亏损的数额等，双方本着合理风险分担的原则协商解决物价波动的价款调整，然后双方根据达成的补充书面协议结算价款。这也符合《合同法》第七十七条第一款"当事人协商一致，可以变更合同"的精神。

一般情况下，合同价格不因价格变化而调整，如果有大幅涨价，可以情势变更为由提出。但要将调整标准控制严，必须以因涨价而导致承包人达到亏损或临界亏损为界限，同时应持有有关权威机构（省、自治区、直辖市合同价款定额管理机构）关于建材上涨的市场中准价。一般情况下，当材料涨跌超过合同订立时价格的30%~50%，承包人按《合同法》第五条协商不成时，可以向法院或仲裁机构提起合同变更之诉或仲裁，由法院或仲裁机构委托审价单位对建材涨价部分进行司法审价，依法给予适当价差补偿。

二、案例

案例7-8：风险超出承包人承受能力时以合理风险分担进行合同价款调整

（一）案例背景

某安装公司A承建上海某企业B大型厂房工程，双方签订了固定总价合同，工程总价为5 000余万元。在合同的履行过程中，由于钢材、水泥等材料涨价以及工程量错算、漏算等因素导致工程实际费用大大超过签约时的固定总价，于是安装公司A要求追加合同价款800余万元，而企业B则以合同是"固定总价合同"为由不同意增加价款，双方因此产生争议。

（二）争议事件

1. 价差争议——因建材大幅涨价导致的争议

该工程投标之后，全国大部分城市主要建材大幅涨价，工程所在地上海的钢材上涨幅度达30%~45%，本案中的工程用钢量约为6 000多t，因钢材大幅度涨价造成的损失高达450多万元。安装公司 A 认为此种涨价是投标时无法预见的，企业 B 应当按实补偿。而发包人认为合同为"固定总价合同"，材料涨价是承包人应当承担的风险，不同意以此为由调整价款。

2. 量差争议——工程量计算错误导致的量差

安装公司 A 在施工中发现工程量漏算、错算比较多，涉及工程造价约 300 万元。安装公司 A 认为企业 B 在招标时只给了投标人 7 天的编标时间，且招标文件的资料不全。在这 7 天内，投标人除了要研究招标文件和招标图样，还要踏勘施工现场、询标、参加答疑会、编制全套投标文件，客观上无法精确计算工程量，因此要求企业 B 予以补偿。而企业 B 坚持认为本工程为"固定总价"项目，所有工程量方面的计算疏漏均应由承包人自己承担后果，不同意补偿价款。

（三）争议焦点

本案例争议的焦点在于：固定总价合同在履约过程中，材料不可预见地大幅涨价带来的成本损失及因投标时间仓促造成的工程量计算疏漏的风险是否由承包人承担。

（四）争议分析

1. 关于"价差"

30%～45% 的钢材涨幅已完全超出承包人在投标时能够预见的风险范围，属于民法理论上的"情势变更"。"情势变更"是指作为合同存在前提的情势，因不可归责于当事人的事由，发生了不可预料的变更，从而导致原来的合同关系显失公平，双方利益严重失衡。本案例中工程用钢量超过 6 000t，钢材大幅度涨价造成承包商增加工程成本 450 多万元，远远超出承包人的风险承受范围。承包人提出追加价款具有法律依据，建议双方对超过 10% 的价差部分按比例分担解决。

2. 关于"量差"

《招标投标法》第二十四条规定，招标人应当确定投标人编制投标文件所需的合理时间，而本工程造价 5 000 多万元，发包人只给了投标人 7 天编标时间，使得投标人不可能做到没有任何疏漏。由于这部分疏漏工程量涉及工程造价 300 多万元，根据《民法通则》规定的"公平、诚实信用原则"，承包人请求发包人对其损失进行适当补偿具有法律依据。

（五）解决方案

双方达成了一致意见，企业 B 给予安装公司 A 580 万元补偿。发承包双方签订的固定总价合同是以签订时静态的成本范围、设计图、施工条件等为前提的，故合同发承包双方的权利和义务及风险分配也以此为基础。然而由于建设工程项目的不确定性，这种静态往往被打破。因此，发承包双方应该本着合理风险分担原则调整双方的权利和义务，维护发承包双方的合理利益。

【资料来源：改编自周起宏．固定总价合同的特点、风险和对策［J］．水运工程，2005（10）：11-14．】

第六节　备案原则及案例分析

一、备案原则运用中的关切点

《最高院工程合同纠纷司法解释》第二十一条规定，当事人就同一建设工程另行订立的建设工程施工合同与经备案的中标合同实质性内容不一致的，应当以备案的中标合同作为结算合同价款的依据。

（一）对阴阳合同的定性描述

阴阳合同是指建设工程合同双方当事人除经过招投标签订的正式合同外，还签订一份或一份以上实际履行的补充协议，正式合同与补充协议的实质性内容相异，用来规避招投标制度。通常把经过招标、投标经备案的正式合同称为"阳合同"，把另行签订的补充协议称为"阴合同"⊖。"阴阳合同"具有如下特征：

1）合同当事人对同一合同标的物签订了价款存在明显差额或者履行方式存在差异的两份（式）合同。

2）当事人签订的两份（式）合同。一份（式）进行登记、备案等公示，即"阳合同"，一份没有进行登记、备案等公示，即"阴合同"。

3）"阳合同"伴有虚假的招投标等行为。

4）当事人签订"阳合同"并进行虚假招投标等行为，是为了规避政府部门的监管。

5）当事人通过承诺书等形式明确与虚假招投标等行为伴生的"阳合同"不作实际履行。

（二）以中标合同作为价款结算依据的前提是合同有效

《最高院工程合同纠纷司法解释》第二十一条的规定并没有明确中标合同的效力问题。那么，如果中标合同违反了法律法规的强制性规定，认定为无效合同，能否作为结算的依据呢？

从规定的主旨来看，中标合同必须是通过真实的招投标活动，且该合同不存在虚假招投标、低于成本价中标等违反法律法规的情形。如果未进行招投标活动或未进行实质意义的招投标活动而编造的，出于办理施工许可证等建设手续目的仅用于备案，并明确约定不作为实际履行的中标合同，不属于"备案的中标合同"范畴。因此，对于《招标投标法》明文规定必须进行招标的工程，建设单位在招标前与投标人进行了实质性谈判，要求投标者承诺中标后按投标文件签订合同而不实际履行，另行按照招投标之前约定的条件签订合同并实际履行，以压低合同价款或让施工单位垫资承包的，双方签订的"阳合同"属于以合法形式掩盖非法目的，应认定为无效。此情况下应根据司法解释第二条关于无效的规定的处理原则，依据实际履行合同的约定结算合同价款。

（三）中标合同是否备案并不影响其作为价款结算依据

《最高院工程合同纠纷司法解释》第二十一条规定结算的依据是"备案的中标合同"。但在实践中，中标合同未经备案的情形并不罕见。如果严格按照司法解释的规定，案件中没有"备案的中标合同"。《浙江省高级人民法院民事审判第一庭关于审理建设工程施工合同纠纷案件若干疑难问题的解答》第十六条规定："当事人就同一建设工程另行签订的建设工程施工合同与中标合同实质性内容不一致的，无论该中标合同是否经过备案登记，均应当按照《最高院工程合同纠纷司法解释》第二十一条的规定，以中标合同作为合同价款的结算依据。"因此，根据规定的精神，应对其作扩展解释，即只要中标合同为有效合同，无论其

⊖　张麒. 建设工程施工"黑白合同"的效力及实质性变更条款的认定与分析 [J]. 法制与社会，2010（28）：71-72.

是否经过备案，均应当作为结算的依据。主要理由在于，中标合同是否备案，或者备案的是否是中标合同，仅属于行政管理的范畴。备案与否，不应当作影响当事人实体权利义务的标准和因素。

（四）结合当事人真实意思表示和实际履行的合同确定结算依据

工程实践中，存在发承包双方就同一工程订立多份标书或签订多份合同的情形。有的案件中会涉及多份阴合同，甚至虽然存在阳合同，双方仍按照阴合同履行的情况。遇到此类问题，应首先依据有关法律依据对多份合同进行效力的认定，排除无效合同的情形。当多份合同均有效或均无效时，则以"使用大于认定"的思想，即以双方真实的意思表示及实际履行的合同作为价款结算的依据。例如，《浙江省高级人民法院民事审判第一庭关于审理建设工程施工合同纠纷案件若干疑难问题的解答》第十六条规定：当事人违法进行招投标，当事人又另行订立建设工程施工合同的，无论中标合同是否经过备案，两份合同均无效。此时应按照《最高院工程合同纠纷司法解释》第二条规定，将符合当事人的真实意思，并在施工中具体履行的那份合同，作为合同价款结算的依据。

二、案例

案例 7-9：中标合同未备案不影响其作为结算合同价款的依据

（一）案例背景

2011 年，某市政府拟建环城公路，立项后经公开招标，某路桥公司中标。双方签订了《建设工程施工合同》，约定造价 6 亿元，工期 380 天，工程质量为合格。该中标合同未办理备案，中标两个月后，双方又签订了一份《建设工程施工合同补充协议》，约定工程造价 6.5 亿元，其余条款不变。

（二）争议事件

工程竣工验收合格后，双方因工程款的结算依据的问题产生纠纷。市政府认为应以最初签订的《建设工程施工合同》中约定的价款结算；路桥公司诉至法院，要求按照补充协议的约定结算工程款，判令市政府支付工程余款 8000 万元以及相应利息。

（三）争议焦点

本案例的争议焦点在于，对于工程结算是以中标合同为依据还是以补充协议为依据的问题，发包人认为应以《建设工程施工合同》为依据结算，承包人认为以《建设工程施工合同补充协议》结算。

（四）争议分析

工程经公开招投标后，双方签订了施工合同，其后双方又签订了补充协议，且两份合同的工程条款的约定上存在实质性差异，两份合同构成了阴阳合同。中标合同经合法的招投标程序制定，合法有效。经审查，补充协议因违反法律规定而归于无效。虽然中标合同未经备案，但备案仅属于行政主管部门的管理范畴，并不影响中标合同的效力，也不影响双方当事人的合同权利和义务。

（五）解决方案

双方签订了《建设工程施工合同》是依法形成的实际中标合同，合法有效。而《建设工程施工合同补充协议》因违反法律法规规定而无效。因此，确定结算工程款的依据是

《建设工程施工合同》。即使《建设工程施工合同》没有经过备案，不影响其作为价款结算依据。

【资料来源：案例改编自林一.建设工程施工合同纠纷案件审判实务［M］.北京：法律出版社，2015.】

案例7-10：结合当事人真实的意思表示确定价款结算的依据

（一）案例背景

某施工单位A和其他六家单位参加了B公司新建厂房工程项目招标。2007年7月8日开标，A公司将其总价下浮15%，报价4499.332911万元为最低报价。下午B公司通知A进行谈判，确定以4500万的价格中标，但是发现商务标中单价乘以数量汇总后比总价少了20万元，要求A提交一份各单体的汇总表，并完善单价，双方于2007年7月9日签订第一版合同。工程于2007年7月8日开标后，因商务标中的总价和单价不能一致，依据招标文件的规定，A应B公司要求对商务标进行了修正。2007年7月10日A将修正商务标的电子稿发给了B公司，同时将两本打印本送至发包人代表手中（无签收凭证）。2007年7月12日A收到B公司公司回复电子邮件，确认收到了修正商务标。7月15日，A组织进场，7月25日B公司向A发出中标通知书。该案例工程里程碑事件如图7-3所示。

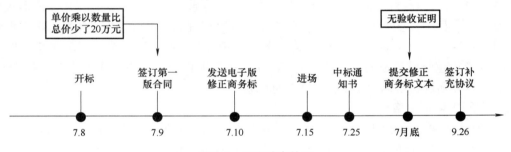

图7-3　里程碑事件图

（二）争议事件

施工过程中，承包人现场人员一直都采用的是修正商务标，而结算时发包人主张以第一版商务标结算，双方就结算依据的选择产生纠纷。2008年8月14日，双方达成一致，结算款采用的是修正商务标，然而，结算时就结算依据再次发生争议。

（三）争议焦点

本案争议的焦点在于使用第一版商务标作为结算依据还是使用修正的商务标作为结算依据？结算时，发包人主张采用第一版商务标结算，承包人认为发包人已经认可了修正投标文件，因此要根据修正商务标来结算。两个版本的结算价相差178万元。

（四）争议分析

施工过程中，双方多次使用修正商务标的报价。招标文件第六章评标、决标四、投标文件的澄清：当单价与数量的乘积与金额之间不一致时，以标出的合价为准，并修改单价。经投标人确认同意后，调整后的报价对投标人起约束作用。申请人在邮件中写明是按照被申请人的要求重新整理的商务标，被申请人回复收到，并没有对商务标的内容提出质疑，申请人默认该商务标被认可。且在施工过程中实际使用了该商务标，会议纪要中的价款得到认可，更可以间接证明该商务标是可以作为结算依据的。

（五）解决方案

出于发承包双方真实的意思以及实际履行合同义务考虑，修正的商务标是双方均予以认可和确认、并实际履行的依据，因此根据修正商务标进行合同价款结算。

第七节　合同无效，参照合同约定处理的原则及案例分析

一、合同无效，参照合同约定处理的原则运用中的关切点

《最高院工程合同纠纷司法解释》第二条规定：“建设工程施工合同无效，但建设工程经竣工验收合格，承包人请求参照合同约定支付合同价款的，应予支持。”

（一）无效合同认定的依据

无效合同是指合同内容或形式违反了法律、行政法规的强制性规定和社会公共利益，因而不能产生法律约束力，不受法律保护的合同。

《合同法》规定合同无效认定的依据包括以下五个方面：①一方以欺诈、胁迫的手段订立合同，损害国家利益；②恶意串通，损害国家、集体或者第三人利益；③以合法形式掩盖非法目的；④损害社会公共利益；⑤违反法律、行政法规的强制性规定。《最高院工程合同纠纷司法解释》关于合同无效认定的依据分为以下三个方面：①承包人未取得建筑施工企业资质或者超越资质等级的；②没有资质的实际施工人借用有资质的建筑施工企业名义的；③建设工程必须进行招标而未招标或者中标无效的。

1. 合同主体不合格

《建筑法》第十三条规定，从事建筑活动的建筑施工企业，勘察、设计单位和工程监理单位，按照其拥有的注册资本、专业技术人员、技术装备和已完成的建筑工程业绩等资质条件，划分为不同资质等级，经资质审查合格，取得相应等级的资质证书，方可在其资质等级许可的范围内从事建筑活动。依据本规定，只有具备相应法律资质的法人才有资格与建设单位签订施工合同，个人或不具备相应资质的法人签订的合同因主体不合格而无效，这属于违反法律、行政法规强制性规定而无效的范畴。

2. 未招标或中标无效

《招标投标法》第三条规定，公用事业和大型基础设施等关乎社会公共利益和公众安全、使用外国政府或国际组织援助资金和贷款、全部或部分使用国家融资或国有资金等建设项目包括项目的勘察、设计、施工等以及与建设有关的重要材料和设备的采购必须进行招标。违法招标、投标导致建设工程施工合同无效又分很多情形，具体表现为：①应当招标的而未招标的；②招标人泄露标底的；③投标人串通作弊、哄抬物价，致使定标困难或者无法定标的；④招标人与个别投标人恶意串通，内定投标人的等。这些导致建设工程施工合同无效的事由均可归属于欺诈，恶意串通，以合法形式掩盖非法目的，违反法律、行政法规的强制性规定等，以上述形式签订的合同均属于无效合同。

3. 违法分包、转包

《合同法》第二百七十二条第二、三款，《建筑法》第二十九条第一、三款，以及《建

设工程质量管理条例》第七十八条第二款都列举了违法分包的情形。违法分包主要是指以下行为：①总承包方将建设工程分包给不具备相应资质的单位；②未经建设单位认可，工程总包合同中也无约定，承包人将其承包的部分工程转交其他单位完成；③施工总包方将工程主体结构分包给其他单位；④分包方将其承包的工程再行分包。

《合同法》第二百七十二条第二款、《建筑法》第二十八条及《建设工程质量管理条例》第七十八条第三款中有非法转包相关规定。非法转包是指承包单位承包建设工程后，不履行合同约定的责任和义务，将其承包的全部建设工程转给他人或者将其承包的全部建设工程肢解以后以分包的名义分别转给其他单位承包的行为。

《住房城乡建设部关于印发〈建筑工程施工转包违法分包等违法行为认定查处管理办法（试行）〉的通知》第七条规定，存在下列情形之一的，属于违法转包：①施工单位将其承包的全部工程转给其他单位或个人施工的；②施工总承包单位或专业承包单位将其承包的全部工程肢解后，以分包的名义分别转给其他单位或个人施工的；③施工总承包单位或专业承包单位未在施工现场设立项目管理机构或未派驻项目负责人、技术负责人、质量管理负责人、安全管理负责人等主要管理人员，不履行管理义务，未对该工程的施工活动进行组织管理的；④施工总承包单位或专业承包单位不履行管理义务，只向实际施工单位收取费用，主要建筑材料、构配件及工程设备的采购由其他单位或个人实施的；⑤劳务分包单位承包的范围是施工总承包单位或专业承包单位承包的全部工程，劳务分包单位计取的是除上缴给施工总承包单位或专业承包单位"管理费"之外的全部工程价款的；⑥施工总承包单位或专业承包单位通过采取合作、联营、个人承包等形式或名义，直接或变相将其承包的全部工程转给其他单位或个人施工的；⑦法律法规规定的其他转包行为。第九条规定，存在下列情形之一的，属于违法分包：①施工单位将工程分包给个人的；②施工单位将工程分包给不具备相应资质或安全生产许可的单位的；③施工合同中没有约定，又未经建设单位认可，施工单位将其承包的部分工程交由其他单位施工的；④施工总承包单位将房屋建筑工程的主体结构的施工分包给其他单位的，钢结构工程除外；⑤专业分包单位将其承包的专业工程中非劳务作业部分再分包的；⑥劳务分包单位将其承包的劳务再分包的；⑦劳务分包单位除计取劳务作业费用外，还计取主要建筑材料款、周转材料款和大中型施工机械设备费用的；⑧法律法规规定的其他违法分包行为。

（二）以"工程质量是否合格"为前提的合同无效工程价款结算条件

《最高院工程合同纠纷司法解释》明确了无效建设工程合同工程款的处理方式，即按工程验收是否合格采取不同的原则。如果建设工程施工合同无效，但工程经竣工验收合格，承包人请求参照合同约定支付合同价款的，应予支持；如果建设工程施工合同无效，但工程经竣工验收不合格，修复后工程经竣工验收合格，发包人请求承包人承担修复费用的，应予支持；如果修复后工程经竣工验收不合格，承包人请求支付合同价款的，不予支持；因建设工程不合格造成的损失，发包人有过错的，也应承担相应的民事责任。

1. 工程竣工验收合格情况下工程价款结算条件

《最高院工程合同纠纷司法解释》规定，"建设工程施工合同无效，但建设工程经竣工验收合格，承包人请求参照合同约定支付工程价款的，应予支持。"其中，工程经竣工验收合格是指综合验收合格；建设工程质量合格包含两个方面：一是建设工程经竣工验收合格；

二是建设工程经竣工验收不合格，但经承包人修复后再验收合格。

1）本条规定的初衷并不是无效合同按有效处理，只是把它作为一个无效合同折价补偿的标准。《合同法》第58条规定："合同无效或者被撤销后，因该合同取得的财产，应当予以返还；不能返还或者没有必要返还的，应当折价补偿。有过错的一方应当赔偿对方因此所受到的损失，双方都有过错的，应当各自承担相应的责任。"建设工程施工是一种特殊的承揽，加工的是不动产。所以建设工程施工合同无效不能适用返还原则，只能适用折价补偿和过错赔偿。以建设工程经竣工验收是否合格为标准：合格就折价补偿，折价补偿是一个据实结算的标准；不合格就不补偿，按过错赔偿损失。

2）在讨论司法解释草稿时，对无效合同的价款结算处理主要有两种观点：其一，主张按照当年当地适用的工程定额标准进行结算。由于目前建筑行业的供需不平衡，建筑工程签约的工程价款都低于当地当年适用的工程定额标准。如果合同无效以后，按照工程定额标准进行结算，施工行业的利润就翻了一番，这与制定司法解释想达到的规范整顿建筑市场的目的正好相悖。其二，是按照市场价格信息定价。以上两种观点都涉及无效合同的鉴定，势必增加诉讼成本、扩大当事人损失、延长审理期限。此外，对应该支持的工程价款范围存在不同的认知："参照"支付的工程价款应仅是工程直接成本，还是应包括合理的利润以及其他费用。所以征求各方的意见，多数都认为按已签订的合同作为无效合同工程款的折价标准，最能反映当前的供需关系，还可以节省鉴定费用，这样各方都能接受。故《最高院工程合同纠纷司法解释》中规定参照约定计算工程价格，把它作为无效合同折价补偿时结算的标准⊖。

2. 工程竣工验收不合格情况下工程价款结算条件

根据《最高院工程合同纠纷司法解释》第三条规定，建设工程施工合同被认定无效后，建设工程经竣工验收不合格的，分别按照以下情形处理：

1）修复后的建设工程经竣工验收合格，双方可以参照合同约定结算合同价款，但承包人应承担相应的工程修复费用。①由承包人修复的，工程修复费用不应计算在合同价款内，应由承包人自行承担；②由发包人另行委托其他建筑施工企业进行修复的，经再次竣工验收合格的，修复费用应由承包人承担或直接从合同价款中扣除。

2）建设工程存在的质量漏洞无法通过修复予以弥补，或修复后的建设工程经竣工验收不合格，此时建设工程已经丧失使用价值，发包人订立建设工程施工合同的目的无法实现，这种情况下，承包人请求发包人支付合同价款或折价补偿没有法律依据。需注意，建设工程经竣工验收不合格，是否能够修复是一个专业问题，需委托专门的建设工程质量鉴定机构加以评定才能予以确认。

3）对于建设工程质量不合格造成的损失，发包人有过错的，也应承担相应的民事责任。在建设工程施工合同被确认无效，建设工程经验收不合格的情况下，应当由承包人承担责任，这是建筑法规定的责任承担的基本原则。但是，若发包人对造成工程质量不合格也有过错的，应当承担与过错相应的责任。

⊖ 2016年《最高院工程合同纠纷司法解释（二）》（征求意见稿）的讨论中建议："建设工程施工合同无效，因设计变更、建设工程规划指标调整等原因导致无法参照合同约定结算工程价款，当事人请求按照签约时的市场价格信息结算工程价款的，人民法院应予支持。"

二、案例

案例 7-11：合同无效的认定

（一）案例背景

2011 年 3 月，A 公司为建设厂房向 B 公司、C 公司、D 公司、E 公司等多家施工单位发出《投标须知》。《投标须知》规定了工程范围为：依据工程图说明完成工程所需之人工、材料、机具设备、安全设施、清洁卫生、检验费用、保险费用、管理费、税金及其他质量要求的一切必需费用。报价由各投标单位公平竞争，最后得标价即为工程总造价。本工程完工后若无增减项目，不再另行决算；本工程以议价方式进行，并以最后总价决标。开标后，参加投标厂商所投标报价无论计算如何，都以其投标总价为总报价。《投标须知》为合约文件的一部分，具有同等效力。

各施工单位进行投标，其中 B 公司投标价为：土建工程 12188221 元，安装工程 3969817 元，合计 16158038 元。A 公司进行考察评估，分别与 B 公司、C 公司、D 公司等施工单位进行磋商。B 公司在第一次减价中将价格减少至 15381697 元，后又在减价中提出：在本次项目各投标单位报价中取最低值再让利 1 个百分点，以示诚意。2011 年 4 月 18 日，B 公司向 A 公司出具《承诺书》称：经认真研究，我公司对该工程全力支持并承诺如下：①最终报价 1250 万元，此报价装饰部分不作任何变动（发包人要求的设计变更除外），基础和结构部分可按实际发生情况签证；②工程质量确保达到优良标准。最终 A 公司与 B 公司达成一致意见：由 B 公司以 1250 万元承包 A 公司厂房土建及安装工程。2011 年 4 月 25 日，双方签订《工程合约书》约定：工程范围为依据工程图说及工程估价单所列项目，完成本工程工作所需的人工、材料、零料、机具设备、安全设施、清洁卫生、检验费用、保险费用、管理费、税金及其他一切所需的费用；工程总价为 1250（含税）万元；工程期限为 2011 年 4 月 28 日前开工，全部工程限于 2011 年 11 月 24 日前完工并取得使用执照，不含其他归责于 A 公司负责工作的施工期限内。如因增减项目，或天灾人祸的不可抗力而必须延长完工期限的，B 公司可申请延期或经 A 公司通知为准，日数由 A 公司核定；B 公司未按合约规定期限内完工，每逾期 1 日，扣罚本工程总金额的 1‰违约金，但罚款金额上限以总金额的 10% 为限；B 公司 2011 年 4 月 18 日《承诺书》作为合同附件。某集团有限公司为 B 公司履约提供了《保证人保证书》。2011 年 4 月，公证处对上述《合约书》《保证人保证书》进行了公正。后为办理报建手续，双方又签订了一份以《合约书》为附件，内容基本一致的《建设工程施工合同》。协议签订后，B 公司进场施工。

（二）争议事件

在施工过程中，B 公司以 A 公司指定材料供应商及生产厂家增加了成本，1250 万元合同价格低于成本价等理由认定合同无效，提出修改合同条款，未得 A 公司同意。2011 年 12 月 4 日，B 公司向法院提起诉讼，请求判令 A 公司补偿工程款差额 2567575 元。同年 12 月 20 日，A 公司以 B 公司未能按期完工，严重违约，对其造成巨大损失为由反诉，请求判令解除双方合同，B 公司承担违约金 37.5 万元，并赔偿其经济损失。

（三）争议焦点

本案例的争议焦点在于，B 公司以 1250 万元合同价格低于成本价、A 公司制定材料供应商及生产厂家增加了成本等理由认为合同无效，要求修改合同条款，补偿成本差价；而 A 公司认为合同为双方真实意思的表示，合同有效情况下应按照合同约定支付价款。

（四）争议分析

A 公司为建设厂房向包括 B 公司在内的多家建筑企业发出《投标须知》，该《投标须知》规定了详细的招标工程范围和程序。B 公司作为一级施工企业应有较强的预算能力和经验，在勘察、预算的基础上，通过议价，与 A 公司签订的合同固定价为 1250 万元的《合约书》和《建设工程施工合同》是双方真实意思表示，并不违反法律规定，应为有效合同。双方发生争议后在政府部门协调下签订的《补充协议》再次确认以合同为基础。双方利益即使失衡，因该风险系 B 公司在签订合同时应当预见而没有预见的风险，双方签订的合同也不构成无效合同。因此，B 公司认定合同无效并主张变更合同价格条款、补偿成本差价的诉讼不成立。

（五）解决方案

驳回 B 公司修改合同条款，补偿成本差价的诉讼请求，驳回 A 公司的反诉请求。

B 公司以 1250 万元合同价格低于成本价认为合同无效，应修改合同条款或给予补偿，从而进行合同无效后的有效处理，而 A 公司不予同意。案例中，经认定合同有效，因此应遵循合同签订时约定的条款，B 公司所主张的变更合同价格条款、补偿成本差价的请求不成立。

【资料来源：案例改编自《中国指导案例与审判依据》编写组. 建设工程指导案例与审判依据 [M]. 北京：法律出版社，2009. 】

案例 7-12：合同无效但工程验收合格的结算条件

（一）案例背景

2003 年 10 月，A 建设公司作为工程承包人与开发公司签订《建设工程施工合同》，承建某小区 12 号住宅楼工程。合同约定固定单价，即按照单位平方米造价一次性包死，地下室不计算面积。承包人将全部工程转包给 B 工程处并签订《工程施工协议书》，约定承包人扣除工程总造价 9%，其工程范围及价款执行承包人与开发公司签订的合同。

（二）争议事件

2005 年 6 月，工程竣工验收合格后，B 工程处主张合同无效，且发生重大工程设计变更，应抛开合同约定的固定单价，据实结算工程价款，并向法院起诉请求支付工程欠款及延期利息。

（三）争议焦点

建设工程因违法转包而导致工程合同无效，工程价款结算时应当参照初始约定的合同结算还是据实结算？

（四）争议分析

因非法转包工程，双方签订的《工程施工协议书》无效。《建筑法》第二十八条规定，禁止承包单位将其承包的全部建筑工程转包给他人，禁止承包单位将其承包的全部建筑工程肢解以后以分包的名义分别转包给他人；《最高人民法院关于审理建设工程施工合同纠纷案件适用法律问题的解释》第四条规定，承包人非法转包、违法分包建设工程或者没有资质的实际施工人借用有资质的建筑施工企业名义与他人签订建设工程施工合同的行为无效。法律和司法解释明确禁止工程转包行为。本案中，承包人将工程全部交付给 B 工程处进行施工，仅仅按约定收取固定管理费而不承担任何经营风险，是典型的非法转包行为，该行为违反了上述规定，双方签订的《工程施工协议书》无效。

《最高人民法院关于审理建设工程施工合同纠纷案件适用法律问题的解释》第二条规定，建设工程施工合同无效，但建设工程经竣工验收合格，承包人请求参照合同约定支付工程价款的，应予支持。本案中，《工程施工协议书》因非法转包工程导致无效，但该工程已经通过竣工验收合格。因此，B 工程处可以请求参照合同约定要求承包人支付工程价款。

（五）解决方案

本案中，该工程项目不存在据实结算的基础。B 工程处在施工前就明知 12 号楼套用了 10 号楼图样进行施工，并签收了设计单位出具的图样变更说明。法院在向设计单位调查的过程中，设计单位也证实 12 号楼套用图样，其阁楼面积改造不构成重大设计变更。根据以上事实，合同履行过程中，工程设计并未发生重大变更，B 工程处主张据实结算没有任何依据。

本案参照合同约定价款结算较为公平。参照合同约定结算价款较为符合客观情况，且无显失公平之处。如果据实结算，会造成无效合同比有效合同的工程价款还高，这不仅超出了当事人签订合同的预期，也会导致泰山工程处反而因无效合同获得额外利益。因此，本案参照合同约定价款结算符合司法解释规定，也符合当事人本意，较为公平。

综上所述，虽然 B 工程处以存在重大设计变更为由主张工程价款应当据实结算，但其请求并无法律和合同依据，无效转包合同应当参照合同约定的固定单价方式进行价款结算。法院最终确认承包人与 B 工程处签订的《工程施工协议》无效，判决参照无效合同约定的平方米固定单价结算、向 B 工程处支付所欠的工程款。

案例 7-13：合同无效但工程验收合格的依照合同有效部分结算条件

（一）案例背景

2003 年 9 月 15 日，A 公司与 B 工厂签订了一份合同书，约定：B 工厂将一幢 39 间框架现浇四层的工程承包给 A 公司，工程一次性包定，每平方米建筑造价为 442 元，竣工工程款按图样实际面积计算，施工工期为 240 天，以开工日期的施工第一天为准开始计算。A 公司于 2003 年 9 月 18 日进场施工。2004 年 12 月 16 日和 2005 年 4 月 20 日，双方当事人经过协商对部分工程量进行了变更。

工程未依法办理建设用地审批手续，未取得国有土地使用权、建设工程规划许可证。2005 年 10 月 13 日 B 工厂搬入新厂房，B 工厂已向 A 公司支付工程款 267 万元，A 公司向 B 工厂借款或由 B 工厂垫付的工程款合计 1 453 327 元，两项共计 4 123 327 元。

（二）争议事件

双方在施工过程中因工程款的支付与工程进度等问题发生纠纷，A 公司未按约定期限完成全部施工工程。2005 年 10 月 13 日，B 工厂委托对未完工程进行造价鉴定，鉴定结果是未完成的工程价格为 56 346 元，未完成的工程由 B 工厂另行发包给他人完成施工。2005 年 8 月 16 日，B 工厂以 A 公司工期延误造成其损失为由，向法院起诉要求 A 公司承担本涉案工程逾期的违约赔偿责任。

A公司诉请法院判决确认双方于2003年9月15日签订的合同书无效，并请求法院按照工程实际支出的成本价作为工程造价，扣除B工厂已支付的工程款后，要求B工厂支付欠付工程款3 284 635元及自起诉日计算至实际履行日的利息损失。对此，B工厂则提出反诉，请求判令A公司赔偿因质量问题造成工期延误的损失100万元，并要求A公司交付完整的工程技术经济资料，承担诉讼费。

对此，第一审判决如下：①A公司与B工厂签订的合同书无效；②B工厂于判决生效10日内支付A公司工程款2 728 141元，并按中国人民银行发布的同期同类贷款利率支付自2007年1月12日起到实际履行之日止的利息；③驳回A公司的其他诉讼请求；④A公司于判决生效15日内向B工厂交付完整的工程技术经济资料；⑤驳回B工厂的其他反诉请求。

A公司认为：①2003年9月15日签订的合同书因工程未依法办理建设用地审批手续，未取得国有土地使用权、建设用地规划许可证、建设工程规划许可证，且至今尚未补办相关手续，违反了法律、行政法规的强制性规定，所以无效。②对于工程款结算的依据问题，《最高院工程合同纠纷司法解释》第二条只规定建设工程施工合同无效，建设工程经竣工验收合格，承包人请求参照合同约定支付工程价款的，应予支持。但现在A公司主张的是按照实际支出的成本进行结算，因此不适用该解释的规定。由于施工合同无效，所以合同中关于造价结算的条款也无效，故A公司要求按实际支出的成本价格结算工程造价。③对于工期延误损失的问题，B工厂没有按照合同约定的付款进度付款，以及材料大幅度上涨导致A公司无力继续垫付材料付款和员工工资，故导致工期延误的主要原因在B工厂。

B工厂认为：①双方于2003年9月15日签订的合同书是双方真实的意思表示，且未取得国有土地使用权等证书只是违反了行政管理性规范，并未违反法律法规强制性规定，不影响合同效力；②关于工程款结算依据，《最高院工程合同纠纷司法解释》第二条规定："建设工程施工合同无效，但建设工程经竣工验收合格，承包人请求参照合同约定支付合同价款的，应予支持。"《最高院工程合同纠纷司法解释》第二条确立了参照合同约定结算合同价款的折价补偿原则，与《民法通则》和《合同法》第五十八条的规定并不矛盾，前者在处理建设工程施工合同纠纷案件中体现了《合同法》规定的无效处理原则。因此，即使合同无效，A公司也只能参照合同约定的442元/平方米主张工程造价，而不能按鉴定结论中的6 907 814元要求结算工程款。③关于工期延误损失问题，即使合同无效，B工厂要求A公司赔偿工期延误的反诉请求也应予支持。双方都认可逾期竣工的事实，而且A公司并无任何证据证明责任在于B工厂。A公司逾期竣工对B工厂造成损失，A公司应按照原合同约定履行承诺并依此标准赔偿B工厂的损失。

（三）争议焦点

本案例争议的焦点在于：建设工程施工合同无效但工程竣工验收合格时，承包人认为应以实际支出的成本价格来结算工程造价，且因合同无效，约定的工期延误条款也无效，承包人不支付违约金；发包人认为应参照合同约定主张工程造价，且对于工期延误的损失，也应按照合同约定赔偿。

（四）争议分析

关于合同效力的认定，除《最高院工程合同纠纷司法解释》列举的五种合同无效的情况外,《民法通则》与《合同法》规定的无效情形也适用于建设工程施工合同。本案例中B工厂的建设用地到目前为止属于集体土地,征为国有土地的手续尚未得到批准,故B工厂无法办理国有土地的审批手续及建设工程规划许可、建设工程施工许可等手续,违反了法律、行政法规的强制性规定,且至今尚未补办相关手续,属于无效合同。

关于工程款结算的依据问题,《最高院工程合同纠纷司法解释》第二条规定:"建设工程施工合同无效,但建设工程经竣工验收合格,承包人请求参照合同约定支付合同价款的,应予支持"。这条规定不只承包人可以请求参照合同约定支付工程价款,发包人同样可以主张以合同约定价格来支付工程款。

关于工期延误损失问题,施工合同确认无效后,B工厂不能再以合同中对工期的约定要求A公司承担违约责任,故B工厂要求A公司支付工期延误违约金的请求不成立。

（五）解决方案

①A公司与B工厂于2003年9月15日签订的合同书无效;②B工厂于判决生效10日内支付A公司工程款1 131 664.6元,并支付利息损失;③驳回A公司的其他诉讼请求;④A公司于判决生效15日内向B工厂交付完整的工程技术经济资料;⑤驳回B工厂要求A公司支付工期延误违约金的反诉请求。

《最高院工程合同纠纷司法解释》第二条"建设工程施工合同无效,但建设工程经竣工验收合格,承包人请求参照合同约定支付合同价款的,应予支持"的规定,从文义理解,合同无效但工程验收合格,只有承包人才可以请求参照合同约定支付合同价款,但依据诚信、对等、公平原则,同样应允许发包人主张自身权益,因此以合同约定作为价款结算的依据。

【资料来源:改编自朱树英.法院审理建设工程案件观点集成 [M].北京:中国法制出版社,2015.】

案例7-14:合同无效且工程验收不合格的由过错方承担损失

（一）案例背景

2010年8月21日,甲与乙签订协议书,该协议书约定:乙将X住宅楼两个单元共88户住宅的铝合金门窗工程发包给甲施工,铝合金面积为2 300m^2,综合包干单价为218元/m^2,该工程应达到国家有关质量标准。甲应于2010年9月10日进场,同年10月15日前全部安装完毕。由于材料及制作、安装等质量问题所造成的损失及由此产生的费用均由甲承担。另外,乙与甲于2010年12月19日就上述工程施工时间签订了补充协议,该协议约定,由于甲延误工期等影响开发商按期交房、影响土建项目不能如期完成而产生的经济责任由甲承担。

（二）争议事件

上述协议签订后,甲进场施工,施工完毕后请发包人及物业公司验收,发现甲的施工存在诸多质量问题,导致物业公司不能如期向发包人交房。随后,乙要求甲对上述存在的问题进行整改维修。2011年7月4日,甲与乙在见证人罗某的见证下,签订整改协议,约定将该工程承包给袁某整改。袁某整改后因玻璃不合格,需要全部更换玻璃,乙又要求甲更换玻璃,甲拒绝。为配合开发商向发包人交房,乙自行出资对上述存在的质量问题进行整改维修,维修费用为326 448.3元,但因其提交的证据不足以证明以上事实,故乙向第一审法院申请司法鉴定。2012 年 6 月 20 日，当地司法鉴定中心出具认定：①X 住宅楼两个单元 88 户铝合金推拉窗不符合原、被告协议约定的质量要求，部分铝合金型材不合格、部分窗口与洞口防水密封不合格等；②铝合金推拉窗存在质量问题需修复费用为 313 960 元，乙支付鉴定费用 16 000 元。

甲与乙无法就上述修复费用、鉴定费用及损失承担达成一致，故乙诉至法院，请求法院判令甲立即支付已维修费用 150 159.9 元，尚未维修部分的维修费 176 288.4 元，共计 326 448.3 元；要求甲支付鉴定费 16 000 元；要求甲赔偿因工程质量问题导致延期交房造成的损失。

考虑到系争工程中，双方均存在一定过错，法院酌情判决乙承担 20% 修复费，甲承担 80% 修复费。第一审判决：被告甲在本判决生效之日起 10 日内支付原告乙维修费 251 168 元；被告甲在本判决生效之日起 10 日内支付原告乙鉴定费 12 800 元；驳回原告乙的其他诉讼请求。

被告甲因不服原法院判决，提起上诉请求第二审法院撤销第一审判决；依法改判甲向乙支付部分返修费、维修费共计 54 956 元。

（三）争议焦点

本案例争议的焦点在于：合同无效且工程验收不合格，承包人是否有权主张合同价款。发包人认为因合同履行产生的损失、质量漏洞应由承包人修复并承担费用，承包人认为应由发包人承担。

（四）争议分析

本案例中甲与乙签订的协议书及 2010 年 12 月 19 日签订的补充协议，因甲没有相应的资质，是无效的协议。关于工程的修复费用由谁承担的问题。根据《最高院工程合同纠纷司法解释》第三条的规定，建设工程施工合同无效，且建设工程竣工验收不合格的，按照以下情形处理：①修复后的建设工程竣工验收合格，发包人请求承包人承担修复费用的，应予支持；②因建设工程不合格造成的损失，发包人有过错的，也应承担相应责任。本案经司法鉴定认定，工程质量不符合乙与甲协议约定的质量要求，工程存在质量问题，产生修复费用 313 960 元。因乙将该工程发包给没有相应资质的甲施工，且第一次整改中未要求甲更换玻璃，也存在过错，应承担相应责任。

（五）解决方案

维持第一审判决：①被告甲，在本判决生效之日起 10 日内支付原告乙维修费 251 168 元；②被告甲在本判决生效之日起 10 日内支付原告乙鉴定费 12 800 元；③驳回原告乙的其他诉讼请求。

合同无效且工程竣工验收质量不合格，承包人请求支付工程价款的，不予支持，因工程质量不合格造成的维修费用由承包人承担，但是若发包人也存在过错的，也应承担相应责任。

【资料来源：改编自朱树英. 法院审理建设工程案件观点集成 [M]. 北京：中国法制出版社，2015.】

附录　本书有关政策性规范文件及缩略名称

序号	名　称	简　称
1	《中华人民共和国合同法》（1999 年）	《合同法》
2	《中华人民共和国民法通则》（2009 年）	《民法通则》
3	《中华人民共和国建筑法》（2011 年）	《建筑法》
4	《中华人民共和国招标投标法》（2000 年）	《招标投标法》
5	《中华人民共和国民事诉讼法》（2012 年）	《民事诉讼法》
6	《中华人民共和国劳动法》（2009 年）	——
7	《中华人民共和国立法法》（2015 年）	——
8	《中华人民共和国招标投标法实施条例》（2017 年）	《招标投标法实施条例》
9	《建设工程质量管理条例》（2000 年）	——
10	《建设工程质量保证金管理办法》（建质〔2017〕138 号）	——
11	《建设工程价款结算暂行办法》（财建〔2004〕369 号）	《369 号文》
12	《建筑工程施工发包与承包计价管理办法》（住房和城乡建设部令第 16 号）	——
13	《最高人民法院关于审理建设工程施工合同纠纷案件适用法律问题的解释》（法释〔2004〕14 号）	《最高院工程合同纠纷司法解释》
14	《最高人民法院关于适用 < 中华人民共和国合同法 > 若干问题的解释（二）》（法释〔2009〕5 号）	《最高院合同法司法解释（二）》
15	《关于加强建设工程人工、材料要素价格风险控制的指导意见》（建建发〔2008〕163 号）	——
16	《关于建设工程要素价格波动风险条款约定、工程合同价款调整等事宜的指导意见》（沪建市管〔2008〕12 号）	——
17	《关于进一步加强杭州市建设工程市场要素价格动态管理的指导意见》（杭建市〔2011〕198 号）	——
18	《宁波市人民政府办公厅关于调整工程建设用砂及相关制品结算价格加强建设工程要素价格风险控制的指导意见》（甬政办发〔2011〕335 号）	——
19	《关于建设工程竣工结算材料价格调整的指导性意见》（鄂建文〔2011〕145 号）	——
20	《关于加强工程建设材料价格风险控制的意见》（鲁建标字〔2008〕27 号）	——
21	《最高人民法院关于当前形势下审理民商事合同纠纷案件若干问题的指导意见》（法发〔2009〕40 号）	——
22	《江苏省高级人民法院关于审理涉及招标建设工程合同纠纷案件的有关问题的意见》（2008）	——
23	《深圳市中级人民法院关于建设工程合同若干问题的指导意见》（2010 年）	——
24	《四川省高级人民法院关于审理建设工程施工合同纠纷案件若干问题的意见》（川高法民〔2015〕3 号）	——

（续）

序号	名　　称	简　　称
25	《广东省实施建设工程工量清单计价规范（GB 50500—2008）若干意见》（粤建市函〔2011〕550 号）	—
26	《国家发展改革委关于加强城市轨道交通规划建设管理的通知》（发改基础〔2015〕49 号）	—
27	《泉州市人民政府办公室印发关于进一步加强房屋建筑与市政工程招投标管理暂行规定的通知》（泉政办〔2013〕68 号）	—
28	《北京市住房和城乡建设委员会关于颁发 2012 年＜北京市建设工程计价依据——预算定额＞的通知》（京建发〔2012〕538 号）	—
29	《建筑工程计价补充规定》（建筑〔2008〕881 号）	—
30	《国务院关于职工工作时间的规定》（1995 年）	—
31	《青岛市建设工程工量清单计价实施细则》（青建管字〔2011〕43 号）	—
32	《建筑安装工程费用项目组成》（建标〔2013〕44 号）	《建标 44 号文》
33	ISO 9000《质量管理体系认证》	—
34	《建设工程施工合同（示范文本）（GF—2013—0201）》	《13 版合同》
35	《建设工程施工合同（示范文本）》（GF—2017—0201）	《17 版合同》
36	FIDIC《土木工程施工合同条件》（1999 年）	《99 版 FIDIC 新红皮书》
37	FIDIC《生产设备和设计—施工合同条件》（1999 年）	《99 版 FIDIC 新黄皮书》
38	FIDIC《设计采购施工（EPC）/交钥匙工程合同条件》（1999 年）	《99 版 FIDIC 新银皮书》
39	《NEC 建筑工程施工合同》	—
40	《中华人民共和国标准施工招标文件》（2007 年）	《标准施工招标文件》
41	《建设项目工程总承包合同示范文本（试行）》（GF—2011—0216）	《工程总承包合同示范文本（试行）》
42	《中华人民共和国标准设计施工总承包招标文件》（2012 年）	《12 版设计施工总承包招标文件》
43	《建设工程工量清单计价规范》（GB 50500—2013）	《13 版清单计价规范》
44	《工程造价术语标准》（GB/T 50875—2013）	—
45	《建设项目全过程造价咨询规程》（CECA/GC 4—2009）	—
46	《深圳市建设工程计价规程》（深建价〔2013〕55 号）	—
47	《工程造价咨询业务操作指导规程》（中价协〔2002〕16 号）	—